中国水利教育协会　组织

全国水利行业"十三五"规划教材（职工培训）

小型水利工程建设管理与运行维护

主　编　张智涌
主　审　王周锁

中国水利水电出版社
www.waterpub.com.cn

·北京·

内 容 提 要

本教材是根据水利行业特点，针对小型水利工程建设过程管理与水利工程运行维护的要求编写的。全书包括九章内容和一个综合案例，内容包括：基本建设程序与管理制度、水利工程建设招标与投标、水利工程建设监理、小型水利工程施工技术、小型水利工程施工组织设计、小型水利工程施工管理、水利工程计量与计价、小型水利工程运行管理、小型水利工程维修与养护以及小型水利工程项目综合管理案例。

本教材适用于基层水利人员学习、培训，也可作为大专院校师生及相关人员的参考书。

图书在版编目（CIP）数据

小型水利工程建设管理与运行维护 / 张智涌主编
. -- 北京 ： 中国水利水电出版社，2017.5（2018.6重印）
全国水利行业"十三五"规划教材. 职工培训
ISBN 978-7-5170-5431-3

Ⅰ. ①小… Ⅱ. ①张… Ⅲ. ①水利工程－施工管理－
教材②水利工程－运行－教材③水利工程－维修－教材
Ⅳ. ①TV512②TV6

中国版本图书馆CIP数据核字(2017)第100871号

书　　名	全国水利行业"十三五"规划教材（职工培训） **小型水利工程建设管理与运行维护** XIAOXING SHUILI GONGCHENG JIANSHE GUANLI YU YUNXING WEIHU
作　　者	主编　张智涌　主审　王周锁
出版发行	中国水利水电出版社 （北京市海淀区玉渊潭南路1号D座　100038） 网址：www. waterpub. com. cn E - mail：sales@waterpub. com. cn 电话：(010) 68367658（营销中心）
经　　售	北京科水图书销售中心（零售） 电话：(010) 88383994、63202643、68545874 全国各地新华书店和相关出版物销售网点
排　　版	中国水利水电出版社微机排版中心
印　　刷	北京市密东印刷有限公司
规　　格	184mm×260mm　16开本　21.75印张　516千字
版　　次	2017年5月第1版　2018年6月第2次印刷
印　　数	2001—4000册
定　　价	**52.00元**

前 言

本教材是以水利行业基层人员为主要对象，兼顾非水利行业人员参与水利工程建设管理人群。本教材是以小型水利工程建设过程为主线，按照基本建设程序各个环节所需的技术、经济和管理知识进行编写的，并将水利工程运行管理和维修养护的制度、要求和措施等知识纳入教材，力求做到全面，但因篇幅有限，部分知识点不够详细。

本教材由四川水利职业技术学院张智涌担任主编，四川水利职业技术学院双学珍、云南省水利水电学校魏明方、湖南水利水电职业技术学院蒋买勇担任副主编，杨凌职业技术学院王周锁担任主审。具体分工如下：绪论，第一章，第五章的第一节、第二节由四川水利职业技术学院张智涌编写；第二章，综合管理案例由山西水利职业技术学院李建文编写；第三章由杨凌职业技术学院张宏编写；第四章第一节、第二节、第三节由四川水利职业技术学院双学珍编写；第四章第四节、第五节，第六章第四节由四川水利职业技术学院李华鹏编写；第四章第六节，第六章第九节、第十节由四川水利职业技术学院张松编写；第五章第三节、第四节、第五节、第六节由辽宁水利职业学院赫文秀编写；第六章第一节、第二节、第三节由江西水利职业学院罗红蔚编写；第六章第五节、第六节、第七节、第八节由山东水利职业学院邓婷婷编写；第七章第一节、第二节由四川水利职业技术学院周丹编写；第七章第三节、第四节、第五节、第六节、第七节、第八节由山东水利职业学院尹红莲编写；第八章由云南水利水电学校魏明方编写；第九章由湖南水利水电职业技术学院蒋买勇编写。全书由四川水利职业技术学院张智涌、双学珍负责统稿、审查。

本教材在编写过程中引用了大量文献资料，未在书中一一注明出处，在此对相关作者表示衷心的感谢。由于作者水平有限，书中难免有不足之处，敬请见谅！

作者

2016 年 8 月

目 录

绪　　论

2011 年中央一号文件《中共中央　国务院关于加快水利改革发展的决定》指出：大兴农田水利建设，到 2020 年，基本完成大型灌区、重点中型灌区续建配套和节水改造任务。国务院将进一步加大农田水利投入力度，确保到 2020 年全社会水利投入总量达到 4 万亿元。要继续深化农田水利重点环节改革，对小型农田水利工程要通过搞活经营权、转让使用权、拍卖所有权、落实管护主体和责任等方式实现水利资产良性运行和滚动发展。要切实抓好小水窖、小水池、小塘坝、小泵站、小水渠的"五小水利"工程建设，改造中低产田，建设旱涝保收高标准农田。要大力发展节水灌溉和旱作农业，落实最严格的水资源管理制度，推动高效节水灌溉技术和装备的综合集成与规模化、产业化发展。要不断提高农业抗御洪涝干旱灾害能力。要继续推进重点区域水土流失综合治理、坡耕地水土流失综合治理和农村水环境综合整治工程，建设生态清洁型小流域。稳步发展牧区水利，建设节水高效灌溉饲草料地。要积极探索农村水利工程分级管理、分类管理、专业管理、群众管理的模式和途径，全面提高基层水利服务能力和管理水平。要加快农田水利法制化和规范化建设，适时出台农田水利和节约用水方面的行政法规。

尽管党和国家非常重视水利，但我们要清醒地认识到目前已建农村水利工程还远不能适应国民经济和社会发展的要求，主要表现在以下两个方面。

一、建设管理跟不上形势

1. 责任主体责权不明晰，专业技术人员严重不足

很多地方项目法人责任制落实不到位，部分项目法人组建不规范，甚至根本未组建项目法人，各责任主体责权不明确，有些基层单位既是管理单位又是建设单位，同时还是设计单位甚至施工单位，行政干预太多，违反建设程序，只抓工期，不顾质量，资金不能按时到位。

2. 缺乏质量监督或监督体系不健全

尽管水利部早有规定要求县级水务局设立质量监督机构，但由于人事采取横向管理，部分地方质量监督机构还没有完全建立，有的也只是有牌无人，政府质量监督机构不完善，质量管理职能责任不明，质量监督人员数量不足，素质不高，监督缺乏规范统一的工作程序，缺乏必要的控制手段，存在监督机制失灵的现象，质量检测缺乏手段。

3. 前期工作重视不足，设计质量不高

由于水利工程单个项目规模不大，业主对设计前期工作不重视，选择报价低的设计单位，导致设计水平低，不能严格执行强制性标准，设计因素考虑不到位，设计质量不高，设计质量缺乏有效监督。

4. 招标不规范，监督乏力

招投标工作不够规范，违规操作，虚假招标或直接发包工程导致部分工程存在转包和违法分包。水利工程建设中的"同体"问题严重，主要表现在质量监督机构、项目

法人、设计单位、施工单位、监理单位相互隶属同一行政主管部门管理，监督作用不强。

5. 监理责权受限，人员素质不高

由于监理工作是委托行为，部分业主在合同中或口授约束部分监理权限，如造价控制等，导致监理工作开展不顺畅；部分监理人员有证不上岗，无证却上岗，使监理工作不到位等。突出表现在协助做假账，不核实乱签证等。

6. 合同签订不规范，管理缺保障

有些业主合同签订未走程序，人员不熟悉业务，使签订合同先天不足，导致工程多次转分包，层层收管理费，工程实体资金流失，从而导致部分施工企业在经济利益驱使下偷工减料。施工企业为了局部利益而牺牲工程整体利益，违背合同，使工程合同管理缺乏保障。

二、运行管理缺乏制度，维修养护缺乏支撑

1. 运行维护管理意识淡漠

水利工程抗灾标准低，老化失修严重、不配套，特别是 20 世纪六七十年代所建的工程，本身带病就多。由于土地承包后，对公共水利设施的管理责任不明确，维护意识淡漠。农民兴办水利和维护水利设施的积极性下降。

2. 运行维护管理体制不健全

随着国家加大水利投入，工程建设存在多头投资，水利、农业、开发、财政、国土、农办、扶贫、交通等部门都通过相应渠道加大对三农的投入，从而形成了多头投资的格局，各相关部门都制定了规划，但各自为战，未形成系统的小型水利统筹规划。因此，需要建立综合的小型农田水利工程管理机构。县级人民政府应建立综合的小型农田水利工程管理机构，统筹水利、农业、开发、财政、国土、农办、扶贫、交通等涉农、涉水部门为成员单位建立综合的小型农田水利工程管理机构，制定小型水利农田工程规划的县级审查审批制度，加强对在建农村水利工程建设的监管力度，杜绝重建轻管、只建不管等现象。

3. 运行维护管理缺经费及来源

由于许多水利工程管理单位尚未形成自我维持、自我发展的良性运行机制，而政府投入又减少，使水利工程长期缺乏维护，带病工作，造成安全隐患。一方面呼吁政府加大投入，另一方面加强管理，制定合理的工程维修养护费标准，根据受益面积和各地的具体情况，向受益者和单位征收一定的费用，用于工程维护；利用水利发展基金等形式对工程进行维修和养护；推行义务工制，接受受益人或者单位的义务工。

4. 管理技术落后，技术人员不足

许多小型水利工程管理技术落后，基本上还是原始的眼看、脚走、凭感觉，没有安设现代化的监测系统，有的虽然安装了监测系统却无操作人员，造成设备闲置。需要引进专业人才，但是又被编制和人才引进制度限制，导致基层管理单位技术人才严重不足。一方面需要政府制定相关政策确保人才的正常引进，另一方面就是加大对基层水利人员知识更新培训和非专业人员的知识普及培训，从而满足水利建设与管理维护需要。

第一章 基本建设程序与管理制度

第一节 基本建设程序

一、概述

水利工程建设规模宏大，牵涉因素较多，且工作条件复杂、效益显著、施工建造艰难、一旦失事后果严重，因此水利工程建设必须严格遵守基本建设程序和规程规范。根据国家水利工程建设程序管理规定，我国的水利工程建设全面实行项目法人责任制、建设监理制和招标投标制、合同管理制四项制度的改革。水利工程建设包括项目建议书、可行性研究报告、初步设计、施工准备（包括招标设计）、建设实施、生产准备、竣工验收、后评价等阶段。这些阶段大体可分为三个部分，即工程开工建设前的规划、勘测、设计为主的前期阶段；工程开工建设以后至竣工投产的施工阶段；工程的后评价阶段。

水利工程建设过程中必须遵循的先后次序称为基本建设程序，主要适用于由国家投资、中央和地方合资、企事业单位独资或合资以及其他投资方式兴建的防洪、除涝、灌溉、发电、供水、围垦等大中型（包括新建、续建、改建、加固、修复）工程建设项目，小型水利工程建设项目可以参照执行。

严格遵循基本建设程序，先规划研究，后设计施工，有利于加强宏观经济计划管理，保持建设规模和国力相适应；还有利于保证项目决策正确，又快又好又省地完成建设任务，提高基本建设的投资效果。

二、基本建设程序各阶段内容

（一）项目建议书阶段

根据国民经济和社会发展的长远规划、流域综合规划、区域综合规划、专业规划，按照国家产业政策和国家有关投资建设方针编制项目建议书，对拟进行建设的项目做出初步说明。根据一条河流或地区的自然和社会状况的必要资料，编制流域规划或地区水利工程的总体布局，确定合理的开发顺序以及每一项工程的任务和技术经济指标。

（二）可行性研究报告阶段

对项目在技术上是否可行和经济上是否合理进行科学的分析和论证。经过批准的可行性研究报告，是项目决策和进行初步设计的依据。可行性研究报告，由项目法人（或筹备机构）组织编制。可行性研究报告，按国家现行规定的审批权限报批。申报项目可行性研究报告，必须同时提出项目法人组建方案及运行机制、资金筹措方案、资金结构及回收资金的办法，并依照有关规定附具有管辖权的水行政主管部门或流域机构签署的规划同意书、对取水许可预申请的书面审查意见。审批部门要委托有项目相应资格的工程咨询机构对可行性报告进行评估，并综合行业归口主管部门、投资机构（公司）、项目法人（项目法人筹备机构）等方面的意见进行审批。可行性研究报告经批准后，不得随意修改和变更，在主要内容上有重要变动，应经原批准机关复审同意。项目可行性报告批准后，应正式成立项目法人，并按项目法人责任制实行项目管理。

可行性研究报告阶段的主要研究内容包括：

（1）论证工程建设的必要性，确定本工程建设任务和综合利用的主次顺序。

（2）确定主要水文参数和成果，查明影响工程的地质条件和存在的主要地质问题。

（3）基本选定工程规模。

（4）选定基本坝型和主要建筑物的基本形式，初选工程总体布置。

（5）初选水利工程管理方案。

（6）初步确定施工组织设计中的主要问题，提出控制性工期和分期实施意见。

（7）评价工程建设对环境和水土保持设施的影响。

（8）提出主要工程量和建材需用量，估算工程投资。

（9）明确工程效益，分析主要经济指标，评价工程的经济合理性和财务可行性。

（三）初步设计阶段

初步设计是根据批准的可行性研究报告和必要而准确的设计资料，对设计对象进行通盘研究，阐明拟建工程在技术上的可行性和经济上的合理性，规定项目的各项基本技术参数，编制项目的总概算。初步设计文件报批前，一般须由项目法人委托有相应资格的工程咨询机构或组织行业各方面的专家，对初步设计中的重大问题，进行咨询论证。设计单位根据咨询论证意见，对初步设计文件进行补充、修改、优化。初步设计由项目法人组织审查后，按国家现行规定权限向主管部门申报审批。初步设计文件经批准后，主要内容不得随意修改、变更，并作为项目建设实施的技术文件基础。

初步设计阶段的主要研究内容包括：

（1）复核工程任务及具体要求，确定工程规模，选定特征值，明确运行要求。

（2）复核地质条件和设计标准，提出相应的评价和结论。

（3）复核工程的等级和设计标准，确定工程总体布置以及主要建筑物的轴线、结构形式与布置、控制尺寸、高程和工程数量。

（4）提出消防设计方案和主要设施。

（5）选定对外交通方案、施工导流方式、施工总布置和总进度、主要建筑物施工方法及主要施工设备，提出天然（人工）建筑材料、劳动力、供水和供电的需要量及其来源。

（6）提出环境保护措施设计，编制水土保持方案。

（7）拟定水利工程的管理机构，提出工程管理范围、保护范围以及主要管理措施。

（8）编制初步设计概算，利用外资的工程应编制外资概算。

（9）复核经济评价。

（四）施工准备阶段

施工准备阶段（包括招标设计）是指建设项目的主体工程开工前，必须完成的各项准备工作。其中，招标设计指为施工以及设备材料招标而进行的设计工作。

施工准备的条件主要包括：

（1）初步设计已经批准。

（2）项目法人已经建立。

（3）项目已列入国家或地方水利建设投资计划，筹资方案已经确定。

（4）有关土地使用权已经批准。

施工准备的主要内容包括：

（1）施工现场的征地、拆迁。

（2）四通一平。

（3）必需的生产、生活临时建筑工程。

（4）组织招标设计、咨询、设备和物资采购等服务。

（5）组织建设监理和主体工程招标投标，选定建设监理单位和施工承包队伍。

施工准备工作开始前，项目法人或其代理机构，须向水行政主管部门办理报建手续，项目报建须交验工程建设项目的有关批准文件。工程项目进行项目报建登记后，方可组织施工准备工作。

工程建设项目施工，一般均须实行招标投标。

（五）建设实施阶段

项目法人按照批准的建设文件，组织工程建设，保证项目建设目标的实现；项目法人或其代理机构必须按审批权限，向主管部门提出主体工程开工备案报告。

1. 主体工程开工须具备的条件

（1）前期工程各阶段文件已按规定批准，施工详图设计可以满足初期主体工程施工需要。

（2）建设项目已列入国家或地方水利建设投资年度计划，年度建设资金已落实。

（3）主体工程招标已经决标，工程承包合同已经签订，并已得到主管部门同意。

（4）现场施工准备和征地移民等建设外部条件能够满足主体工程开工需要。

（5）建设管理模式已经确定，投资主体与项目主体的管理关系已经理顺。

（6）项目建设所需全部投资来源已经明确，且投资结构合理。

2. 建设实施阶段的主要工作内容

（1）项目法人或其代理机构必须按审批权限，向主管部门递交主体工程开工备案报告。

（2）项目法人要按照批准的建设文件，充分发挥建设管理的主导作用，协调设计、监理、施工以及地方等方面的关系，实行目标管理。

（3）要按照"政府监督、项目法人负责、社会监理、企业保证"的要求，建立健全质量管理体系。

项目法人要充分发挥建设管理的主导作用，为施工创造良好的建设条件。项目法人要授权工程监理，使之能独立负责项目的建设工期、质量、投资的控制和现场施工的组织协调。监理单位选择必须符合水利部《水利工程建设监理规定》（水建〔1996〕396 号）的要求，要按照"政府监督、项目法人负责、社会监理、企业保证"的原则，建立健全质量管理体系，重要建设项目，须设立质量监督项目站，行使政府对项目建设的监督职能。

（六）生产准备阶段

生产准备应根据不同类型的工程要求确定，一般应包括如下主要内容：

（1）生产组织准备。建立生产经营的管理机构及相应管理制度。

（2）招收和培训人员。按照生产运营的要求，配备生产管理人员，并通过多种形式的培训，提高人员素质，使之能满足运营要求。生产管理人员要尽早介入工程的施工建设，参加设备的安装调试，熟悉情况，掌握好生产技术和工艺流程，为顺利衔接基本建设和生产经营阶段做好准备。

（3）生产技术准备。主要包括技术资料的汇总、运行技术方案的制定、岗位操作规程制定和新技术准备。

（4）生产的物资准备。主要是落实投产运营所需要的原材料、协作产品、工器具、备品备件和其他协作配合条件的准备。

（5）正常的生活福利设施准备。

（6）及时具体落实产品销售合同协议的签订，提高生产经营效益，为偿还债务和资产的保值增值创造条件。

（七）竣工验收阶段

当建设项目的建设内容全部完成，并经过单位工程验收（包括工程档案资料的验收），符合设计要求并按水利部《水利基本建设项目（工程）档案资料管理暂行规定》（水办〔1997〕275号）的要求完成了档案资料的整理工作；完成竣工报告、竣工决算等必需文件的编制后，项目法人按水利部《水利工程建设项目管理规定（试行）》（水建〔1995〕128号）规定，向验收主管部门提出申请，验收主管部门根据国家和部颁验收规程组织验收。竣工决算编制完成后，须由审计机关组织竣工审计，其审计报告作为竣工验收的基本资料。工程规模较大、技术较复杂的建设项目可先进行初步验收；不合格的工程不予验收；有遗留问题的项目，对遗留问题必须有具体处理意见，且有限期处理的明确要求，并落实责任人。

（八）后评价阶段

建设项目竣工投产后，一般经过1～2年生产运营，要进行一次系统的项目后评价，主要内容包括：影响评价——项目投产后对各方面的影响进行评价；经济效益评价——对项目投资、国民经济效益、财务效益、技术进步和规模效益、可行性研究深度等进行评价；过程评价——对项目的立项、设计施工、建设管理、竣工投产、生产运营等全过程进行评价。项目后评价一般按三个层次组织实施，即项目法人的自我评价、项目行业的评价、计划部门（或主要投资方）的评价。建设项目后评价工作必须遵循客观、公正、科学的原则，做到分析合理、评价公正。通过建设项目的后评价达到肯定成绩、总结经验、研究问题、吸取教训、提出建议、改进工作、不断提高项目决策水平和投资效果的目的。

第二节　基本建设管理制度简介

水利工程常用的基本建设管理制度包括项目法人责任制、招标投标制、建设监理制、合同管理制、质量监督制、开工备案制、安全生产责任制、项目审计制、工程验收制和廉政责任制等。

一、项目法人责任制

从事水利工程建设管理的项目建设的责任主体，具有民事权利能力和民事行为能力的组织称为项目法人，其对项目的策划、资金筹措、建设实施、生产经营、债务偿还和资产的保值增值，实现全过程负责。

可行性研究报告批准后，县级以上政府负责组建或者委托水行政主管部门报上级政府或其委托的水行政主管部门，组建项目法人。

组建项目法人应具备的条件如下：

（1）法人代表应为专职人员（熟悉有关建设的方针、政策和法规，有丰富的建设管理经验和较强的组织协调能力）。

（2）技术负责人应具有高级专业技术职称，有丰富的技术管理经验和扎实的专业理论知识，负责过中型以上水利工程的建设管理，能独立处理工程建设中的重大技术问题。

（3）人员结构合理。大型工程项目法人具有高级专业技术职称的人员不少于总人数的10%，具有中级专业技术职称的人员不少于总人数的25%，具有各类专业技术职称的人员一般不少于总人数的50%。

（4）有适应工程需要的组织机构，并建立完善的规章制度。

项目法人主要职责如下：

（1）组织初步设计文件的编制、审核、申报等工作。

（2）按照基本建设程序和批准的建设规模、内容、标准组织工程建设。

（3）根据工程建设的需要组建现场管理机构并负责任免其主要行政及技术、财务负责人。

（4）负责办理工程质量监督报批手续、主体工程开工备案手续。

（5）负责与项目所在地地方人民政府及有关部门协调解决工程建设外部环境问题。

（6）依法组织工程项目的勘察、设计、监理、施工及材料和设备的招标，签订有关合同。

（7）组织编制、审核、上报项目年度建设计划、落实年度建设资金，按照概算控制工程投资，用好、管好建设资金。

（8）负责检查现场管理机构建设管理情况，包括工程投资、工期、质量、生产安全和建设责任制情况等。

（9）负责组织制订、上报在建工程度汛计划，安全度汛措施，并对在建工程安全度汛负责。

（10）负责组织编制竣工决算。

（11）负责按照有关验收规程组织或参加验收工作。

（12）负责档案资料的管理，包括对参建单位所形成的档案资料的收集、整理、归档工作进行监督和检查。

二、招标投标制

招投标，是招标投标的简称。招标和投标是一种商品交易行为，是应用技术、经济的方法和市场经济的竞争机制的作用，有组织开展的一种择优成交的方式。可以这样定义：

招投标是招标人对工程、货物和服务事先公开招标文件，吸引多个投标人提交投标文件参与竞争，并按招标文件规定选择交易对象的行为。

招标投标制度是市场经济活动的产物，在竞争日趋激烈的建筑市场中，有效规范了市场竞争行为，确定了各方在建筑市场中应遵守的规则和程序，搭建了规范有序的竞争平台。其内容包括：

（1）公开、公正的原则。

（2）全面招标原则：凡是符合招标条件的工程项目都宜以招标方式确定承包单位。

（3）资质审查原则：所有投标单位都要经过严格的资质预审，符合项目要求的投标单位才有资格参加项目投标。

（4）合理低价中标原则：选择的中标单位应是在满足招标综合要求的前提下，报价较低且合理。

（5）透明公正原则：整个招标过程务必有充分的透明度，各部门间积极配合、全面沟通、信息共享，杜绝暗箱操作。

（6）保密原则：要做好标底、投标文件、评标、定标等内容的保密工作，以防影响招标的公正与效果。

相关内容详见第二章。

三、建设监理制

建设监理是建设工程监理的简称。指的是具备相应资质的工程监理企业，接受建设单位的委托，承担其项目管理工作，并代表建设单位对承建单位的建设行为进行监控的专业化服务活动。其特性主要表现为监理的服务性、科学性、独立性和公正性。建设监理制度是我国基本建设管理的一项基本制度，明确规定监理单位是受项目法人的委托。其依据是国家批准的工程项目建设文件，有关工程建设的法律、法规和工程建设监理合同及其他工程建设合同，其行为是对工程建设实施监督管理。相关内容见第三章。

四、合同管理制

企业合同管理是指企业对以自身为当事人的合同依法进行订立、履行、变更、解除、转让、终止以及审查、监督、控制等一系列行为的总称。其中订立、履行、变更、解除、转让、终止是合同管理的内容；审查、监督、控制是合同管理的手段。合同管理必须是全过程的、系统性的、动态性的。合同管理全过程就是由洽谈、草拟、签订、生效开始，直至合同失效为止。不仅要重视签订前的管理，更要重视签订后的管理。系统性就是凡涉及合同条款内容的各部门都要一起来管理。动态性就是注重履约全过程的情况变化，特别要掌握对自己不利的变化，及时对合同进行修改、变更、补充或中止和终止。

一个企业的经营成败与合同及合同管理有密切关系。企业的经济往来主要是通过合同形式进行的。施工合同往往有多个文件组成，但其优先顺序不同，优先解释次序如下：合同协议书；中标通知书；投标函及投标函附录；专用合同条款；通用合同条款；技术标准和要求（合同技术条款）；图纸；已标价工程量清单；其他合同文件。

在商定合同条件时都要规定双方应承担的义务，发包人一般义务包括：遵守法律；发出开工通知；提供施工场地；协助承包人办理证件和批件；组织设计交底；支付合同价款；组织竣工验收（组织法人验收）；其他义务；专用合同条款中的补充约定。

承包人一般义务包括：遵守法律；依法纳税；完成各项承包工作；对施工作业和施工方法的完备性负责；保证工程施工和人员的安全；负责施工场地及其周边环境与生态的保护工作；避免施工对公众与他人的利益造成损害；为他人提供方便；工程的维护和照管；其他义务。

五、质量监督制

质量监督是指为了确保满足规定的质量要求，对产品、过程或体系的状态进行连续的监视和验证，并对记录进行分析。企业的质量监督：可以分为企业内部的微观质量监督和企业外部的宏观质量监督。而企业外部的宏观质量监督又可以分为行政监督、行业监督、社会监督三类，其中最主要的就是由政府部门实施的行政监督。它主要是按行政区域分级负责的宏观质量监督。

质量监督行为包括：质量监督申请与批复，项目划分与确认，质量监督计划，实施过程监督，质量核备，质量核定，质量监督报告。

质量监督主要内容包括：

（1）复核工程参与方的资质及其派驻现场的项目负责人的资质。

（2）监督检查项目法人（建设单位）、监理单位的质量检查体系和施工单位的质量保证体系以及设计单位现场服务等。

（3）对工程项目的单位工程、分部工程、单元工程的划分进行监督检查和认定。

（4）监督检查技术规程、规范和质量标准的执行情况。

（5）检查施工单位和建设、监理单位对工程质量检验和质量评定情况，并检查工程实物质量。

（6）在工程竣工验收前，对工程质量进行等级核定，编制工程质量评定报告，并向工程竣工验收委员会提出工程质量等级的建议。

根据工程质量事故造成的人员伤亡或者直接经济损失，工程质量事故分为四个等级，其划分标准如下：

（1）特别重大事故，是指造成 30 人以上死亡，或者 100 人以上重伤，或者 1 亿元以上直接经济损失的事故。

（2）重大事故，是指造成 10 人以上 30 人以下死亡，或者 50 人以上 100 人以下重伤，或者 5000 万元以上 1 亿元以下直接经济损失的事故。

（3）较大事故，是指造成 3 人以上 10 人以下死亡，或者 10 人以上 50 人以下重伤，或者 1000 万元以上 5000 万元以下直接经济损失的事故。

（4）一般事故，是指造成 3 人以下死亡，或者 10 人以下重伤，或者 100 万元以上 1000 万元以下直接经济损失的事故。

小于一般事故是质量缺陷。

六、开工备案制

水利部 2013 年第 35 号公告取消开工审批，水建管〔2013〕331 号通知要求项目法人在工程具备开工条件后自主确定工程开工，同时规定项目法人应当自工程开工之日起15个工作日内，将开工情况的书面报告报项目主管单位和上一级主管单位备案，以便督察管理。其中：

1）需向水利部和流域管理机构备案的项目须经省级水行政主管部门审核同意后方可向水利部和流域管理机构备案。

2）由省级水行政主管部门审批初步设计（或实施方案）的项目，还需报省级水行政主管部门备案。

水利工程开工应具备如下条件：项目法人已设立，初步设计已批准，施工详图设计满足主体工程施工需要，建设资金已落实，主体工程施工、监理单位已通过招标等方式依法选定并签订合同，工程阶段验收、竣工验收主持单位已明确，质量安全监督手续已办理，主要设备和材料已落实来源，施工准备和征地移民工作满足主体工程开工需要等条件满足时，即可开工。

七、安全生产责任制

安全生产责任制是根据我国的安全生产方针"安全第一，预防为主，综合治理"和安全生产法规建立的各级领导、职能部门、工程技术人员、岗位操作人员在劳动生产过程中对安全生产层层负责的制度。安全生产责任制是企业岗位责任制的一个组成部分，是企业中最基本的一项安全制度，也是企业安全生产、劳动保护管理制度的核心。

安全生产监督行为包括：安全监督申请与批复、开工安全评估、施工过程安全监督、安全监督报告、调查核实举报等。

安全监督检查内容如下：

（1）要求被检查单位提供有关建设工程安全生产的文件和资料。

1）制度性文件：安全管理机构、安全管理制度、安全责任书、安全生产合同等。

2）实施性文件：施工方案和安全预案、安全措施和方案、安全生产交底资料、安全培训证明材料等。

3）资格性文件：安全生产许可证、专职安全员上岗证、资格证等。

（2）进入被检查单位施工现场进行检查。

（3）纠正施工中违反安全生产要求的行为。

（4）对检查中发现的安全事故隐患，责令立即排除；重大安全事故隐患排除前或者排除过程中无法保证安全的，责令从危险区域内撤出作业人员或者暂时停止施工。

生产安全事故报告和调查处理程序如下：

（1）特别重大事故、重大事故逐级上报至国务院安全生产监督管理部门和负有安全生产监督管理职责的有关部门。

（2）较大事故逐级上报至省（自治区、直辖市）人民政府安全生产监督管理部门和负有安全生产监督管理职责的有关部门。

（3）一般事故上报至设区的市级人民政府安全生产监督管理部门和负有安全生产监督管理职责的有关部门。

安全事故分级及标准见表1-1。

表 1-1 安全事故分级及标准

判断条件	事故死亡（含失踪）人数或危及生命安全	重伤（包括急性工业中毒）人数	直接经济损失
特大事故	30 人以上	100 人以上	1 亿元以上
重大事故	10 人以上 30 人以下	50 人以上 100 人以下	5000 万元以上 1 亿元以下
较大事故	3 人以上 10 人以下	10 人以上 50 人以下	1000 万元以上 5000 万元以下
一般事故	3 人以下	10 人以下	1000 万元以下

八、项目审计制

项目审计是指审计机构依据国家的法令和财务制度、企业的经营方针、管理标准和规章制度，对项目的活动用科学的方法和程序进行审核检查，判断其是否合法、合理和有效的一种活动。项目审计是对项目管理工作的全面检查，包括项目的文件记录、管理的方法和程序、财产情况、预算和费用支出情况以及项目工作的完成情况。项目审计既可以对拟建、在建或竣工的项目进行审计，也可以对项目的整体进行审计，还可以对项目的部分进行审计。审计的作用表现在以下几个方面：

（1）通过审计，可以及时发现不合理的经济活动，并能提出相应的改正建议，促使项目管理人员最大限度地实现对人、财、物使用的综合优化，从而尽可能降低项目造价，提高项目收益。

（2）通过审计，保证投资决策和项目建设期间的重大决策的正确、可行。项目审计可以对项目决策是否遵循了科学的程序、决策依据是否充分、方案是否经过了优选等做出正确评价，从而避免或终止错误的决策。这一点，对防止盲目投资和建设决策中的重大失误非常重要。

（3）通过审计，可以揭露错误和舞弊，制止违法违纪行为，维护投资者的权益。

（4）通过审计，可以交流经验，吸取教训，提高项目管理水平。任何时期的项目审计都会发现经验和暴露问题，这些经验和问题会帮助项目经理以及企业成长。

水利工程项目审计的重点内容包括：

（1）依据提供的工程资料和财务数据，创建水利工程审计项目表。项目表内容包括项目名称、工程进度、预决算情况、项目金额、工程合同签订时间、工程结束时间等。

（2）查阅水利工程施工合同。

（3）重点审查会计账目：①审查合同金额记账的真实性；②审查合同金额记账的完整性；③审查工程成本；④审查工程费用；⑤审查工程收入。

（4）详细审查票据：①审查票据的合规性；②审查票据的真实性。

（5）现场勘查：①审计工程项目进度；②审查工程项目的质量。

（6）延伸审计工程项目疑点：

1）以银行对账单、银行账户为重点审计内容，重点审查付款单位银行账户、付出银行金额、施工方工程项目账面记录的金额。

2）针对审计疑点问题进行详查。

九、工程验收制

工程验收是指建设工程项目完工后开发建设单位会同设计、施工、设备供应单位及工程质量监督部门，对该项目是否符合规划设计要求以及建筑施工和设备安装质量进行全面检验，取得竣工合格资料、数据和凭证。

竣工验收，是全面考核建设工作，检查是否符合设计要求和工程质量的重要环节，对促进建设项目（工程）及时投产，发挥投资效果，总结建设经验有重要作用。

验收分为法人验收和政府验收。法人验收主要进行分部工程验收、单位工程验收、水电站（泵站）中间机组启动验收、合同工程完工验收等。政府验收主要是阶段验收、专项验收、竣工验收等。

工程验收主要内容包括：

1）检查工程是否按照批准的设计进行建设。

2）检查已完工程在设计、施工、设备制造安装等方面的质量及相关资料的收集、整理和归档情况。

3）检查工程是否具备运行或进行下一阶段建设的条件。

4）检查工程投资控制和资金使用情况。

5）对验收遗留问题提出处理意见。

6）对工程建设做出评价和结论。

十、廉政责任制

党风廉政建设责任制是指各级党组（党委）、政府（行政）及其职能部门的领导班子、领导干部在党风廉政建设中应当承担责任的制度。党风廉政建设的责任主体为各级党政领导班子及其成员，各级党政领导班子中的正职为本地区、本部门、本单位党风廉政建设第一责任人。

党风廉政建设包括的范围较广，主要是教育、监督和惩处。教育包含党风党纪教育、示范教育、案例教育、警示教育等，监督包含工程招标监督、干部选拔监督、效能监察、党员领导干部廉洁从政监督等；惩处主要是案件办理和一般信访件的处理。此外还有制度建设和廉政责任制建设、惩防体系建设等。工程合同签订时要求项目法人与施工单位、项目法人与监理单位、监理单位与施工单位双方签订廉政合同，并送督查部门将廉政合同纳入招标文件。

第二章 水利工程建设招标与投标

第一节 招标投标概述

一、招标投标的概念和制度

招标和投标是一种商品交易行为，是交易过程的两个方面。作为一种国际惯例，招标投标是商品经济高度发展的产物，是应用技术、经济的方法和市场经济的竞争机制，有组织开展的一种择优成交的方式。

招投标活动最大的特点是公开、公平、公正和择优。其实质就是通过市场竞争机制的作用，使先进的生产力得到充分发展，落后的生产力得以淘汰，从而有力地促进经济发展和社会进步。

（一）招标投标的相关概念

1. 招标投标

招标投标是在市场经济条件下进行货物、工程和服务的采购时，达成交易的一种方式。

2. 招标与采购

采购是指采购人或采购实体基于生产、转售、消费等目的，购买商品或劳务有偿获取资源的经济活动，是社会消费的前置环节，也是市场经济条件下社会产品交换的必然过程。采购有着多种分类和方式，招标只是其中一种常用的方式；招标这种采购方式在我国被广泛使用，故而一般也称招标为"招标采购"。

3. 招标采购需要满足的三个假设条件

招标采购作为市场经济中资源优化配置的一种竞争机制，除满足一般采购中供给与需求关系外，从当事人和招标投标市场运行机制看，还需要满足以下三个假设条件：

（1）招标采购行为符合经济学中理性选择准则。经济学中假设人的经济行为是理性的，即人的经济行为是在综合了自身价值判断、估计了别人看法和综合考虑了社会规范后，经过理性思考后做出的决定。

（2）满足采购需求的目标数不少于最低竞争数。最低竞争数是指采购能够形成有效竞争的最低数量，一般应不小于2。在我国，招标投标法规定的最低竞争数为3个。这一条件是招标投标制度能够实施的市场条件，即在市场上存在多个满足需求的目标，进而采购能够形成有效竞争的基础。

（3）投标行为是完全竞争而不是合作竞争。竞争是市场经济的基本特征之一。完全竞争是招标采购在资源配置中发挥基础性作用的市场条件。这一条件要求投标人按照其自身能力，结合其发展战略，优先考虑其经济收益最大化。

（二）招标投标制度

招标投标制度，是市场经济活动的产物，在竞争日趋激烈的建筑市场中，有效规范了市场竞争行为，确定了各方在建筑市场中应遵守的规则和程序，搭建了规范有序的竞争平台。

1. 招标投标机制的适用前提

（1）市场诚信体系相对健全。

（2）市场形态处于买方市场。

（3）交易双方处于信息不对称状态。

（4）招标交易费用小于预期节约成本。

2. 招标投标制度的作用

招投标制度是为合理分配招标、投标双方的权利、义务和责任建立的管理制度，加强招投标制度的建设是市场经济的要求。招标投标制度的作用主要体现在以下方面：①通过招标投标提高经济效益和社会效益；②通过招标投标提升企业竞争力；③通过招标投标健全市场经济体系；④通过招标投标打击贪污腐败。

二、招标投标的原则

招标投标活动应当遵循公开、公平、公正和诚实信用的基本原则，维持双方的利益平衡，以及自身利益与社会利益的平衡，从而保证交易安全，促使交易实现。

（1）公开原则。即"信息透明"，要求招标投标活动必须具有高度的透明度，招标程序、投标人的资格条件、评标标准、评标方法、中标结果等信息都要公开，使每个投标人能够及时获得有关信息，从而平等地参与投标竞争，依法维护自身的合法权益。公开是公平、公正的基础和前提。

（2）公平原则。即"机会均等"，要求招标人一视同仁地给予所有投标人平等的机会，使其享有同等的权利并履行相应的义务；在招投标活动中，招标人不得在招标文件中要求或者标明特定的生产供应者以及含有倾向或者排斥潜在投标人的内容，不得以不合理的条件限制或者排斥潜在投标人，不得对潜在投标人实行歧视待遇。

（3）公正原则。即"程序规范，标准统一"，要求所有招标投标活动必须按照规定的时间和程序进行，做到程序公正；对所有投标人实行同一标准，确保标准公正。

在招投标活动中，对招标、投标、开标、评标、中标、签订合同等都规定了具体程序和法定时限，明确了否决投标的情形，评标委员会必须按照招标文件事先确定并公布的评标标准和方法进行评审、打分、推荐中标候选人，招标文件中没有规定的标准和方法不得作为评标和中标的依据。

（4）诚实信用原则。善意真诚、守信不欺是民事活动的基本原则之一，是市场经济中诚实信用伦理准则法律化的产物；在招投标活动中，当事人应当以善意的主观心理和诚实、守信的态度来行使权利、履行义务，不能故意隐瞒真相或者弄虚作假，不能言而无信甚至背信弃义，在追求自己利益的同时不应损害他人利益和社会利益。

三、招标投标主要规定和基本程序

（一）招标投标的主要规定

《中华人民共和国招标投标法》颁布实施后，国务院有关部委就招标投标的基本内容和制度构建制定了一系列招标投标综合性规定，主要有依法必须招标（也称强制招标）、建设项目招标方案核准、招标公告公示、评标及评标专家、委托招标代理以及行政监督等管理制度。以下简要介绍强制招标及委托招标代理等管理规定，其他如招标公告公示、评标（专家）管理及行政监督等规定在后续环节中结合法规条文再相应地具体说明。

1. 强制招标制度

强制招标是指法律法规规定一定范围内的采购项目，凡是达到规定的规模标准的，必须通过招标采购，否则采购单位应当承担法律责任。法律规范确定依法强制招标的项目范围和规模标准主要基于以下因素：①项目具有公共属性；②招标费用的经济性；③项目的特殊性。

（1）工程建设项目依法必须进行招标的范围和规模标准。

强制招标项目范围界定分为三类：

1）基础设施、公用事业等关系社会公共利益、公众安全的项目。基础设施通常包括能源、交通运输、邮电通信、水利、城市设施、环境与资源保护设施等。所谓公用事业，是指为适应生产和生活需要而提供的具有公共用途的服务，如供水、供电、供热、供气、科技、教育、文化、体育、卫生、社会福利等。

2）全部或者部分使用国有资金投资或者国家融资的项目。

3）使用国际组织或者外国政府贷款等援助资金的项目。

上述范围的工程建设项目，包括项目的勘察、设计、施工、监理以及与工程建设有关的设备、材料等的采购，达到下列标准之一的，必须依据招标投标法及其实施条例进行招标：①施工单项合同估算价在200万元人民币以上的；②重要设备、材料等货物的采购，单项合同估算价在100万元人民币以上的；③勘察、设计、监理等服务的采购，单项合同估算价在50万元人民币以上的；④单项合同估算价低于①、②、③规定的标准，但项目总投资额在3000万元人民币以上的。

（2）工程建设项目依法必须进行招标（但又可以不招标）的例外情形。

1）《中华人民共和国招标投标法》第66条作了规定，涉及国家安全、国家秘密、抢险救灾或者属于利用扶贫资金实行以工代赈、需要使用农民工等特殊情况，不适宜进行招标的项目，按照国家有关规定可以不进行招标。

2）《中华人民共和国招标投标法实施条例》还规定了以下五种情形可以不进行招标：①需要采用不可替代的专利或者专有技术；②采购人依法能够自行建设、生产或者提供；③已通过招标方式选定的特许经营项目投资人依法能够自行建设生产或者提供；④需要向原中标人采购工程、货物或者服务，否则将影响施工或者功能配套要求；⑤国家规定的其他特殊情形。以上情形虽可不进行招标，但需经行政监督部门批准。

2. 招标代理规定

（1）招标代理机构。招标代理机构是依法设立、从事招标代理业务并提供相关服务的社会中介组织。招标代理机构作为社会中介服务机构，提供专业招标代理服务。委托中介服务机构代理招标在提升采购质量和效率方面具有显著的优势，能发挥重大的作用：①最大限度地减少信息不对称的情况，促进市场发展；②招标代理机构的专业化和信息优势推进了行业和管理方式社会化、专业化的发展；③促进法律法规和先进管理理念的贯彻落实。

（2）招标代理机构的性质及业务范围。招标代理机构作为社会中介组织，不得与行政机关和其他国家机关存在隶属关系或其他利益关系，也不得无权代理、越权代理和违法代理，不得接受同一招标项目的投标咨询服务。

招标代理服务的业务范围可以包括以下全部或部分工作内容：

1）策划和制订招标方案或协助办理相关核准手续，包括编制发售资格预审公告和资格预审文件、协助招标人组织资格评审，编制发售招标文件。

2）组织潜在投标人踏勘现场和答疑、发澄清文件、组织开标。

3）配合招标人组建评标委员会、协助评标委员会完成评标与评标报告、协助评标委员会推荐中标候选人并办理中标候选人公示。

4）协助招标人定标、发出中标通知书并办理中标结果公告、协助招标人签订中标合同。

5）协助招标人向招标投标监督部门办理有关招标投标情况报告。

6）处理投标人和其他利害关系人提出的异议，配合监督部门调查违法行为。

7）招标人委托的其他咨询服务工作。

（3）工程招标代理机构的资格管理。按照《工程建设项目招标代理机构资格认定办法》规定，工程招标代理机构的资格分为甲级、乙级和暂定级：甲级工程招标代理机构可以承担各类工程的招标代理业务，乙级工程招标代理机构只能承担工程总投资1亿元人民币以下的工程招标代理业务，暂定级工程招标代理机构，只能承担工程总投资6000万元人民币以下的工程招标代理业务；甲级工程招标代理机构资格由国务院建设主管部门认定；乙级、暂定级工程招标代理机构资格由工商注册所在地的省、自治区、直辖市人民政府建设主管部门认定。工程招标代理机构的资格，在认定前由建设主管部门组织专家委员会评审。

甲级、乙级工程招标代理机构资格证书的有效期为5年，暂定级工程招标代理机构资格证书的有效期为3年。甲级、乙级工程招标代理机构的资格证书有效期届满，需要延续资格证书有效期的，应当在其工程招标代理机构资格证书有效期届满60日前，向原资格许可机关提出资格延续申请。对于在资格有效期内遵守有关法律、法规、规章、技术标准，信用档案中无不良行为记录，且业绩、专职人员满足资格条件的甲级、乙级工程招标代理机构，经原资格许可机关同意，有效期延续5年。暂定级工程招标代理机构的资格证书有效期届满，需继续从事工程招标代理业务的，应当重新申请暂定级工程招标代理机构资格。

（4）工程招标代理机构的法律责任。工程招标代理机构在工程招标代理活动中不得有下列行为：①与所代理招标工程的招投标人有隶属关系、合作经营关系以及其他利益关系；②从事同一工程的招标代理和投标咨询活动；③超越资格许可范围承担工程招标代理业务；④明知委托事项违法而进行代理；⑤采取行贿、提供回扣或者给予其他不正当利益等手段承接工程招标代理业务；⑥未经招标人书面同意，转让工程招标代理业务；⑦泄露应当保密的与招标投标活动有关的情况和资料；⑧与招标人或者投标人串通，损害国家利益、社会公共利益和他人合法权益；⑨对有关行政监督部门依法责令改正的决定拒不执行或者以弄虚作假方式隐瞒真相；⑩擅自修改经招标人同意并加盖了招标人公章的工程招标代理成果文件；⑪涂改、倒卖、出租、出借或者以其他形式非法转让工程招标代理资格证书；⑫法律、法规和规章禁止的其他行为。如果有前述第①、②、④、⑤、⑥、⑨、⑩、⑫项行为之一的，处以 3 万元罚款。

（二）招标投标的基本程序

招标投标最显著的特点就是招标投标活动具有严格规范的程序。按照《中华人民共和国招标投标法》的规定，一个完整的招标投标程序，必须包括招标、投标、开标、评标、中标和签订合同六大环节。

1. 招标

招标是指招标人按照国家有关规定履行项目审批手续、落实资金来源后，依法发布招标公告或投标邀请书，编制并发售招标文件等具体环节。根据项目特点和实际需要，有些招标项目还要委托招标代理机构，组织现场踏勘、进行招标文件的澄清与修改等。由于这些是招标投标活动的起始程序，招标项目条件、投标人资格条件、评标标准和方法、合同主要条款等各项实质性条件和要求都是在招标环节得以确定，因此，对于整个招标投标过程是否合法、科学，能否实现招标目的，具有基础性影响。

2. 投标

投标是指投标人根据招标文件要求，编制并提交投标文件，响应招标活动。投标人参与竞争并进行一次性投标报价是在投标环节完成的，在投标截止时间结束后，再不能接受新的投标，投标人也不得再更改投标报价及其他实质性内容。因此，投标情况确定了竞争格局，是决定投标人能否中标、招标人能否取得预期招标效果的关键。

3. 开标

开标是招标人按照招标文件确定的时间和地点，邀请所有投标人到场，当众开启投标人提交的投标文件，宣布投标人名称、投标报价及投标文件中其他重要内容。开标最基本要求和特点是公开，保障所有投标人的知情权，这也是维护各方合法权益的基本条件。

4. 评标

招标人依法组建评标委员会，依据招标文件规定和要求，对投标文件进行审查、评审和比较，确定中标候选人。评标是审查确定中标人的必经程序。对于依法必须招标的项目招标人必须根据评标委员会提出的书面评标报告和推荐的中标候选人确定中标人，因此，评标是否合法、规范、公平、公正，对于招标结果具有决定性作用。

5. 中标

中标，也称定标，即招标人从评标委员会推荐的中标候选人中确定中标人，并向中标人发出中标通知书，并同时将中标结果通知所有未中标的投标人。中标既是竞争结果的确定环节，也是发生异议、投诉、举报的环节，有关行政监督部门应当依法进行处理。

6. 签订书面合同

中标通知书发出后，招标人和中标人应当按照招标文件和中标人的投标文件在规定时间内订立书面合同，中标人按合同约定履行义务，完成中标项目。依法必须进行招标的项目，招标人应当从确定中标人之日起 15 日内，向有关行政监督部门提交招标投标情况的书面报告。

第二节　水利工程建设招标

　　根据中华人民共和国水利部公告的现行有效的规章（含水利部参与制定的部门联合规章）和规范性文件目录，水利工程建设招标采购所适用的专业法律规范，除了基本的《中华人民共和国招标投标法》和配套的《中华人民共和国招标投标法实施条例》之外，还应包括：《工程建设项目招标范围和规模标准规定》《水利工程建设项目招标投标管理规定》《工程建设项目自行招标试行办法》《工程建设项目招标代理机构资格认定办法》《中央投资项目招标代理资格管理办法》《工程建设项目申报材料增加招标内容和核准招标事项暂行规定》《招标公告发布暂行办法》《评标委员会和评标方法暂行规定》《国家重大建设项目招标投标监督暂行办法》《评标专家和评标专家库管理暂行办法》《工程建设项目勘察设计招标投标办法》《工程建设项目施工招标投标办法》《工程建设项目招标投标活动投诉处理办法》《工程建设项目货物招标投标办法》《〈标准施工招标资格预审文件〉和〈标准施工招标文件〉暂行规定》、《关于印发〈简明标准施工招标文件〉和〈标准设计施工总承包招标文件〉的通知》16个部门（联合）规章，以及《水利工程建设项目重要设备材料采购招标投标管理办法》《水利工程建设项目监理招标投标管理办法》《水利工程建设项目招标投标行政监督暂行规定》《关于印发〈水利水电工程标准施工招标资格预审文件〉和〈水利水电工程标准施工招标文件〉的通知》、《国家发展改革委员会关于指定发布依法必须招标项目资格预审公告和招标公告的媒介的通知》5个规范性文件。上述水利工程招标投标专业的法律规范，结合招投标相关的法律规范以及项目当地颁布的地方性法规或规范性文件，一起构成水利工程建设招投标的法律规范体系，约束水利工程建设的招投标活动。

一、招标的分类方式

　　根据不同的方式，（水利工程）招标在实践中有多种分类：按照招标的强制性可分为（依法必须）强制招标和自愿招标；按市场竞争的开放程度可分为公开招标和邀请招标；按市场竞争开放的地域可分为国内招标和国际招标；按招标组织形式可分为自行招标和委托招标；按照招标组织实施方式可分为集中招标和分散招标；按照交易信息的载体形式可分为纸质招标和电子招标；按照招标项目需求形成的方式，可以分为一阶段招标和两阶段招标。在我国境内进行的一切（水利工程）招标投标活动，无论分类或方式如何不同，都适用《中华人民共和国招标投标法》及其配套法规。

　　1. 强制招标与自愿招标

　　强制招标是指（排除例外情形）依法必须招标，自愿招标是指虽然工程建设项目不属依法必须招标的强制情形，但招标人自愿进行招标。

　　2. 公开招标和邀请招标

　　（1）公开招标。公开招标属于无限制性竞争招标，招标人需向不特定的法人或者其他组织（有的科研项目公开招标还可包括个人）发出投标邀请。

　　（2）邀请招标。邀请招标属于有限竞争性招标，也称选择性招标，邀请招标应当向3

个以上满足招标项目资格能力要求的特定的潜在投标人发出投标邀请书。适用于保密、急需、高度专业性等项目，便须经行政监督部门批准。

3. 自行招标与委托招标

（1）委托招标。委托招标是招标人委托专业的中介服务机构履行招标代理业务的招标组织形式。

（2）自行招标。招标人自行办理招标事宜的，应当具有编制招标文件和组织评标的能力，具体包括：①具有项目法人资格（或者法人资格）；②具有与招标项目规模和复杂程度相适应的工程技术、概预算、财务和工程管理等方面专业技术力量；③有从事同类工程建设项目招标的经验；④设有专门的招标机构或者拥有3名以上专职招标业务人员；⑤熟悉和掌握招标投标法及有关法规规章。

二、招标方案和公告公示

（一）招标方案

1. 招标方案的概念

招标方案是指招标人为了有效实施工程、货物和服务，通过分析和掌握招标项目的技术、经济、管理的特征以及招标项目的功能、规模、质量、价格、进度、服务等需求目标，根据有关法律法规、技术标准和市场竞争状况，针对一次招标的组织实施工作（即招标项目）的总体规划。招标方案是科学、规范、有效的组织实施招标采购工作的基础和主要依据，政府有关部门依法行使行政监督职责的主要方式之一就是核准招标方案。

2. 编制招标方案的准备工作

（1）选择合适的招标组织形式。招标人在编制招标方案前，首先应依法选择合适的招标组织形式。组织招标投标活动是一项专业技术要求比较高的工作。选择合适的招标组织形式是成功组织实施招标采购工作的前提。招标人自行招标的，应具有编制招标文件和组织评标的能力；不具备自行招标条件的，应当委托具有相应专业资格能力的招标机构进行委托招标。

（2）分析项目基本特征和需求信息。招标方案编制之前，应当查阅项目审批的有关文件和资料，了解掌握项目的基本情况，主要包括：项目名称、项目招标人、项目主要功能用途、项目投资性质、规模标准、技术性能、质量标准、实施计划等需求特点和目标控制要求。此外，还应当了解项目进展和所处阶段，如决策调研、规划设计、项目批复等，依法确定招标项目的主要内容、范围、招标条件等。

（3）分析市场供求状况。可以通过网络、书刊、已完工类似项目历史资料、实地调查等市场调研方式，了解有可能参与招标项目的潜在投标人的数量、资质能力、设备、类似业绩、技术特长等有关信息，分析预判有兴趣的潜在投标人的规模、数量以及投标报价的等情况，为招标项目合同标段的划分、投标人资格条件的设置、评标标准和方法的选择等提供基础依据。

（4）落实招标条件。招标人在项目招标程序开始前应完成的准备工作和应满足的有关条件主要有：招标人已依法成立；履行审批手续；项目资金或资金来源已落实。

3．工程建设项目招标方案

（1）工程建设项目概况。

（2）工程招标范围、标段划分和投标资格。

1）工程招标内容范围应该正确描述、界定工程数量与边界，工作内容与周围的分工、衔接、协调等边界条件。

2）工程招标标段划分需要考虑的主要因素：①法律法规；②工程承包管理模式；③工程管理力量；④投标资格与竞争性；⑤工程技术、计量和界面的关联性；⑥工期与规模。

3）投标资格要求。

（3）工程招标顺序。

（4）工程质量、价格、进度需求目标。科学合理设定工程建设项目质量、造价、进度和安全、环境管理的需求目标，这是编制和实施招标方案的主要内容，也是设置和选择工程招标的投标资格条件、评标方法、评标因素和标准、合同条款等相关内容的主要依据。

（5）工程招标方式、方法。

（6）工程发包模式与合同类型。

（7）工程招标工作目标和计划。

（8）工作任务分解和团队责任分配

（9）实施措施及风险预案等其他依据。

（二）招标公告公示

1．公告公示的内容

招标人采用公开招标方式的应当发布招标公告；采用资格预审办法对潜在投标人进行资格审查的，应当发布资格预审公告；依法必须进行招标的项目自收到评标报告之日起 3 日内招标人应当发布评标结果公示，公示中标候选人。

2．公告公示的媒介

按照《中华人民共和国招标投标法》《中华人民共和国招标投标法实施条例》和《招标公告发布制度暂行办法》等规定，依法必须进行招标的项目的招标公告、资格预审公告，应当在国家指定的报刊、信息网络或者其他媒介发布。

按照《国家发展改革委员会关于指定发布依法必须招标项目资格预审公告和招标公告的媒介的通知》规定，《中国日报》、《中国经济导报》、《中国建设报》、"中国采购与招标网"为依法必须招标项目的招标公告的发布媒介，其中依法必须招标的国际招标项目的招标公告应由《中国日报》发布。

3．公告公示的监督管理

对于工程建设项目发布公告的媒介由国务院发展改革部门指定。招标人或招标代理机构应至少在一家指定的媒介发布招标公告，两个以上媒介发布同一招标项目的招标公告的内容应相同。指定媒介发布依法招标项目的境内资格预审公告、招标公告，不得收取费用，但发布国际招标公告的除外。拟发布的招标公告文本应当由招标人或其委托的招标代理机构的主要负责人签名并加盖公章，招标公告所占版面一般不超过整版的 1/40，且字体不小于六号字，此外招标人或其委托的招标代理机构发布招标公告，应当向指定媒介提供营业执照（或法人证书）、项目批准文件的复印件等证明文件。

拟发布的招标公告文本有下列情形之一的，有关媒介可以要求招标人或其委托的招标代理机构及时予以改正、补充或调整：①字迹潦草、模糊，无法辨认的；②载明的事项不符合《招标公告发布制度暂行办法》第六条规定的；③没有招标人或其委托的招标代理机构主要负责人签名并加盖公章的；④在两家以上媒介发布的同一招标公告的内容不一致的。

对于招标人或招标代理机构违反《中华人民共和国招标投标法》和《中华人民共和国招标投标法实施条例》公告公示规定的行为，有关行政监督部门视情节予以处罚，具体的处罚措施包括责令限期改正、罚款、暂停项目执行或者暂停资金拨付及给予警告等处分；造成经济损失的，依法承担相应的赔偿责任；情节严重的，依法取消相关资格等。

三、资格审查和招标文件

（一）资格审查

1. 资格审查的内容、原则和方式、方法

对潜在投标人的资格审查是招标人的一项权利，也是项目招标的必要程序，其目的是审查投标人是否具有承担招标项目的能力，以保证中标后，中标人能够切实履行合同。在遵循招标投标"公开、公平、公正和诚实信用"外，资格审查还应遵循科学、合格、适用的原则。

招标人对潜在投标人的资格审查主要包括两方面的内容：①有权要求投标人提供与其资质能力相关的资料和情况，包括要求投标人提供国家授予的有关资质证书、生产经营状况、所承担项目的业绩等；②有权对投标人是否具有相应资质能力进行审查，包括对投标人是否是经依法成立的法人或其他组织，是否具有独立签约能力，经营状况是否正常，是否处于停业、财产被冻结、被他人接管等，是否有相应的资金、人员、机械设备等。

资格审查分为资格预审和资格后审两种形式。资格预审一般是在投标人投标前，由招标人发布资格预审公告或邀请，要求潜在投标人提供有关资质证明，经预审合格的，方被允许参加正式投标；资格后审是指在开标后，再对投标人或中标候选人是否具有合同履行能力进行审查，资格后审不合格的投标人的投标一般作为废标处理。

2. 资格审查的相关法律规定

招标人可以根据项目本身的特点和需要，通过资格预审公告、招标公告或投标邀请书提出投标资格能力条件，并要求资格预审申请人或者投标人提交有关资质证明文件和业绩情况，组织专家进行资格审查。但是招投标活动不受地区、部门限制，对投标人的资格审查条件和评标标准应当一视同仁，不得因地域、行业、所有制不同而加以歧视。

3. 资格预审

（1）资格预审的程序。资格预审一般按以下程序进行：①编制资格预审文件；②发布资格预审公告；③发售资格预审文件；④资格预审文件的澄清和修改；⑤（潜在）投标人编制并提交资格预审申请文件；⑥组建资格审查委员会；⑦评审资格预审申请文件；⑧确认通过资格预审的申请人并通知。

（2）工程项目资格预审文件。参照国家发改委会同有关行政监督部门编制的《标准施工招标资格预审文件》和水利部印发的《水利水电工程标准施工招标资格预审文件》，结合招标项目的技术管理特点和需求，按照以下内容编制资格预审文件：①资格预审公告；②申请人须知；③资格预审的方法；④资格预审申请文件格式；⑤项目建设概况；⑥资格预审文件的澄清与修改等。

（3）资格预审公告或招标公告。公开招标项目应当发布资格预审公告或者招标公告。依法必须进行招标的项目的资格预审公告和招标公告，应当在国务院发展改革部门依法指定的媒介发布。《中国日报》、《中国经济导报》、《中国建设报》、"中国采购与招标网"为依法必须招标项目的公告公示发布媒体。

工程招标资格预审公告适用于采用资格预审办法的招标工程项目，主要包括以下内容：

1）招标条件。包括：①工程建设项目名称、项目审批、核准或备案机关名称及其文件编号；②项目业主名称，即项目审批、核准或备案文件中载明的项目投资或项目业主；③项目资金来源和出资比例；④招标人名称，即负责项目招标的招标人名称，可以是项目业主或其授权组织实施项目并独立承担民事责任的项目建设管理单位；⑤阐明该项目已具备招标条件，招标方式为公开招标。

2）工程建设项目概况与招标范围。对工程建设项目建设地点、规模、计划工期、招标范围、标段划分等进行概括性的描述，使潜在投标人能够初步判断是否有意愿以及自己是否有能力承担项目的实施。

3）申请人资格要求。申请人应具备的工程施工资质等级、类似业绩、安全生产许可证、质量认证体系证书以及对财务、人员、设备、信誉等方面的要求，是否接受联合体申请和投标以及相应的要求，申请人申请资格预审的标段数量或指定的具体标段。

4）资格预审文件招标人可根据招标项目规模情况具体规定资格预审文件发售时间，但发售时间不得少于 5 日；一般要求到指定地点购买资格预审文件，采用电子招标投标的，可以直接从网上下载；为方便异地申请人参与资格预审，一般也可以通过邮购方式获取文件，此时招标人应在公告内明确告知在收到申请人邮购款（含手续费）后的规定日期内寄送；资格预审文件的售价应当合理，收取的费用应当限于补偿印刷、邮寄的成本支出，不得以营利为目的。除招标人终止招标外，售出后，不予退还。

5）资格预审方法。

6）资格预审申请文件提交的截止时间、地点。根据招标项目具体特点和需要合理确定资格预审申请文件提交的截止时间，对于依法必须进行招标的项目，提交资格预审申请文件的截止时间自资格预审文件停止发售之日起不得少于 5 日；送达地点一定要详细告知，可附交通地图；对于逾期送达的或者未送达指定地点的或者不按照资格预审文件要求密封的资格预审申请文件，招标人不予受理。

7）公告发布媒体。

8）联系方式。包括招标人和招标代理机构的联系人、地址、邮编、电话、传真、电子邮箱、开户银行和账号等。

4. 资格审查的评审程序

资格审查的评审工作包括组建资格审查委员会、初步审查、详细审查、澄清、评审和编写评审报告等程序。

（二）招标文件

招标文件是整个招标过程中极为重要的法律文件，它不仅规定了完整的招标程序，而且还提出了各项具体的技术标准和交易条件，规定了拟订立的合同的主要内容，是投标人准备投标文件和参加投标的依据，是评标委员会评标的依据，也是订立合同的基础。

1. 招标要素定义分析

招标文件按照功能作用可以分成三部分：①招标公告或投标邀请书、投标人须知、评标办法、投标文件格式等，主要阐述招标项目需求概况和招标投标活动规则，对参与项目招标投标活动各方均有约束力，但一般不构成合同文件；②工程量清单、设计图纸、技术标准和要求、合同条款等，全面描述招标项目需求，既是招标投标活动的主要依据，也是合同文件构成的重要内容，对招标人和中标人具有约束力；③参考资料，供投标人了解分析与招标项目相关的参考信息，如项目地址、水文、地质、气象、交通等参考资料。

2. 招标文件的编制

（1）招标文件的编写要点。招标文件的编写要注意的方面有：①体现招标项目的特点和需求；②合理划分标段；③依法设定投标资格条件；④明确实质性要求和否决投标的情形；⑤语言要规范简练，前后内容保持一致。

（2）编制原则和要求。招标文件的编制必须遵守国家有关招标投标的法律、法规和部门规章的规定，遵循下列原则和要求：

1）招标文件必须遵循公开、公平、公正的原则，不得以不合理的条件限制或者排斥潜在投标人，不得对潜在投标人实行歧视待遇。

2）招标文件必须遵循诚实信用的原则，招标人向投标人提供的工程情况，特别是工程项目的审批、资金来源和落实等情况，都要确保真实和可靠。

3）招标文件介绍的工程情况和提出的要求，必须与资格预审文件的内容相一致。

4）招标文件的内容要能清楚地反映工程的规模、性质、商务和技术要求等内容，设计图纸应与技术规范或技术要求相一致，使招标文件系统、完整、准确。

5）招标文件规定的各项技术标准应符合国家强制性标准。

6）招标文件不得要求或者标明特定的专利、商标、名称、设计、原产地或建筑材料、构配件等生产供应者以及含有倾向或者排斥投标申请人的其他内容。

7）招标人应当在招标文件中规定实质性要求和条件，并用醒目的方式标明。

3. 标准招标文件的应用

（1）已经颁布的标准招标文件。为规范资格预审文件和招标文件的内容和格式，提高编制质量，国家发展和改革委员会（简称"国家发改委"）会同财政部等九个部门颁布了一系列标准招标文件，如《标准施工招标文件》《简明标准施工招标文件》和《标准设计施工总承包招标文件》等；水利部结合行业特点通过《关于印发〈水利水电工程标准施工招标资格预审文件〉和〈水利水电工程标准施工招标文件〉的通知》印发了相关招标的标准文件和示范文本。

（2）标准招标文件的适用。国家发改委会同相关部门制定和修正的《标准施工招标文件》适用于一定规模以上，且设计和施工不是由同一承包商承担的工程施工招标；《简明标准施工招标文件》适用于工期不超过 12 个月、技术相对简单，且设计和施工不是由同一承包人承担的小型项目施工招标；《标准设计施工总承包招标文件》适用于设计施工一体化的总承包项目招标。

水利工程的施工招标也可参照《水利水电工程标准施工招标文件》，小型水利工程的施工招标甚至可与《简明标准施工招标文件》配套使用；依法必须招标的水利工程项目中的勘察设计、监理、货物等的招标以及自愿招标的水利工程项目，可以参照上述标准文件编写。

第三节　水利工程建设投标

投标是与招标相对应的概念，是指投标人应招标人的邀请，按照招标文件的要求提交投标文件参与投标竞争的行为。

一、投标资格和投标准备

（一）投标资格

1. 投标人及其条件

（1）投标人及其回避规定。法人、其他组织或具有完全民事行为能力的个人（亦称自然人）都可以是（潜在）投标人，法人、其他组织和个人必须具备响应招标和参与投标竞争两个条件后，才能成为投标人；与招标人存在利害关系可能影响招标公正性的法人、其他组织或者个人，不得参加投标。单位负责人为同一人或者存在控股、管理关系的不同单位，不得参加同一标段投标或者未划分标段的同一招标项目投标。违反前两款规定的，相关投标均无效。

（2）投标人资格条件。法人或其他组织响应招标、参加投标竞争，是成为投标人的一般条件；要成为合格投标人，还必须通过资格审查，具备以下资格条件：①满足国家对不同专业领域投标资格条件的有关规定，如《工程建设项目施工招标投标办法》第二十条规定了投标人参加工程建设项目施工投标应当具备 5 个条件；②满足招标人根据项目技术管理要求对投标人的资质、业绩、能力、财务状况等提出的特定要求。

国家法律法规或招标文件对投标人资质有规定的，投标人应当具备相应的条件。此外，《中华人民共和国招标投标法》禁止招标人以不合理条件限制或排斥潜在投标人，禁止歧视潜在投标人。

2. 投标人的资质条件

工程参建企业的资质在一定的公开公正程度上反映了其承建项目的能力水平和诚信记录，是招标采购选择交易对象的重要参考。目前，国家各级行业建设主管部门对于参建企业的资质实行准入认定和动态管理；随着政府简政放权和行业协会的正规成长，对从业企业、人员的资质能力客观评价和动态管理将成为行业协会的日常事务和主要职责，投标人资质的管理也会日渐完善。

（1）投标人资质条件的设定。招标人应根据招标工程的性质、规模、技术特点、工程内容等因素，结合资质标准规定的工程承包范围，合理设定投标人资质条件。设定的资质条件也不宜过高，否则属于排斥或限制潜在投标人的情形，但设定的投标人资质条件也不得低于资质标准规定的工程承包范围，具体要求有：

1）选择适当的投标人资质。如单独发包某一专业工程的，投标人资质条件应设定为可承担相应工程的专业承包资质，或依法可承担相应专业工程的施工总承包资质；如将两项以上专业工程一起发包的，投标人资质条件应设定为相应施工总承包资质，施工总承包资质承揽专业工程受限于一定技术指标范围的，则投标人资质条件应设定为同时具备施工总承包资质和达到招标范围的相关专业承包资质。

2）选择适当的投标人资质等级。各级资质对应着工程不同的难度规模及投资限额，招标人应当根据招标工程规模与技术特点，选择与招标项目相适应的资质等级标准。

（2）关于联合体投标人资质的认定。招标人接受联合体投标的，联合体资质的认定应以联合体共同投标协议中约定的专业分工为依据：不同专业工作由不同联合体成员分别承担的，应按照各自承担的专业工程所对应的专业资质确定联合体的资质；不承担联合体共同投标协议中有关专业工程联合体的成员，其相应的专业资质不作为对联合体相应专业工程的资质考核的内容；同一专业由不同联合体成员分别承担的，按照其最低的资质等级确定联合体的资质等级。

招标人接受联合体投标并进行资格预审的，联合体应当在提交资格预审申请文件前组成。资格预审后联合体增减、更换成员的，其投标无效。联合体各方在同一招标标段中以自己名义单独投标或者参加其他联合体投标的，相关投标均无效。

（二）投标准备

投标人从获取招标信息、研究招标文件、调研市场环境至组建投标机构这一阶段为投标准备，是参加投标竞争的重要阶段。信息获取主要分资格条件判断和招标文件获取两步，满足资格条件是考虑获取招标文件的前提；然后进行投标分析和决策，再据此选择合适的投标策略并动态准备投标团队。

投标分析是投标决策必经的主要步骤和前提，应对可能影响投标的内在因素和外在因素从以下四个方面来进行分析，作出投标决策：

（1）资格条件分析。对照自身资格条件，分析投标资格要求具备的条件：①招标文件要求的资质或资格；②相应的工作经验与业绩证明；③相应的人力、物力和财力；④法律法规或招标文件规定的其他条件。

（2）自身能力分析。根据招标文件的要求，结合自身人员结构、质量管理、成本控制、进度管理和合同管理等方面的能力、优势和特长，对投标的可行性进行综合分析和评价，选择适合自己承受能力、产品优势较为明显、中标可能较大的项目进行投标，避免盲目损失。

（3）项目特征和需求分析。分析招标项目使用功能、规模标准、目标需求等，梳理技术规范、施工工艺和投标报价等方面的要求，通过踏勘现场、参加投标预备会、市场调研等方式，尽可能全面准确地把握招标项目的整体特点和自愿需求情况，形成分析结论。

（4）市场竞争格局分析。分析可能出现的竞争对手及其特长、信誉、管理特色及社会影响力等方面的综合信息，包括竞争对手在同类项目的投标信息、投标报价特点和可能采取的投标策略，据此对市场竞争格局作出全面的分析判断，以提供投标决策支持和制定相应的策略。

二、投标要素和投标文件

（一）投标要素定义与分析

1. 投标文件的签署要求

对投标文件的重要内容如投标、投标报价、投标偏离表和对投标文件的澄清等文件要在指定位置签署。投标要求加盖投标人公章或（和）单位负责人签字，投标人是法人的，由投标人的法定代表人签字；投标人是其他组织的，由投标人的主要负责人签字；个人参加科研项目投标的，由其本人签字。单位法定代表人或负责人授权代理人签字的，投标文件应附授权委托书。同时，单位公章不能以其下属部门、分支机构章或合同章、投标专用章等代替。即未经投标人盖章，又未经单位负责人签字的投标文件是法定无效投标；实践中，也可能根据实际情况约定未经投标人单位盖章或未经单位负责人签字的投标文件均无效。

2. 投标文件装订和标识要求

投标文件应装订紧密，不得采用活页夹方式装订，否则招标人对由于投标文件装订松散而造成的丢失或其他后果不承担责任。一般要求投标文件封面应有投标人名称、投标项目名称、招标项目编号等信息。

3. 投标文件密封要求

投标文件密封目的是在投标文件从递交之后到开标期间，防止被人打开、修改、调包或泄密等。因此对投标文件的密封要求只要起到上述作用即可，不宜过于复杂、烦琐。

4. 投标文件递交要求

投标人应在招标文件要求提交投标文件的截止时间前，将投标文件送达投标地点。

5. 投标文件补充和修改

补充是指对投标文件中遗漏和不足的部分进行增补，修改是指对投标文件中已有的内容进行修订。投标人递交投标文件后，在投标截止时间之前，投标人可以补充和修改已经递交的投标文件。对投标文件做出的口头形式补充和修改无效，补充和修改的内容都应采用书面形式递交，并按照投标文件签署和密封的要求进行签署和密封；在投标截止时间之后，投标人不得对投标文件进行补充和修改。

6. 投标文件撤回与撤销

投标文件的撤回是指投标人在投标截止前收回全部投标文件、放弃投标或者以新的投标文件重新投标，投标人撤回已提交的投标文件，应当在投标截止时间前书面通知招标人；投标文件的撤销是指投标人在投标截止（即投标文件已经发生法律效力）之后，招标人发出中标通知书之前，欲使该投标文件失去法律效力作出的声明。

（二）投标文件的组成与编制

1. 投标文件的组成

投标文件一般包括资格证明文件、商务文件和技术文件三部分，价格文件和已标价的工程量清单除招标文件要求单独装订外，一般列入商务文件。

招标采购的一些标准文件中对投标文件应包含的内容一般会有说明，如水利工程施工招标项目投标文件，就可以参照《简明标准施工招标文件》及《水利水电工程标准施工招标文件》的相关要求，其一般包括如下内容：①投标函或投标函附录；②法定代表人身份证明或附有法定代表人身份证明的授权委托书；③联合体协议书（如有）；④投标保证金；⑤已标价的工程量清单；⑥施工组织设计；⑦项目管理机构；⑧拟分包的项目情况表；⑨资格审查资料（资格后审项目）；⑩招标文件中规定的其他材料。

2. 投标文件的编制

按照招标文件的要求编制投标文件是投标环节最重要的工作，投标文件是反映投标人技术、经济、商务等方面实力和对招标文件响应程度的重要文件，也是评标委员会评价投标人的重要依据，是决定投标成败的关键。

投标文件编制时应当对招标文件提出的所有实质性要求和条件做出响应；实质性要求和条件一般包括：投标报价、投标文件的签署、投标保证金、招标项目完成期限、投标有效期、重要的技术规格和标准、合同主要条款及招标人不能接受的其他条件等。对招标文件提出的实质性要求和条件作出响应，是指投标文件的内容应当对招标文件规定的实质性要求和条件（包括招标项目的技术要求、投标报价要求和评标标准等）——具体明确地作出相对应的回答，不能存有遗漏或重大的偏离，否则将被视为废标，失去中标的可能。

投标文件应按照招标文件提供的格式和要求编制，用不褪色墨水书写或打印，要求字迹端正、装订整齐，附件资料齐全，扫描件清晰未涂改，注重文本编排等细节；并按招标文件要求签字盖章，装订标识和密封，避免被拒收等情形。

《中华人民共和国招标投标法实施条例》规定的投标文件被拒收包括以下情形：①实行资格预审的招标项目，未通过资格预审的申请人提交的投标文件；②逾期送达的投标文件，即在招标文件规定的投标截止时间之后送达的文件；③未按招标文件要求密封的投标文件。

投标截止期满后，投标人少于3个的，不能保证必要的竞争程度，原则上应当重新招标；如果确因招标项目的特殊情况，即使重新招标，也无法（保证）有3个以上的承包商、供应商参加投标的，可按国家有关规定采取其他采购方式。

三、开标评标和中标签约

（一）开标与评标

1. 开标的时间和方式

开标由招标人（或委托招标代理机构）主持，邀请所有投标人参加；招标人应当严格按照招标文件规定的时间、地点和程序公开开标，开标时间应当与投标截止时间为同一时间。

现场各方代表检查确认投标文件密封无误后，当众拆封；现场工作人员应当高声唱读投标人的名称、每一个投标人的投标价格以及投标文件中的其他主要内容（主要是指投标报价有无折扣或者价格修改等）；如果要求或允许报替代方案，还应包括替代方案投标总金额；比如工程建设项目，其他主要内容还应包括：工期、质量、投标保证金等。这样可以使全体投标者了解各自的报价及其排序，了解其他投标的基本情况，充分体现公开开标的透明度。

2. 开标准备和程序

（1）开标准备。开标前需要做好的一些准备工作包括：

1）接收投标文件。投标文件的送达时间以招标人实际收到时间为准，接收人应检查投标文件的份数、包装、标识和密封情况并做好详细记录，经投标人（代表）确认后，出具留存交接凭证。

2）招标人应当拒收未按要求密封的投标文件，可允许投标人在投标截止时间前自行更正补救密封问题，密封细微偏差的瑕疵可以如实记录，开标时确认没有变化即可。

3）确认已提交投标文件的（投标人）数量，投标人少于 3 个的，不得开标，招标人应当重新招标。

4）保护接收的投标文件不丢失、不损坏、不泄密，并将相关文件记录等开标资料先行运送到开标现场。

5）开标现场工作人员和设备都准备就绪。

（2）开标程序。开标应按照招标文件规定的程序进行，一般开标程序如下：①宣布开标纪律；②宣布参加开标的有关人员姓名；③确认参加开标的投标人代表身份；④公布在投标截止时间前接收投标文件的情况；⑤投标人代表检查其投标文件的密封情况；⑥按招标文件约定宣布投标文件开标顺序；⑦公布标底（如需要）；⑧按法律规范和招标文件约定的内容和要求唱标；⑨对开标有异议的，应当在开标现场提出，招标人应当现场做出答复，并制作记录，招标投标双方代表确认开标记录并签字；⑩开标完成后，宣布开标会结束。

3. 评标的过程与成果

（1）评标委员会的成员义务和责任。评标由招标人依法组建的评标委员会负责，评标委员会应当按照法律规范和招标文件规定的评标程序、标准和方法对投标文件进行评审。

有关评标的法律规范除《中华人民共和国招标投标法》及其实施条例外，还有《评标委员会和评标办法暂行规定》《评标专家和评标专家库管理暂行办法》及《国家综合评标专家库试运行管理办法》。评标委员会的组建、评标专家的确定及其回避更换和评标方法标准等，都由上述法律规范和项目招标文件做了统一具体的规定。

有下列情形之一的，不得担任评标委员会成员：①投标人或者投标人主要负责人的近亲属；②项目主管部门或者行政监督部门的人员；③与投标人有经济利益关系，可能影响对投标公正评审的；④曾因在招标、评标以及其他与招标投标有关活动中从事违法行为而受过行政处罚或刑事处罚的。评标委员会成员有上述情形之一的，应当主动提出回避。

评标中可由招标人自行确定评标专家的"特殊招标项目"是指技术复杂、专业性强或者国家有特殊要求，采取随机抽取方式确定的专家难以保证胜任评标工作的项目。

（2）评标原则纪律和注意事项。评标活动应当遵循公平、公正、科学、择优的原则，评标过程中需要遵守的评标纪律有：

1）评标委员会依法进行评标，无关人员不得非法干预，不得参加评标会议。

2）招标人及其委托的招标代理机构应当采取有效措施，确保评标工作不受外界干扰，保证评标活动严格保密；评标委员会成员以及与评标活动有关的工作人员均有保密义务，均不得透漏对投标文件的评审和比较、中标候选人的推荐情况以及与评标有关的其他情况。

3）评标委员会成员不得与任何投标人或与招标项目有利害关系的人私下接触，不得接受投标人、中介机构以及其他利害关系人的财务或其他好处。

4）评标委员会在评标过程中应注意以下事项：①评标委员会不得修订、完善和修改招标文件中已经公布的评标标准的方法；②对招标文件规定的评标标准和方法产生疑义时，应当询问编制招标文件的机构，要求依法公正解释；③对评标结果负责，提交和接收评标报告时，应检查评标委员会是否按照统一规定的方法和标准进行评标、是否有计算错误、签字是否齐全等，如发现问题，要及时更正；④评标委员会成员应对评标过程严格保密，除依法公示评标结果外，不得私自泄露任何与评标相关的信息，评标结束后评标委员会应将使用的各种文件资料、记录表、草稿纸交回招标人或代理机构。

（3）投标文件的澄清、说明。投标文件中有含义不明确的内容、明显文字或者计算错误，评标委员会认为需要投标人作出必要澄清、说明的，应当书面通知该投标人。投标人的澄清、说明应当采用书面形式，并不得超出投标文件的范围或者改变投标文件的实质性内容。评标委员会不得暗示或者诱导投标人作出澄清、说明，不得接受投标人主动提出的澄清、说明。

（4）评标委员会否决投标。

1）否决个别投标人投标的情形。有下列情形之一的，评标委员会应当否决投标人的投标：①投标文件未经投标单位盖章和单位负责人签字；②投标联合体没有提交共同投标协议；③投标人不符合国家或者招标文件规定的资格条件；④同一投标人提交两个以上不同的投标文件或者投标报价，但招标文件要求提交备选投标的除外；⑤投标报价低于成本或者高于招标文件设定的最高投标限价；⑥投标文件没有对招标文件的实质性要求和条件作出响应；⑦投标人有串通投标、弄虚作假、行贿等违法行为。

2）未实质性响应招标文件的具体情形。根据《评标委员会和评标办法暂行规定》第25条，投标文件有下列情形之一的，为未能对招标文件作出实质性响应，应当否决投标：①没有按照招标文件要求提供投标担保或者所提供的投标担保有瑕疵；②投标文件没有投标人授权代表签字和加盖公章；③投标文件载明的招标项目完成期限超过招标文件规定的期限；④明显不符合技术规格、技术标准的要求；⑤投标文件载明的货物包装方式、检验标准和方法等不符合招标文件的要求；⑥投标文件附有招标人不能接受的条件；⑦不符合招标文件中规定的其他实质性要求。招标文件中对其他实质性条件作出规定投标文件未能响应的，也应当否决投标。

3）评标委员会根据招标文件规定的评标标准，对所有投标进行评选和比较后，认为所有投标都不符合招标文件要求，可以否决所有投标。主要有以下几种情形：①投标人过少，缺乏有效的竞争性；②最低投标价大大超过标底或合同底价；③所有投标文件均未从实质上响应招标文件或因其他原因未被接受。

（5）评标报告。

1）评标完成。评标委员会经过对投标文件进行的初步评审（分别做形式评审、资格评审和响应性评审）和详细评审（即按招标文件规定的评标方法、因素和标准对通过初步评审的投标文件做进一步评审），完成评标，并按规定推荐中标候选人（或按授权直接确定中标人）；评标委员会向招标人提交书面评标报告作为评标工作的正式成果，并抄送有关行政监督部门。

2）评标报告的内容。工程招标项目的评标报告应如实记载下列内容：①基本情况和数据表；②评标委员会成员名单；③开标记录；④符合要求的投标一览表；⑤否决投标的情况说明；⑥评标标准、评标方法或者评标因素一览表；⑦经评审的价格或者评分比较表；⑧经评审的投标人顺序；⑨推荐的中标候选人名单与签订合同前要处理的事宜；⑩澄清、说明事项纪要。

（二）中标与签约

1. 中标

中标既是竞争结果的确定环节，也是发生异议、投诉、举报的环节，有关方面应当依法进行处理；按照法律规定，招标项目在确定中标候选人和中标人之后还应当依法进行公示。

（1）确定中标人的程序。

1）中标候选人。推荐的中标候选人应当不超过3个并标明顺序，招标人应自收到评标报告之日起3日内在招标文件规定的媒介公示中标候选人，接受社会监督，且公示期不得少于规定期限（一般为3日）。

2）履约能力审查。中标候选人的经营、财务状况发生较大变化或者存在违法行为，招标人认为可能影响其履约能力的，应当在发出中标通知书前由评标委员会按照招标文件规定的标准和方法审查确认。

3）确定中标人。招标人应在评标委员会推荐的中标候选人中确定中标人。中标人的投标应符合下列条件之一：①能够最大限度地满足招标文件中规定的各项综合评价标准；②能够满足招标文件的实质性要求，并且经评审的投标价格最低（但投标价格低于成本的除外）。

4）中标结果公告。确定中标人后招标人在规定的时限内通过指定的媒体发布中标结果公告，同时向中标人发出中标通知书，并将中标结果通知所有未中标的投标人。

5）向行政监督部门报告招标投标情况。招标人在确定中标人之日起15日内提交招标投标情况的书面报告。

（2）中标通知书。

1）中标的基本要求。一般应包括：①在公示期满，没有投标人或其他利害关系人提出异议和投诉或异议和投诉已经妥善处理，双方再无争议时确定中标人；②确定中标人前，招标人与投标人不得就投标价格、投标方案等实质性内容进行谈判；③授权评标委员会直接确定中标人。

依法必须招标的项目，招标人违反规定与投标人就投标价格、投标方案等实质性内容进行谈判的，应予以警告，对单位直接负责的主管人员和其他直接责任人员依法给予处分。如果影响中标结果的，中标无效。

2）中标通知书。中标通知书是指招标人在确定中标人后向中标人发出的通知其中标的书面凭证，是对招标人和投标人都有约束力的法律文书。中标通知书发出后，无论是招标人改变中标结果的还是投标人放弃中标项目的，都要依法承担法律责任。

2. 签订合同

与合同法规定的"承诺生效时合同成立"略有不同，招标人与中标人应当自中标通知书发出之日起的 30 天内，按照招标文件和中标人的投标文件正式订立书面合同，（招标项目）合同的标的、价款、质量、履行期限等主要条款应与招标文件和中标人的投标文件的内容一致，不得再行订立背离合同实质性内容的其他协议，违者应承担相应的法律责任。合同签订后 5 个工作日内，向未中标的投标人和中标人退还投标保证金及相应利息。

（1）履约保证金。订立合同前，招标文件要求中标人提交履约保证金的，中标人应当按照招标文件的要求提交，但履约保证金不得超过中标合同金额的 10％；招标人最迟应当在书面合同签订后 5 日内，向中标人和未中标的投标人退还投标保证金及银行同期存款利息。

中标人无正当理由不履行与招标人订立的合同的，履约保证金不予退还，给招标人造成的损失超过履约保证金数额的，还应当对超过部分予以赔偿；没有提交履约保证金的，应当对招标人的损失承担赔偿责任。但因不可抗力不能履行合同的，不承担责任。

（2）有条件分包与禁止转包。

1）有条件分包。中标人按照合同的约定或者经招标人同意，可以将中标项目的部分非主体、非关键性工作分包给他人完成；为规范分包行为，有以下限制性规定：①分包须经招标人同意或按照合同约定；②只能分包中标项目的部分非主体、非关键性工作；③接受分包的人必须具有承担分包任务的相应资格条件；④分包只能进行一次，接受分包的人不能再次分包；⑤中标人和接受分包的人应当就分包项目对招标人承担连带责任，也就是说，如果分包项目出现问题，招标人既可以分别要求中标人或接受分包人承担全部责任，也可以直接要求该两者共同承担责任。

2）禁止转包。中标人应当亲自履行中标项目，不得转让或变相转让；中标人将中标项目转让给他人的，将中标项目肢解后分别转让给他人的，违反规定将中标项目的部分主体、关键性工作分包给他人的或者分包人再次分包的，中标人的转让、分包无效，处转让、分包项目金额 5‰以上 10‰以下的罚款；有违法所得的，并处没收违法所得；可以责令停业整顿；情节严重的，由工商行政管理机关吊销营业执照。

第三章　水利工程建设监理

第一节　水利工程建设监理概述

水利工程与一般土建工程相比，其建设周期长、工程复杂、投资额巨大。近年来，随着我国的水利工程量不断增加，使得监理在现场发挥的作用越来越大。监理在工程实施过程与质量监督方面都有着积极的影响。在水利工程实施过程中，会由于地质、投资等出现管理难度较大的情况，不仅使得工程施工过程变得复杂，而且对监理的要求也变得更加严格。水利工程建设领域在推行建设监理制度方面做了很多工作，取得了一定的成绩。水利工程中实行建设监理制度的实践，证明这项制度对加强工程建设管理，控制工程质量、工期、造价，提高经济效益等方面，具有十分重要的作用。

我国的工程建设监理，建设工程监理，在《中国华人民共和国建筑法》中称为建筑工程监理，各建设领域结合行业又有水利工程监理、公路工程监理、水保监理、移民监理、环境监理之分。

一、工程建设监理概念

建设监理是指具有相应资质的监理单位受工程项目建设单位的委托，依据国家有关工程建设的法律、法规，经建设主管部门批准的工程项目建设文件、建设工程监理合同，对工程建设实施的专业化管理。

《水利工程建设监理规定》（水利部令第 28 号）第二条指出：水利工程建设监理，是指具有相应资质的水利工程建设监理单位（以下简称监理单位），受项目法人（建设单位，下同）委托，按照监理合同对水利工程建设项目实施中的质量、进度、资金、安全生产、环境保护等进行的管理活动，包括水利工程施工监理、水土保持工程施工监理、机电及金属结构设备制造监理、水利工程建设环境保护监理。

水利工程建设监理的行为主体是具有相应资质的水利工程建设监理单位，建设监理单位是具有独立法人资格，并依法取得水利工程建设监理单位资质专门从事水利工程建设监理的社会组织。只有监理单位才能以"公正的第三方"的身份开展建设监理活动。

二、建设监理的作用

（1）有利于提高建设工程投资决策化水平。在全方位监理的条件下，可协助建设单位做好投资决策，不仅可以使项目投资符合国家经济发展规划、产业政策、投资方向，而且可使项目投资更加符合市场需求。从而提高决策的科学化水平，避免项目投资决策失误，为实现建设工程投资综合效益最大化打下良好的基础。

（2）有利于规范工程建设参与各方的建设行为。建设监理制是一种社会约束机制，专业化的监督管理服务可规范承建单位和建设单位的行为；但是，最基本的约束是政府的监督管理。其中，监理单位采用事前、事中和事后控制相结合的方式，有效地规范各承建单位的建设行为，最大限度地避免不当建设行为的发生，是该约束机制的根本目的。另一方面，工程监理单位可以向建设单位提出适当的建议，从而避免发生建设单位的不当建设行为，对规范建设单位的建设行为也可起到一定的约束作用。

（3）有利于促使承建单位保证建设工程质量和使用安全。以产品需求者的身份参与管理，但又不同于建设工程的实际需求者，它提供的是专业化、社会化、科学化的项目管理。

（4）有利于实现建设工程投资效益最大化。建设工程投资效益最大化表现为：在满足建设工程预定功能和质量标准的前提下，建设投资额最少；在满足建设工程预定功能和质量标准的前提下，全寿命费用最少；建设工程本身的投资效益与环境、社会效益的综合效益最大化。工程监理企业一般能协助建设单位实现效益最大化。

三、水利工程建设监理的范围

《水利工程建设监理规定》（水利部令第28号）第三条规定：水利工程建设项目依法实行建设监理。水利工程是指防洪、排涝、灌溉、水力发电、引（供）水、滩涂治理、水土保持、水资源保护等各类工程（包括新建、扩建、改建、加固、修复、拆除等项目）及其配套和附属工程。

总投资200万元以上且符合下列条件之一的水利工程建设项目，必须实行建设监理：①关系社会公共利益或者公共安全的；②使用国有资金投资或者国家融资的；③使用外国政府或者国际组织贷款、援助资金的。

铁路、公路、城镇建设、矿山、电力、石油天然气、建材等开发建设项目的配套水土保持工程，符合前款规定条件的，应当按照本规定开展水土保持工程施工监理。

四、建设监理的特点

1. 建设监理的实施需要项目法人委托和授权

建设监理的实施需要项目法人委托和授权。建设监理的产生源于市场经济条件下社会的需求，始于项目法人的委托和授权，而建设监理发展成为一项制度，是根据这样的客观实际建立的。

通过项目法人委托和授权方式来实施建设监理是建设监理与政府对工程建设所进行的行政性监督管理的重要区别。这种方式也决定了在实施工程建设监理的项目中，项目法人与监理单位的关系是委托与被委托的关系，授权与被授权的关系；这种委托和授权方式说明，在实施建设监理的过程中，监理单位的权力主要是由作为建设项目管理主体的项目法人通过授权而转移过来的。在工程项目建设过程中，项目法人始终是建设项目管理主体。

2. 建设监理单位是建设监理的行为主体

监理单位是依法成立，取得监理资格证书，在核准的经营范围内，依法签订监理委托合同，并依照法律、法规和规章、监理委托合同，以"公正的第三方"身份开展监理业务。

从市场角度定位，监理单位属于中介服务性质的单位。监理单位依靠其高技术、高智能和丰富的实践经验，向项目法人提供技术服务。监理单位不是建设产品的直接生产者和经营者，而只为项目法人提供高智能的技术服务。它与工程承包总公司、建筑施工企事业单位不同，不承包工程造价，只是按付出的服务取得相应的监理报酬金。

3. 建设监理是社会化、微观的监督管理活动

建设监理活动是以项目法人的委托为前提，针对一个具体的工程项目开展的，紧紧围绕项目的各项投资活动和生产活动进行的监督管理，注重具体工程项目的实际效益。建设监理是社会化、微观的监督管理活动，这一点与政府进行的行政性监督管理活动有着明显的区别，政府质量监督是政府的宏观执法监督行为，具体区别归纳见表3-1。

表 3-1　　　　　　　　　　　工程建设监理与政府质量监督的区别

项目	工程建设监理	政府质量监督
工作性质	委托性的服务活动	强制性的政府监督
执行者	监理单位	政府质量监督机构
工作任务	工程技术、管理服务	政府质量监督职能
工作范围	全过程、全方位	施工阶段质量监督
工作方法	过程控制、目标控制	质量抽查和等级认定
工作深度	跟踪监理	三阶段
工作手段	合同手段（质量、数量、付款凭证的签证）	行政手段

4. 建设监理活动受市场准入的双重控制

我国对建设工程监理的市场准入采取了企业资质和人员资格的双重控制。要求专业监理工程师以上的监理人员要取得监理工程师资格证书，不同资质等级的工程监理企业至少要有一定数量的取得监理工程师资格证书并经注册的人员。

5. 建设监理服务对象具有单一性

我国的建设工程监理制规定，工程监理企业只接受建设单位的委托，即只为建设单位服务。它不能接受承建单位的委托并为其提供管理服务。从这个意义上看，可以认为我国的建设工程监理就是为建设单位服务的项目管理。

五、建设监理的性质

1. 服务性

建设监理具有服务性是从其业务性质方面定性的。按照委托监理合同为建设单位提供管理服务，其内涵有以下几点：

1）主要手段是规划、控制、协调。

2）主要任务是投资、进度和质量控制。

3）基本目的是协助业主在计划的目标内将建设工程建成投入使用。

2. 科学性

建设监理具有科学性是由建设监理活动的基本目的决定的，其表现为以下几点：

（1）工程监理企业应当由组织管理能力强、工程建设经验丰富的人员担任领导。

（2）应当有足够数量的、有丰富管理经验和应变能力的监理工程师组成骨干队伍。

（3）健全的管理制度。

（4）现代化的管理手段。

（5）要掌握先进的管理理论方法和手段。

（6）要积累足够的技术、经济资料和数据。

（7）要有科学的工作态度和严谨的工作作风。

3. 独立性

独立性的要求是一项国际惯例。在开展监理工作过程中，要建立自己的组织，与承建单位不得有隶属关系或其他利害关系，要按照自己的工作计划、程序、流程、方法、手段，根据自己的判断，独立地开展工作。

4. 公正性

公正性是公认的职业道德准则。客观、公正地对待监理的委托单位和承建单位，在维护建设单位的合法权益时，不损害承建单位的合法权益。公正性是工程建设监理正常和顺利开展的基本条件，特别是当项目法人和被监理方发生利益冲突或矛盾时，能够以事实为依据，以有关法律、法规和双方所签订的工程建设合同为准绳，站在第三方立场上公正地解决和处理矛盾。

监理工作成败的关键在很大程度上取决于能否与承建单位以及项目法人进行良好的合作、互相支持和配合，而这一切又要以监理能否具有公正性作为基础。

第二节　水利工程建设监理工作方法和制度

一、建设监理工作的基本工作程序

依据监理合同组建监理机构，选派总监理工程师、监理工程师、监理员和其他工作人员；熟悉工程建设有关法律、法规、规章以及技术标准，熟悉工程设计文件、施工合同文件和监理合同文件；编制监理规划；进行监理工作交底；编制监理实施细则；实施施工监理工作；整理监理工作档案资料；参加工程验收工作；参加发包人与承包人的工程交接和档案资料移交；按合同约定实施缺陷责任期的监理工作；结清监理报酬；向发包人提交有关监理档案资料、监理工作报告；向发包人移交其所提供的文件资料和设施设备。

二、建设监理工作的主要方法

1. 现场记录

现场监理人员要准确、及时地做好每一个工程项目的现场记录（主要是监理日记和旁站记录），客观全面反映工程建设中出现的各种问题，不得涂抹、缺页、损坏和遗失、应妥善保管。由专人负责逐日将从事的监理工作写入监理日志，见表 3-2。

表 3 - 2   监 理 日 志

合同名称：   合同编号：

气候：		气温：		风力：		风向：	
人员、材料、施工设备动态							
主要施工内容							
存在的问题							
承包人处理意见及处理措施、处理效果							
监理机构签发的意见、通知							
会议情况							
发包人的要求或决定							
其他							
记录人：（签名）				责任监理工程师：（签名）			
日期： 年 月 日				日期： 年 月 日			

特别是涉及设计、承包人和需要返工、改正的事项，应详细做出记录。主要内容包括：

（1）当天水文与气象概况：水位、天气、风力、最高、最低气温等。

（2）当天工程质量检查记录。内容包括监理旁站中发现的违反批准的施工方案、操作工艺及技术规范，重要工序、欠稳妥工序和不宜测控工序中的所见情况，当天施工用的机械、设备（名称、数量、性能、检修）运行情况等，都应有详细的记录。

（3）监理决定及指示。

1）监理旁站对当天所作的决定；当天发生的纠纷及解决办法；总监或各级领导来工地现场指出的问题；当天与总监和各级领导口头谈话摘要；达成的主要协议等。

2）监理对施工单位的指示。主要内容包括正式函件（用于重大的指示）；日常指示，如在每日的工地协调会中发出的指示；在施工现场发出的指示。

2. 发布文件

监理机构采用通知、指示、批复、签认等文件形式进行施工全过程的控制和管理。各类文件包括：监理合同、授权书、监理规划、监理细则、监理交底等；监理过程中，各种会议纪要、通知、报告与业主、施工单位的来往文件等；公司下发的各种文件及相关工程项目的照片及录像资料。

3. 旁站监理

按照监理合同约定，在施工现场对工程项目的重要部位和关键工序的施工，实施连续性的全过程检查、监督与管理。《水利工程施工监理规范》（SL 288—2014）规定：监理机构应依据监理合同和监理工作需要，结合批准的施工措施计划，在监理实施细则中明确旁站监理的范围、内容和旁站监理人员职责，并通知承包人；监理机构应严格实施旁站监理，旁站监理人员应及时填写旁站监理值班记录，见表 3-3。除监理合同约定外，发包人要求或监理机构认为有必要并得到发包人同意增加的旁站监理工作，其费用应由发包人承担。

表 3 - 3　　　　　　　　　　　旁 站 监 理 值 班 记 录

合同名称：　　　　　　　　　　合同编号：　　　　　　　　　　监理机构：

日期		单元工程名称		单元工程编码	
班次		天气		温度	
人员情况	现场施工负责人单位：　　　　　　　　　　　　　　姓名：				
	现场人员数量及分类人员数量				
	人员	个	其他人员		个
	人员	个	合计		个
主要施工机械名称及运转情况					
主要材料进场与使用情况					
承包人提出的问题					
曾对承包人下达的指令或答复					
施工过程情况					
当班监理员：（签名）　　　　　现场承包人代表：（签名）					

4. 巡视检验

巡视检验是对所监理的工程项目进行的定期或不定期的检查、监督和管理，分安全监理巡视和质量监理巡视。填写巡视检验记录表，内容包括：巡视部位（巡视部位、地点，及作业情况描述）；施工现场评价；现场存在的问题（现场出现的各类违反安全文明施工和存在的质量及施工工艺的现象，以及各类事故隐患等）；监理采取的措施（针对现场情况，提出的监理指令、意见现场执行情况）；巡视人员和时间。记录见表 3 - 4。

表 3 - 4　　　　　　　　　　　监 理 巡 视 检 查 记 录

工程名称：　　　　　　　　　　日期：　　　　　　　　　　天气：

巡视时间		
主要巡视部位		
编号	巡视内容	巡视情况记录
1	施工单位人员状况	
2	材料进场和使用以及材料报验的情况	
3	机械设备安全设置的使用与保养情况	
4	施工作业面的工作情况	
5	已完成工程的质量检查情况	
6	危险性较大分部作业情况	
7	施工各作业面的安全操作、文明施工	
8	其他事项	
巡视人员：　　　　　　　　　　　　　　　　　　总监理工程师：		
年　月　日　　　　　　　　　　　　　年　月　日		

5. 跟踪检测

在承包人进行试样检测前，监理机构对其检测人员、仪器设备以及拟订的检测程序和方法进行审核；在承包人对试样进行检测时，实施全过程的监督，确认其程序、方法的有效性以及检测结果的可信性，并对该结果确认。

《水利工程施工监理规范》（SL 288—2014）规定：

（1）实施跟踪检测的监理人员应监督承包人的取样、送样以及试样的标记和记录，并与承包人送样人员共同在送样记录上签字。发现承包人在取样方法、取样代表性、试样包装或送样过程中存在错误时，应及时要求予以改正。

（2）跟踪检测的项目和数量（比例）应在监理合同中约定。其中，混凝土试样应不少于承包人检测数量的7%，土方试样应不少于承包人检测数量的10%。施工过程中，监理机构可根据工程质量控制工作需要和工程质量状况等确定跟踪检测的频次分布，但应对所有见证取样进行跟踪。

6. 平行检测

在承包人对试样自行检测的同时，独立抽样进行检测，核验承包人的检测结果。《水利工程施工监理规范》（SL 288—2014）规定：

（1）监理机构可采用现场测量手段进行平行检测。

（2）需要通过实验室进行检测的项目，监理机构应按照监理合同约定通知发包人委托或认可的具有相应资质的工程质量检测机构进行检测试验。

（3）平行检测的项目和数量（比例）应在监理合同中约定。其中，混凝土试样应不少于承包人检测数量的3%，重要部位每种标号的混凝土至少取样1组；土方试样应不少于承包人检测数量的5%，重要部位至少取样3组。施工过程中，监理机构可根据工程质量控制工作需要和工程质量状况等确定平行检测的频次分布。根据施工质量情况要增加平行检测项目、数量时，监理机构可向发包人提出建议，经发包人同意增加的平行检测费用由发包人承担。

（4）当平行检测试验结果与承包人的自检试验结果不一致时，监理机构应组织承包人及有关各方进行原因分析，提出处理意见。

7. 协调解决

对参加工程建设各方之间的关系以及工程施工过程中出现的问题和争议进行调解。

三、建设监理工作的主要制度

1. 技术文件核查、审核和审批制度

根据施工合同约定由双方提交的施工图纸、施工组织设计、施工措施计划、施工进度计划、安全生产技术措施或专项施工方案、开工申请等，均应通过监理机构核查、审核或审批方可实施。监理部对已经核查、审查或批准的技术文件，应签署监理意见。未经监理部核查、审核或批准的技术文件，不能作为承包人施工的依据，也不能作为监理的依据。

2. 原材料、构配件和工程设备检验制度

进场的原材料、构配件和工程设备应有出厂合格证明和技术说明书，经承包人自检合格后，方可报监理机构检验。监理人员应指示承包人对进场的原材料、构配件和工程设备，按规范要求进行复检。当采用跟踪检测方法对进场的原材料、构配件和工程设备的质量进行认定时，总监理工程师应安排监理人员对复检进行见证取样送检。当对进场的原材料、构配件和工程设备的质量有怀疑时，在征得建设单位同意支付相应的检测费用后，可采取平行检测的方法，进一步确定进场原材料、构配件和工程设备的质量。对不合格的原材料、构配件和工程设备监理人员应指示承包人在规定时限内运离工地或进行相应处理。

3. 工程质量检验制度

承包人每完成一道工序或一个单元工程，都应经过自检。合格后方可报监理机构进行复核检验。上道工序或上一单元工程未经复核检验或复核检验不合格，不得进行下道工序或下一单元工程施工。监理机构应重视工程质量检验工作，特别是中间产品的质量控制，如混凝土试块、砂浆试块、钢筋焊接、回填土方的土质等。总监应安排监理人员对中间产品进行跟踪检测，在征得建设单位同意支付平行检测费用后，应按《水利工程建设项目施工监理规范》（SL 288—2014）规定进行平行检测。

4. 工程计量付款签证制度

所有申请付款的工程量均应进行计量并经监理机构确认。工程计量应同时满足以下条件：

（1）经监理工程师签认，并符合施工合同约定或发包人同意的工程变更项目的工程量以及计日工。

（2）经质量检验合格的工程量，且质量保证资料和质量评定资料基本齐全。

（3）承包人实际完成的并按施工合同有关计量规定计量的工程量。

工程计量的程序应符合《水利工程建设项目施工监理规范》（SL 288—2014）的相关规定。当承包人完成了每个计价项目的全部工程量后，监理工程师应要求承包人与其共同对每个项目的历次计量报表进行汇总和总体量测，核实该项目的最终计量工程量。总监应负责组织监理工程师，按施工合同和《水利工程建设项目施工监理规范》（SL 288—2014）的相关条款要求，对施工单位的支付申请进行审查和核实，核实无误后，由总监签发付款证书。未经监理机构签证的付款申请，发包人不应支付。

5. 会议制度

监理机构应建立会议制度，包括第一次工地会议、监理例会和监理专题会议。会议由总监理工程师或由其授权监理工程师主持。工程建设有关各方应派员参加。各次会议应符合下列要求：

（1）第一次工地会议。第一次工地会议在合同项目开工令下达前举行，会议内容包括工程开工准备检查情况；介绍各方负责人及其授权代理人和授权内容；沟通相关信息；进行监理工作交底。会议的具体内容由有关各方会前约定。会议由总监理工程师或总监理工程师与发包人的负责人联合主持召开。

（2）监理例会。定期主持召开由参建各方负责人参加的会议，会上通报工程进展情况，检查上次监理例会中有关决定的执行情况，分析当前存在的问题，提出问题的解决方案或建议，明确会后应完成的任务。会议应形成会议纪要。

（3）监理专题会议。根据需要，主持召开监理专题会议，研究解决施工中出现的涉及施工质量、施工方案、施工进度、安全生产、工程变更、索赔、争议等方面的专门问题。

总监理工程师组织编写由监理机构主持召开的会议纪要，并分发与会各方。

6. 施工现场紧急情况报告制度

监理机构针对施工现场可能出现的紧急情况编制处理程序、处理措施等文件。当发生紧急情况时，立即向发包人报告，并指示承包人立即采取有效紧急措施进行处理。

7. 工作报告制度

监理机构及时向发包人提交监理月报或监理专题报告；在工程验收时，提交监理工作报告；在监理工作结束后，提交监理工作总结报告。监理月报是建设单位和监理机构了解工程项目质量、进度、投资、安全生产等情况的重要信息来源，是各种检查和竣工验收必备的资料。同时，也是反映工程建设过程中存在问题的重要途径。监理月报应由总监理工程师组织编制，签认后报建设单位和本监理单位。

8. 工程验收制度

在承包人提交验收申请后，对其是否具备验收条件进行审核，并根据有关水利工程验收规程或合同约定，参与、组织或协助发包人组织工程验收。

第三节　水利工程建设监理工作内容

一、建设监理的主要任务

监理的基本方法就是控制，基本工作是"三控""三管""一协调"。"三控"是指监理工程师在工程建设全过程中的工程进度控制、工程安全质量控制和工程投资控制；"三管"是指监理活动中的合同管理、信息管理、职业健康安全与环境管理；"一协调"是指全面的组织协调。

1. 工程进度控制

工程进度控制指项目实施阶段（包括设计准备、设计、施工、使用前准备各阶段）的进度控制。其控制的目的是：通过采取控制措施，确保项目交付使用时间目标的实现。进度控制首先在建设前期通过分析研究确定合理的工期目标，并在施工前将工期纳入承包合同；在建设实施期通过网络技术手段，审查、修改施工组织设计和进度计划，并在计划实施中做好协调与督查，使单项工程及其分阶段目标工期逐步实现，最终保证项目建设总工期的实现。

2. 工程安全质量控制

监理工程师组织参加施工的承包商，按合同标准进行建设，并对影响质量的诸因素进行检测、核验，对差异提出调整、纠正措施的监督管理过程，这是监理工程师的一项重要职责。

工程质量控制的主要任务是在施工前通过审查承包人组织机构人员，检查建筑物所用材料、构配件、设备质量和审查施工组织设计等实施质量预控；在施工中通过技术复核、工序操作检查、隐蔽工程验收和工序成果检查以及通过阶段验收和竣工验收把好质量关等。

3. 工程投资控制

在投资决策阶段、设计阶段、招标阶段、施工阶段以及竣工阶段，把建设工程投资控制在批准的投资限额以内，尽可能地减少建设经费，达到最大效益；并随时纠正发生的偏差，以保证项目投资管理目标的实现，以求在建设工程中合理使用人力、物力、财力，取得较好的投资效益和社会效益。但是并不是指投资越省越好，而是指在工程项目投资范围内得到合理控制。项目投资目标的控制是使该项目的实际投资小于或等于该项目的计划投资（业主所确定的投资目标值）。

4. 合同管理

建设项目监理的合同贯穿于合同的签订、履行、变更或终止等活动的全过程，目的是保证合同得到全面认真地履行。合同管理是进行投资控制、进度控制和质量控制的手段。合同是监理单位站在公正立场采取各种控制、协调与监督措施，履行纠纷调解职责的依据，也是实施三大目标控制的出发点和归宿。

5. 信息管理

建设项目的监理工作是围绕着动态目标控制展开的，而信息则是目标控制的基础。信息管理就是以电子计算机为辅助手段对有关信息的收集、储存、处理等。信息管理是建设项目监理的重要手段，只有及时、准确地掌握项目建设中的信息，才能及时采取有效的措施，有效地完成监理任务。

6. 职业健康安全与环境管理

职业健康安全与环境管理是围绕着动态目标控制展开的，而安全则是固定资产建设过程中最重要的目标控制的基础。项目监理各级人员应明确在各自职责范围内对职业健康安全与环境管理工作中应做的事情和应付的责任，实现对现场安全文明施工的有效管理，确保做到安全施工、防止事故、保障健康、节能减耗、持续发展。

7. 组织协调

组织协调是建设监理能否成功的关键。协调的范围可分为内部的协调和外部的协调。内部的协调主要是工程项目系统内部人员、组织关系、各种需求关系的协调。外部的协调包括与业主有合同关系的施工单位、设计单位的协调和与业主没有合同关系的政府有关部门、社会团体及人员的协调。

二、设计阶段建设监理工作内容

项目设计是建设过程中的关键环节，是整个工程在技术及经济方面的全面安排，不但关系到项目的进度、质量及投资，而且还关系到日后投产效益的发挥。因此，监理工程师对项目设计阶段的进度控制应引起足够的重视。设计阶段监理工作的内容主要是：

（1）根据设计任务书等有关批文，编制"设计要求文件"或"方案竞赛（又称平行设计）文件"。

（2）组织设计方案竞赛（评比）和评定设计方案。

（3）选择勘探、设计单位，委托勘察设计单位及任务，办理合同，并督促检查合同的执行情况。

（4）审查初步设计（或扩大初步设计、技术设计）阶段和施工详图阶段的方案和设计文件。

（5）审查概算与预算。

三、招标阶段建设监理工作内容

招投标制是水利工程建设管理的重要内容之一，它的建立有利于开展公平竞争、鼓励先进、促进技术进步，制度实施目的是维护水利建设市场秩序，保护国家利益和招标投标人的合法权益，以达到缩短建设工期、提高工程质量、降低工程造价和提高投资效益。水利工程建设监理规定指出，招标人应在施工投标前选择监理单位介入工程建设，监理单位受招标人委托，主要工作内容如下：

（1）拟定工程建设项目施工招标方案，并征得项目业主同意。

（2）准备工程建设项目施工招标条件。

（3）办理施工招标申请。

（4）编写施工招标文件。

（5）标底经项目业主认可后，报送所在地方建设主管部门审核。

（6）组织工程建设项目施工招标工作。

（7）组织现场勘察与答疑会，回答投标人提出的问题。

（8）组织开标、评标、决标工作。

（9）协助项目业主与中标单位商签承包合同。

四、施工阶段建设监理工作内容

（一）施工阶段监理工作流程（图 3－1）

（二）施工准备阶段监理工作内容

（1）检查开工前发包人应提供的施工条件是否满足开工要求，包括以下内容：首批开工项目施工图纸的提供；测量基准点的移交；施工用地的提供；施工合同约定应由发包人负责的道路、供电、供水、通信及其他条件和资源的提供情况。

（2）检查开工前承包人的施工准备情况是否满足开工要求，包括以下内容：

1）承包人派驻现场的主要管理人员、技术人员及特种作业人员是否与施工合同文件一致。如有变化，应重新审查并报发包人认可。

2）承包人进场施工设备的数量、规格和性能是否符合施工合同约定，进场情况和计划是否满足开工及施工进度的要求。

3）进场原材料、中间产品和工程设备的质量、规格是否符合施工合同约定，原材料的储存量及供应计划是否满足开工及施工进度的需要。

4）承包人的检测条件或委托的检测机构是否符合施工合同约定及有关规定。

5）承包人对发包人提供的测量基准点的复核，以及承包人在此基础上完成施工测量控制网的布设及施工区原始地形图的测绘情况。

6）砂石料系统、混凝土拌和系统或商品混凝土供应方案以及场内道路、供水、供电、

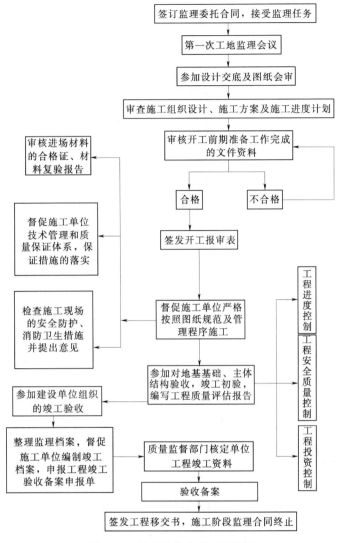

图 3-1　施工阶段监理工作流程

供风及其他施工辅助加工厂、设施的准备情况。

7）承包人的质量保证体系。

8）承包人的安全生产管理机构和安全措施文件。

9）承包人提交的施工组织设计、专项施工方案、施工措施计划、施工总进度计划、资金流计划、安全技术措施、度汛方案和灾害应急预案等。

10）应由承包人负责提供的施工图纸和技术文件。

11）按照施工合同约定和施工图纸的要求需进行的施工工艺试验和料场规划情况。

12）承包人在施工准备完成后递交的合同工程开工申请报告。

（3）监理机构应参加、主持或与发包人联合主持召开设计交底会议，由设计单位进行设计文件的技术交底。

（4）参与发包人组织的工程质量评定项目划。

（三）施工实施阶段监理工作内容

1. 开工条件的控制

监理机构经发包人同意后向承包人发出开工通知，开工通知中载明开工日期；监理机构协助发包人向承包人移交施工合同中约定的应由发包人提供的施工用地、道路、测量基准点以及供水、供电、通信等；承包人完成合同工程开工准备后，向监理机构提交合同工程开工申请表。监理机构在检查各项条件满足开工要求后，批复承包人的合同工程开工申请；由于承包人原因使工程未能按期开工，监理机构通知承包人按施工合同约定提交书面报告，说明延误开工原因及赶工措施；由于发包人原因使工程未能按期开工，监理机构在收到承包人提出的顺延工期要求后，及时与发包人和承包人共同协商补救办法。

（1）分部工程开工。分部工程开工前，承包人应向监理机构报送分部工程开工申请表，经监理机构批准后方可开工。

（2）单元工程开工。第一个单元工程应在分部工程开工批准后开工，后续单元工程凭监理工程师签认的上一单元工程施工质量合格文件方可开工。

（3）混凝土浇筑开仓。监理机构应对承包人报送的混凝土浇筑开仓报审表进行审批。符合开仓条件后，方可签发。

2. 工程质量控制

建筑物施工的质量是否满足要求，关键是由施工过程质量决定的，而过程质量的落脚点就体现在每一道施工工序上，所以说工程质量的控制就是工序质量的控制。

（1）工序质量监控内容。首先是工序活动前的控制，主要要求人、材料、机械、施工工艺和方法、环境质量达标；其次在工序活动过程中设置质量控制点，采用旁站检查、测量及试验方法进行控制；并采用质量统计分析工具对检验数据进行分析，判断质量是否正常，找出影响质量的因素，达到控制工序质量的目的。

（2）质量控制点。质量控制点是指为保证工程质量必须控制的重点工序、关键部位、薄弱环节。监理机构督促承包人在施工前，全面、合理地选择质量控制点，并对承包人设置质量控制点进行跟踪检查或旁站监督，确保质量控制点的施工质量。设置质量控制点的对象，有以下几个方面：

1）关键的分项工程。如大体积混凝土工程、土石坝工程的坝体填筑，隧洞开挖工程等。

2）关键的工程部位。如混凝土面板、堆石坝面板、趾板及周边的接缝，土基上水闸的地基基础，预制框架结构的梁板节点，关键设备的设备基础等。

3）薄弱环节。指经常发生或容易发生质量问题的环节，施工承包商施工无把握的环节，采用新工艺（材料）施工环节等。

4）关键工序。如钢筋混凝土工程的混凝土振捣，灌注桩的钻孔，隧洞开挖的钻孔布置、方向、深度、用药量和填塞等。

5）关键工序的关键质量特性。如混凝土的强度，土石坝的干容重等。

6）关键质量特性的关键因素。如冬季混凝土强度的关键因素是环境（养护温度）。

（3）工程验收和质量评定。对施工过程完成的分部、分项工程进行的中间验收，监理机构在承包人自检合格基础上，按合同文件要求，根据施工图纸及有关文件、规范、标准等，从工程外观、几何尺寸及内在质量方面进行审核验收。在验收同时，根据工程性质，按照《水利水电工程施工质量检验与评定规程》（SL 176—2007），要求施工单位进行分部、单元工程质量的评定，以供核查。

3. 工程进度控制

工程进度控制是指在建设项目实施过程中，按照项目建设进度计划对建设过程进行监督、检查，对出现实际进度与计划进度之间的偏差，及时分析并采取相应的措施，以保证建设工期目标的实现。

（1）开工前的预先控制。首先由负责工程项目进度控制的监理工程师，根据工程项目监理规划编制具体实施性、操作性的施工阶段进度控制工作细则，内容包括：进度控制的主要任务；进度管理组织机构划分及工作人员职责分工；进度控制的具体措施等。

审核承包单位的施工进度计划，审核内容：进度计划与合同工期和阶段性目标的响应性与符合性；进度计划中关键路线安排的合理性；人员、施工设备等资源配置计划和施工强度的合理性；原材料、中间产品和工程设备供应计划与进度计划的协调性等。

（2）施工过程中的同步控制。在施工实施阶段。监理机构要及时监督检查承包方的实际进度，与计划进度之间进行对比，发现偏差时，采取有效措施加以纠正，其主要工作内容包括：检查双方的准备情况，下达开工令；了解施工进度计划的执行情况，协助承包方实施进度计划；及时检查承包方上报的施工监督报表和分析资料，核实已完成项目的时间及工程量，验收后签发工程进度款支付凭证；组织现场协调会，及时分析、通报工程进度状况，协调各方面的生产活动；对实际进度与计划进度进行比较、分析，预测对工程进度带来的影响，同时提出修改措施。

（3）施工完成后的反馈进度控制。提交竣工申请报告，协助组织竣工验收；处理争议和施工索赔；整理工程进度资料进行归类和建档；督促承包方办理工程移交手续，进行工程移交。

4. 工程投资控制

施工阶段是资本转化的实质性阶段，需要筹措资金并投入使用。监理工程师根据合同规定审核签署工程进度付款证书、预付款支付证书、完工付款证书和最终付款证书；处理可能由于施工现场条件变化、市场条件变化、法规变更、恶劣气候影响、意外风险、合同变更、施工索赔等引起的额外费用支出。

（1）资金使用计划的编制。资金使用计划是指在设计概算的基础上，根据承包方的投标报价和投标文件中的进度计划，综合考虑物质、材料供应，土地征用、设计费及不可预见费等，按子项目编制或按时间进度编制的。监理机构编制资金使用计划，可以合理地确定建设项目投资控制的总目标值、分目标值、各细目标值，从而进行投资控制。按时间进度编制资金使用计划有横道图形式和时标网络图形式。

施工阶段由于施工过程随机因素与风险因素的影响形成了实际投资与计划投资的差异称为投资偏差，投资偏差是施工阶段工程造价计算与控制的对象。

（2）工程计量支付。计量支付是施工阶段进行投资控制的关键，承包方施工质量不合格，监理方不签证认可，无质量认可不得计量，未计量不得支付，而质量不认可承包方不能进行下一道工序，工程就要延期，按合同规定就会罚款，所以控制计量支付，就是控制了工期和质量，计量支付是三控的关键。监理方的计量支付权，确立了监理方在项目施工管理过程中的核心地位。

可支付的工程量范围：经监理机构签认的属于合同工程量清单中的项目；发包人同意的变更项目以及计日工。所计量工程是承包人实际完成的并经监理机构确认质量合格，计量方式、方法和单位等符合合同约定。

工程计量的程序：工程项目开工前，监理机构应监督承包人按有关规定或施工合同约定完成原始地形的测绘，并审核测绘成果。接到承包人提交的工程计量报验单和有关计量资料后，监理机构应在合同约定时间内进行复核，确定结算工程量，据此计算工程价款。监理机构认为有必要时，可通知发包人和承包人共同联合计量。

工程计量的方法：现场测量、按设计图纸计量、以表测量、按单据计算、按监理方批准计量、按合同包干价项目计量。

（3）工程变更管理。水利工程建设项目具有工期长、规模大、涉及面广以及地质条件复杂、不可预见因素多等特点，这就决定了在工程建设过程中出现一定的工程变更是不可避免的。工程的变更，实质是对合同的修改，对合同实施影响很大。作为监理方妥善解决工程变更问题，是施工合同管理工作中一项重要课题。

变更的提出、变更指示、变更报价、变更确定和变更实施等过程应按施工合同约定的程序进行。

监理机构可依据合同约定向承包方发出变更意向书，要求承包方就变更意向书中的内容提交变更实施方案（包括实施变更工作的计划、措施和完工时间）；审核承包人的变更实施方案，提出审核意见，并在发包人同意后发出变更指示（变更的原因和必要性；变更的依据、范围和内容等）。

监理机构审核承包方提交的变更报价时，应依据批准的变更项目实施方案，按下列原则审核后报发包人：

1）若施工合同工程量清单中有适用于变更工作内容的子目时，采用该子目的单价。

2）若施工合同工程量清单中无适用于变更工作内容的子目，但有类似子目的，可采用合理范围内参照类似子目单价编制的单价。

3）若施工合同工程量清单中无适用或类似子目的单价，可采用按照成本加利润原则编制的单价。

当发包人与承包人就变更价格和工期协商一致时，监理机构应见证合同当事人签订变更项目确认单。当发包人与承包人就变更价格不能协商一致时，监理机构应认真研究后审慎确定合适的暂定价格，通知合同当事人执行；当发包人与承包人就工期不能协商一致时，按合同约定处理。

（4）工程索赔。索赔是工程承包中经常发生的正常现象。由于施工现场条件、气候条件的变化，施工进度、物价的变化以及合同条款、规范、标准文件和施工图纸的变更、差异、延误等因素的影响，使得工程承包中不可避免地出现索赔。对于监理方来说，在施工阶段避免或正确处理承包方的索赔是保证工程顺利进行、控制投资的一项重要措施。在工程施工合同中，承包方向发包方提出补偿自己损失的要求称为施工索赔（包括经济索赔和工期索赔），而发包方向承包方提出的索赔称为反索赔。

监理机构进行索赔处理的工作程序，如图3-2所示。

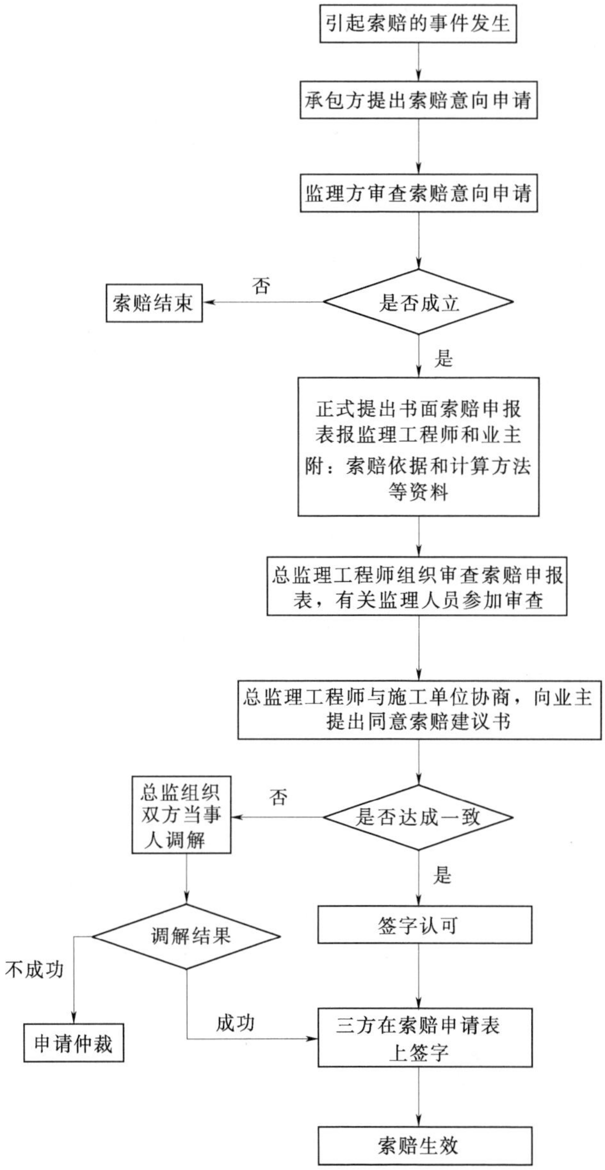

图3-2　施工索赔监理工作流程

(5) 施工安全监理。监理机构审查承包人编制的施工组织设计中的安全技术措施、施工现场临时用电方案以及灾害应急预案、危险性较大的分部工程或单元工程专项施工方案是否符合工程建设标准强制性条文（水利工程部分）及相关规定的要求。监理机构按照相关规定核查承包人的安全生产管理机构以及安全生产管理人员的安全资格证书和特种作业人员的特种作业操作资格证书，并检查安全生产教育培训情况。

施工过程中监理机构的施工安全监理应包括下列内容：

1) 督促承包人对作业人员进行安全交底，监督承包人按照批准的施工方案组织施工，检查承包人安全技术措施的落实情况，及时制止违规施工作业。

2）定期和不定期巡视检查施工过程中危险性较大的施工作业情况。

3）定期和不定期巡视检查承包人的用电安全、消防措施、危险品管理和场内交通管理等情况。

4）核查施工现场施工起重机械、整体提升脚手架和模板等自升式架设设施和安全设施的验收等手续。

5）检查承包人的度汛方案中对洪水、暴雨、台风等自然灾害的防护措施和应急措施。

6）检查施工现场各种安全标志和安全防护措施是否符合工程建设标准强制性条文（水利工程部分）及相关规定的要求。

7）督促承包人进行安全自查工作，并对承包人自查情况进行检查。

8）参加发包人和有关部门组织的安全生产专项检查。

9）检查灾害应急救助物资和器材的配备情况。

10）检查承包人安全防护用品的配备情况。

五、保修责任期建设监理工作内容

保修期的监理工作，主要是针对在保修期出现的工程质量问题进行处理，不同于施工阶段监理的工作，它主要对已完成工程的质量问题进行处理，包括进行原因调查与分析、责任划分、整改（返修）检查和验收。若涉及非承包单位原因造成的工程质量缺陷的修复，监理人员应核实修复工程的费用，签署工程款支付证书。

第四章 小型水利工程施工技术

第一节 施工导流及基坑排水

一、施工导流

施工导流就是在河床中修筑围堰围护基坑，并将河道中各时期的上游来水量按预定的方式导向下游，以创造干地施工的条件，保证主体建筑物施工顺利进行。施工导流贯穿于整个工程施工的全过程，是水利水电工程总体设计的重要组成部分，是选定枢纽布置、永久建筑物形式、施工程序和施工总进度的重要因素。

在导流过程中使用的临时性的挡水建筑物和泄水建筑物，统称为导流建筑物。挡水建筑物主要是围堰。泄水建筑物包括导流明渠、导流隧洞、导流涵管、导流底孔等临时建筑物和部分可利用的永久性泄水建筑物。

（一）导流标准

导流标准就是选定导流设计流量的标准。导流设计流量是选择导流方案、设计导流建筑物的主要依据。

根据《水利水电工程施工组织设计规范》（SL 303—2004），在确定导流设计标准时，首先根据导流建筑物（指枢纽工程施工期所使用的临时性挡水和泄水建筑物）所保护对象、失事后果、使用年限和导流建筑物规模等因素划分为3～5级，具体按表4-1确定，再根据导流建筑物的级别和类型，确定相应的洪水标准，具体见表4-2。

表4-1　　　　　　　　　　　导流建筑物级别划分

级别	保护对象	失事后果	使用年限/年	导流建筑物规模	
				围堰高度/m	库容/$10^8 m^3$
3	有特殊要求的1级永久性水工建筑物	淹没重要城镇、工矿企业、交通干线或推迟工程总工期及第一台（批）机组发电，造成重大灾害和损失	>3	>50	>1.0
4	1级、2级永久性水工建筑物	淹没一般城镇、工矿企业或影响工程总工期及第一台（批）机组发电而造成较大经济损失	1.5～3	15～50	0.1～1.0

续表

级别	保护对象	失事后果	使用年限/年	导流建筑物规模	
				围堰高度/m	库容/$10^8\,m^3$
5	3级、4级永久性水工建筑物	淹没基坑，但对总工期及第一台（批）机组发电影响不大，经济损失较小	<1.5	<15	<0.1

注　1. 导流建筑物包括挡水和泄水建筑物，两者级别相同。

2. 表中四项指标均按导流分期划分，保护对象一栏中所列永久性水工建筑物级别系按《水利水电工程等级划分及洪水标准》（SL 252—2000）划分。

3. 有、无特殊要求的永久性水工建筑物均针对施工期而言，有特殊要求的1级永久性水工建筑物指施工期不应过水的土石坝及其他有特殊要求的永久性水工建筑物。

4. 使用年限指导流建筑物每一导流分期的工作年限，两个或两个以上导流分期共用的导流建筑物，如分期导流一期、二期共用的纵向围堰，其使用年限不能叠加计算。

5. 导流建筑物规模一栏中，围堰高度指挡水围堰最大高度，库容指堰前设计水位所拦蓄的水量，两者应同时满足。

表 4 - 2　　　　　　　　　　导流建筑物洪水标准划分

导流建筑物类型	导流建筑物级别		
	3	4	5
	洪水重现期/年		
土石	50～20	20～10	10～5
混凝土	20～10	10～5	5～3

在实际工程中，确定导流建筑物洪水标准的常见方法主要有以下几种：

（1）实测资料分析法，该法实用简单，但一般应有较长的水文系列，与洪峰、洪量均较大的典型洪水过程作比较后，选用设计典型年。

（2）常规频率法，按国家统一的规范执行，一般应有20～30年以上的水文系列，多用风险率概念进行分析、计算。

（3）经济流量分析法，根据不同的设计流量，计算各相应的年施工费用及年损失费用（含现场施工、淹没、溃堰等损失），对应总费用最小流量即为经济导流流量。

在实际应用中，往往两者或三者结合考虑，综合分析，以估计其安全性和经济性。

（二）导流方式

施工导流的基本方式可分为分期导流和一次拦断河床导流两类。

1. 分期围堰导流

分期围堰导流，也称分段围堰导流或河床内导流，就是用围堰将建筑物分段分期围护起来进行施工的方法。图 4 - 1 是一种常见的分期围堰法导流示意图。

所谓分段就是从空间上将河床围护成若干个干地施工的基坑段进行施工。所谓分期就是从时间上将导流过程划分成阶段。必须指出，段数分得越多，围堰工程量越大，施工也越复杂；同样，期数分得越多，工期有可能拖得越长。因此，在工程实践中，二段二期导流法采用得最多。只有在比较宽阔的通航河道上施工，不允许断航或其他特殊情况下，才

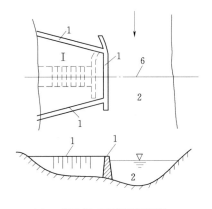

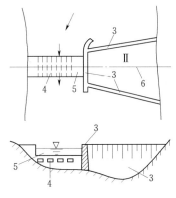

（a）一期导流（束窄河床导流）　　　　　（b）二期导流（底孔与缺口导流）

图 4-1　分期导流布置示意

1——期围堰；2—束窄河床；3—二期围堰；4—导流底孔；5—坝体缺口；6—坝轴线

采用多段多期导流法。分段围堰法导流一般适用于河床宽阔、流量大、施工期较长的工程，尤其在通航河流和冰凌严重的河流上。这种导流方法的费用较低，国内外一些大、中型水利水电工程采用较广。分段围堰法导流，前期由束窄的原河道导流，后期可利用事先修建好的泄水道导流，常见泄水道的类型有底孔、缺口、梳齿孔等。

（1）底孔导流。利用设置在混凝土坝体中的永久底孔或临时底孔作为泄水道是二期导流经常采用的方法。导流时让全部或部分导流流量通过底孔宣泄到下游，保证后期工程的施工。如系临时底孔，则在工程接近完工或需要蓄水时要加以封堵。底孔导流的布置形式如图 4-2 所示。

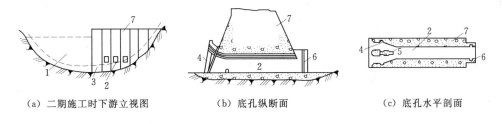

（a）二期施工时下游立视图　　　（b）底孔纵断面　　　（c）底孔水平剖面

图 4-2　底孔导流

1—二期修建坝体；2—底孔；3—二期纵向围堰；4—封闭闸门门槽；5—中间墩；

6—出口封闭门槽；7—已浇筑的混凝土坝体

采用临时底孔时，底孔的尺寸、数目和布置要通过相应的水力学计算确定，其中底孔的尺寸在很大程度上取决于导流的任务（过水、过船、过木和过鱼）以及水工建筑物结构特点和封堵用闸门设备的类型。底孔的布置要满足截流、围堰工程以及本身封堵的要求。临时底孔的断面形状多采用矩形，为了改善孔周的应力状况，也可采用有圆角的矩形。

底孔导流的优点是挡水建筑物上部的施工可以不受水流的干扰，有利于均衡连续施工，这对修建高坝特别有利。若坝体内设有永久底孔可以用来导流时，更为理想。底孔导流的缺点是由于坝体内设置了临时底孔，使钢材用量增加；如果封堵质量不好，会削弱坝体的整体性，还有可能漏水；在导流过程中底孔有被漂浮物堵塞的危险；封堵时由于水头较高，安放闸门及止水等均较困难。

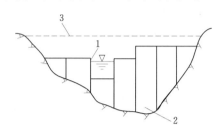

图 4-3 坝体缺口过水示意
1—过水缺口；2—坝体；3—坝顶

（2）坝体缺口导流。混凝土坝施工过程中，当汛期河水暴涨暴落，其他导流泄水建筑物不足以宣泄全部流量时，为了不影响坝体施工进度，使坝体在涨水时仍能继续施工，可以在未建成的坝体上预留缺口，如图 4-3 所示，以便配合其他建筑物宣泄洪峰流量，待洪峰过后，上游水位回落，再继续修筑缺口。所留缺口的宽度和高度取决于导流设计流量、其他建筑物的泄水能力、建筑物的结构特点和施工条件。采用底坎高程不同的缺口时，为避免高低缺口，单宽流量相差过大产生高缺口向低缺口的侧向泄流，引起压力分布不均匀，需要适当控制高低缺口间的高差。根据湖南省柘溪工程的经验，其高差以不超过 4～6m 为宜。在修建混凝土坝，特别是大体积混凝土坝时，由于这种导流方法比较简单，常被采用。

上述两种导流方式，一般只适用于混凝土坝，特别是重力式混凝土坝枢纽。至于土石坝或非重力式混凝土坝枢纽，采用分段围堰法导流，常与隧洞导流、明渠导流等河床外导流方式相结合。

2. 一次拦断河床围堰导流

一次拦断河床围堰导流是在河床主体工程轴线上下游一定距离，修筑拦河堰体，一次性截断河道，使河道中的水流经河床外修建的临时泄水道或永久泄水建筑物下泄。一次性拦断河床围堰导流适用于枯水期流量不大，河道狭窄的河流，按泄水建筑物的类型可分为明渠导流、隧洞导流、涵管导流等。

（1）明渠导流。明渠导流适用于以下情况：坝址河床较窄或河床覆盖层很深，分期导流困难，河床一岸有较宽的台地、垭口或古河道；导流流量大，地质条件不适于开挖导流隧洞；施工期有通航、排冰、过木要求。

导流明渠布置分在岸坡上和在滩地上两种布置形式，如图 4-4 所示。

1）导流明渠轴线的布置。导流明渠应布置在较宽台地、垭口或古河道一岸；渠身轴线要伸出上下游围堰外坡脚，水平距离要满足防冲要求，一般 50～100m；明渠进出口应与上下游水流相衔接，与河道主流的交角以 30°为宜；为保证水流畅通，明渠转弯半径应大于 5 倍渠底宽；明渠轴线布置应尽可能缩短明渠长度和避免深挖方。

2）明渠进出口位置和高程的确定。明渠进出口力求不冲、不淤和不产生回流，可通过水力学模型试验调整进出口形状和位置，以达到这一目的；进口高程按截流设计选择，出口高程一般由下游消能控制；进出口高程和渠道水流流态应满足施工期通航、过木和排冰要求；在满足上述条件下，尽可能抬高进出口高程，以减少水下开挖量。

3）导流明渠断面设计。

（a）明渠断面尺寸的确定。明渠断面尺寸由设计导流流量控制，并受地形地质和允许

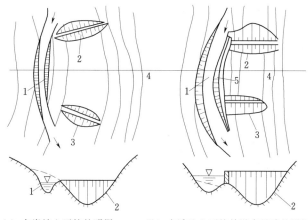

（a）在岸坡上开挖的明渠　　　　（b）在滩地上开挖并设有导墙的明渠

图 4-4　明渠导流示意

1—导流明渠；2—上游围堰；3—下游围堰；4—坝轴线；5—明渠外导墙

抗冲流速影响，应按不同的明渠断面尺寸与围堰的组合，通过综合分析确定。

（b）明渠断面形式的选择。明渠断面一般设计成梯形，渠底为坚硬基岩时，可设计成矩形。有时为满足截流和通航不同目的，也有设计成复式梯形断面。

（c）明渠糙率的确定。明渠糙率大小直接影响到明渠的泄水能力，而影响糙率大小的因素有衬砌的材料、开挖的方法、渠底的平整度等，可根据具体情况查阅有关手册确定。对大型明渠工程，应通过模型试验选取糙率。

（2）隧洞导流。隧洞导流适用于导流流量不大、坝址河床狭窄、两岸地形陡峻的情况，如一岸或两岸地形、地质条件良好时，可考虑采用隧洞导流。

1）导流隧洞的布置如图 4-5 所示。

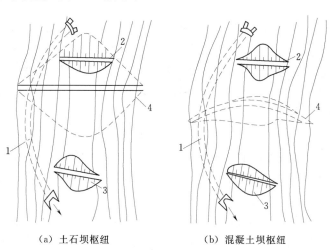

（a）土石坝枢纽　　　　　　　（b）混凝土坝枢纽

图 4-5　隧洞导流示意

1—导流隧洞；2—上游围堰；3—下游围堰；4—主坝

（a）隧洞轴线沿线地质条件良好，足以保证隧洞施工和运行的安全。

（b）隧洞轴线宜按直线布置，如有转弯时，转弯半径不小于 5 倍洞径（或洞宽），转角不宜大于 60°，弯道首尾应设直线段，长度不应小于 3～5 倍的洞径（或洞宽）；进出口引渠轴线与河流主流方向夹角宜小于 30°。

（c）隧洞间净距、隧洞与永久建筑物间距、洞脸与洞顶围岩厚度均应满足结构和应力要求。

（d）隧洞进出口位置应保证水力学条件良好，并伸出堰外坡脚一定距离，一般距离应大于 50m，以满足围堰防冲要求。进口高程多由截流控制，出口高程由下游消能控制，洞底按需要设计成缓坡或急坡，避免成反坡。

2）导流隧洞断面设计。隧洞断面尺寸的大小，取决于设计流量、地质和施工条件，洞径应控制在施工技术和结构安全允许范围内，目前国内单洞断面尺寸多在 200m² 以下，单洞泄量不超过 2000～2500m³/s。

隧洞断面形式取决于地质条件、隧洞工作状况（有压或无压）及施工条件，常用断面形式有圆形、马蹄形、方圆形，如图 4-6 所示。圆形多用于高水头处，马蹄形多用于地质条件不良处，方圆形有利于截流和施工，国内外导流隧洞采用方圆形为多。

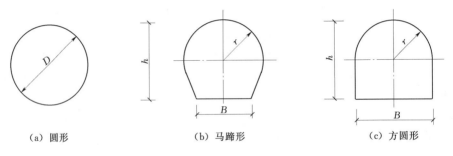

（a）圆形　　　　　　（b）马蹄形　　　　　　（c）方圆形

图 4-6　隧洞断面形式

洞身设计中，糙率 n 值的选择是十分重要的问题，糙率的大小直接影响到断面的大小，而衬砌与否、衬砌的材料和施工质量、开挖的方法和质量则是影响糙率大小的因素。一般混凝土衬砌糙率值为 0.014～0.017；不衬砌隧洞的糙率变化较大，光面爆破时为 0.025～0.032，一般炮眼爆破时为 0.035～0.044。设计时根据具体条件，查阅有关手册，选取设计的糙率值。

对重要的导流隧洞工程，应通过水工模型试验验证其糙率的合理性。

导流隧洞设计应考虑后期封堵要求，布置封堵闸门门槽及启闭平台设施。有条件者，导流隧洞应与永久隧洞结合，以利节省投资。一般高水头枢纽，导流隧洞只可能与永久隧洞部分相结合，中低水头则有可能全部结合。

（3）涵管导流。涵管导流一般在修筑土坝、堆石坝工程中采用。

涵管通常布置在河岸岩滩上，其位置在枯水位以上，这样可在枯水期不修围堰或只修一小围堰而先将涵管筑好，然后再修上下游全断围堰，将河水引经涵管下泄，如图 4-7 所示。

涵管一般是钢筋混凝土结构。当有永久涵管可以利用或修建隧洞有困难时，采用涵管导流是合理的。在某些情况下，可在建筑物基岩中开挖沟槽，必要时予以衬砌，然后封上混凝土或钢筋混凝土顶盖，形成涵管。利用这种涵管导流往往可以获得经济可靠的效果。由于涵管的泄水能力较低，所以一般用于导流流量较小的河流上或只用来担负枯水期的导流任务。

为了防止涵管外壁与坝身防渗体之间的渗流，通常在涵管外壁每隔一定距离设置截流环，以延长渗径，降低渗透坡降，减少渗流的破坏作用。此外，必须严格控制涵管外壁防渗体的压实质量。涵管管身的温度缝或沉陷缝中的止水必须认真施工。

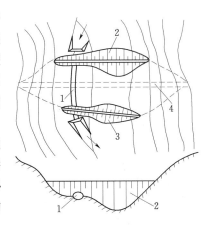

图 4-7 涵管导流示意
1—流涵管；2—上游围堰；3—下游围堰；4—土石坝

（三）导流方案

水利水电枢纽工程的施工，从开工到完工往往不是采用单一的导流方法，而是几种导流方法组合起来运用，以取得最佳的技术经济效果。例如，三峡工程采用分期导流方式，分三期进行施工：第一期土石围堰围护右岸叉河，江水和船舶从主河槽通过；第二期围护主河槽，江水经导流明渠泄向下游；第三期修建碾压混凝土围堰拦断明渠，江水经由泄洪坝段的永久深孔和 22 个临时导流底孔下泄。这种不同导流时段不同导流方法的组合，通常称为导流方案。

选择导流方案时应综合考虑的因素主要有水文条件、地形条件、地质及水文地质条件、水工建筑物的形式及其布置、施工期间河流的综合利用、施工进度、施工方法及施工场地布置等。

合理的导流方案，必须在周密地研究各种影响因素的基础上，拟定几个可能的方案，进行技术经济比较，从中选择技术经济指标优越的方案。

二、施工截流

施工导流过程中，当导流泄水建筑物建成后，应抓住有利时机，迅速截断原河床水流，迫使河水经完建的导流泄水建筑物下泄，然后在河床中全面展开主体建筑物的施工，这就是截流工程。

截流一般先在河床的一侧或两侧向河床中填筑截流戗堤，逐步缩窄河床，称为进占。戗堤进占到一定程度，河床束窄，形成流速较大的泄水缺口叫龙口。为了保证龙口两侧堤端和底部的抗冲稳定，通常采用工程防护措施，如抛投大块石、铅丝笼等，这种防护堤端叫裹头。封堵龙口的工作叫合龙。合龙以后，龙口段及戗堤本身仍然漏水，必须在戗堤全线设置防渗措施，这一工作叫闭气。所以整个截流过程包括戗堤进占、龙口裹头及护底、合龙、闭气四项工作。截流后，对戗堤进一步加高培厚，修筑成设计围堰。

由此可见，截流在施工中占有重要地位，如不能按时完成，就会延误整个建筑物施工，河槽内的主体建筑物就无法施工，甚至可能拖延工期一年，所以在施工中常将截流作为关键性工程。为了截流成功，必须充分掌握河流的水文、地形、地质等条件，掌握截流过程中水流的变化规律及其影响，做好周密的施工组织，在狭小的工作面上用较大的施工强度在较短的时间内完成截流。

截流的方式可归纳为平堵法、立堵法及混堵等。

1. 立堵法

立堵法截流是将截流材料从龙口一端或两端向中间抛投进占，逐渐束窄河床，直至全部拦断，如图 4-8 所示。

立堵法截流不需架设浮桥，准备工作比较简单，造价较低。但截流时水力条件较为不利，龙口单宽流量较大，出现的流速也较大，同时水流绕截流戗堤端部使水流产生强烈的立轴漩涡，在水流分离线附近造成紊流，易造成河床冲刷，且流速分布很不均匀，需抛投单个重量较大的截流材料。截流时由于工作前线狭窄，抛投强度受到限制。立堵法截流适用于大流量、岩基或覆盖层较薄的岩基河床，对于软基河床应采用护底措施后才能使用。立堵法截流又分为单戗、双戗和多戗立堵截流，单戗适用于截流落差不超过 3m 的情况。

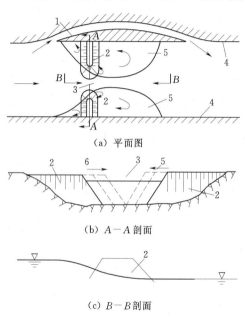

图 4-8　立堵法截流
1—分流建筑物；2—截流戗堤；3—龙口；
4—河岸；5—回流区；6—进占方向

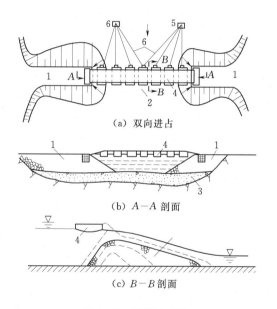

图 4-9　平堵法截流
1—截流戗堤；2—龙口；3—覆盖层；4—浮桥；
5—锚墩；6—钢缆；7—平堵截流抛石体

2. 平堵法

平堵法截流是沿整个龙口宽度全线抛投，抛投料堆筑体全面上升，直至露出水面，如图 4-9 所示。这种方法的龙口一般是部分河宽，也可以是全河宽。因此，合龙前必须在龙口架设浮桥，由于它是沿龙口全宽均匀地抛投，所以其单宽流量小，出现的流速也较小，需要的单个材料的重量也较轻，抛投强度较大，施工速度快，但有碍于通航，适用于软基河床，河流架桥方便且对通航影响不大的河流。

3. 混合堵

混合堵是采用立堵与平堵相结合的方法，有立平堵和平立堵两种。

（1）立平堵。为了充分发挥平堵水力学条件较好的优点，同时又降低架桥的费用，工程中可采用先立堵，后在栈桥上平堵的方式。

（2）平立堵。对于软基河床，单纯立堵易造成河床冲刷，采用先平抛护底，再立堵合龙，平抛多利用驳船进行。

三、基坑排水

修建水利水电工程时，在围堰合龙闭气以后，就要排除基坑内的积水和渗水，以保持基坑基本干燥状态，以利于基坑开挖、地基处理及建筑物的正常施工。

基坑排水工作按排水时间及性质，一般可分为：①基坑开挖前的初期排水，包括基坑积水、基坑积水排除过程中的围堰堰体与基础渗水和堰体及基坑覆盖层中的含水以及可能出现的降水的排除；②基坑开挖及建筑物施工过程中的经常性排水，包括围堰和基坑渗水、覆盖层含水、降水以及施工弃水的排除。按排水方法分明沟排水和人工降低地下水位两种。

第二节 地 基 处 理

水工建筑物的地基分为两大类型，即岩基和软基。

岩基是由岩石构成的地基，又称硬基。软基是由淤泥、壤土、砂、砂砾石、砂卵石等构成的地基。由于工程地质和水文地质作用的影响，天然地基往往存在一些不同程度、不同形式的缺陷，经过人工处理，使地基具有足够的强度、整体性和均一性、抗渗性和耐久性，方能作为水工建筑物的地基。

一、地基处理方法

水利水电工程地基处理的基本方法主要有开挖、灌浆、防渗墙、桩基础、锚固，还有置换法、排水法以及挤实法等。

（1）开挖。开挖处理是将不符合设计要求的覆盖层、风化破碎有缺陷的岩层挖掉，是地基处理最通用的方法。

（2）灌浆。灌浆是利用灌浆泵的压力，通过钻孔、预埋管路或其他方式，把具有胶凝性质的材料（水泥）和掺合料（如黏土等）与水搅拌混合的浆液或化学溶液灌筑到岩石、土层中的裂隙、洞穴或混凝土的裂缝、接缝内，以达到加固、防渗等工程目的的技术措施。

（3）防渗墙。防渗墙是使用专用机具钻凿圆孔或直接开挖槽孔，以泥浆固壁，孔内浇灌混凝土或其他防渗材料等，或安装预制混凝土构件，而形成连续的地下墙体。也可用板桩、灌注桩、旋喷桩或定喷桩等各类桩体连续形成防渗墙。

（4）置换法。置换法是将建筑物基础底面以上一定范围内的软弱土层挖去，换填无侵蚀性及低压缩性的散粒材料，从而加速软土固结的一种方法。

（5）排水法。排水法是采取相应措施如砂垫层、排水井、塑料多孔排水板等，使软基表层或内部形成水平或垂直排水通道，然后在土壤自重或外荷压载作用下，加速土壤中水分的排除，使土壤固结的一种方法。

（6）挤实法。挤实法是将某些填料如砂、碎石或生石灰等用冲击、振动或两者兼而有之的方法压入土中，形成一个个的柱体，将原土层挤实，从而增加地基强度的一种方法。

（7）桩基础。桩基础可将建筑物荷载传到深部地基，起增大承载力，减少或调整沉降等作用。桩基础有打入桩、灌注桩、旋喷桩及深层搅拌桩。

（8）锚固。将受拉杆件的一端固定于岩体中，另一端与工程结构相连接，利用锚固结构的抗剪、抗拉强度，改善岩土力学性质，增强抗剪强度，对地基与结构物起到加固作用的技术。

二、灌浆工程

岩基灌浆，就是把一定比例具有流动性和胶凝性的某种液体，通过钻孔压入岩层的裂隙中去，经过胶结硬化，提高岩基的强度，改善岩基整体性和抗渗性。

岩基灌浆类型，按材料分为水泥灌浆、黏土灌浆、沥青灌浆和化学灌浆等；按用途分为帷幕灌浆、固结灌浆、接缝灌浆、回填灌浆、接触灌浆等。

帷幕灌浆一般布置在坝体迎水面一侧的地基内，形成一道连续的垂直或向上的幕墙。其作用就是为了减少坝基渗流、降低渗透压力，保持地基的渗透稳定。特点是孔较深、灌浆压力较大，一般采用单孔灌浆。斜幕比直幕效果好，但施工难度大。对于帷幕灌浆的主要部位，应在水库蓄水前完成，容易保证质量。否则，由于出现较大的扬压力，不仅增加施工难度，还造成浆液损失，影响帷幕的整体性和密实性。为了解决帷幕灌浆和混凝土浇筑之间的矛盾，灌浆通常安排在廊道内进行。

固结灌浆部位与范围由地基地质条件、岩石破碎情况决定。当坝基良好时，有的工程仅在上下游应力大的范围进行固结灌浆；坝基岩石较差，坝又较高时，多进行坝基全面积甚至超出坝基面积的固结灌浆。固结灌浆的目的是提高和改善岩基物理力学性质，提高岩基的强度和整体性，增强防渗效果，减少开挖深度。灌浆孔深较小，一般为 $5\sim8m$，也有达 $15\sim40m$ 的深孔。平面上为网格交错布孔，通常采用群孔冲洗，分序加密灌浆。固结灌浆通常在坝基开挖和基础混凝土浇筑等工序间穿插进行，施工干扰大，时间性强，应合理安排。为了保证灌浆质量，有的工程要求分期进行，在混凝土浇筑前进行一期低压灌浆，基础混凝土浇筑后进行二期中压灌浆。

接触灌浆的部位为混凝土与地基的结合面。通过混凝土钻孔压浆或预先在接触面上埋设灌浆盒及相应的管道系统进行灌浆，灌浆方法与固结灌浆相同。在固结灌浆部位，可结合固结灌浆进行，目的是加强坝体混凝土与岸坡或地基之间的结合能力，提高坝体的抗滑稳定性。接触灌浆应安排在坝体混凝土达到稳定温度后进行，以防止混凝土冷缩拉裂。

（一）灌浆材料

1. 水泥灌浆

水泥是一种主要的灌浆材料，效果比较可靠，成本比较低廉，材料来源广泛，操作技术简便，在水利水电工程中被普遍采用。

在缝隙宽度比较大（大于 $0.15\sim0.2mm$）、单位吸水率比较高［大于 $0.01L/(min \cdot$

m·m)]、地下水流速度比较小（小于 80～200m/d）、侵蚀性不严重的情况下，水泥浆的效果比较好。

一般多选用普通硅酸盐水泥或硅酸盐大坝水泥，在有侵蚀性地下水的情况下，可用抗酸水泥等特种水泥。矿渣硅酸盐水泥和火山灰质硅酸盐水泥不宜用于灌浆。

水泥标号，回填灌浆不宜低于 325 号；帷幕灌浆和固结灌浆不宜低于 425 号；接缝灌浆不宜低于 525 号。

水泥的细度对于灌浆效果影响很大，水泥颗粒越细，浆液才能顺利进入细微的裂隙，提高灌浆的效果，扩大灌浆的范围。一般规定：灌浆用的水泥细度，要求通过标准筛孔（4900 孔/cm²）的筛余量不大于 5%。应特别注意水泥的保管，不准使用过期、结块或细度不符合要求的水泥。

根据灌浆需要，可掺铝粉及速凝剂、减水剂等外加剂，改善浆液的扩散性和流动性。

2. 黏土灌浆

黏土灌浆的浆液是黏土和水拌制而成的泥浆。可就地取材，成本较低。它适用于土坝坝体裂缝处理及砂砾石地基防渗灌浆。

灌浆用的黏土，要求遇水后吸水膨胀，能迅速崩解分散，并有一定的稳定性、可塑性和黏结力。在砂砾石地基中灌浆，一般多选用塑性指数为 10～20、黏粒（d＜0.005mm）含量为 40%～50%、粉粒（d＝0.005～0.05mm）含量为 45%～50%、砂粒（d＝0.05～2mm）含量不超过 5% 的土料；在土坝坝体灌浆中，一般采用与土坝相同的土料，或选取粘粒含量 20%～40%、粉粒含量 30%～70%、砂粒含量 5%～10%、塑性指数 10～20 的重壤土或粉质黏土。黏粒含量过大或过小都不宜做坝体灌浆。

3. 化学灌浆

化学灌浆是以各种化学材料配制的溶液作为灌浆材料的一种新型灌浆。浆液流动性好、可灌性高，小于 0.1mm 的缝隙也能灌入。可以准确地控制凝固时间，防渗能力强，有些化学灌浆浆液胶结强度高，稳定性和耐久性好，能抗酸、抗碱、抗水生生物和微生物的侵蚀。这种灌浆多用于坝基处理及建筑物的防渗、堵漏、补强和加固。缺点是成本高，有些材料有一定毒性，施工工艺较复杂。

化学灌浆的工艺与水泥灌浆工艺大致相同。按浆液的混合方式，可分为单液法和双液法两种灌浆法。

单液法是在灌浆之前，浆液的各组成材料按规定一次配成，经过气压和泵压压到孔段内，这种方法的浆液配合比较准确，设备及操作工艺均较简单，但在灌浆中要调整浆液的比例，很不方便，余浆不能再使用。此法适用于胶凝时间较长的浆液。

双液法是将预先已配置好的两种浆液分别盛在各自的容器内，不相混合，然后用气压或泵压按规定比例送浆，使两液在孔口附近的混合器中混合后送到孔段内，两液混合后即起化学反应，浆液固化成聚合体。这种方法在施工过程中，可根据实际情况调整两液用量的比例，适应性强，储浆筒中的剩余浆液分别放置，不起化学反应，还可继续使用。此法适用于胶凝时间较短的浆液。

化学灌浆材料品种很多，一般可分为防渗堵漏和固结补强两大类。前者有丙烯酰胺类、木质素类、聚氨酯类、水玻璃类等，后者有环氧树脂类、甲基丙烯酸酯类等。

（二）灌浆施工

1.钻孔

先进行放样。一般用测量仪器放出建筑物边线或中线后，由中线或边线确定灌浆孔的位置。开孔位置与设计位置的偏差不得大于10mm，帷幕灌浆还应测出各孔高程。对于直孔或倾角小于5°的斜孔，孔斜偏差值不得大于表4-3中的允许值。

表4-3 孔斜允许值

孔深/m	20	30	40	50	60
孔斜最大允许偏差值/m	0.25	0.50	0.80	1.25	1.2

灌浆孔有铅直孔和倾斜孔。裂隙倾角小于40°的可打直孔，以提高工效。多采用回转式钻机钻孔，钻孔效率高，不受孔深孔向和岩石硬度的限制。回转式钻机的钻头，有硬质合金、钢粒和金刚石三种。在7级以下的岩石中，采用硬质合金钻头，钻进效率较高；7级以上的坚硬岩石，采用钢粒钻进，但产生的岩粉多、铁屑多，孔径不均，且只能钻直孔；在石质坚硬且较完整的岩石中，采用金刚石钻头，效率高、孔径均匀，且不受孔向影响，但成本高。孔径由岩石情况、孔的类别、钻孔深度而定，灌浆孔一般为75～91mm，检查孔为110～130mm。

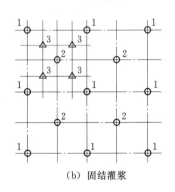

图4-10 钻孔灌浆顺序

1、2、3—钻灌次序

各灌浆孔都是采用逐步加密的施工顺序。先进行第一序孔的钻孔，灌浆后再依次进行第二序孔的钻孔。这样，后序灌浆孔即可作为前序孔的检查孔，进行压水试验，如果单位吸水率达到了设计值，可省去后序孔的灌浆。帷幕孔布孔特点为线、单、深，固结孔特点为面、群、浅，其布孔顺序如图4-10所示。

2.冲洗

在灌浆之前，要对钻孔孔壁及周围的岩石裂隙进行冲洗，将残存在孔底的岩粉、铁砂粉及孔壁周围裂隙中的充填物冲出孔口或推移到灌浆区以外以确保灌浆质量。经过冲洗，回水变清，孔内残存杂质沉积厚度不超过20cm时，可结束冲洗。冲洗方法可根据地质条件、灌浆种类而选定，有单孔冲洗和群孔冲洗。

（1）单孔冲洗仅能冲掉钻孔本身及周围较小范围裂隙的充填物，适用于岩石较完整、裂隙较少的情况，方法有以下三种：

1）高压水冲洗将该孔段冲洗压力尽可能地提高，可达到灌浆压力的80%，该值大于1MPa时，采用1MPa。在规定的灌浆压力下，达到回水完全清洁，延续20min，达到稳定流量止。

2）高压脉冲冲洗就是用高低压反复冲洗，先用高压（灌浆压力的80%）冲洗5～

10min 后，将孔口压力在极短的时间内突然降低到零，形成反向水流，将缝隙中的碎屑带出，浊水变清后，再将压力升到原来的压力，维持几分钟，又突然降为零，一升一降，反复冲洗，直到回水变清，再延续 5～20min 结束。压差越大，效果越好。

3）扬水冲洗对于地下水位较高、水量丰富的钻孔可以采用。冲洗时，先将冲洗管下到钻孔底部，压入压缩空气，孔内水气混合，由于重量轻，在地下水和压缩空气的作用下，喷出孔口外，将孔内杂物带出。连续通水通气，直到钻孔冲净为止。在断层破碎带地区冲洗效果最好。

（2）群孔冲洗。一般适用于岩层破碎、节理裂隙比较发育的岩层中。根据设备能力和地质条件，常把 2～5 个裂隙互相串通的钻孔组成一批孔组，向一个或几个孔压入压力水和压缩空气，而从另外的孔排出污水，互为轮换，反复交替冲洗，直到各孔出水洁净为止。这种群孔冲洗，可不分序，同时灌浆。

3.压水试验

压水试验是在一定压力条件下，通过钻孔将水压入孔壁周围的缝隙中去，根据压入的水量和压入时间来计算出反映岩层渗透特性的技术参数。在我国，岩层的渗透特性一般多用单位吸水量 W 来表示。单位吸水量，就是在单位时间内，单位水头压力作用下压入单位长度试验孔段内的水量。

压水试验在裂隙冲洗结束后进行。试验孔段长度和灌浆段长度一致，一般为 5～6m。试验采用纯压式压水方法。按式（4-1）计算：

$$W = Q/L \cdot H \qquad (4-1)$$

式中　W——单位吸水量，L/(min·m·m)；

Q——试验孔段压入流量，L/min；

L——试验孔段长度，m；

H——试验孔段的计算水头，m。

压水试验的压力，采用同段灌浆压力的 80%，该值大于 1MPa 时，取 1MPa。

帷幕灌浆，在设计压力下，压水 20min 结束。其间每 5～10min 测一次压入水量，取最后的流量值作为计算流量。

固结灌浆孔压水试验吸水量的稳定标准，可参考帷幕灌浆并适当放宽。

4.灌浆施工

（1）灌浆设备。水泥灌浆所用的设备主要由灰浆搅拌机、灌浆泵、管路、灌浆塞等组成。

搅拌机由上下两个筒体及拌灰装置、传动装置组成，容量为 100～200L，作用是连续供应灌浆泵所用浆液。灌浆用的泵一般为活塞式灌浆泵，按缸体轴线方向分为立式和卧式两种。立式为单缸，卧式分单缸和双缸两类。卧式较为常用，工作原理如图 4-11 所示。当活塞右移时为吸浆，左移时为压浆，浆液被压入空气室（起稳压作用），再压入管路中去。

管路的作用是输送浆液，有内外管、返浆管及高压输浆管之分，一般采用高压胶管。灌浆塞的作用是分隔密封灌浆孔段，进行分段灌浆，提升灌浆压力。主要包括灌浆头、扩张器（胶球）和一些管阀组成。扩张器被夹紧在底座和顶座之间，借孔口的丝杆压紧而扩

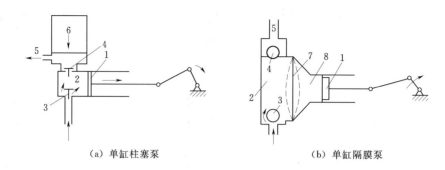

（a）单缸柱塞泵 　　　　　　　　　　（b）单缸隔膜泵

图 4-11　活塞卧式灌浆泵工作原理

1—活塞；2—阀门；3—吸浆阀；4—压浆阀；5—压力管道；6—空气室；7—橡胶隔膜；8—水

张，与孔壁贴紧，起到阻浆作用。

（2）钻灌次序。帷幕灌浆与固结灌浆中，钻孔与灌浆都要遵循分序加密的原则。通过分序加密，浆液逐渐被挤压密实，促进灌浆的连续性；逐序提高灌浆压力，有利于浆液的扩散和密实；通过每序孔的 ω 和单位吸浆量的变化，判断先序孔的灌浆效果，可减少串浆现象的发生。布孔时先稀后密，对于帷幕灌浆，一序孔按 8～12m 进行钻孔，然后进行灌浆，二序、三序、四序孔距分别为 4～6m、2～3m、1～1.5m，分别钻孔灌浆。在有地下水或蓄水状态下灌浆，双排帷幕，应先下排，后上排；三排帷幕，先下排，然后上排，最后中间排，以免浆液过多地流失。

固结灌浆，对于孔深小于 5m，岩层比较完整的条件下，可采用两序孔，方格型布点，最后孔序的孔距一般采用 3～4m。固结灌浆宜在混凝土压重下进行，以便保护岩体，增大灌浆压力。

当工程中某部位既要帷幕灌浆又要固结灌浆时，应遵循先固结后帷幕的原则。

（3）灌浆方法。灌浆方法包括每个孔段的浆液灌筑方式和每孔的钻灌顺序。

1）浆液灌筑方式。浆液灌筑方式分为纯压式和循环式两种。工作原理如图 4-12 所示。

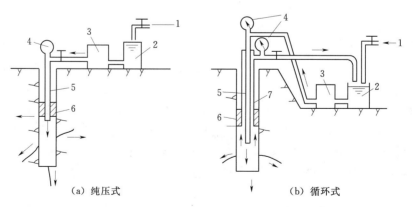

（a）纯压式 　　　　　　　　　　（b）循环式

图 4-12　浆液灌筑方式

1—水；2—拌浆筒；3—灌浆泵；4—压力表；5—灌浆管；6—灌浆塞；7—回浆管

纯压式灌浆采用单根灌浆管，浆液压入孔段后，只能向岩石缝隙扩散，不能返回，如图4-12（a）所示。此法设备简单，操作方便，但流速小，易沉淀，只用于吸浆量很大、浅孔岩基固结灌浆。化学浆液是稀溶液，无沉淀问题，所以采用纯压式灌浆。

循环式灌浆是灌浆泵把浆液压入钻孔后，浆液一部分进入岩层裂隙中去，另一部分由回浆管返回拌浆筒，如图4-12（b）所示。此法在灌浆中，浆液在孔段内始终处于循环流动状态，有效地防止固体颗粒材料在灌浆中沉淀。

2）钻灌方法。单个钻孔的灌浆顺序，可分为全孔一次灌浆法、全孔分段灌浆法两类。

全孔一次灌浆法是将钻孔一次钻到设计深度，灌浆塞卡在孔口，全孔一次灌浆。这种方法虽然施工简单，但效果不佳，仅用于孔深小于6m、岩石较完整的地基。

全孔分段灌浆法是将全孔分为若干段进行钻孔灌浆，按顺序不同，又有自上而下分段、自下而上分段、综合分段及孔口封闭灌浆法。分段长度对灌浆质量有一定影响，帷幕一般控制在5～6m，地质条件好的地区，可放宽到10m以内，地质条件差的地区，降到3～4m，坝体混凝土和基岩的接触段应先行单独灌浆并待凝，接触段在岩石中的长度不得大于2m。对于孔口封闭灌浆，孔段长度适当降低，地面以下10m内，分段长依次为2m、2m、3m、3m，10m以上各段长为4m。

自上而下分段灌浆法将全孔分为3～5m若干段，自上而下钻一段灌一段（图4-13）。其优点是随着孔深的增加，可逐段提高灌浆压力，保证灌浆质量；上段凝固后，才能灌下一段，可以防止地表冒浆；分段压水试验，成果准确，有利于分析判断各段灌浆质量。但钻机移动次数多、钻孔工作量加大、待凝时间长，对施工不利。适用于地质条件差、岩石破碎、灌浆要求高的地区。

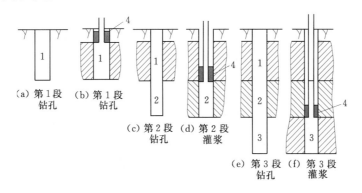

图4-13 自上而下分段灌浆
1、2、3—灌浆段顺序；4—灌浆塞

自下而上分段灌浆法是将全孔一次钻完，然后自下而上，利用灌浆塞分段灌浆（图4-14）。这种方法提高了钻机的工作效率，钻灌互不干扰，进度较快，但灌浆压力不能太大，易发生卡塞、串浆和绕塞返浆等，故仅适用于岩层较完整、裂隙较少的地区。

综合分段灌浆法天然地基中，通常是接近地表的岩层比较破碎，下部岩层比较完整。当钻孔较深时，在上部孔段采取自上而下分段钻孔灌浆，下部采取自下而上分段钻孔灌浆，取其两者的优点。

孔口封闭灌浆法是用封闭器代替灌浆塞，将封闭器设在孔口，自上而下分段钻孔和灌

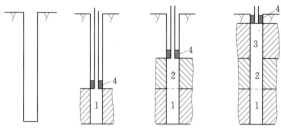

（a）一次钻孔 （b）第1段灌浆 （c）第2段灌浆 （d）第3段灌浆

图4-14 自下而上分段灌浆

1、2、3—灌浆段顺序；4—灌浆塞

浆的一种方法。适用于最大灌浆压力大于3MPa帷幕灌浆工程。灌浆必须采用循环式自上而下分段灌浆方法。孔口段以下的3～5个灌浆段，段长宜短，压力递增宜快，再向下的各灌浆段段长宜为5m，灌浆压力提到设计的最大压力。施工过程为：首先钻一浅孔，深度不小于2m，进行表层灌浆，结束后埋入直径为75mm，长度不小于2m的钢管作孔口管，然后自上而下进行小孔径（直径60mm左右）钻孔，钻一段，灌一段，中间不待凝，钻灌结合，连续作业，工效高，进度快，成本低，工艺简单，受到施工单位的欢迎。不足之处是孔口管不能回收，浪费钢材，全孔多次复灌，压水试验不够准确。灌浆进行中，如同时满足两个条件，方可结束：①在设计压力下，注入率不大于1L/min时，延灌时间不少于90min；②灌浆全过程中，在设计压力下的灌浆时间不少于120min。

（4）灌浆压力是指作用在灌浆孔段中心点的压力，是影响灌浆质量的重要因素。在不破坏岩层结构的前提下，压力越大，浆液扩散越远，胶体越密实，灌浆范围越大，灌浆效果越好。灌浆压力可由式（4-2）估算：

$$P = P_1 + P_2 + P_3 \tag{4-2}$$

式中　P——孔段中心点压力，MPa；

　　　P_1——灌浆管路中压力表的压力，MPa；

　　　P_2——浆液自重压力（考虑地下水的影响后），MPa（按灌浆中浆液密度最大值计算）；

　　　P_3——压力表处至灌浆孔段间管路摩擦压力损失，MPa，当压力表安在孔口进浆管上时，取正值，压力表安在孔口回浆管上时，取负值。

灌浆压力的大小与孔深、岩层性质和灌浆段上有无压重等因素有关，目前国内常根据式（4-3）进行计算。

$$P = P_0 + mD + K\gamma gh \tag{4-3}$$

式中　P——灌浆压力，Pa；

　　　P_0——基岩表层的允许压力，Pa（可由表4-4查得）；

　　　D——灌浆段以上岩层的厚度，m；

　　　m——灌浆段以上岩层每增加1m所能增加的灌浆压力，Pa/m，（可由表4-5查得）；

　　　h——灌浆孔以上压重的厚度，m；

　　　γ——压重的容重，kg/m³；

　　　g——重力加速度，m/s²；

　　　K——系数，可选用1～3。

表 4 - 4　　　　　　　　　　　　　　**P_0 和 m 值 选 用**

岩石分类	岩　　性	m /($\times 10^5$Pa/m)	P_0 /$\times 10^5$Pa	常用压力 /$\times 10^5$Pa
I	具有陡倾斜裂隙、透水性低的坚固大块结晶岩、岩浆岩	2～5	3～5	40～100
II	风化的中等坚固的块状结晶岩、变质岩或大块体弱裂隙的沉积岩	1～2	2～3	15～40
III	坚固的半岩性岩石、砂岩、黏土页岩、凝灰岩、强或中等裂隙的成层的岩浆岩	0.5～1	1.5～2	5～15
IV	坚固性差的半岩性岩石、软质石灰岩、胶结弱的砂岩及泥灰岩、裂隙发育的较坚固的岩石	0.25～0.5	0.5～1.5	2.5～5
V	松软的未胶结的泥沙土壤、砾石、砂、砂质黏土	0.15～0.25	0	0.5～2.5

注　1. 采用自下而上分段灌浆时，m 应选范围内的较小值。
　　2. V类岩石在外加压重情况下，才能有效地灌浆。

影响灌浆压力的因素很多，可按地质条件、压重条件、孔深及灌浆要求，参照已完成工程进行类比确定。也可通过压水试验，确定不破坏岩石结构的临界压力，作为选取设计灌浆压力的依据。临界压力可通过压力与注入水量的关系来判断，正常情况下，压入水量与压力成正比，当压力上升至某一数值时，注入水量突然迅速增大，说明岩石裂隙已被扩宽，此时的压力即为临界压力。灌浆压力的控制有两种方法：一种是灌浆开始后，在较短的时间内将压力升到设计压力，直到终止，这种方法称为一次升压法；另一种是将压力分三级，即依次从 0.3P、0.7P、1.0P 逐级升压，以吸浆率控制。前种压力大，浆液扩散远，利于提高质量，用于岩石完整、吸水率小的地层灌浆；后者可以防止超灌、延长机械寿命，用于岩石破碎、透水性强的地层。

（5）浆液稠度控制。稠度即水与干料的比值。在灌浆过程中，浆液的稠度要根据吸浆量的变化及时调整。稀浆流动性好，易扩散，细小缝也能灌入；浓浆流动性差，扩散范围小，细小缝灌不进去。前者易超灌，浆液凝固收缩大，与岩石结合不好；后者凝固收缩小，固结质量高。岩基灌浆的浆液稠度，以水灰比表示（重量比）。

帷幕灌浆浆液水灰比可分为 5：1、3：1、2：1、1：1、0.8：1、0.6：1、0.5：1 七个比级。灌浆可从 5：1 开始，根据灌浆压力和吸浆率的变化及时调整，应遵循由稀到浓的原则，形成循序渐进的灌浆过程，先灌稀浆，逐步变浓，直到结束。在灌浆过程中，要及时变换浆液的稠度，最常用的是限量法（根据每一级稠度的浆液灌入量来控制，称为限量法）。当某级稠度的浆液灌入量超过限量标准（300L 以上或灌筑时间超过 1h），而灌浆压力及吸浆量均无改变，或无明显改变时，将浆液加浓一级；当灌入率大于 30L/min 时，可根据具体情况越级加浓。如果发现变浓后，吸浆量显著下降，或灌浆压力突然上升，说明裂隙被浓浆堵塞，变浓不当，应立即变回原稠度。

固结灌浆浆液比级和稠度变换，可参照帷幕灌浆的规定，根据工程实际情况确定。

（6）灌浆结束。

对于帷幕灌浆：当采用自上而下分段灌浆法时，在设计压力下，灌入率不大于 0.4L/min 时，继续灌 60min；或不大于 1L/min 时，继续灌筑 90min，灌浆结束。采用自下而上分段灌浆法时，继续灌筑的时间可相应地减少为 30min 和 60min，灌浆可以结束。

对于固结灌浆：在规定压力下，当注入率不大于 0.4L/min，继续灌筑 30min，灌浆可结束。

封孔帷幕灌浆孔比较深，回填质量要求高，应采用分段压力灌浆封孔法。即自上而下灌浆结束后，就应立即改用浓浆自下而上复灌，每段 10～15m，采用原来的孔段压力，按正常灌浆结束标准，灌完待凝，直至顶部空孔部分小于 5m 时，清孔后用水泥砂浆封满。固结灌浆孔比较浅，当孔深大于 10m 时，和帷幕灌浆相同；当孔深小于 10m 时，采用机械压浆封孔法，即灌浆结束后，将胶管下入底部，用灌浆泵或砂浆泵向孔内压入浓浆或砂浆，直到将孔内积水顶出，孔口冒出浓浆或砂浆为止，缓缓上提胶管，但不得脱出。

（7）特殊情况处理。灌浆是一项隐蔽性工程，时间性强，质量要求高，但施工中往往出现一些不正常情况，应及时处理。

1）中断。灌浆应连续进行，若因故中断，应及早恢复。中断未超过 30min，应尽快冲洗，用 5∶1 稀浆复灌，逐渐变浓。超过 30min，考虑重新钻孔灌浆。

2）串浆。帷幕灌浆过程中发生串浆时，如串浆孔具备灌浆条件，可以同时进行灌浆，应一泵灌一孔。否则应将串浆孔用塞塞住，待灌浆孔灌浆结束后，串浆孔再行扫孔、冲洗，而后继续钻灌。

3）地表冒浆。可结合工地实际，在冒浆处用棉花、丝袋嵌缝或速凝水泥封堵、加浓浆液、降低压力、间歇灌浆等方法处理。

4）地面抬动。降低灌浆压力，在不抬动的前提下，灌至不吸浆为止。

5）特大耗浆。灌浆的浆液按正常变换条件，已达到最浓浆，但吸浆量仍然很大，难以达到结束标准，采取以下措施：①低压、浓浆、限流、限量、间歇灌浆；②在浆液中掺速凝剂；③灌筑混合浆液。对于溶洞灌浆，应查明溶洞的充填类型和规模，然后采取相应的措施。当洞内无充填物时，根据溶洞大小，可采取泵入高流态混凝土、投入碎石再灌筑水泥砂浆或混合浆液等措施。待凝后，扫孔，再灌水泥浆；溶洞内有充填物时，根据充填类型、充填程度，可采用高压灌浆、高压喷射灌浆等措施。

（8）灌浆质量检查。帷幕灌浆质量检查，应以检查孔压水试验成果为主，结合对竣工资料和测试成果的分析，综合评定。检查孔应设在以下位置：①帷幕中心线上；②岩石破碎、断层、大孔隙等地质条件复杂部位；③注入量大的孔段附近；④经资料分析灌浆不正常对灌浆质量有影响的部位。检查孔的数量宜为灌浆孔总数的 10%。检查孔压水试验宜在灌浆结束 14d 后进行，采用自上而下分段压水试验，并采取岩芯，结束后，按技术要求进行灌浆和封孔。帷幕灌浆压水试验检查，坝体混凝土与基岩接触段及其以下的一段合格率应为 100%；再以下各段的合格率应在 90% 以上，不合格段的透水率不超过设计规定值的100%，且不集中，灌浆质量可认为合格。

固结灌浆质量检查宜采用测量岩体波速或静弹性模量的方法，也可以采用单点压水试验的方法，检查的时间应分别在灌浆结束 7d、14d、28d 后进行。检查孔的数量不宜小于灌浆孔总数的 5%，检查结束后，按技术要求进行灌浆和封孔。对于压水试验检查，孔段合格率应在 80% 以上，不合格孔段的透水率值不超过设计规定值的 50%，且不集中，灌浆质量可认为合格。

第三节　土石方工程

水利工程中，土石方工程应用非常广泛。有些水工建筑物，如土坝、堆石坝、土堤、土渠等，几乎全部都是土石方工程。它的基本施工过程是开挖、运输和压实。可根据实际情况采用人工、机械、爆破或水力冲填等方法施工。

一、土的施工分级和可松性

对土方工程施工影响较大的因素有土的施工分级与特性。

（一）土的施工分级

土的施工分级的方法很多，在水利水电工程施工中，依据开挖方法、开挖难易、坚固系数等，将土石分为16级，其中土分为4级，岩石分为12级。土壤的工程分级见表4－5。

表 4－5　　　　　　　　　　　　　土壤的工程分级

土质级别	土壤名称	自然湿容重 /(t/m³)	外形特征	开挖方法
Ⅰ	1. 沙土； 2. 种植土	1.65～1.75	疏松，黏着力差或易透水，略有黏性	用锹（有时略加脚踩）开挖
Ⅱ	1. 壤土； 2. 淤泥； 3. 含根种植土	1.75～1.85	开挖时能成块并易打碎	用锹并用脚踩开挖
Ⅲ	1. 黏土； 2. 干燥黄土； 3. 干淤泥； 4. 含砾质黏土	1.80～1.95	黏手，干硬，看不见砂砾	用镐、三齿或用锹并用力加脚踩开挖
Ⅳ	1. 坚硬黏土； 2. 砾质黏土； 3. 含卵石黏土	1.90～2.10	土壤结构坚硬，将土分裂后成块状或含黏粒、砾石较多	用稿、三齿等工具开挖

（二）土壤的工程特性

（1）表观密度。土壤表观密度，就是单位体积土壤的重量。土壤保持其天然组织、结构和含水量时的表观密度称为自然表观密度。单位体积湿土的重量称为湿表观密度。单位体积干土的重量称为干表观密度。它是体现黏性土密实程度的指标，常用它来控制压实的质量。

（2）含水量。表示土壤空隙中含水的程度，常用土壤中水的重量与干土重量的百分比表示。含水量的大小直接影响黏性土压实质量。

（3）可松性。自然状态下的土经开挖后因变松散而使体积增大的特性，这种性质称为土的可松性。土的可松性用可松性系数表示，即

$$K=V_2/V_1 \tag{4-4}$$

式中　V_2——土经开挖后的松散体积，m^3；

　　　V_1——土在自然状态下的体积，m^3。

土的可松性系数，用于计算土方量、进行土方填挖平衡计算和确定运输工具数量。各

种土的可松性系数见表4-6。

表4-6　　　　　　　　　　土的容重和可松性系数

土的类别	自然状态		挖松后	
	容重	可松系数	容重	可松系数
砂土	1.65～1.75	1.0	1.50～1.55	1.05～1.15
壤土	1.75～1.85	1.0	1.65～1.70	1.05～1.10
黏土	1.80～1.95	1.0	1.60～1.65	1.10～1.20
砂砾土	1.90～2.05	1.0	1.50～1.70	1.10～1.40
含砂砾壤土	1.85～2.00	1.0	1.70～1.8	1.05～1.10
含砂砾黏土	1.90～2.10	1.0	1.55～1.75	1.10～1.35
卵石	1.95～2.15	1.0	1.70～1.90	1.15

（4）自然倾斜角。自然堆积土壤的表面与水平面间所形成的角度，称为土自然倾斜角。挖方与填方边坡的大小，与土壤的自然倾斜角有关。确定土体开挖边坡和填土边坡应慎重考虑，重要的土方开挖，应通过专门的设计和计算确定稳定边坡。一般开挖安全边坡可参考表4-7。

表4-7　　　　　　挖深在5m以内的窄槽未加支撑时的安全施工边坡

土的类别	人工开挖	机械开挖	备　　注
砂土	1∶1.00	1∶0.75	
轻亚黏土	1∶0.67	1∶0.50	1. 必须做好防水措施，雨季应加支撑；
亚黏土	1∶0.50	1∶0.33	
黏土	1∶0.33	1∶0.25	2. 附近如有强烈振动，应加支撑
砾石土	1∶0.67	1∶0.50	
干黄土	1∶0.25	1∶0.10	

二、土石方开挖

土方开挖常用的方法有人工法和机械法，一般采用机械施工。用于土方开挖的机械有单斗挖掘机、多斗挖掘机、铲运机械及水力开挖机械。

（一）单斗挖掘机

单斗挖掘机是仅有一个铲土斗的挖掘机械，如图4-15所示。它由行走装置、动力装置和工作装置三部分组成。行走装置分为履带式、轮胎式和步行式三类。履带式是最常用的一种，它对地面的单位压力小，可在各种地面上行驶，但转移速度慢；动力装置分为电动和内燃机驱动两种，电动为常用形式，效率高，操作方便，但需要电源；工作装置由铲土斗、斗柄、推压和提升装置组成。按铲土方向和铲土原理分为正向铲、反向铲、拉铲和抓铲四种类型，如图4-15所示。用钢索或液压操纵，钢索操纵用于大中型正向铲，液压操纵用于小型正铲和反铲较多。

（1）正向铲挖掘机。该种挖掘机，由推压和提升完成挖掘，开挖断面是弧形，最适于挖停机面以上的土方，也能挖停机面以下的浅层土方。由于稳定性好，铲土能力大，可以挖各种土料及软岩、岩碴进行装车。它的特点是循环式开挖，由挖掘、回转、卸土、返回

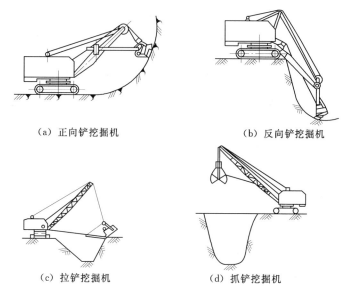

(a) 正向铲挖掘机　　　　　　　　　(b) 反向铲挖掘机

(c) 拉铲挖掘机　　　　　　　　　(d) 抓铲挖掘机

图 4-15　单斗挖掘机

构成一个工作循环，生产率的大小取决于铲斗大小和循环时间长短。正铲的斗容 $0.5\sim$ $10m^3$，工程中常用斗容 $1\sim4m^3$。基坑土方开挖常采用正面开挖，土料场及渠道土方开挖常用侧面开挖，还要考虑与运输工具配合问题。常用正铲挖掘机性能见表 4-8。

表 4-8　　　　　　　　　　　　　正铲挖掘机工作性能

项　目	WD-50	WD-100	WD-200	WD-300	WD-400	WD-1000
铲斗容量/m³	0.5	1.0	2.0	3.0	4.0	10.0
动臂长度/m	5.5	6.8	9.0	10.5	10.5	13.0
动臂倾角/(°)	60.0	60.0	50.0	45.0	45.0	45.0
最大挖掘半径/m	7.2	9.0	11.6	14.0	14.4	18.9
最大挖掘高度/m	7.9	9.0	9.5	7.4	10.1	13.6
最大卸土半径/m	6.5	8.0	10.1	12.7	12.7	16.4
最大卸土高度/m	5.6	6.8	6.0	6.6	6.3	8.5
最大卸土半径卸土高度/m	3.0	3.7	3.5	4.9		5.8
最大卸土高度卸土半径/m	5.1	7.0	8.7	12.4		15.7
工作循环时间/s	28.0	25.0	24.0	22.0	23~25	
卸土回转角度/(°)	100	120	90	100	100	

　　(2) 反向铲挖掘机。能用来开挖停机面以下的土料，挖土时由远而近，就地卸土或装车，适用于中小型沟渠、清基、清淤等工作。由于稳定性及铲土能力均比正铲差，只用来挖Ⅰ～Ⅱ级土，硬土要先进行预松。反铲的斗容有 $0.5m^3$、$1.0m^3$、$1.6m^3$ 几种，目前最大斗容已超过 $3m^3$。在沟槽开挖中，在沟端站立倒退开挖，当沟槽较宽时，采用沟侧站立，侧向开挖。

　　(3) 拉铲挖掘机。拉铲挖掘机的铲斗用钢索控制，利用臂杆回转将铲斗抛至较远距离，回拉牵引索，靠铲斗自重下切铲土装满铲斗，然后回转装车或卸土。挖掘半径、卸土

半径、卸土高度较大，最适用于水下土砂及含水量大的土方开挖，在大型渠道、基坑及水下砂卵石开挖中应用广泛。开挖方式有沟端开挖和沟侧开挖两种，当开挖宽度和卸土半径较小时，用沟端开挖；开挖宽度大、卸土距离远时，用沟侧开挖。

（4）抓铲挖掘机。抓铲挖掘机靠铲斗自由下落中斗辮分开切入土中，抓取土料合辮后提升，回转卸土。适用于挖掘窄深型基坑或沉井中的水下淤泥开挖，也可用于散粒材料装卸，在桥墩等柱坑开挖中应用较多。

（5）单斗挖掘机生产率。单斗挖掘机实用生产率可按式（4-5）计算：

$$P = 60nqK_1 \cdot K_2 \cdot K_3 \cdot K_4 / K_5 \qquad (4-5)$$

式中　n——设计每分钟循环次数；

　　　q——铲斗容量，m^3；

　　　K_1——铲斗充盈系数，正铲取1；

　　　K_2——卸土延误系数，卸土堆为1.0，卸车为0.9；

　　　K_3——时间利用系数，取0.8~0.9；

　　　K_4——工作循环时间修正系数，$K_4 = 1/(0.4A + 0.6B)$；

　　　K_5——土壤可松性系数；

　　　A——土壤级别修正系数，取1.0~1.2；

　　　B——转角修正系数，转角90°时取1.0，100°~135°时取1.08~1.37。

挖掘机是土方机械化施工的主导机械，为提高生产率，应采取加长斗齿，减小切土阻力；合并一个工作循环各个施工过程，小角度装车或卸土，采用大铲斗；合理布置工作面和运输道路；加强机械保养和维修，维持良好性能等措施。

（二）多斗挖掘机

多斗挖掘机是有多个铲土斗的挖掘机械，它能够连续地挖土，是一种连续工作的挖掘机械，按其工作方式不同，分为链斗式和斗轮式两种。

链斗式挖掘机最常用的型式是采砂船，如图4-16所示。它是一种构造简单，生产率高，适用于规模较大的工程，可以挖河滩及水下砂砾料的多斗式挖掘机械。采砂船工作性能见表4-9。

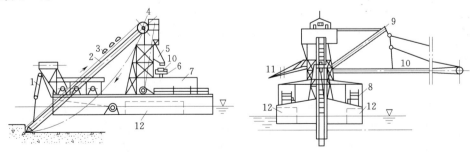

图4-16　链斗式采砂船

1—斗架提升索；2—斗架；3—链条和链斗；4—主动链轮；5—卸料漏斗；6—回转盘；
7—主机房；8—卷扬机；9—吊杆；10—皮带机；11—泄水槽；12—平衡水箱

项目 链斗容量/L	160	200	400	500
理论生产率/(m/h)	120	150	250	750
最大挖掘深度/m	6.5	7.0	12.0	20.0
船身外廓尺寸（长×宽×高）/m	28.05×8×2.4	31.9×8×2.3	52.2×12.4×3.5	69.9×14×5.1
吃水深度/m	1.0	1.1	2.0	3.1

表 4－9　　　　　　　　　　采砂船工作性能表

斗轮式挖掘机如图 4－17 所示，斗轮装在斗轮臂上，在斗轮上装有 7～8 个铲土斗，当斗轮转动时，下行至拐弯时挖土，上行运土至最高点时，土料靠自重和旋转惯性卸入受料皮带上，转送到运输工具或料堆上。其主要特点是斗轮转速较快，作业连续，斗臂倾角可以改变并作 360°回转，生产率高，开挖范围大。

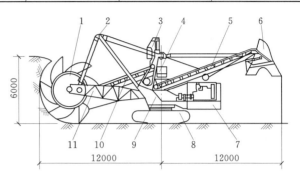

图 4－17　斗轮式挖掘机（单位：mm）

1—斗轮；2—升降机构；3—司机室；4—中心料皮带机；5—卸料皮带；6—双槽卸料斗；7—动力装置主机；8—履带；9—转台；10—受料皮带；11—斗轮臂

（三）铲运机械

铲运机械是指用一种机械同时完成开挖、运输和卸土任务，这种具有双重功能的机械，常用的有推土机、铲运机、装载机、平土机等。

1. 推土机

推土机是一种在履带式拖拉机上安装推土板等工作装置而成的铲运机械，是水利水电建设中最常用、最基本的机械，可用来完成场地平整，基坑、渠道开挖，推平填方，堆积土料，回填沟槽，清理场地等作业，还可以牵引振动碾、松土器、拖车等机械作业。它在推运作业中，距离不能超过 60～100m，挖深不宜大于 1.5～2.0m，填高小于 2～3m。

推土机的基本构造如图 4－18 所示。

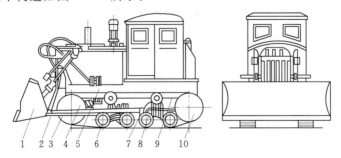

图 4－18　推土机构造示意

1—推土板；2—液压油缸；3—推杆；4—引导轮；5—托架；6—支承轮；
7—铰销；8—托带轮；9—履带架；10—驱动轮

2. 铲运机

铲运机是一种能连续完成铲土、运土、卸土、铺土、平土等工序的综合性土方工程机

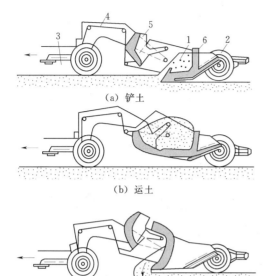

（a）铲土

（b）运土

（c）卸土

图 4-19　铲运机工作过程示意
1—铲斗；2—行走装置；3—连挂装置；4—操纵
装置；5—斗门；6—斗底和斗后壁

械，能开挖黏土、砂砾石等。适用于大型基坑、渠道、路基开挖，大型场地的平整、土料开采、填筑堤坝等。

铲运机工作过程如图 4-19 所示。

3. 装载机

装载机具有作业速度快、效率高、机动性好、操作轻便等优点，可以通过换装不同的辅助装置完成铲、装、推、起重、卸等作业，装载机已成为工程建设中土石方施工的主要机械之一。

三、土料压实

（一）土料压实基体理论

土是松散颗粒的集合体，其自身的稳定性主要取决于土料内摩擦力和黏结力。而土料的内摩擦力、凝聚力和抗渗性都与土的密实性有关，密实性越大，物理力学性能越好。例如：干表观密度为 $1.4t/m^3$ 的砂壤土，压实后若提高到 $1.7t/m^3$，其抗压强度可提高 4 倍，渗透系数将降至原来的 1/2000。由于土料压实，可使坝坡加陡，减少工程量，加快施工进度。

土料压实效果与土料的性质、颗粒组成与级配、含水量以及压实功能有关。黏性土与非黏性土的压实有显著的差别。一般黏性土的黏结力较大，摩擦力较小，具有较大的压缩性，但由于它的透水性小，排水困难，压缩过程慢，所以很难达到固结压实。而非黏性土料正好相反，它的黏结力小，摩擦力大，具有较小的压缩性，但由于它的透水性大，排水容易，压缩过程快，能很快达到密实。

土料颗粒大小与组成也影响压实效果。颗粒越细，空隙比就越大，就越不容易压实。所以黏性土压实干表观密度低于非黏性土压实干表观密度。颗粒不均匀的砂砾料，比颗粒均匀的砂砾料达到的干表观密度要大一些。

含水量是影响黏土压实效果的重要因素之一。当压实功能一定时，黏土的干表观密度随含水量增加而增大，并达到最大值，此时的含水量为最优；大于此含水量后，干表观密度会减小，因此时土料逐渐饱和，外力被土料内自由水抵消。非黏性土料的透水性大，排水容易，不存在最优含水量，含水量不作专门控制。

压实功能的大小，也影响着土料干表观密度的大小。压实功能增加，干表观密度也随之增大而最优含水量随之减少。说明同一种土料的最优含水量和最大干表观密度，随压实功能的改变而变化，这种特性对于含水量过低或过高的土料更为显著。

（二）土料压实方法与机械

压实方法按其作用原理分为碾压、夯击和振动三类。碾压和夯击用于各类土，振动法仅适用于砂性土。根据压实原理，制成各种机械。常用的机械有羊脚碾、气胎碾、振动碾、夯实机械。

1. 羊脚碾

羊脚碾是碾的滚筒表面设有交错排列的柱体，形若羊脚。碾压时，羊脚插入土料内部，使羊脚底部土料受到正压力，羊脚四周侧面土料受到挤压力，碾筒转动时土料受到羊脚的揉搓力，从而使土料层均匀受压，压实层厚，层间结合好，压实度高，压实质量好，但仅适于黏土。非黏性土压实中，由于土颗粒产生竖向及侧向移动，效果不好。压实原理如图 4-20 所示。

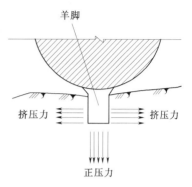

图 4-20 羊脚碾压实原理

羊脚碾压实中，一种方式是逐圈压实，即先沿填土一侧开始，逐圈错距以螺旋形开行逐渐移动进行压实，机械始终前进开行，生产率高，适用于宽阔的工作面，并可多台羊脚碾同时工作，但拐弯处及错距交叉处易产生重压和漏压。另一种方式为进退错距压实，即沿直线前进后退压实，反复行驶，达到要求后错距，重复进行。这种方式压实质量好，遍数好控制，但后退操作不便。

此法用于狭窄工作面。压实遍数，由经验可按土层表面被羊脚普遍压过一遍就能满足要求估算。压实遍数可按式（4-6）计算：

$$N = K \cdot S/(M \cdot F) \tag{4-6}$$

式中　S——碾筒表面面积，cm^2；

　　　F——羊脚的端面积，cm^2；

　　　M——羊脚的数量；

　　　K——碾压时羊脚在土料表面分布不均匀修正系数，一般取 1.3。

2. 气胎碾

气胎碾是利用充气轮胎作为碾子，由拖拉机牵引的一种碾压机械。这种碾子是一种柔性碾，碾压时碾和土料共同变形，其原理如图 4-21 所示。胎面与土层表面的接触压力与碾重关系不大，增加碾重（可达几十吨至上百吨），可以增加与土层的接触面积，从而增大压实影响深度，提高生产率。它既适用于黏性土的压实，也可以压实砂土、砂砾石、黏土与非黏性土的结合带等。与羊脚碾联合作业效果更佳，如气胎碾压实，用羊脚碾收面，有利于上下层结合；羊脚碾碾压，气胎碾收面，有利于防雨。

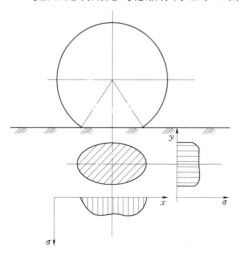

图 4-21 气胎碾压实应力分布图

3. 振动碾

振动碾是一种具有静压和振动双重功能的复合型压实机械。常见的类型是振动平碾，也有振动变形（表面设凸块、肋形、羊脚等）碾。

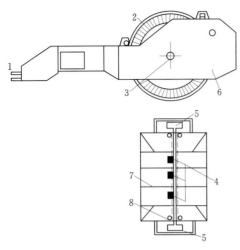

图 4-22 振动碾构造示意

1—牵引挂钩；2—碾滚；3—轴；4—偏心块；5—轮；

6—车架侧壁；7—隔板；8—弹簧悬架

它是由起振柴油机带动碾滚内的偏心轴旋转，通过连接碾面的隔板，将振动力传至碾滚表面，然后以压力波的形式传到土体内部。非黏性土的颗粒比较粗，在这种小振幅、高频率的振动力的作用下，摩擦力大大降低，由于颗粒不均匀，惯性力大小不同而产生相对位移，细粒滑入粗粒孔隙而使空隙体积减小，从而使土料达到密实。振动碾的构造如图 4-22 所示。

由于振动力的作用，土中的应力可提高 4~5 倍，压实层达 1m 以上，有的高达 2m，生产率很高。可以有效地压实堆石体、砂砾料和砾质土，也能压实黏性土，是土坝砂壳、堆石坝碾压必不可少的工具，应用非常广泛。

4. 夯实机械

夯实机械是一种利用冲击能来击实土料的一种机械，有强夯机、挖掘机夯板等，用于夯实砂砾料，也可以用于夯实黏性土。适于在碾压机械难于施工的部位压实土料。

（1）强夯机。强夯机是一种发展很快的强力夯实械机。它由高架起重机和铸铁块或钢筋混凝土块做成的夯砣组成。夯砣的重量一般为 10~40t，由起重机提升 10~40m 高后自由下落冲击土层，影响深度达 4~5m，压实效果好，生产率高，用于杂土填方、软基及水下地层。

（2）挖掘机夯板。挖掘机夯板是一种用起重机械或正铲挖掘机改装而成的夯实机械。其结构如图 4-23 所示。夯板一般做成圆形或方形，面积约 1m²，重量为 1~2t，提升高度为 3~4m。主要优点是压实功能大，生产率高，有利于雨季、冬季施工。当石块直径大于 50cm 时，工效大大降低，压实黏土料

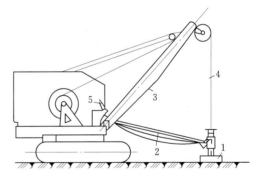

图 4-23 挖掘机夯板示意

1—夯板；2—控制方向杆；3—支杆；

4—起重索；5—定位杆

时，表层易发生剪力破坏，目前看有逐渐被振动碾取代之势。

（3）蛙式打夯机。蛙式打夯机是利用冲击和振动作用分层夯实回填土的一种小型压实机械，主要用于工作面狭小部位或与其他结构的接触部位。

（三）压实标准及参数确定

1. 压实标准

土料压实越好，物理力学性能越高，坝体质量越有保证。但对土料过分压实，不仅提高了费用，还会造成剪力破坏。因此，应确定合理的压实标准。

（1）黏性土料。其压实标准主要以压实干表观密度和施工含水量这两个指标来控制。

1) 压实干表观密度用击实试验来确定。我国采用击实仪 25 击 $[89.75(\mathrm{t \cdot m})/\mathrm{m}^3]$ 作为标准压实功能，得出一般不少于 25～30 组最大干表观密度的平均值 $\gamma_{d\max}$（$\mathrm{t/m^3}$）作为依据，从而确定设计干表观密度 γ_d（$\mathrm{t/m^3}$）：

$$\gamma_d = m \cdot \gamma_{d\max} \tag{4-7}$$

式中　m——施工条件系数，一般 I、II 级坝及高坝采用 0.97～0.99，中低坝采用 0.95～0.97。

此法对大多数黏土料是合理的、适用的。但是，土料的塑限含水量、黏粒含量不同，对压实度都有影响，应进行以下修正：①以塑限含水量为最优水量，由试验从压实功能与最大干密度与最优含水量曲线上初步确定压实功能；当天然含水量与塑限含水量接近且易于施工时，以天然含水量做最优含水量确定压实功能；②考虑沉降控制的要求，通过控制压缩系数 $\alpha = 0.0098 \sim 0.0196 \mathrm{cm^2/kg}$ 确定干表观密度。

2) 施工含水量是由标准击实条件时的最大干表观密度确定的，而最大干表观密度对应的最优含水量是一个点值，而实际的天然含水量总是在某一个范围变动。为适应施工的要求，必须围绕最优含量规定一个范围，即含水量的上下限。即在击实曲线上以设计干表观密度值作水平线与曲线相交的两点就是施工含水量的控制范围，如图 4 - 24 所示。

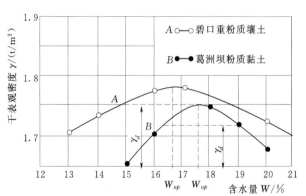

图 4 - 24　设计干表观密度与施工含水量范围

（2）砂土及砂砾石砂土及砂砾石的压实程度与颗粒级配及压实功能关系密切，一般用相对密度 D_r 表示。

$$D_r = (e_{\max} - e)/(e_{\max} - e_{\min}) \tag{4-8}$$

式中　$e_{\max}$——砂石料的最大孔隙比；

　　　$e_{\min}$——砂石料的最小孔隙比；

　　　e——设计孔隙比。

在施工现场，当使用相对密度不方便时，可换算成相应的干表观密度 γ_P：

$$\gamma_P = \gamma_{\max} \cdot \gamma_{\min}/[\gamma_{\max} - D_r(\gamma_{\max} - \gamma_{\min})] \tag{4-9}$$

式中　$\gamma_{\max}$——砂石料最大干表观密，$\mathrm{t/m^3}$；

　　　$\gamma_{\min}$——砂石料最小干表观密，$\mathrm{t/m^3}$。

在填方工程中，一级建筑物可取 $D_r = 0.7 \sim 0.75$，二级建筑物可取 $D_r = 0.65 \sim 0.7$。

（3）石碴及堆石体。石碴及堆石体作为坝壳填筑料，压实指标一般用空隙率表示。根据国内外的经验，碾压式堆石坝坝体压实后空隙率应小于 30%，为了防止过大的沉陷，一般规定为 22%～28%。上游主堆石区标准为 21%～25%。

2. 压实参数确定

根据土料的性质、颗粒大小及组成、压实标准等条件初步确定压实机械的类型后，还应进一步确定压实参数，使之经济合理。最好的方法是进行现场碾压试验，确定施工控制含水量、铺土厚度、压实遍数。

3. 压实试验

现场压实试验是土石坝施工中的一项技术措施。通过压实试验核实坝料设计填筑指标的合理性，作为选择压实机械类型、施工参数的依据。

土料的碾压试验，是根据已选定的压实机械，来确定铺土厚度、压实遍数及相应的含水量。应选择有代表性的土料，各料场如有差异应分别试验。

试验组合方法一般采用淘汰法，也叫逐步收敛法。此法每次变动一种参数，固定其他参数，通过试验求出该参数的适宜值，依此类推。待各项参数选定后，用选定参数进行复核试验。这种方法的优点是效果相同时试验总数较少。

第四节 砌 筑 工 程

一、砖砌体施工

（一）一般规定

（1）砖的品种、强度等级必须符合设计要求，并应规格一致。用于清水砌体表面的砖尚应边角整齐，色彩均匀。

（2）普通砖、空心砖应提前浇水湿润，其含水率宜为 10％～15％，灰砂砖、粉煤灰砖含水率宜为 5％～8％。

（3）砂浆品种、强度等级及稠度应符合设计和规范的要求。

（4）灰砂砖、粉煤灰砖早期收缩值大，要求出窑后停放时间不应小于 28d，以预防砌体早期开裂。

（5）多孔砖的孔洞应垂直于受压面，有利于砂浆结合层进入上下砖块的孔洞中，以提高砌体的抗剪强度和整体性。

（6）不得在下列墙体或部位设置脚手眼：①12cm 厚墙、料石清水墙和独立柱；②过梁上与过梁成 60°角的三角形范围及过梁净跨度 1/2 的高度范围内；③宽度小于 lm 的窗间墙；④砌体门窗洞口两侧 20cm（石砌体为 30cm）和转角处 45cm（石砌体为 30cm）和转角处 45cm（石砌体为 60cm）范围内；⑤梁或梁垫下及其左右 50cm 范围内。

（二）施工工艺

砌筑砖墙通常有抄平、放线、摆砖样、立皮数杆、立头角和勾缝等工序。

（1）抄平。砌砖前，在基础防潮层或楼面上定出各层标高，并用水泥砂浆或 C10 细石混凝土抄平。

（2）放线。在抄平的墙基上，按龙门板上轴线定位钉为准拉麻线，弹出墙身中心轴线，并定出门窗洞口位置。

（3）摆砖样。在弹好线的基面上，由经验丰富的瓦工，根据墙身长度（按门、窗洞口分段）和组砌方式进行摆砖样，使每层砖的砖块排列和灰缝宽度均匀。

（4）立皮数杆。皮数杆是一根控制每皮砖砌筑的竖向尺寸，并使铺灰、砌砖的厚度均匀，保证砖皮水平的一根长约 2m 的木板条，上面标有砖的皮数、门窗洞、过梁、楼板的位置，用来控制墙体各部分构件的标高。皮数杆一般立于墙的转角处，用水准仪校正标高，如墙很长，可每隔 10～12m 再立一根。

（5）立头角。头角即墙角，是确定墙身两面横平竖直的主要依据。盘角时，主要大角盘角不要超过 5 皮砖，应随砌随盘，然后将麻线挂在墙身上（称为挂准线）；盘角时还要与皮数杆对照，检查无误后才能挂线，再砌中间墙。

（6）勾缝。勾缝使清水墙面美观、牢固。勾缝宜用 1：1.5 的水泥砂浆，砂应用细砂，也可用原浆勾缝。

（7）楼板安装。安装前，应在墙顶面铺上砂浆。安装时，楼板端支承部位坐浆饱满，楼板表面平整，板缝均匀，最好事先将楼板安放位置划好线。注意楼板搁在墙上的尺寸和按设计规定放置构造筋。阳台安装时，挑出部分应用临时支撑。

（三）质量要求

砌筑质量应符合《砌体工程施工及验收规范》（GB 50203—2011）的要求，做到"横平竖直、砂浆饱满、组砌得当、接槎可靠"。

二、石砌体施工

（一）毛石砌体

1. 毛石砌体砌筑要点

毛石砌体应采用铺浆法砌筑。砂浆必须饱满，叠砌面的抹灰面积（即砂浆饱满度）应大于 80%，毛石砌体宜分皮卧砌，各皮石块间应利用毛石自然形状经敲打修整使之能与先砌毛石基本吻合、搭砌紧密；毛石应上下错缝，内外搭砌，不得采用外面侧立毛石中间填心的砌筑方法；中间不得有铲口石（尖石倾斜向外的石块）、斧刃石（尖石向下的石块）和过桥石（仅在两端搭砌的石块），如图 4-25 所示。

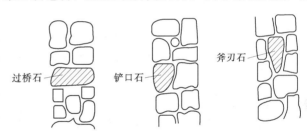

图 4-25 过桥石、铲口石、斧刃石

毛石砌体的灰缝厚度宜为 20～30mm，石块间不得有相互接触现象，石块间较大的空隙应填塞砂浆后用碎石块嵌实，不得采用先放碎石后塞砂浆或干填碎石块的方法。

2. 毛石基础

砌筑毛石基础的第一皮石块坐浆，并将石块的大面向下，毛石基础的转角处、交接处应用较大的平毛石砌筑。

毛石基础的扩大部分，如做成阶梯形，上级阶梯的石块应至少压砌下级阶梯石块的 1/2，相邻阶梯的毛石应相互错缝搭砌（图 4-26）。

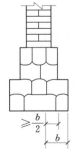

图 4-26 阶梯型毛石基础

毛石基础必须设置拉结石，拉结石应均匀分布，毛石基础同皮内每隔 2m 左右设置一块。拉结石长度：如基础宽度不大于 400mm，应与基础宽度相等；如基础宽度大于 400mm，可用两块拉结石内外搭接，搭接长度不应小于 150mm，且其中一块拉结石长度不应小于基础宽度的 2/3。

3. 毛石墙

毛石墙的第一皮及转角处、交接处和洞口处，应用较大的平毛石砌筑。

每个楼层墙体的最上一皮，宜用较大的毛石砌筑。

毛石墙必须设置拉结石，拉结石应均匀分布，相互错开。毛石墙一般每 0.7m² 墙面至少设置一块，且同皮内拉结石的中距不应大于 2m。拉结石的长度：如墙厚等于或小于 400mm，应与墙厚相等，如墙厚大于 400 mm，可用两块拉结石内外搭接，搭接长度不应小于 150mm，且其中一块拉结石长度不应小于墙厚的 2/3。

（二）料石砌体

1. 料石砌体砌筑要点

料石砌体应采用铺浆法砌筑，料石应放置平稳，砂浆必须饱满，砂浆铺设厚度应略高于规定灰缝厚度，其高出厚度：细料石宜为 3～5mm，粗料石、毛料石宜为 6～8mm。

料石砌体的灰缝厚度：细料石砌体不宜大于 5mm，粗料石和毛料石砌体不宜大于 20mm。

料石砌体的水平灰缝和竖向灰缝的砂浆饱满度均应大于 80%。

料石砌体上下皮料石的竖向灰缝应相互错开，错开长度应不小于料石宽度的 1/2。

2. 料石基础

料石基础的第一皮料石应坐浆丁砌，以上各层料石可按一顺一丁进行砌筑。阶梯形料石基础，上级阶梯的料石至少压砌下级阶梯料石的 1/3（图 4-27）。

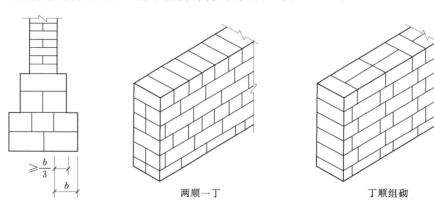

图 4-27 阶梯形料石基础　　　　　图 4-28 料石组砌形式

3. 料石墙

料石墙厚度等于一块料石宽度时，可采用全顺砌筑形式。

料石墙厚度等于两块料石宽度时，可采用两顺一丁或丁顺组砌的砌筑形式（图 4-28）。

两顺一丁是两皮顺石与一皮丁石相间。

丁顺组砌是同皮内顺石与丁石相间，可一块顺石与丁石相间或两块顺石与一块丁石相间。

4. 料石平拱

用料石作平拱，应按设计要求加工。如设计无规定，则料石应加工成楔形，斜度应预先设计，拱两端部的石块，在拱脚处坡度以 60°为宜。平拱石块数应为单数，厚度与墙厚相等，高度为二皮料石高。拱脚处斜面应修整加工，使拱石相吻合（图 4-29）。

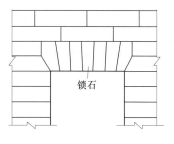

图 4-29 料石平拱

砌筑时，应先支设模板，并从两边对称地向中间砌，正中一块锁石要挤紧。所用砂浆强度等级不应低于 M10，灰缝厚度宜为 5mm。

（三）卵石砌体

1. 干砌卵石

干砌卵石主要在于卵石与卵石砌的密切，互相挤紧，要求所有卵石都不能松动，借以抵抗水流的冲击，同时借卵石下面的沙砾垫层，保护下面的基土不致被淘失。

（1）基础面的开挖。基础面开挖的标准直接影响砌筑质量，故应严格掌握，一般要求开挖面的凸凹度不超过±5cm。开挖尺寸需较砌筑厚度大 2～3cm，以免个别大卵石抵住基土而使砌筑表面不平。

如用一般土料填筑，应注意夯实，密度要求不小于自然土的干容重。如用砂砾填筑，一般沉陷较少，如不加夯，可于填筑过程中充分加水，使基土浸水沉实，以免卵石砌筑后因基土下沉而松动。

（2）铺垫层。在基础底面卵石铺砌之前，先分段把底面垫层铺好。至于边坡的垫层，如边坡较陡时，则可随边坡砌石同时升高。

（3）卵石标准与砌筑要求。砌筑用的卵石，应根据当地产石情况，尽可能按下面的条件挑选：除尺寸应尽可能符合前述设计的标准外，略具扁平形且较规则者为最佳；椭圆形卵石或有棱角的块石次之。至于接近圆球形的卵石，因不易砌好，故不宜采用。三角石或其他不合格的石头可酌量用于超高部分。

砌石的关键在于砌得紧密，不易松动。因此对砌的要求主要有以下几点：

1）按整齐的梅花形砌，要求六角靠紧，只准有三角缝，不许有四角眼。

2）要求卵石长径与渠底或边坡垂直，即立砌，不准前俯后仰、左右歪斜或砌成石阶，否则卵石不能靠紧，容易松动。

3）要注意挑选石料，每行卵石力求长短厚薄相仿，行列力求整齐，相邻各行卵石亦力求大体均匀，这样便于前一行与下一行错开缝子对准叉口，使之结合紧密。不准乱插花，不要鸡抱蛋（即中间一块大石头四周小石头）。

（4）砌筑程序。砌筑时，应先基底后边坡。基础底面砌筑时，应使卵石较宽的侧面垂直水流方向立砌，砌成的行列与水流方向平行，由一边起逐行砌向另一边。边坡砌筑时，亦应使卵石侧面垂直水流方向并垂直边坡立砌，自下逐排上升。底层和边坡开始的一排，均应砌较大的卵石（较其他卵石大 10～15cm），作为坡脚石。

1）所砌卵石应确实坐落在垫层上，不能仅由一两颗石子支撑。

2）为了使卵石不易拔出，相邻卵石接触点最好在卵石中部，接触面最好是大致垂直于渠底或边坡，而各卵石的接触点最好大致在一个平面上，所以一律小头朝外、大头朝里，或大头朝外、小头朝里。根据使用结果，前者比后者更好些。如果大、小头相互掺杂交错，则大头朝外的卵石就易于松动。若根据周围卵石情况，个别卵石确实需要大头朝外时，则必须将这块卵石降低 2～3cm，以使其与相邻卵石接触在中部，达到牢固不拔的目的。照此砌法，可依靠石与石之间挤紧的压力所产力的摩擦力有效抵抗水流淘击力，但由于卵石护面表层凹凸度较大，也会一定程度上增加水流的紊乱和对卵石的淘刷力，这是一个不利因素，但增加摩擦力是根本保证。

3）砌筑过程中，应注意前面一排和前面一块卵石底部的空隙。在垫层的基础上，随时用砾石塞缝，这样较砌好以后再灌缝要密实可靠得多。

4）从坡脚石向外砌石时，因坡脚石较一般卵石大，由较大卵石变成较小卵石时，为了消灭四角缝而达到牢固的目的，可采用夹薄石的办法；反之，从一边砌到另一边，亦即由一排较小卵石变成较大的卵石时，可采取"一顶三"的办法。

（5）质量检查。干砌卵石成败的关键在于施工质量，特别是砌石的质量。因此，施工组织必须加强，砌石工人必须经过训练，最好成立专业队。除对施工人员严格要求外，还必须强调质量检查工作。施工期间的检查大体分为：砌筑前对基础开挖的检查，砌筑时对垫层及砌筑方法的检查，砌筑后灌缝以前对卵石砌得紧密与否的检查和卡缝完毕后的检查。最重要的是砌筑后灌缝以前对砌石标准的检查，必须十分细致严格，最好逐块检查，凡不合标准者立即进行修正。

（6）灌缝与卡缝。卵石砌筑完毕，经检查合乎标准后，为了增加其缝隙的密实程度，可再补行灌缝和卡缝工作。灌缝用的石子应尽量大一些，使水流不易淘走。灌缝不必灌满，一般要求灌半缝，但要求落实，不要架空在卵石中间。

缝隙灌完后，再进行卡缝。卡缝用小石片，以长条形或薄片形为佳，用小木榔头或小石头轻轻打入，用力不可过猛，以防砌石震松。

2. 砌卵石

（1）施工材料。所用的卵石、砂浆等材料均符合图纸和施工规范要求，所用材料均经试验室抽检合格后方投入使用，填缝材料均按要求进行采购。

石料：卵石的直径不应小于 100mm，在卵石表面不得含有妨碍砂浆的正常黏结或有损于外露面外观的污泥、油质或其他有害物质。

砂浆：砂浆中砂宜用中粗砂，砂的最大粒径不大于 5mm，砂浆均采用机械搅拌。

水泥砂浆的配合比必须满足施工图纸的强度规定和施工和易性的要求，配合比现场通过试验来确定，水泥砂浆的配合比符合设计及施工要求。施工中要严格按照试验确定的配料单进行配料，严禁擅自更改，配料称量允许误差应符合下列规定：水泥为 ±2%，砂、砾石为 ±3%，水为 ±1%。

（2）测量放样、高程及坡度进行控制。现场每 100m²（长×宽=10m×10m）为一单元，钉一组中线及边线的钢筋桩，测一组基面标高，浆砌石顶标高（设计浆砌石为 60cm，每 20cm 高在钢筋桩标定一次），并在钢筋桩上拉线，以保证浆砌石的高程及坡度符合设计要求。

在浆砌石施工时，测量人员随时对浆砌石的高程及坡度进行控制。

（3）浆砌卵石施工的一般要求。砌筑之前将基面和坡面夯实平整后，方可开始砌筑；在砌筑前，每一石块应用净水清洗干净并使其彻底饱和，垫层应保持湿润；所有石块均应坐于新拌砂浆之上，在砂浆凝固前，所有缝应满浆，石块固定就位；砌体外露面的坡顶、边口选用较平整的石块并加以修整后方可进行砌筑；所有砌体均自下而上逐层砌筑，直至坡顶，当砌体较长时，应分为几段，砌筑时相邻段高差不大于 1.2m，各段水平砌缝应一致；先铺砌角隅石及镶面石，然后铺砌帮衬石，最后铺砌腹石，角隅石或镶面石与帮衬石互相锁合；砌体在完工后，在 7～14d 内加强养护；护坡坡脚挖槽，使基础嵌入槽内，基础埋置深度均按图纸要求或监理工程师指示进行；当挖方边坡渗水量过大时，泄水孔除按图纸要求设置以外，应适当增加泄水孔数量；砂砾垫层的铺设，应符合图纸要求，铺设之前，应将地表面拍打平整密实，厚度均匀，密实度大于 90%；砌体的沉降缝、伸缩缝及泄水孔位置均符合图纸要求。

（4）勾缝。勾缝应在浆砌石砌筑施工 24h 以后进行，缝宽不小于砌缝宽度，缝深不小于缝宽的 2 倍，勾缝前必须将槽缝冲洗干净，不得残留灰渣和积水，并保持缝面湿润。

勾缝的砂浆必须单独拌制，严禁与砌体砂浆混用，勾缝的砂浆用标号较高的砂浆 M10 进行填缝，要求勾缝砂浆采用细砂和较小的水灰比，其灰砂比控制在 1∶1～1∶2。勾缝应保持石块砌合的自然接缝。

当勾缝完成和砂浆初凝后，砌体表面应刷洗干净，至少用浸湿物覆盖保持 21d，在养护期间应经常洒水，使砌体保持湿润，避免碰撞和振动。

（5）浆砌卵石养护。砌体外露面，在砌筑 12～18h 之间应及时养护，经常保持外露面湿润，需用麻袋或草袋覆盖，并经常洒水养护，保持表面潮湿。养护时间一般不少于 14d，冬季期间不再洒水，而应用麻袋覆盖保温。在砌体未达到要求的强度之前，不得在其上任意堆放重物或修凿石块，以免砌体受震动破坏。

（6）注意事项。浆砌石分缝间距为 10m，缝宽 20mm。勾缝砂浆必须单独拌制，严禁与砌体砂浆混用。在施工中遇大雨、暴雨时，应立即停止施工，妥善保护表面。雨后应先排除积水，并及时处理受雨水冲刷的部位，如表层砂浆尚未初凝时，应加铺水泥砂浆继续砌筑，否则应按工作缝处理。

（四）石砌体质量

石砌体的轴线位置、垂直度及一般尺寸的允许偏差应符合表 4-10、表 4-11 要求。

表 4-10　　　　　　　　　　石砌体轴线位置及垂直度允许偏差

项次	项 目		允许偏差/mm						检验方法
			毛石砌体		料石砌体				
					毛料石		粗料石	细料石	
			基础	墙	基础	墙	基础	墙	墙、柱	
1	轴线位置		20	15	20	15	15	10	10	用经纬仪和尺检查，或用其他测量仪器检查
2	墙面垂直度	每层		20		20		10	7	用经纬仪、吊线和尺检查，或用其他测量仪器检查
		全高		30		30		25	20	

表 4 - 11　　　　　　　　　　　石砌体一般尺寸允许偏差

项次	项　目		允许偏差/mm							检验方法
			毛石砌体		料石砌体					
					毛料石		粗料石		细料石	
			基础	墙	基础	墙	基础	墙	墙、柱	
1	基础和墙砌体顶面标高		±25	±15	±25	±15	±15	±15	±10	用水准仪和尺检查
2	砌体厚度		+30	+20 -10	+30	+20 -10	+15	+10 -5	+10 -5	用尺检查
3	表面平整度	清水墙、柱	—	20	—	20	—	10	5	细料石用 2m 靠尺和楔形塞尺检查，其他用两直尺垂直于灰缝拉 2m 线和尺检查
		混水墙、柱	—	20	—	20	—	15	—	
4	清水墙水平缝平直度		—	—	—	—	—	10	5	拉 10m 线和尺检查

第五节　水 工 混 凝 土 工 程

水工混凝土工程在水利工程施工中无论是人力物力的消耗，还是对工期的影响都占有非常重要的地位。

水工混凝土工程包括：钢筋工程、模板工程和混凝土工程三个主要工程，由于施工过程多，因此要加强施工管理、统筹安排、合理组织，以保证工程质量，加快施工进度，降低施工费用，提高经济效益。

一、钢筋施工

（一）钢筋加工

运至工厂的钢筋应有出厂证明和试验报告单，运至工地后应根据不同等级、钢号、规格及生产厂家分批分类堆放，不得混淆，且应立牌以资识别。应按施工规范要求，使用前应作拉力和冷弯试验，需要焊接的钢筋尚应作好焊接工艺试验。

钢筋的加工包括调直、去锈、切断、弯曲和连接等工序。

1. 钢筋调直去锈

钢筋就其直径而言可分为两大类。直径不大于 12mm 卷成盘条的叫轻筋，大于 12mm 呈棒状的称为重筋。调直 12mm 以下的钢筋，主要采用卷扬机拉直或用调直机调直，用冷拉法调直钢筋，其矫直冷拉率不得大于 1％（Ⅰ级钢筋不得大于 2％）。钢筋在调直机上调直后，其表面伤痕不得使钢筋截面面积减少 5％以上。对于直径大于 30mm 的钢筋，可用弯筋机进行调直。

对于不需要调直的钢筋表面的鳞锈，应用锤敲去或用钢丝刷清除，以免影响钢筋与混凝土的黏结。对于一般浮锈可以不必清除。

2. 钢筋剪切

切断钢筋可用切断机进行。对于直径 22～40mm 的钢筋，一般采用单根切断，对于直径在 22mm 以下的钢筋，则可一次切断数根。如图 4-30 所示，工作时切口上的两个刀片互相配合切断钢筋，对于直径大于 40mm 的钢筋，要用氧气切割或电弧切割。

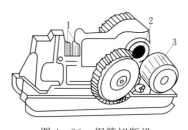

图 4-30　钢筋切断机

1—切口刀片；2—偏心轴；3—电动机

3. 钢筋连接

钢筋连接常用的连接方法有焊接连接、机械连接和绑扎连接。

（1）钢筋焊接。钢筋的焊接质量与钢材的可焊性、焊接工艺有关。常用的焊接方法有闪光对焊、电弧焊、电渣压力焊和点焊等。

1）闪光对焊。钢筋闪光对焊具有生产效率高、操作方便、节约钢材、焊接质量高、接头受力性能好等许多优点。

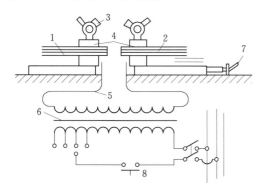

图 4-31　对焊机工作原理

1、2—钢筋；3—加紧装置；4—夹具；5—线路；
6—变压器；7—加压杆；8—开关

钢筋闪光对焊过程如下：如图 4-31 所示，先将钢筋夹入对焊机的两电极中，闭合电源，然后使钢筋两端面轻微接触，这时即有电流通过，由于接触轻微，钢筋端面不平，接触面很小，故电流密度和接触电阻很大，因此接触点很快熔化，形成"金属过梁"。过梁进一步加热，产生金属蒸气飞溅，形成闪光现象，故称闪光对焊。通过烧化钢筋端部温度升高到要求温度后，便快速将钢筋挤压（称顶锻），然后断电，即形成焊接头。

根据所用对焊机功率大小及钢筋品种、直径不同，闪光对焊又分连续闪光焊、预热闪光焊、闪光—预热闪光焊等不同工艺。钢筋直径较小时，可采用连续闪光焊；钢筋直径较大、端面较平整时，宜采用预热闪光焊；直径较大且端面不够平整时，宜采用闪光—预热闪光焊。

采用不同直径的钢筋进行闪光对焊时，直径相差以一级为宜，且不得大于 4mm。采用闪光对焊时，钢筋端头如有弯曲，应予矫直或切除。

2）电弧焊。电弧焊系利用弧焊机使焊条与焊件之间产生高温电弧，使焊条和电弧燃烧范围内的焊件金属熔化，熔化的金属凝固后，便形成焊缝或焊接接头。电弧焊应用范围广，如钢筋的接长、钢筋骨架的焊接、钢筋与钢板的焊接、装配式结构接头的焊接及其他各种钢结构的焊接等。

钢筋电弧焊可分为搭接焊、帮条焊、坡口焊三种接头形式。

（a）搭接焊接头。搭接焊接头如图 4-32 所示，适用于焊接直径 10～40mm 的钢筋。钢筋搭接焊宜采用双面焊。不能进行双面焊时，可采用单面焊。焊接前钢筋宜预弯，以保证两钢筋的轴线在一直线上，使接头受力性能良好。

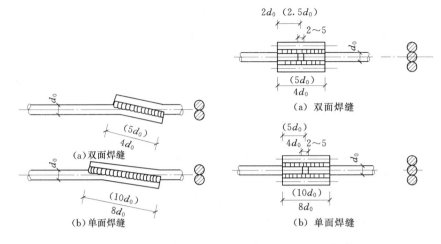

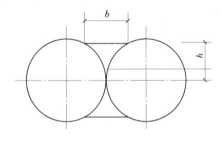

图 4-32 搭接焊接头

图 4-33 帮条焊接头

（b）帮条焊接头。帮条焊接头如图 4-33 所示，适用于焊接直径 10～40mm 的钢筋。钢筋帮条焊宜采用双面焊，不能进行双面焊时，也可采用单面焊。帮条宜采用与主筋同级别或同直径的钢筋制作；如帮条级别与主筋相同，帮条直径可以比主筋直径小一个规格；如帮条直径与主筋相同，帮条钢筋级别可比主筋低一个级别。

钢筋搭接焊接头或帮条焊接头的焊缝厚度 h 应不小于 0.3 倍主筋直径；焊缝宽度 b 不应小于 0.7 倍主筋直径，如图 4-34 所示。

图 4-34 焊缝尺寸示意
b—焊缝宽度；h—焊缝厚度

（c）坡口焊接头。坡口焊接头比上两种接头节约钢材，适用于现场焊接装配现浇式构件接头中直径 18～40mm 的钢筋。

坡口焊按焊接位置不同可分为平焊与立焊，如图 4-35 所示。

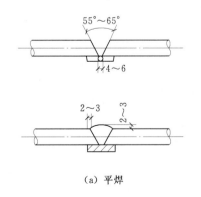

（a）平焊

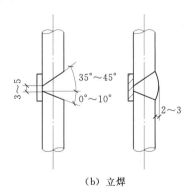

（b）立焊

图 4-35 坡口焊接头

3）电渣压力焊。电渣压力焊用于现浇混凝土结构中竖向或斜向（倾斜度在 1:5 范围内）、直径 14～40mm 的钢筋的连接，不得用于梁、板等构件中水平钢筋的连接。电渣压力焊有自动与手工电渣压力焊，与电弧焊比较，它工效高，成本低。

电渣压力焊是利用电流通过渣池产生的电阻热将钢筋端部熔化，然后施加压力使钢筋焊接在一起，如图 4-36 所示。

施焊时先将钢筋端部约 100mm 范围内的铁锈杂质除净，将固定夹具夹牢在下部钢筋上，并将上部钢筋扶直对中夹牢于活动夹具中，再装上药盒并装满焊药，接通电源，用手柄使电弧引弧。稳定一定时间，使之形成渣池并使钢筋熔化（稳弧），熔化量达到一定数量时断电并用力迅速顶锻，以排除夹渣和气泡，形成接头，使之饱满、均匀、无裂纹。

4) 电阻点焊。钢筋骨架和钢筋网中交叉钢筋的焊接宜采用电阻点焊，所用的点焊机有单点点焊机（用以焊接较粗的钢筋）、多头点焊机（一次焊数点，用以焊钢筋网）和悬挂式点焊机（可得平面尺寸大的骨架或钢筋网）。现场还可采用手提式点焊机。

点焊时，将已除锈污的钢筋交叉放入点焊机的两电极间，使钢筋通电发热至一定温度后，加压使焊点金属焊牢。

采用点焊代替绑扎，可提高工效，节约劳动力，成品刚性好，便于运输。

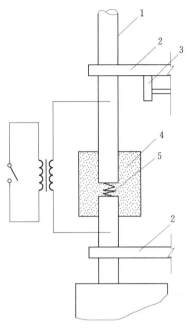

图 4-36　电渣压力焊
1—钢筋；2—夹钳；3—凸轮；
4—焊剂；5—导电剂

(2) 钢筋机械连接。钢筋机械连接是通过连接件的机械咬合作用或钢筋端面的承压作用，将一根钢筋中力传递至另一根钢筋的连接方法，对于确保钢筋接头质量，改善施工环境，提高工作效率，保证工程进度具有明显优势。三峡工程永久船闸输水系统所用钢筋就是采用机械连接技术。

常用的钢筋机械连接类型有挤压连接、锥螺纹连接等。

1) 带肋钢筋套筒挤压连接。带肋钢筋套筒挤压连接是将需要连接的带肋钢筋插于特制的钢套筒内，利用挤压机压缩套筒，使之产生塑性变形，靠变形后的钢套筒与带肋钢筋之间的紧密咬合来实现钢筋的连接。它适用于钢筋直径为 16~40mm 的带肋钢筋的连接。

钢筋挤压连接有钢筋径向挤压连接和钢筋轴向挤压连接。

(a) 带肋钢筋套筒径向挤压连接。带肋钢筋套筒径向挤压连接，是采用挤压机沿径向（即与套筒轴线垂直）将钢筋筒挤压产生塑性变形，使之紧密地咬住带肋钢筋的横肋，实现两根钢筋的连接。当不同直径的带肋钢筋采用挤压接头连接时，若套筒两端外径和壁厚相同，被连接钢筋的直径相差不应大于 5mm。

(b) 带肋钢筋套筒轴向挤压连接。钢筋轴向挤压连接，是采用挤压机和压模对钢套筒及插入的两根对接钢筋，沿其轴向方向进行挤压，使套筒咬合到带肋钢筋的肋间，使其结合成一体。

2) 钢筋锥螺纹连接。钢筋锥螺纹接头是把钢筋的连接端加工成锥形螺纹（简称丝头），通过锥螺纹连接套把两根带丝头的钢筋，按规定的力矩值连接成一体的钢筋接头。适用于直径为 16～40mm 的钢筋的连接。

这种钢筋连接全靠机械力保证，无明火作业，施工速度快，可连接多种钢，而且对接后施工的钢筋混凝土可不需预留锚固筋，是有发展前途的一种钢筋连接方法。

4. 弯曲成型

弯曲成型的方法分手工和机械两种。

手工弯筋，就是用扳手弯制直径 25mm 以下的钢筋。对于大弧度环形钢筋的弯制，则在方木拼成的工作台上进行。弯制时，先在台面上划出标准弧线，并在弧线内侧钉上内排扒钉，其间距较密，曲率可适当加大，应考虑钢筋弯曲后的回弹变形。然后在弧线外侧的一端钉上 1～2 只扒钉。再将钢筋的一端夹在内、外扒钉之间，另一端用绳索试拉，往返回弹数次，直到钢筋与标准弧线吻合，即为合格。

大量的弯筋工作，除大弧度环形钢筋外，宜采用弯筋机弯制，以提高工效和质量。常用的弯筋机，可弯制直径 6～40mm 的钢筋，其外观和工作原理如图 4-37 所示。弯筋机上的几个插孔，可根据弯筋需要进行选择，并插入插棍。

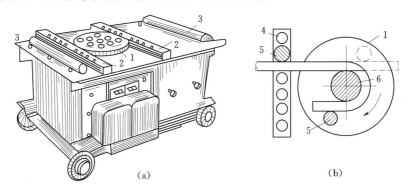

（a） （b）

图 4-37 钢筋弯曲机
1—转盘；2—板条；3—滚轴；4—插孔；5—插棍；6—心轴

钢筋加工应尽量减少偏差，并将偏差控制在表 4-12 允许范围内。

表 4-12 加工后钢筋的允许偏差

项次	偏 差 名 称		允许偏差值
1	受力钢筋全长净尺寸的偏差		±10mm
2	箍筋各部分的长度的偏差		±5mm
3	钢筋弯起点位置的偏差	厂房构件	±20mm
		大体积混凝土	±30mm
4	钢筋转角的偏差		3°

（二）钢筋的配料与代换

1. 钢筋的配料

钢筋加工前应根据图纸按不同构件先编制配料单，然后进行备料加工。为了使工作方便和不漏配钢筋,配料应该有顺序地进行。

下料长度计算是配料计算中的关键。钢筋弯曲时,其外壁伸长,内壁缩短,而中心线长度并不改变。但是设计图中注明的尺寸是根据外包尺寸计算的,且不包括端头弯钩长度。显然外包尺寸大于中心线长度,它们之间存在一个差值,称为"量度差值"。因此,钢筋的下料长度应为:

$$钢筋下料长度=外包尺寸+端头弯钩度-量度差值$$

$$箍筋下料长度=箍筋周长+箍筋调整值$$

当弯心的直径为 $2.5d$(d 为钢筋的直径)时,半圆弯钩的增加长度和各种弯曲角度的量度差值计算方法如下。

(1)半圆弯钩的增加长度 [图 4-38(a)]。

弯钩全长
$$3d+\frac{3.5d\pi}{2}=8.5d \qquad (4-10)$$

弯钩增加长度(包括量度差值)
$$8.5d-2.25d=6.25d \qquad (4-11)$$

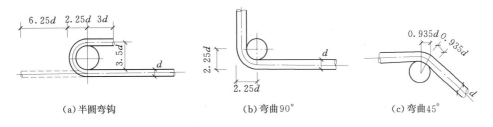

(a)半圆弯钩   (b)弯曲90°   (c)弯曲45°

图 4-38 钢筋弯钩及弯曲计算

在实践中由于实际弯心直径与理论直径有时不一致、钢筋粗细和机具条件不同等而影响长短,所以在实际配料时,对弯钩增加长度常根据具体条件采用经验数据(表 4-13)。

表 4-13 半圆弯钩增加长度参考表

钢筋直径/mm	≤6	8~10	12~18	20~28	32~36
一个弯钩长度/mm	40	$6d$	$5.5d$	$5d$	$4.5d$

(2)弯90°时的度量差值如图 4-38(b)所示。

外包尺寸
$$2.25d+2.25d=4.5d \qquad (4-12)$$

中心线长度
$$\frac{3.5d\pi}{4}=2.75d \qquad (4-13)$$

量度差值
$$4.5d-2.75d=1.75d \qquad (4-14)$$

实际工作中为计算简便常取 $2d$。

(3)弯45°时的度量差值如图 4-38(c)所示。

外包尺寸
$$2\left(\frac{2.5d}{2}+d\right)\tan22°30'=1.87d \qquad (4-15)$$

中心线长度
$$\frac{3.5\pi}{8}=1.37d \qquad (4-16)$$

量度差值
$$1.87d-1.37d=0.5d \qquad (4-17)$$

同理可得其他常用的量度差值（表 4-14）。

表 4-14   钢筋弯曲量度差值

钢筋弯曲角度	30°	45°	60°	90°	135°
量度差值	$0.35d$	$0.5d$	$0.85d$	$2d$	$2.5d$

（4）箍筋调整值。箍筋调整值为弯钩增加长度与弯曲度量差值两项的代数和，需根据箍筋外包尺寸或内包尺寸而定（表 4-15）。

表 4-15   箍　筋　调　整　值

箍筋量度方法	箍筋直径/mm			
	4～5	6	8	10～12
量外包尺寸	40	50	60	70
量内包尺寸	80	100	120	150～170

2. 钢筋的代换

施工中如供应的钢筋品种和规格与设计图纸要求不符时，可以进行代换。但代换时，必须充分了解设计意图和代换钢材的性能，严格遵守规范的各项规定。在代换时应征得设计单位的同意；代换后的钢筋用量不宜大于原设计量的 5%，亦不低于 2%，且应满足规范的最小钢筋直径、根数、钢筋间距、锚固长度等要求。

钢筋代换的方法有以下三种。

（1）当结构件是按强度控制时，可按强度等同原则代换，称等强代换。如设计图中所用钢筋强度为 f_{y1}，钢筋总面积为 A_{s1}，代换后钢筋强度为 f_{y2}，钢筋总面积为 A_{s2}，则应使

$$f_{y2}A_{s2} \geqslant f_{y1}A_{s1} \tag{4-18}$$

（2）当构件按最小配筋率控制时，可按钢筋面积相等的原则代换，称等面积代换，即

$$A_{s2} = A_{s1} \tag{4-19}$$

式中　A_{s1}——原设计钢筋的计算面积，mm^2；

　　　A_{s2}——拟代换钢筋的计算面积，mm^2。

（3）当结构件按裂缝宽度或挠度控制时，钢筋的代换需进行裂缝宽度或挠度验算。代换后，还应满足构造方面的要求（如钢筋间距、最小直径、最少根数、锚固长度、对称性等）及设计中提出的特殊要求（如冲击韧性、抗腐蚀性等）。

（三）钢筋的安装

钢筋的安装可采用散装和整装两种方式。散装是将加工成型的单根钢筋运到工作面，按设计图纸绑扎或电焊成型。散装对运输要求相对较低，不受设备条件限制，但工效低，高空作业安全性差，且质量不易保证。对机械化程度较高的大中型工程，已逐步为整装所代替。整装是将加工成型的钢筋，在焊接车间用点焊焊接交叉结点，用对焊接长，形成钢筋网和钢筋骨架。整装件由运输机械成批运至现场，用起重机具吊运入仓就位，按图拼合成形。整装在运、吊过程中要采取加固措施，合理布置支承点和吊点，以防过大的变形和破坏。无论整装或散装，钢筋应避免油污，安装的位置、间距、保护层及各个部位的型

号、规格均应符合设计要求，安装的偏差不超过表4-16的规定。

表4-16

钢筋安装的允许偏差

项次	偏 差 名 称		允许偏差
1	钢筋长度方面的偏差		±0.5净保护层厚
2	同一排受力钢筋间距的局部偏差	柱及梁中	±0.5d
		板、墙中	±0.1间距
3	同一排中分布钢筋间距的偏差		±0.1间距
4	双排钢筋，其排与排间的局部偏差		±0.1排距
5	梁与柱中钢箍间距的偏差		0.1箍筋间距
6	保护层厚度的局部偏差		±0.25净保护层厚

二、模板施工

模板作业是钢筋混凝工程的重要辅助作业，模板工程量大，材料和劳动力消耗多，正确选择材料组成和合理组织施工，对加快施工速度和降低工程造价意义重大。模板的主要作用是对新浇塑性混凝土起成型和支承作用，同时还具有保护和改善混凝土表面质量的作用。

（一）模板的基本要求

模板及其支撑系统必须满足下列要求：

（1）保证工程结构和构件各部分形状尺寸和相互位置的正确。

（2）具有足够的承载能力、刚度和稳定性，以保证施工安全。

（3）构造简单，装拆方便，能多次周转使用。

（4）模板的接缝不应漏浆。

（5）模板与混凝土的接触面应涂隔离剂脱模，严禁隔离剂玷污钢筋与混凝土接槎处。

（二）模板的基本类型

按制作材料，模板可分为木模板、钢模板、混凝土和钢筋混凝土预制模板。

按模板形状可分为平面模板和曲面模板。

按受力条件可分为承重模板和侧面模板；侧面模板按其支承受力方式，又分为简支模板、悬臂模板和半悬臂模板。

按架立和工作特征，模板可分为固定式、拆移式、移动式和滑动式。固定式模板多用于起伏的基础部位或特殊的异形结构，如蜗壳或扭曲面，因大小不等、形状各异，难以重复使用；拆移式、移动式、滑动式可重复或连续在形状一致或变化不大的结构上使用，有利于实现标准化和系列化。

1. 拆移式模板

它适应于浇筑块表面为平面的情况，可做成定型的标准模板，其标准尺寸，大型的为100cm×（325～525）cm，小型的为（75～100）cm×150cm。前者适用于3～5m高的浇筑块，需小型机具吊装；后者用于薄层浇筑，可人力搬运，如图4-39所示。

平面木模板由面板、加劲肋和支架三个基本部分组成。加劲肋（板样肋）把面板联结

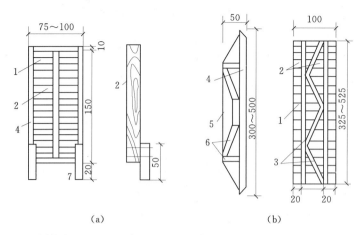

（a） (b)

图 4-39　平面标准模板（单位：cm）

1—面板；2—肋木；3—加劲肋；4—方木；5—拉条；6—桁架木；7—支撑木

起来，并由支架安装在混凝土浇筑块上。

架立模板的支架，常用围图和桁架梁，如图 4-40 所示。桁架梁多用方木和钢筋制作。立模时，将桁架梁下端插入预埋在下层混凝土块内 U 形埋件中。当浇筑块薄时，上端用钢拉条对拉；当浇筑块大时，则采用斜拉条固定，以防模板变形。钢筋拉条直径大于 8mm，间距为 1～2m，斜拉角度为 30°～45°。

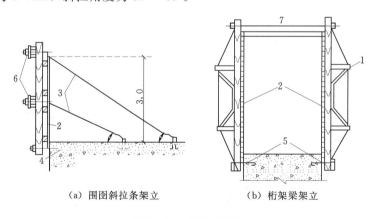

（a）围图斜拉条架立　　　　　　（b）桁架梁架立

图 4-40　拆移式模板

1—钢木桁架；2—木面板；3—斜拉条；4—预埋锚筋；5—U 形埋件；6—横向围楞；7—对拉条

悬臂钢模板由面板、支承柱和预埋联结件组成。面板采用定型组合钢模板拼装或直接用钢板焊制。支承模板的立柱有型钢梁和钢桁架两种，视浇筑块高度而定。预埋在下层混凝土内的联结件有螺栓式和插座式（U 形铁件）两种。

采用悬臂钢模板，由于仓内无拉条，模板整体拼装，为大体积混凝土机械化施工创造了有利条件；且模板本身的安装比较简单，重复使用次数高（可达 100 多次）。但模板重量大（每块模板重 0.5～2t），需要起重机配合吊装。由于模板顶部容易变位，故适用浇筑高度受到限制，一般为 1.5～2m。用钢桁架作支承柱时，高度也不宜超过 3m。

此外，还有一种半悬臂模板，常用高度有 3.2m 和 2.2m 两种。半悬臂模板结构简单、装拆方便，但支承柱下端固结程度不如悬臂模板，故仓内需要设置短拉条，对仓内作业有影响。

一般标准大模板的重复利用次数即周转率为 5～10 次，而钢木混合模板的周转率为 30～50 次，木材消耗减少 90% 以上，由于是大块组装和拆卸，故劳力、材料、费用大为降低。

2. 移动式模板

对定型的建筑物，根据建筑物外形轮廓特征，做一段定型模板，在支承钢架上装上行驶轮，沿建筑物长度方向铺设轨道分段移动，分段浇筑混凝土。移动时，只需将顶推模板的花兰螺丝或千斤顶收缩，使模板与混凝土面脱开，模板可随同钢架移动到拟浇混凝土部位，再用花兰螺丝或千斤顶调整模板至设计浇筑尺寸，如图 4-41 所示。移动式模板多用钢模，作为浇筑混凝土墙和隧洞混凝土衬砌使用。

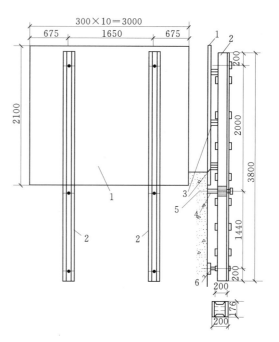

图 4-41 移动式模板浇筑混凝土墙
1—支承钢架；2—钢模板；3—花兰螺丝；
4—行驶轮；5—轨道；6—千斤顶螺栓

3. 自升悬臂模板

这种模板的面板由组合钢模板安装而成，桁架、提升柱由型钢、钢管焊接而成，如图 4-42 所示。其自升过程如图 4-43 所示，图 4-43（a）是提升柱向外移动 5cm；图 4-43（b）是将提升柱提升到指定位置；图 4-43（c）是面板锚固螺栓松开，使面板脱离混凝土面 15cm；图 4-43（d）是模板到位后，利用桁架上的调节丝杆调整模板位置，准备浇筑混凝土。这种模板的突出优点是自重轻，自升电动装置具有力矩限制与行程控制功能，运行安全可靠，升程准确。模板采用插挂式锚钩，简单实用，定位准，拆装快。

4. 滑动式模板

滑动式模板是在混凝土浇筑过程中，随浇筑而滑移（滑升、拉升或水平滑移）的模板，简称滑模，以竖向滑升应用最广。

滑升式模板是先在地面上按照建筑物的平面轮廓组装一套 1.0～1.2m 高的模板，随着浇筑层的不断上升而逐渐滑升，直至完成整个建筑物计划高度内的浇筑。滑模施工可以节约模板和支撑材料，加快施工进度，改善施工条件，保证结构的整体性，提高混凝土表面质量，降低工程造价。缺点是滑模系统一次性投资大，耗钢量大，且保温条件差，不宜于低温季节使用。

滑模施工最适于断面形状尺寸沿高度基本不变的高耸建筑物，如竖井、沉井、墩墙、烟囱、水塔、筒仓、框架结构等的现场浇筑，也可用于大坝溢流面、双曲线冷却塔及水平长条形规则结构、构件施工。

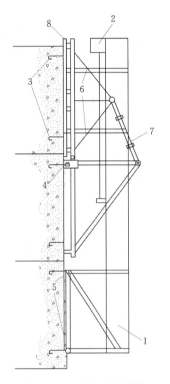

图 4-42 自升悬臂模板

1—提升柱；2—提升机械；3—预定
锚栓；4—模板锚固件；5—提升
柱锚固件；6—柱模板连接螺
栓；7—调节丝杆，8—模板

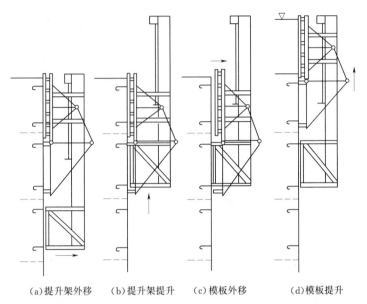

(a)提升架外移　(b)提升架提升　(c)模板外移　(d)模板提升

图 4-43 模板自升过程

5. 混凝土及钢筋混凝土模板

混凝土及钢筋混凝土模板既是模板，也是建筑物的护面结构，浇筑后作为建筑物的外壳，不予拆除，是浇筑空腹坝顶拱和廊道顶拱时常用的一种模板形式，既有利于施工安全，又可加快施工进度，节约材料，降低成本。

（三）模板的设计荷载

模板及其支承结构应具有足够的强度、刚度和稳定性，必须能承受施工中可能出现的各种荷载的最不利组合，其结构变形应在允许范围以内。模板及其支架承受的荷载见相关规范。

（四）模板的制作、安装和拆除

1. 模板的制作

大中型混凝土工程模板通常由专门的加工厂制作，采用机械化流水作业，以利于提高模板的生产率和加工质量。模板制作的允许误差应符合表 4-17 的规定。

2. 模板的安装

模板安装必须按设计图纸测量放样，对重要结构应多设控制点，以利检查校正。模板安装好后，要进行质量检查；检查合格后，才能进行下一道工序。应经常保持足够的固定

表 4-17 模板制作的允许偏差

模板类型	偏差名称		允许偏差 /mm
木模	小型模板，长和宽		±3
	大型模板（长、宽大于 3m），长和宽		±5
	模板面平整度（未经刨光）	相邻两板面高差	1
		局部不平（用 2m 直尺检查）	5
	面板缝隙		2
钢模	模板，长和宽		±2
	模板面局部不平（用 2m 直尺检查）		2
	连接配件的孔眼位置		±1

设施，以防模板倾覆。对于大体积混凝土浇筑块，成型后的偏差，不应超过木模安装允许偏差的 50%～100%，取值大小视结构物的重要性而定。水工建筑物混凝土木模安装的允许偏差，应根据结构物的安全、运行条件、经济和美观要求确定，一般不得超过表 4-18 规定的偏差值。

表 4-18 大体积混凝土木模安装的允许偏差 单位：mm

项次	偏 差 项 目		混凝土结构的部位	
			外露表面	隐蔽内面
1	平板平整度	相邻两面板高差	3	5
2		局部不平（用 2m 直尺检查）	5	10
3	结构物边线与设计边线		10	15
4	结构物水平截面内部尺寸		±20	
5	承重模板标高		±5	
6	预留孔、洞尺寸及位置		10	

3. 模板的拆除

拆模的迟早，影响混凝土质量和模板使用的周转率。施工规范规定，非承重侧面模板，混凝土强度应达到 2.5MPa 以上，其表面和棱角不因拆模而损坏时方可拆除。一般需 2～7d，夏天 2～4d，冬天 5～7d。混凝土表面质量要求高的部位，拆模时间宜晚一些。而钢筋混凝土结构的承重模板，要求达到下列规定值（按混凝土设计强度等级的百分率计算）时才能拆模。

1）悬臂板、梁。跨度不大于 2m，70%；跨度大于 2m，100%。

2）其他梁、板、拱。跨度不大于 2m，50%；跨度 2～8m，70%；跨度大于 8m，100%。

拆模程序和方法。在同一浇筑仓的模板，按"先装的后拆，后装的先拆"的原则，按次序、有步骤的进行，不能乱撬。拆模时，应尽量减少对模板的损坏，以提高模板的周转次数。要注意防止大片模板坠落；高处拆组合钢模板，应使用绳索逐块下放，模板连接件、支撑件及时清理，收检归堆。

三、混凝土施工

混凝土由 90％的砂石料构成，每立方米混凝土需近 1.5m³ 砂石骨料，大中型水利水电工程，不仅对砂石骨料的需要量相当大、质量要求高，而且往往需要施工单位自行制备。因此，正确组织砂石料生产，是一项十分重要的工作。

水利水电工程中骨料来源有三种：

（1）天然骨料。天然砂、砾石经筛分、冲洗而制成的混凝土骨料。

（2）人工骨料。开采的石料经过破碎、筛分、冲洗而制成的混凝土骨料。

（3）组合骨料。天然骨料为主，人工骨料为辅，配合使用的混凝土骨料。当确定骨料来源时，应以就地取材为原则，优先考虑采用天然骨料；只有在当地缺乏天然骨料，或天然骨料中某一级骨料的数量和质量不合要求时，或综合开采加工运输成本高于人工骨料时，才考虑采用人工骨料。

（一）混凝土制备

混凝土制备，是按照混凝土配合比设计要求，将其各组成材料（砂石、水泥、水、外加剂及掺合料等）拌和成均匀的混凝土料，以满足浇筑的需要。

混凝土制备的过程包括储料、供料、配料和拌和。其中配料和拌和是主要生产环节，也是质量控制的关键，要求配料准确稳定，拌和均匀充分。

1. 混凝土配料

配料是按混凝土配合比要求，称准每次拌和的各种材料用量。配料的精度直接影响混凝土质量。

按施工规范对配料精度（按重量百分比计）的要求是：水泥掺合料、水、外加剂溶液为±1％，砂石骨料为±2％。水及外加剂溶液可按重量折算成体积。

2. 混凝土拌和

混凝土拌和由混凝土拌和机进行，按照拌和机的工作原理，可分为强制式、自落式和涡流式三种。

拌和机的装料体积，是指每拌和一次装入拌和筒内各种松散体积之和。拌和机的出料系数，是出料体积与装料体积之比，约为 0.6～0.7。

每台拌和机的生产率 P 可按下式计算：

$$P = NV = k_t \frac{3600V}{t_1 + t_2 + t_3 + t_4} \qquad (4-20)$$

式中　P——单台拌和机生产率，m³/h；

　　　V——拌和机出料容量（拌和机装料体积×出料系数），m³；

　　　N——拌和机每小时拌和次数；

　　　t_1——装料时间，自动化配料为 10～15s，半自动化配料为 15～20s；

　　　t_3——卸料时间，倾翻卸料为 15s，非倾翻卸料为 25～30s；

　　　t_4——必要的技术间隙时间，对双锥式为 3～5s；

　　　k_t——时间利用系数，视施工条件而定。

拌和时间 t_2 与拌和机工作容量、坍落度大小及气温有关（表 4 – 19）。

表 4 – 19　　　拌和时间与拌和机容量、骨料最大粒径及坍落度的关系　　　单位：mm

拌和机的进料容量/m³	最大骨料粒径/mm	坍落度/cm		
		2～5	5～8	＞8
1.0	80		2.5	2.0
1.6	150 或 120	2.5	2.0	2.0
2.4	150	2.5	2.0	2.0
5.0	150	3.5	3.0	2.5

在混凝土拌和过程中，应采取措施保持砂、石、骨料含水率稳定，砂石含水率应控制在 6% 以内。

拌和设备应经常进行下列项目的检验：拌和物的均匀性；各种条件下适宜的拌和时间；衡器的准确性；拌和机及叶片的磨损情况。

（二）混凝土运输

混凝土运输是整个混凝土施工中的一个重要环节，它运输量大，涉及面广，对工程质量和施工进度影响大。混凝土运输包括两个运输过程：从拌和机前到浇筑仓前，主要是水平运输；从浇筑仓前到仓内，主要是垂直运输。混凝土在运输过程中应保持原有的均匀性及和易性，不发生离析现象；要尽量减少振动和转运次数，不能使混凝土料从 2m 以上的高度自由跌落；不漏浆、不初凝；无大的温度变化；无标号错误。

1. 混凝土水平运输

小型水利工程常见的水平运输方式有：混凝土搅拌车、后卸式自卸车、汽车运立罐、无轨侧卸料罐车、拖拉机、胶轮车。

2. 混凝土垂直运输

混凝土的垂直运输主要采用以下各类起重机械。

（1）履带式起重机。履带式起重机多由开挖石方的挖掘机改装而成，直接在地面上开行，无需轨道。它的提升高度不大，但机动灵活、适应工地狭窄的地形，在开工初期能及早使用，生产率高。浇筑混凝土，常与自卸汽车配合。

（2）门式起重机和塔式起重机。

门式起重机又称门机，是一种大型移动式起重设备。它的下部为一钢结构门架，门架底部装有车轮，可沿轨道移动。门架下可供运输车辆通行，这样便可使起重机和运输车辆在同一高程上行驶，具有结构简单、运行灵活、起重量大、控制范围较大、工作效率较高等优点，因此在大型水利工程中应用较普遍。这种门机的缺点是提升高度不大，工作时不能变幅，因此在高坝施工中，已逐渐被高架门机所代替。

塔式起重机又称塔机或塔吊，是在门架上装高达数十米的钢塔，用于增加起重高度。其起重臂多是水平的，起重小车（带有吊钩）可沿起重臂水平移动，用以改变起重幅度。塔机可靠近建筑物布置，沿着轨道移动，利用起重小车变幅，所以控制范围是一个长方形的空间，但塔机的稳定性和运行灵活性不如门机，当有 6 级以上大风时，必须停止工作。由于塔顶旋转是由钢绳牵引，塔机只能向一个方向旋转 180° 或 360° 之后再回转，而门机却可任意转动。相邻塔机运行时的安全距离要求大，相邻中心距不小于 34～85m。塔机适用于浇筑高坝，并将多台塔机安装在不同的高程上，以发挥控制范围大的优点。

（3）索道运输。主要适用于高差比较大、横跨沟河、交通不便的地区。

3. 泵送混凝土运输

在工作面狭窄的地方施工，如隧洞衬砌、导流底孔封堵等，常采用混凝土泵及其导管输送混凝土。

常用混凝土泵的类型有电动活塞式和风动输送式两种。

活塞式混凝土泵其工作原理为在活塞缸内作往返运动的柱塞，将承料斗中的混凝土吸入并压出，经管道送至浇筑仓内。

活塞式混凝土泵的输送能力有 $15m^3/h$、$20m^3/h$、$40m^3/h$ 等几种。其最大水平运距可达 300m，或垂直升高 40m，导管径 150～200mm，输送混凝土骨料最大料径为 50～70mm。

目前在使用活塞式混凝土泵的过程中，要注意防止导管堵塞和泵送混凝土料的特殊要求。一般在泵开始工作时，应先压送适量的水泥砂浆以润滑管壁；当工作中断时，应每隔 5min 将泵转动 2～3 圈；如停工 0.5～1h 以上，应即时清除泵和导管内的混凝土，并用水清洗。

泵送混凝土最大骨料粒径不大于导管内径的 1/3，不允许有超径骨料，坍落度以 8～14cm 为宜，含砂率应控制在 40% 左右，每立方米混凝土的水泥用量不少于 250～300kg。

4. 运输混凝土的辅助设备

运输混凝土的辅助设备有吊罐、集料斗、溜槽、溜管等，用于混凝土装料、卸料和转运入仓，对于保证混凝土质量和运输工作顺利进行起着相当大的作用。

（1）溜槽与振动溜槽。

溜槽（泻槽）为一铁皮槽子，用于高度不大的情况下滑送混凝土，可以将皮带机、自卸汽车、吊罐等将来料转运入仓。其坡度由试验确定，一般为 45°左右。

振动溜槽是在溜槽上附有振动器，每节长 4～6m，拼装总长达 30m，坡度 15°～20°。

采用溜槽时，应在溜槽末端加设 1～2 节溜管，以防止混凝土料在下滑过程中分离。利用溜槽转运入仓，是大型机械设备难以控制部位的有效入仓手段。

（2）溜管与振动溜管。

溜管由多节铁皮管串挂而成。每节长 0.8～1m，上大下小，相邻管节铰挂在一起，可以拖动。采用溜管卸料可起到缓冲消能作用，以防止混凝土料分离和破碎；还可以避免吊罐直接入仓，碰坏钢筋和模板。溜管卸料时，其出口离浇筑面的高差应不大于 1.5m，并利用拉索拖动均匀卸料，但应使溜管出口段（约 2m 长）与浇筑面保持垂直，以避免混凝土料分离。随着混凝土浇筑面的上升，可逐节拆卸溜管下端的管节。溜管卸料多用于断面小、钢筋密的浇筑部位。其卸料半径为 1～1.5m，卸料高度不大于 10m。

振动溜管与普通溜管相似，但每隔 4～8m 的距离装有一个振动器，以防止混凝土料中途堵塞。其卸料高度可达 10～20m。

（三）混凝土的浇筑

混凝土浇筑的施工过程，包括浇筑前的准备作业入仓铺料、平仓振捣和浇筑后的养护。

1. 浇筑前的准备工作

浇筑前的准备作业包括基础面的处理，施工缝处理、立模、钢筋及预埋件的安设等。

（1）基础面处理。

对于岩基，一般要求清除到质地坚硬的新鲜岩面，然后进行整修。人工清除表面松软岩石、棱角和反坡，并用高压水冲洗，压缩空气吹扫。若岩面上有油污、灰浆及其黏结的杂物，还应采用钢丝刷反复刷洗，直至岩面清洁为止。最后，再用风吹至岩面无积水，经检验合格，才能开仓浇筑。

对于土基，应先将开挖基础时预留下来的保护层挖除，并清除杂物。然后用碎石垫底，盖上湿砂进行压实，再浇混凝土。

对于砂砾地基，应清除杂物，整平基础面，并浇筑 10～20cm 厚的低标号混凝土垫层，以防止漏浆。

清洗后的岩基，在混凝土浇筑前应保持洁净和湿润。

（2）施工缝处理。施工缝是指浇筑块之间临时的水平和垂直结合缝，也就是新老混凝土之间的结合面。为了保证建筑物的整体性，在新混凝土浇筑前，必须将老混凝土表面的水泥膜（乳皮）消除干净，并使其表面新鲜清洁，形成有石子半露的麻面，以利于新老混凝土的紧密结合。但对于要进行接缝灌浆处理的纵缝面，可不凿毛，只需冲洗干净即可。

施工缝的处理方法有以下几种：

1）刷毛和冲毛。在混凝土凝结后但尚未完全硬化以前，用钢丝刷或高压水对混凝土表面进行冲刷，形成麻面，称为刷毛和冲毛。高压水冲毛效率高，水压力一般为（4～6）$\times 10^5$Pa，根据水泥品种、混凝土标号和当地气温来确定冲毛的时间，一般春秋季节，在浇筑完毕后 10～16h 开始；夏季掌握在 6～10h；冬季则在 18～24h 后进行。

2）凿毛。若混凝土已经硬化，用人工或风镐等机械将混凝土表面凿成麻面称为凿毛。凿深约 1～2cm，然后用高压水清洗干净。凿毛以浇筑后 32～40h 进行为宜，多用于垂直缝面的处理。

3）喷毛。将经过筛选的粗砂和水装入密封的砂箱，再通过压缩空气，风压为（4～6）$\times 10^5$Pa。压缩空气与水、砂混合后，经喷枪喷出，将混凝土表面冲成麻面，喷毛时间一般在浇筑后 24～48h 内进行。

施工缝面凿毛或冲毛后，应用压力水冲洗干净，排除积水，使其表面无碴、无尘，才能浇筑混凝土。

（3）模板、钢筋及预埋检查。开仓浇筑前，必须按照设计图纸和施工规范的要求，对仓面安设的模板、钢筋及预埋件进行全面检查验收，分项签发合格证，应做到规格、数量无误，定位准确，连接可靠。

（4）浇筑仓面布置。浇筑仓面检查准备就绪后，水、电及照明布置妥当后，经质检部门全面检查，发给准浇证后，才允许开仓浇筑。

2. 混凝土浇筑

（1）入仓铺料。浇筑混凝土前，基础面的浇筑仓和老混凝土上的迎水面浇筑仓，在浇筑第一层混凝土前必须先铺一层 2～3cm 的水泥砂浆，砂浆的水灰比应较混凝土的水灰比

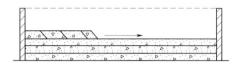

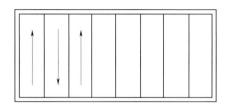

图 4-44 平层浇筑法

减少 0.03～0.05。

1）平层浇筑法是沿仓面长边逐层水平铺填，第一层铺填完毕并振捣密实后，再铺填振捣第二层，依此类推，直到规定的浇筑高程为止，如图 4-44 所示。铺料层厚与振捣性能、气温高低、混凝土稠度、混凝土初凝时间和来料强度等因素有关。在一般情况下，层厚多为 30～60cm；当采用振捣器组振捣时，层厚可达 70～80cm。

层间间歇超过混凝土初凝时间会出现冷缝，使层间的抗渗抗剪和抗拉能力明显降低。为了避免出现冷缝，应满足以下条件：

$$Q(t_2 - t_1)k \geq A \cdot h \tag{4-21}$$

或

$$A \leq \frac{Q(t_2 - t_1)}{h} \cdot k \tag{4-22}$$

式中　A——混凝土仓面面积，m^2；

　　　k——时间延误系数，可取 0.8～0.85；

　　　Q——所浇仓位混凝土的实际生产能力，m^3/h；

　　　t_2——混凝土初凝时间，h；

　　　t_1——混凝土运输、浇筑所占的时间，h；

　　　h——混凝土铺料层厚度，m。

2）阶梯浇筑法。阶梯浇筑法的铺料顺序是从仓位的一端开始，向另一端推进，并以台阶形式，边向前推进，边向上铺筑，直至浇到规定的厚度，把全仓浇完，如图 4-45（a）所示。阶梯浇筑法的最大优点是缩短了混凝土上、下层的间歇时间；在铺料层数一定的情况下，浇筑块的长度可不受限制；既适用于大面积仓位的浇筑，也适用于普通仓浇筑。阶梯浇筑法的层数不多于 3～5 层，阶梯长度不小于 2～3m。

3）斜层浇筑法。当浇筑仓面大，混凝土初凝时间短，混凝土拌和、运输浇筑能力不足时，可采用斜层浇筑法，如图 4-45（b）所示。斜层浇筑法由于平仓和振捣使砂浆容易流动和分离。为此，应使用低流态混凝土，浇筑块高度一般限制在 1～1.5m 以内。同时应控制：斜层法的层面斜度不大于 10°。

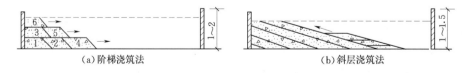

（a）阶梯浇筑法　　　　　　　　　　　　　（b）斜层浇筑法

图 4-45　阶梯浇筑法和斜层浇筑法

无论采用哪一种浇筑方法，都应保持混凝土浇筑的连续性。如相邻两层浇筑的间歇时间超过混凝土的初凝时间，将出现冷缝，造成质量事故。此时应停止浇筑，并按施工缝处理。

（2）平仓。平仓就是把卸入仓内成堆的混凝土铺平到要求的均匀厚度。

可采用振捣器平仓。振捣器应首先斜插入料堆下部，然后再一次一次地插向上部，使流态混凝土在振捣器作用下自行摊平。但须注意，使用振捣器平仓，不能代替下一个工序的振捣密实。在平仓振捣时不能造成砂浆与骨料分离。近年来，在大型水利水电工程的混凝土施工中，已逐渐推广使用推土机（或平仓机）进行混凝土平仓作业，大大提高了工作效率，减轻劳动强度；但要求仓面大，仓内无拉条，履带压力小。

（3）振捣。振捣的目的是使混凝土密实，并使混凝土与模板、钢筋及预埋件紧密结合，从而保证混凝土的最大密实性。振捣是混凝土施工中最关键的工序，应在混凝土平仓后立即进行。

混凝土振捣主要采用振捣器进行。其原理是利用振捣器产生的高频率、小振幅的振动作用，减小混凝土拌和物的内摩擦力和黏结力，从而使塑态混凝土液化、骨料相互滑动而紧密排列、砂浆充满空隙、空气被排出，以保证混凝土密实，并使液化后的混凝土填满模板内部的空间，且与钢筋紧密结合。

1）振捣器的类型和应用。混凝土振捣器的类型，按振捣方式的不同，分为插入式、外部式、表面式和振动台等。其中外部式只适用于柱、墙等结构尺寸小且钢筋密的构件；表面式只适用于薄层混凝土的捣实（如渠道衬砌、道路、薄板等）；振动台多用于实验室。插入式振捣器在水利水电工程混凝土施工中使用最多，如图4-46所示。它的主要形式有电动软轴式、电动硬轴式和风动式三种，其中以电动硬轴式应用最普遍。电动软轴式则用于钢筋密、断面比较小的部位；风动式的适用范围与电动硬轴式的基本相同，但耗风量大，振动频率不稳定，已逐渐被淘汰。

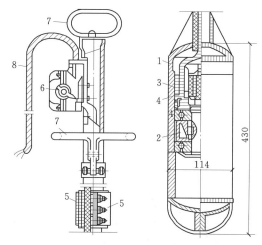

图4-46　插入式电动硬轴振捣器（单位：mm）
1—振棒外壳；2—偏心块；3—电动机定子；4—电动机转子；5—橡皮弹性连接器；6—电路开关；7—把手；8—外接电源

2）振捣器的使用与振实判断。用振捣器振捣混凝土，应在仓面上按一定顺序和间距，逐点插入进行振捣。每个插点振捣时间一般需要20～30s，实际操作时的振实标准是按以下一些现象来判断：混凝土表面不再显著下沉，不出现气泡；并在表面出现一层薄而均匀的水泥浆。如振捣时间不够，则达不到振捣要求；过振则骨料下沉、砂浆上翻，产生离析。

（四）混凝土的养护

混凝土浇筑完毕后，在相当长的时间内，应保持其适当的温度和足够的湿度，以创造混凝土良好的硬化条件。可以防止其表面因干燥过快而产生干缩裂缝，又可促使其强度不断增长。

在常温下的养护方法：混凝土水平面可用水、湿麻袋、湿草袋、湿砂、锯末等覆盖；垂直面可进行人工洒水，或用带孔的水管定时洒水，以维持混凝土表面潮湿。近年来出现的喷膜养护法，是在混凝土初凝后，在混凝土表面喷1～2次养护剂，以形成一层薄膜，可阻止混凝土内部水分的蒸发，达到养护的目的。

混凝土养护一般是从浇筑完毕后 12~18h 开始。养护时间的长短，取决于当地气温、水泥品种和结构物的重要性。如用普通水泥、硅酸盐水泥拌制的混凝土，养护时间不少于 14d；用大坝水泥、火山灰质水泥、矿碴水泥拌制的混凝土，养护时间不少于 21d；重要部位和利用后期强度的混凝土，养护时间不少于 28d。冬季和夏季施工的混凝土，养护时间按设计要求进行。冬季应采取保温措施，减少洒水次数，气温低于 5℃时，应停止洒水养护。

（五）混凝土的冬、夏季施工

1. 混凝土的冬季施工

混凝土凝固过程与周围的温度和湿度有密切关系，低温时，水化作用明显减缓，强度增长受阻。实践证明，当气温在 -3℃ 以下时，混凝土易受早期冻害，其内部水分开始冻结成冰，使混凝土疏松，强度和防渗性能降低，甚至会丧失承载能力。故规定：寒冷地区 5℃ 以下或最低气温稳定在 -3℃ 以下时混凝土施工必须采取冬季施工措施，要求混凝土在强度达到设计强度 50% 以前不遭受冻结。

实验表明，塑性混凝土料受冰冻影响，强度发展有如下变化规律：如果混凝土在浇筑后初凝前立即受冻，水泥的水化反应刚开始便停止，若在正温中融解并重新硬结时，强度可继续增长并达到与未受冻的混凝土基本相同的强度，没有多少强度损失。如果混凝土是在浇筑完初凝后遭受冻结，混凝土的强度损失很大，而且冻结温度越高，强度损失越大。不少工程因偶然事故使混凝土受冻，甚至早期受冻，当恢复加热养护后强度继续增长，其 28d 强度仍接近标准养护强度。

（1）混凝土冬季作业的措施。混凝土冬季作业通常采取如下措施：

1）施工组织上合理安排。将混凝土浇筑安排在有利的时期进行，保证混凝土的成熟度达到 1800℃·h 后再受冻。

2）调整配合比和掺外加剂。冬季作业中采用高热或快凝水泥（大体积混凝土除外），采用较低的水灰比，加速凝剂和塑化剂，加速凝固，增加发热量，以提高混凝土的早期强度。

3）原材料加热拌和。当气温在 3~5℃ 以下时可加热水拌和，但水温不宜高于 60℃，超过 60℃ 时应改变拌和加料顺序，将骨料与水先拌和，然后加水泥，否则会使混凝土产生假凝。若加热水尚不能满足要求，再加热干砂和石子。加热后的温度，砂子不能超过 60℃，石子不能高于 40℃。水泥只是在使用前一两天置于暖房内预热，升温不宜过高。骨料通常采用蒸气加热。有用蒸气管预热的，也有直接将蒸气喷入料仓的骨料中。这时蒸气所含水量应从拌和加水量中扣除。但在现场实施中难以控制，故一般不宜采用蒸气直接预热骨料或水浸预热骨料。预热料仓与露天料堆预热相比具有热量损耗小，防雨雪条件好，预热效果也好的优点。但土建工程量较大，工期长，投资多，只有在最低月平均气温在 -10℃ 以下的严寒地区，混凝土出机口温度要求高时才采用料仓预热方式。而最低月平均气温 -10℃ 以上的一般寒冷地区，采用露天料堆预热已能基本满足要求，这是国内若干实际工程的经验总结。

4）增加混凝土拌和时间。冬季作业混凝土的拌和时间一般应为常温的 1.5 倍。

5）减少拌和、运输、浇筑中的热量损失。应采取措施尽量缩短运输时间，减少转运次数。装料设备应加盖，侧壁应保温。配料、卸料、转运及皮带机廊道各处应增加保温措施。

（2）混凝土冬季养护方法。冬季混凝土可以采用以下几种方法养护：

1）蓄热法。将浇筑好的混凝土在养护期间用保温材料加以覆盖，尽可能将混凝土内部水化热积蓄起来，保证混凝土在结硬过程中强度不断增长。常用的方法有铺膜养护，喷膜养护及采用锯末、稻草、芦席或保温模板养护。

蓄热法是一种简单而经济的方法，应优先采用，尤其对大体积混凝土更为有效。只有采用蓄热法不合要求时，才增加其他养护措施。

2）暖棚法。对体积不大、施工集中的部位可搭建暖棚，棚内安设蒸气管路或暖气包加温，使棚内温度保持在 15～20℃ 以上。搭建暖棚费用很高，包括采暖费，可使混凝土单价提高 50% 以上，故规定，只有当日平均气温低于 −10℃ 时，才必须在暖棚内浇筑。

3）电热法。在浇筑块内插上电极，利用交流电通电到混凝土内部，以混凝土自身作为电阻，把电能转变成加热混凝土的热能。当采用外部加热时可用电炉或电热片，在混凝土表面铺一层被盐水浸泡的锯末，并在其中通电加热。电热法耗电量大，故只有在电价低廉，小构件混凝土冬季作业中使用。

4）蒸气法。采用蒸气养护，适宜的温度和湿度可使混凝土的强度迅速增长，甚至 1～3d 后即可拆模。蒸气养护成本较高，一般只适用于预制构件的养护。

2. 混凝土的夏季作业

在混凝土凝结过程中，水泥水化作用进行的速度与环境温度呈正比。夏季气温较高，如气温超过 30℃，若不采取冷却降温措施，便会对混凝土质量产生不良影响。当气温骤降或水分蒸发过快，易引起表面裂缝。浇筑块体冷却收缩时因基础约束会引起贯穿裂缝，破坏了坝的整体性和防渗性能。所以规定，当气温超过 30℃ 时，混凝土生产、运输、浇筑等各个环节应按夏季作业施工。混凝土的夏季作业，就是采取一系列的预冷降温、采用低热水泥加速散热以及充分利用低温时刻浇筑等措施来实现的。

第六节　小型水工建筑物施工

一、蓄水工程建筑物施工

（一）沥青混凝土心墙坝施工

沥青混凝土心墙的施工过程分为四个阶段：施工准备，沥青混凝土的制备，沥青混凝土的运输，沥青混凝土的现场摊铺和碾压。

由于沥青混凝土是热施工，保证其施工质量的关键一是配料准确，二是在各个工序中严格控制温度。配料的准确性取决于制备设备中的称量器，一般采用普通的称量设备，称量准确，避免了使用各种传感器可能带来的误差，同时也节省了费用。

在沥青混凝土施工过程中，各工序中温度控制是非常重要的，这也是沥青混凝土与其他材料施工的主要区别。因此，根据沥青和沥青混凝土的特点，研究制定各工序温度控制要求（表 4-20），按规定及时检测。

1. 沥青混凝土防渗心墙的铺筑技术要求

（1）一般规定。

表 4－20　　　　　　　　　　　沥青混凝土各工序控制温度

项目	温度控制值	项目	温度控制值
沥青脱水保温温度	(120±10)℃	沥青混合料摊铺温度	130～160℃（夏季）
骨料加热温度	170～190℃	沥青混合料摊铺温度	140～170℃（冬季）
沥青拌和温度	(160±10)℃	沥青混合料碾压温度	110～150℃
沥青混合料出机温度	140～170℃		

1）沥青混凝土防渗心墙与过渡层、坝壳填筑应尽量同时上升，均衡施工，以保证施工质量，减少削坡处理工程量。

2）沥青混凝土混合料的施工机具应及时清理，保持干净，以防污染沥青混凝土混合料。

（2）模板的架设与拆除。

1）防渗心墙沥青混凝土混合料的铺筑采用定型钢制模板。

2）模板应架设牢固，拼接严密，尺寸准确。定位后的钢模板距心墙中心线的偏差小于 10mm。

3）钢模板定位经检查合格后，方可填筑两侧的过渡料。

4）过渡料压实合格后，再将沥青混凝土混合料填入钢模板内铺平。在混凝土混合料碾压之前，将钢模板拔出，并及时将表面黏附物清除干净。

（3）过渡料填筑。

1）过渡料填筑前，用防雨布遮盖心墙表面，防止砂石落入模板内，遮盖宽度超出两侧模板 30cm 以上。

2）过渡料的填筑尺寸、填筑材料以及压实质量（相对密度或干密度）等均应符合设计要求。

3）心墙两侧的过渡料应同时铺筑压实，防止钢模板移动。距碾压式沥青混凝土钢模板 10～20cm 的过渡层先不压实，待钢模板拆除后与心墙骑缝碾压。

（4）沥青混凝土混合料铺筑。

1）在已密实的心墙上继续铺筑前，应将结合面清理干净。污面用压缩空气喷吹清除（风压 0.3～0.4MPa）。如果喷吹不能完全清除，可用红外线加热器加热玷污面，使其软化后铲除。

2）当沥青混凝土表面温度低于 70℃时，宜采用红外线加热器加热，使温度不低于70℃。但加热时间不能过长，以防沥青老化。

3）沥青混凝土心墙的铺筑，应尽量减少横向接缝。当必须有轴向（横向）接缝时，其结合坡度一般为 1∶3，上下层横缝应相互错开，错距大于 2m。若结合坡必须与陡坡相接时，此处横缝须作特殊处理。铺筑前须将热沥青砂浆铺于坡面上，厚 1～2cm，然后立即人工铺筑沥青混凝土料，并使之形成一三角槽，利于人工或机械密实。此处如果处理不当，最易形成漏水通道。

4）沥青混凝土混合料采用汽车或 50 装载机（安装保温层）卸入模板内，再由人工摊铺整平，铺筑厚度一般为 20～30cm。必要时可在沥青混凝土混合料摊铺后静置一定时间，以预热下层冷面沥青混凝土。

5）沥青混凝土摊铺后，宜用防雨布将其覆盖，覆盖宽度应超出心墙两侧各 30cm。

6）碾压式沥青混凝土混合料采用振动碾在防雨布上碾压。一般先静压两遍，再振动碾压。振动碾压的遍数按设计要求的密度通过试验确定。碾压时，要注意随时将防雨布展平，并不得突然刹车或横跨心墙行车。横向接缝处应重叠碾压 30～50cm。沥青混凝土混合料的碾压温度按试验确定的温度控制。

7）心墙铺筑后，在心墙两侧 4m 范围内，禁止使用大型机械（如 13.5t 振动碾、2.5t 打夯机等）压实坝壳填筑料，以防心墙局部受震畸变或破坏。各种大型机械也不得跨越心墙。

2. 沥青混凝土防渗心墙的铺筑

（1）层面冷底子油、沥青砂浆的铺筑。在沥青混凝土防渗心墙施工前，需要对底部的混凝土底座、侧面的翼墙进行处理。水泥混凝土表面采用人工用钢丝刷将水泥表面乳皮刷净，用 0.6MPa 左右高压吹干，局部潮湿部位用喷灯烘干。处理后涂刷冷底子油（冷底子油配合比为沥青∶汽油为 3∶7），待冷底子油中汽油挥发（汽油挥发时间受环境温度影响较大，一般需要 12h 左右）后将其加热到 70℃，再均匀涂刷 2cm 厚料温在 130～150℃的沥青砂浆，陡坡部分自下而上涂抹，并拍打振实，必要时待温度降至 120～130℃时再抹一次，使之与底层黏结牢固。

（2）沥青混凝土混合料的人工铺筑。为了保证人工铺筑的沥青混凝土心墙的有效厚度，宜采用钢板加工制作沥青混凝土混合料的模板，钢模板应架设方便、牢固，相邻钢模板接缝严密、尺寸准确、拆卸方便等。使用钢模板进行人工铺筑沥青混凝土混合料时，需要对钢模板进行定位，并在钢模板内表面涂刷脱模剂，定位后的钢模板距心墙中心线的误差应小于±1cm。经检查合格后，方可填筑两侧过渡料；过渡料压实后，再将沥青混凝土混合料填入钢模板铺平，在沥青混凝土混合料碾压前将钢模板拔出，并及时将表面黏附物清除干净。人工摊铺时，卸料车卸料要均匀，以减少人工劳动强度，摊平仓面时，不能用铁锹将混合料抛填，必须用锹端着料倒入仓面，最好用耙子将混合料摊平，以避免沥青混凝土混合料分离。

由于碾压成型后的沥青混凝土与其两侧的过渡料结合面为犬牙交错形，振动碾碾压时行走的线路不可能是一条完全笔直的直线，为防止因机械操作误差而造成沥青混凝土的局部断面尺寸小于设计断面尺寸，保证沥青混凝土的最小断面宽度满足设计断面宽度要求，施工前模板的宽带调整应略大于设计宽度 2～3cm。

（3）沥青混凝土防渗心墙的碾压施工。人工摊铺的沥青混凝土混合料，当铺料厚度确定后，采用现场使用的振动碾对不同温度的沥青混凝土混合料进行不同碾压遍数的碾压试验，一般先静压两遍，再按设计要求的密度进行振动碾压，以确定沥青混凝土混合料的最佳碾压温度和碾压遍数。

沥青混凝土混合料碾压应严格控制沥青混凝土混合料碾压温度，既做到沥青混凝土混合料不粘碾、陷碾，又确保沥青混凝土混合料经压实后满足沥青混凝土质量要求。沥青混凝土混合料的碾压温度宜控制在 140～160℃。由于过渡料的压实系数高于沥青混凝土混合料压实系数，因此，当采用贴缝碾压时，过渡料的摊铺厚度要略高于沥青混凝土混合料 2～3cm；当沥青混凝土心墙宽度小于振动碾轮宽时，沥青混凝土心墙采用骑缝碾压的施工方法。由于骑缝碾压时过渡料会对振动碾碾轮起到一定的支撑作用而降低沥青混凝土混合料的压实效果，为保证骑缝碾压施工沥青混凝土混合料的压实质量，过渡料的摊铺厚度应略低于沥青混凝土混合料的摊铺厚度 2～3cm。心墙铺筑后，在心墙两侧 2m 范围内，禁止使用大型机械压实坝壳填筑料，以防心墙局部受震畸变或破坏。各种机械不得直接跨越心墙，沥青混凝土混合料和过渡料的碾压施工设备一般不得混用。

对碾压不合格或因故停歇时间过长、温度损失过大，未经压实而受雨、浸水的沥青混凝土混合料应清除、废弃。在清除、废弃时，不得损害下层已铺筑好的沥青混凝土。

沥青混凝土混合料在摊铺过程中遇雨时应及时停止摊铺，并用事先准备好的防雨布立即覆盖已摊铺的沥青混凝土混合料，采用铺防雨布碾压沥青混凝土混合料，避免雨水落入热沥青混凝土混合料中形成汽化气泡，造成沥青混凝土混合料损失，导致沥青混凝土混合料难以碾压密实。

在低温季节施工，沥青混凝土混合料在施工过程中的热量损失随着作业时间的加长而迅速增大。因此，要做到及时拌和、运输、摊铺、碾压，尽量缩短作业时间，并做好降温、降雪或大风等的防护和停工安排。根据作业场所的环境温度和运输距离，在运输设备上适当增加具有良好保温效果的保温设施，如在车厢或料罐四周和底部架设保温层，上部则可用防雨布或棉毛毡覆盖等，使运到现场的沥青混凝土混合料温度（在表面 5cm 深度内）在 160℃以上。

（4）沥青混凝土防渗心墙的施工质量检测。

1）原材料的检验与控制。在沥青混凝土施工工程中，沥青混凝土原材料的供货厂家应提供运至工地材料（如沥青、骨料、填料）的质量检测报告，到货后施工单位应进行复验。检测项目和检测频率见表 4-21。

表 4-21　　　　　　　　　　　　原材料的检验与控制参数

检测对象	取样地点	检测项目		检测频次	检测目的
沥青	沥青仓库	针入度		同厂家、同标号沥青每批检测一次，每 30～50t 或一批不足 30t 取样一组，若样品检测结果差值大，应增加检测组数	沥青进行质量检验
		软化点			
		延度（15℃）			
		延度（4℃）		同厂家、同标号沥青每批检测一次，取样 2～3 组，超过 1000t 增加一组	
		含蜡量			
		脆点			
		溶解度			
		闪点			
	薄膜烘箱	质量损失		同厂家、同标号沥青每批检测一次，每 30～50t 或一批不足 30t 取样一组，若样品检测结果差值大，应增加检测组数	
		针入度比			
		延度（15℃）			
		延度（4℃）			
		软化点升高			

续表

检测对象	取样地点	检测项目		检测频次	检测目的
粗骨料 （2.5～20mm）	成品料仓	密度		每1000～1500m³为一取样单位，不足1000m³按一取样单位抽样检测	材料质量鉴定
		吸水率			
		针片状颗粒含量			
		坚固性			
		黏附性			
		含泥量			
		级配及 超逊径	超径	每100～200m³为一取样单位，不足100m³按一取样单位抽样检测	控制生产
			逊径		
细骨料 （含细骨料和天然砂） （0.075～2.5mm）	成品仓库	密度		每1000～1500m³为一取样单位，不足1000m³按一取样单位抽样检测	材料质量鉴定
		吸水率			
		坚固性			
		黏土、尘土、炭块			
		水稳定等级			
		超径			
		石粉含量			
		含泥量			
		轻物质含量			
填料 （小于0.075mm）	储料罐	密度		每50～100t取样一次，不足50t按一取样单位抽样检测	材料质量鉴定
		含水量			
		亲水系数			
		级配		每10t取样一次，不足10t按一取样单位抽样检测	控制生产

2）沥青混凝土混合料制备质量的检验与控制。沥青混凝土混合料制备质量的检验与控制包括原材料质量控制、工艺控制、温度控制、施工配合比控制等，具体检测项目与控制标准见表4-22。

表4-22　　　　　沥青混凝土混合料制备质量的检验与控制参数

检验对象	检验场所	检验项目	检验目的及标准	检验频次
沥青	沥青加热罐	针入度、软化点、延度	符合本标准5.1.1的要求，掺配沥青应符合试验规定要求	在正常情况下，每天至少检查一次
		湿度	按拌和温度确定	随时监测
粗细骨料	热料仓	超逊径、级配	测定实际数值，计算施工配料单	计算施工配料单前应抽样检查，每天至少一次，连续烘干时，应从热料仓抽样检查
		湿度	按拌和温度确定，控制在比沥青加热温度高20℃之内	随时监测，间歇烘干时应在加热滚筒出口监测

续表

检验对象	检验场所	检验项目	检验目的及标准	检验频次
矿粉	拌和系统矿粉罐	细度	计算施工配料单	必要时进行监测
沥青混合料	拌和楼出料口或铺筑现场	沥青用量	±0.3%	正常生产情况下，每天至少抽提一次
		矿料级配	粗骨料配合比允许误差±5%，细骨料配合比允许误差±3%，填料配合比允许误差±1%	正常生产情况下，每天至少抽提一次
		马歇尔稳定度和流值	按设计规定的要求	正常生产情况下，每天至少抽提一次
		其他指标（如渗透系数，弯拉强度、C 值等）	按设计规定的要求	定期进行检验，当现场可钻取规则试样时，可不在机口取样检验
		外观检查	色泽均匀，稀稠一致，无花白料，无黄烟及其他异常现象	混合料出机后，随时进行观察
		温度	按试拌试铺确定或根据沥青针入度选定	随时监测

（二）水闸施工

一般水闸工程的施工内容有导流工程、基坑开挖、基础处理、混凝土工程、砌石工程、回填土工程、闸门与启闭机安装、围堰拆除等。这里重点介绍闸室工程的施工。

水闸混凝土工程的施工应以闸室为中心，按照"先深后浅、先重后轻、先高后低、先主后次"的原则进行。

闸室混凝土施工是根据沉陷缝、温度缝和施工缝分块分层进行的。

1. 底板施工

闸室地基处理后，对于软基应铺素混凝土垫层 8～10cm，以保护地基，找平基面。垫层养护 7d 后即在其上放出底板的样线。

首先进行扎筋和立模。距样线隔混凝土保护层厚度放置样筋，在样筋上分别画出分布筋和受力筋的位置并用粉笔标记，然后依次摆上设计要求的钢筋，检查无误后用丝扎扎好，最后垫上事先预制好的保护层垫块以控制保护层厚度。上层钢筋是通过绑扎好的下层钢筋上焊上三脚架后固定的，齿墙部位弯曲钢筋是在下层钢筋绑扎好后焊在下层钢筋上的，在上层钢筋固定好后再焊在上层钢筋上。立模作业可与扎筋同时进行，底板模板一般采用组合钢模，模板上口应高出混凝土面 10～20cm，模板固定应稳定可靠。模板立好后标出混凝土面的位置，便于浇筑时控制浇筑高程。

一般中小型水闸采用手推车或机动翻斗车等运输工具运送混凝土入仓，须在仓面设脚手架。脚手架由预制混凝土撑柱、钢管、脚手板等构成。支柱断面一般为 15cm×15cm，配 4 根直径 6mm 架立筋，高度略低于底板厚度，其上预留三个孔，其中孔 1 内插短钢筋头和底层钢筋焊在一起，孔 2 内插短钢筋头和上层钢筋焊在一起增加稳定性，孔 3 内穿铁丝绑扎在其上的脚手钢管上。撑柱间的纵横间距应根据底板厚度、脚手架布置和钢筋架立等因素通过计算确定。撑柱的混凝土强度等级应与浇筑部位相同，在达到设计强度后使用；断裂、残缺者不得使用；柱表面应凿毛并冲洗干净。

底板仓面的面积较大，采用平层浇筑法易产生冷缝，一般采用斜层浇筑法，这时应控制混凝土坍落度在 4cm 以下。为避免进料口的上层钢筋被砸变形，一般开始浇筑混凝土时，该处上层钢筋可暂不绑扎，待混凝土浇筑面将要到达上层钢筋位置时，再进行绑扎，以免因校正钢筋变形而延误浇筑时间。

为方便施工，一般穿插安排底板与消力池的混凝土浇筑。由于闸室部分重量大，沉陷量也大，而相邻的消力池重量较轻，沉陷量也小。如两者同时浇筑，较大的不均匀沉陷会将止水片撕裂，为此一般在消力池靠近底板处留一道施工缝，将消力池分成大小两部分。当闸室已有足够沉陷后即浇筑消力池二期混凝土，在浇筑消力池二期混凝土前，施工缝应注意进行凿毛冲洗等处理。

2. 闸墩施工

水闸闸墩的特点是高度大、厚度薄、模板安装困难，工程面狭窄，施工不便，在门槽部位，钢筋密，预埋件多，干扰大。当采用整浇底板时，两沉陷缝之间的闸墩应对称同时浇筑，以免产生不均匀沉陷。

立模时，先立闸墩一侧平面模板，然后按设计图纸安装绑扎钢筋，再立另一侧的模板，最后再立前后的圆头模板。闸墩立模要求保证闸墩的厚度和垂直度。闸墩平面部分一般采用组合钢模，通过纵横围图、木枋和对拉螺栓固定，内撑竹管保证浇筑厚度。

对拉螺栓一般用直径 16～20mm 的光面钢筋两头套丝制成，木枋断面尺寸为 15cm×15cm，长度 2m 左右，两头钻孔便于穿对拉螺栓。安装顺序是先用纵向横钢管围图固定好钢模后，调整模板垂直度，然后用斜撑加固保证横向稳定，最后自下而上加对拉螺栓和木枋加固。注意脚手钢管与模板围图或支撑钢管不能用扣件连接起来，以免脚手架的振动影响模板。最后进行闸墩圆头模板的构造和架立。

闸墩模板立好后，即开始清仓工作。用水冲洗模板内侧和闸墩底面，冲洗污水由底层模板上预留的孔眼流走。清仓后即将孔眼堵住，经隐蔽工程验收合格后即可浇筑混凝土。

为保证新浇混凝土与底板混凝土结合可靠，首先应浇 2～3cm 厚的水泥砂浆。混凝土一般采用漏斗下挂溜筒下料，漏斗的容积应和运输工具的容积相匹配，避免在仓面二次转运，溜筒的间距为 2～3m。一般划分成几个区段，每区内固定浇捣工人，不要往来走动，振动器可以两区合用一台，在相邻区内移动。混凝土入仓时，应注意平均分配给各区，使每层混凝土的厚度均匀、平衡上升，不单独浇高，以使整个浇筑面大致水平。每层混凝土的铺料厚度应控制在 30cm 左右。

3. 接缝止水施工

一般中小型水闸接缝止水采用止水片或沥青井止水，缝内充填填料。止水片可用紫铜片、镀锌铁片或塑料止水带。紫铜止水片常用的形状有两种，如图 4－47 所示。其中铜片厚度为 1.2～1.55mm，鼻高 30～40mm。U 形止水片下料宽度 500mm，计算宽度

400mm；V 形下料宽度 460mm，计算宽度 300mm。

紫铜片使用前应进行退火处理，以增加其延伸率，便于加工和焊接。一般用柴火退火，空气自然冷却。退火后其延伸率可从 10% 提高至 41.7%。接头按规范要求用搭接或折叠咬接双面焊，搭焊长度大于 20mm。止水片安装一般采用两次成型就位法，如图 4-48 所示，它可以提高立模、拆模速度，止水片伸缩段易对中。U 形鼻子内应填塞沥青膏或油浸麻绳。

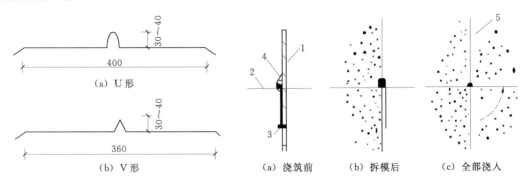

图 4-47　紫铜止水片形状　　　　图 4-48　止水片两次成型示意

1—止水片；2—模板；3—铁钉；4—贴角木条；5—接缝填料

沥青井一般用于垂直止水，沥青井缝内 2~3mm 的空隙一般采用沥青油毡、沥青杉木板、沥青砂板及塑料泡沫板作填料填充。沥青砂板是将粗砂和小石炒热后浇入热沥青而成的，在一侧混凝土拆模后用钢钉或树脂胶将填料板材固定在其上，再浇另一侧混凝土即可。

4. 闸门槽施工

中、小型水闸闸门槽施工可采用预埋一次成型法或先留槽后浇二期混凝土两种方法。一次成型法是将导轨事先钻孔，然后预埋在门槽模板的内侧。闸墩浇筑时，导轨即浇入混凝土中。二期混凝土法是在浇第一期混凝土时，在门槽位置留出一个较门槽宽的槽位，在槽内预埋一些开脚螺栓或锚筋，作为安装导轨时的固定点；待一期混凝土达到一定强度后，用螺栓或电焊将导轨位置固定，调整无误后，再用二期混凝土回填预留槽。

门槽及导轨必须铅直无误，所以在立模及浇筑过程中应随时用吊锤校正。门槽较高时，吊锤易于晃动，可在吊锤下部放一油桶，使垂球浸入黏度较大的机油中。闸门底槛设在闸底板上，在施工初期浇筑底板时，底槛往往不能及时加工供货，所以常在闸底板上留槽，以后浇二期混凝土。

二、输水建筑物施工

（一）渠道施工

1. 渠道开挖

渠道开挖的方法有人工开挖、机械开挖和爆破开挖等。开挖方法的选择取决于现有施工现场条件、土壤特性、渠道横断面尺寸、地下水位等因素。

（1）人工开挖。

1）施工排水。渠道开挖首先要解决地表水或地下水对施工的干扰问题，办法是在渠道中设置排水沟。排水沟的布置既要方便施工，又要保证排水的通畅。

2）开挖方法。人工开挖，应自渠道中心向外分层下挖，先深后宽。为方便施工，加快工程进度，边坡处可按设计坡比先挖成台阶状，待挖至设计深度时再进行削坡。开挖后的弃土应先行规划，尽量做到挖填平衡。

（a）一次到底法适用于土质较好，挖深 2～3m 的渠道。开挖时先将排水沟挖到低于渠底设计高程 0.5m 处，然后按阶梯状向下逐层开挖至渠底。

（b）分层下挖法适用于土质较软、含水量较高、渠道挖深较大的情况。可将排水沟布置在渠道中部，逐层下挖排水沟，直至渠底。当渠道较宽时，可采用翻滚排水沟法，此法施工排水沟断面小，施工安全，施工布置灵活。

（2）机械开挖。

1）推土机开挖。推土机开挖，渠道深度不宜超过 1.5～2m，填筑渠堤高度不宜超过 2～3m，其边坡不宜陡于 1∶2。推土机还可用于平整渠底，清除腐殖土层、压实渠堤等。

2）铲运机开挖。铲运机最适宜开挖全挖方渠道或半挖半填渠道。对需要在纵向调配土方的渠道，如运距不远，也可用铲运机开挖。铲运机开行线路可布置成"8"字形或环形。

（3）爆破开挖。采用爆破法开挖渠道时，药包可根据开挖断面的大小沿渠线布置成一排或几排。当渠底宽度大于渠道深度的 2 倍时，应布置 2～3 排药包，爆破作用指数可取为 1.75～2.0。单个药包装药量及间、排距应根据爆破试验确定。

2. 渠堤填筑

渠堤填筑前要进行清基，清除基础范围内的块石、树根、草皮、淤泥等杂质，并将基面略加平整，然后进行刨毛。如基础过于干燥，还应洒水湿润，然后再填筑。

渠堤填筑以土块小的湿润散土为宜，如砂质壤土或砂质黏土。要求将透水性小的土料填筑在迎水面，透水性大的填筑在背水面。土料中不得掺有杂质，并应保持一定的含水量，以利压实。冻土、淤泥、净砂、砂礓土等严禁使用。半挖半填渠道应尽量利用挖方筑堤，只有在土料不足或土质不能满足填筑要求时，才在取土坑取土。取土料的坑塘应距堤脚一定距离，表层 15～20cm 浮土或种植土应清除。取土开挖应分层进行，每层挖土厚度不宜超过 1m，不得使用地下水位以下的土料。取土时应先远后近，合理布置运输线路，避免陡坡、急弯，上下坡线路分开。

渠堤填筑应分层进行。每层铺土厚度以 20～30cm 为宜，铺土要均匀，每层铺土应保证土堤断面略大于设计宽度，以免削坡后断面不足。堤顶应做成 2%～4% 的坡面，以利排除降水。筑堤时要考虑土堤在施工和运行过程中的沉陷，一般按 5% 考虑。

3. 渠道衬护

渠道衬护就是用灰土、水泥土、块石、混凝土、沥青、土工织物等材料在渠道内壁铺砌一衬护层，其目的一是防止渠道受冲刷，二是减少输水时的渗漏，提高渠道输水能力，减小渠道断面尺寸，降低工程造价，便于维修、管理。

（1）灰土衬护。灰土是由石灰和土料混合而成。灰土衬护渠道，防渗效果较好，一般可减少渗漏量的 85%～95%，造价较低。因其防冲能力低，输水流速大时应另设砌石防护冲层。衬护的灰土比为 1：2～1：6（重量比），衬护厚度一般为 20～40cm。灰土施工时，先将过筛后的细土和石灰粉干拌均匀，再加水拌和，然后堆放一段时间，使石灰粉充分熟化，待稍干后，即可分层铺筑夯实，拍打坡面消除裂缝。对边坡较缓的渠道，可不立模板填筑，铺料要自下而上，先渠底后边坡。渠道边坡较陡时必须立模填筑，一般模板高 0.5m，分三次上料夯实。灰土夯实后应养护一段时间再通水。

（2）砌石衬护。砌石衬护有三种形式：干砌块石、干砌卵石和浆砌块石。干砌块石用于土质较好的渠道，主要起防冲作用；浆砌块石用于土质较差的渠道，起抗冲防渗的作用。

在砂砾石地区，对坡度大、渗漏较大的渠道，采用干砌卵石衬护是一种经济的抗冲防渗措施，一般可减少渗漏量 40%～60%。卵石因其表面光滑、尺寸和重量较小、形状不一、稳定性差，砌筑要求较高。

干砌卵石施工时，应按设计要求铺设垫层，然后再砌卵石。砌筑卵石以外形稍带扁平而大小均匀的为好。砌筑时应采用直砌法，即要求卵石的长边垂直于边坡或渠底，并砌紧、砌平、错缝，且坐落在垫层上。坡面砌筑时，要挂线自上而下分层砌筑，渠道边坡最好为 1：1.5 左右，太陡会使卵石不稳，易被水流冲刷，太缓则会减少卵石之间的挤压力，增加渗漏损失。为了防止砌筑面局部冲毁而扩大渗漏，每隔 10～20m 距离用较大卵石干砌或浆砌一道隔墙，隔墙深 60～80cm，宽 40～50cm，以增加渠底和边坡的稳定性。渠底隔墙可做成拱形，其拱顶迎向水流，以提高抗冲能力。

砌筑顺序应遵循"先渠底，后边坡"的原则。砌筑质量要达到"横成排、三角缝、六面靠、踢不动、拔不掉"的要求。

砌筑完后还应进行灌缝和卡缝。灌缝是用较大的石子灌进砌缝；卡缝是用木榔头或手锤将小片石轻轻砸入砌缝中。最后在砌体面扬铺一层砂砾，放少量水进行放淤，一边放水，一边投入砂砾石碎土，直至砌缝被泥沙填实为止。这样既可保证渠道运行安全，又可提高防渗效果。

（3）混凝土衬护。混凝土衬护具有强度高、糙率小、防渗性能好（可减少渗漏 90%以上）、适用性条件好和维护工作量小等优点，因而被广泛采用。混凝土衬护分为现浇式、预制装配式和喷混凝土等几种形式。

1）现浇式混凝土衬护。大型渠道的混凝土衬护多采用现浇施工。在渠道开挖和压实后，先设置排水、铺设垫层，然后浇筑混凝土。浇筑时按结构缝分段，一般段长为 10m 左右，先浇渠底，后浇坡面。混凝土浇筑宜采用跳仓浇筑法，溜槽送混凝土入仓，面板式振捣器或直径 30～50mm 振捣棒振捣。为方便施工，坡面模板可边浇筑边安装。结构缝应根据设计要求埋设止水，安装填缝板，在混凝土凝固拆模后，灌筑填缝材料。

2）预制装配式混凝土衬护。装配式混凝土衬护，是在预制厂制作混凝土衬护板，运至现场后进行安装，然后灌筑填缝材料。混凝土预制板的尺寸应与起吊、运输设备的能力相适应，人工安装时，单块预制板的面积一般为 0.4～1.0m²。铺砌时应将预制板四周刷净，并铺于已夯实的垫层上。砌筑时，横缝可以砌成通缝，但纵缝必须错开。装配式混凝土预制板衬护，施工受气候条件影响小，施工质量易于保证，但接缝较多，防渗、抗冻性能较差，适用于中小型渠道工程。

3）喷混凝土衬护。喷混凝土衬护前，应将砌石渠道砌筑面冲洗干净，对土质渠道应进行修整。喷混凝土时，原则上一次成渠，达到平整光滑。喷混凝土要分块，按顺序一块一块地喷。喷射每块从渠道底向两边对称进行，喷射枪口与喷射面应尽量保持垂直，距离一般为 0.6～1.0m，喷射机的工作风压在 0.1～0.2MPa。喷后及时洒水养护。

（4）土工织物衬护。土工织物是用锦纶、涤纶、丙纶、维纶等高分子合成材料通过纺织、编制或无纺的方式加工出的一种新型的土工材料，广泛用于工程防渗、反滤、排水等。渠道衬护有两种形式：混凝土模袋衬护和土工膜衬护。

1）混凝土模袋衬护。先用透水不透浆的土工织物缝制成矩形模袋，把拌好的混凝土装入模袋中，再将装了混凝土的模袋铺砌在渠底或边坡（或先将模袋铺在渠底或边坡，再将混凝土灌入模袋中），混凝土中多余的水分可从模袋中挤出，从而使水灰比迅速降低，形成高密度、高强度的混凝土衬护。衬护厚度一般为 15～50cm，混凝土坍落度为 20cm。利用混凝土模袋衬护渠道，衬护结构柔性好，整体性强，能适应基面变形。

2）土工膜衬护。过去，渠道防渗多采用普通塑料薄膜，因塑料薄膜容易老化，耐久性差，现已被新型防渗材料——复合防渗土工膜取代。复合土工膜是在塑料薄膜的一侧或两侧贴以土工织物，以此保护防渗薄膜不受破坏，增加土工膜与土体之间的摩擦力，防止土工膜滑移，提高铺贴稳定性。复合防渗土工膜有一布一膜、二布一膜等形式。复合土工膜具有极高的抗拉、抗撕裂能力；其良好的柔性，使因基面的凹凸不平产生的应力得以很快分散，适应变形的能力强；由于土工织物具有一定的透水性，使土工膜与土体接触面上的孔隙水压力和浮托力易于消散；土工膜有一定的保温作用，减小了土体冻胀对土工膜的破坏。为了减少阳光照射，增加其抗老化性能，土工膜要采用埋入法铺设。

施工时，先用粒径较小的砂土或黏土找平基础，然后再铺设土工膜。土工膜不要绷得太紧，两端埋入土体部分呈波纹状，最后在所铺的土工膜上用砂或黏土铺一层 10cm 厚的过渡层，再砌上 20～30cm 厚的块石或预制混凝土块作防冲保护层。施工时应防止块石直接砸在土工膜上，最好是边铺膜边进行保护层的施工。

土工膜的接缝处理是关键工序。一般接缝方式有：①搭接，一般要求搭接长度在 15cm 以上；②缝纫后用防水涂料处理；③热焊，用于较厚的无纺布基材；④黏接，用与土工膜配套供应的黏合剂涂在要连接的部位，在压力作用下进行粘合，使接缝达到最终强度。

（二）混凝土涵管施工

混凝土涵管有三种型式：①大断面的刚结点箱涵，一般在现场浇灌；②预制管涵；③盖板涵，即用浆砌石或混凝土作好底板及边墙，最后盖上预制的钢筋混凝土盖板即成。混凝土箱涵和盖板涵的施工方法和一般混凝土工程或砌筑工程相同，这里主要介绍预制管涵的安装方法。

1. 管涵的预制和验收

管涵直径一般在 2m 以下，一般采用预应力结构，多用卧式离心机成型。管涵养护后进行水压试验以检验其质量。一般工程量小时直接从预制厂购买合格的管涵进行安装，工程量大时可购买全套设备自行加工。

2. 安装前的准备工作

管涵安装前应按施工图纸对已开挖的沟槽进行检验，确定沟槽的平面位置及高程是否符合设计要求，对松软土质要进行处理，换上砂石材料作垫层。沟槽底部高程应较管涵外皮高程约低 2cm，安装前用水泥砂浆衬平。沟槽边的堆土应离沟边 1m，以防雨水将散土冲入槽内或因槽壁荷载增加而引起坍塌。

施工前应确定下管方案，拟定安全措施，合理组织劳力，选择运输道路，准备施工机具。

管涵一般运至沟边，对管壁有缺口、裂缝、管端不平整的不予验收。管涵的搬运通常采取滚管法，滚管时应避免振动，以防管涵破裂，管涵转弯时在其中间部分加垫石块或木块，以使管涵支承在一个点上，这样管涵就可按需要的角度转动。管涵要沿沟分散排放，便于下管。

3. 安装方法

预制管涵因重量不大，多用手动葫芦、手摇绞车、卷扬机、平板车或人工方法安装。

（1）斜坡上管涵安装。坡度较大的坡面安装管涵时，就将预制管节运至最高点，然后用卷扬机牵引平板车，逐节下放就位，承口向上，插口向下，然后从斜坡段的最下端向上逐节套接。

（2）水平管涵安装。水平管涵最好用汽车吊吊装，管节可依吊臂自沟沿直接安放到槽底，吊车的每一个着地点可安装 2m 长的管节 3~4 节。条件不具备时，也可采用以下人工方法安装：

1）贯绳下管法。用带铁钩的粗白棕绳，由管内穿出勾住管头，然后一边用人工控制白棕绳，一边滚管，将管涵缓慢送入沟槽内。

2）人工压绳法。用两根插入土层中的撬杠控制下管速度，撬杠同时承担一部分荷载。拉绳的人用脚踩住绳的一端，利用绳与地面的摩擦力将绳子固定，另一端用手拉紧，逐步放松手中的绳子，使管节平稳落入沟槽中。

3）三脚架下管法。在下管处临时铺上支撑和垫板，将管节滚至垫板上，然后支上三脚架，用手动葫芦起吊，抽去木撑和垫板，将管节缓慢下入槽内。

4）缓坡滚管法。如管涵埋深较大而又较重时，可采用缓坡滚管法安装。先将一岸削坡至 1:4~1:5 的缓坡，然后用三角木支垫管节，人站在下侧缓慢将管涵送入槽底。

管涵安装校正后，在承插口处抹上水泥砂浆进行封闭，在回填之前还要进行通水试验。

（三）涵洞施工

1. 管涵施工

管涵一般分为单孔有坞工基础、双孔有坞工基础、单孔无坞工基础、双孔无坞工基础。

水利工程中的管涵有混凝土管涵和钢筋混凝土管涵，目前我国水利工程中多采用钢筋混凝土管涵。水利管涵的施工多预制成管节，每节长度为 1m，然后运往现场安装。本小节重点介绍单孔圆涵管施工，如图 4-49 所示。

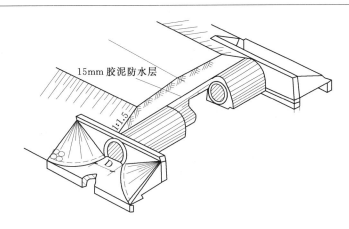

图 4-49 圆形管涵构造

（1）单孔有坞工基础。

1）挖基坑并准备修筑管涵基础的材料。

2）砌筑坞工基础或浇筑混凝土基础。

3）安装涵洞管节，修筑涵管出入口端墙、翼墙及涵底（端墙外涵底铺装）。

4）铺设管涵防水层及修整。

5）铺设管涵顶部防水黏土（设计需要时），填筑涵洞缺口填土及修建加固工程。

（2）单孔无坞工基础管涵。

1）挖基与备料和单孔有坞工基础管涵相同。

2）在捣固夯实的天然土表层或矿砂垫层上，修筑截面为圆弧状的管座，其深度等于管壁的厚度。

3）在圆弧管座上铺设垫层的防水层，然后安装管节，管节间接缝宜留 1cm 宽。

4）在管节的下侧再用天然土或砂砾垫层材料作培填料，并捣实至设计高程，再将防水层向上包裹管节，防水层外再铺设黏质土，并保证其与管节密贴。在严寒地区这部分特别填土必须填筑不冻胀土料。

5）修筑管涵出入口端墙、翼墙及两端涵底，进行整修工作。

2. 箱涵施工

拱涵、盖板涵、箱涵的施工包括现场浇筑、工地预制安装，本小节主要介绍现浇。

（1）就地浇筑的拱涵。在水流不大的情况下，小桥涵施工可以用土牛拱胎代替拱架，这种方法既能节省木料，又有经济、安全的特点。拱架支立牢固、拆卸方便、纵向连接稳定、拱架外弧平顺。拱涵钢拱架如图 4-50 所示，木排架土拱胎如图 4-51 所示。

拱圈坞工强度达到设计值的 340% 时，拆除拱架后方可填土。拱涵拆除拱架可用木楔，拆卸拱架时应沿桥涵整个宽度上将拱架同时均匀降落，从跨径中点开始逐步向两边拆除。

（2）就地浇筑的箱涵。

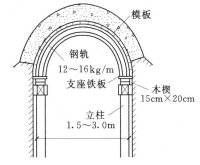

图 4-50 拱涵钢拱架

113

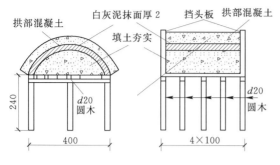

图 4 - 51　木排架土拱胎

1）箱涵身和底板混凝土的浇筑。现场浇筑应连续进行，尽量避免施工缝，当涵身较长时，可沿涵长方向分段进行，每段应连续一次浇筑完成，施工缝应设在涵身沉降缝处。涵身基础如图 4 - 52 所示。

防止水分侵入混凝土内，使钢筋锈蚀，缩短结构寿命。北方严寒地区的无筋混凝土结构需要设置防水层，防止侵入混凝土内的水分冻胀造成结构破坏。

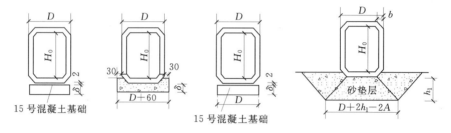

图 4 - 52　涵身基础

（a）各式钢筋混凝土涵洞（不包括圆管涵）的洞身及端墙在基础以上被土掩埋的部分，须涂以热沥青两道，每道厚 1～1.5mm，不另抹砂浆。

（b）混凝土及石砌涵洞的洞身、端墙和翼墙的被土掩埋部分，只需将圬工表面凿平，无凹入存水部分，可不设防水层。但北方严寒地区的混凝土结构仍需设防水层。

（c）钢筋混凝土盖板明涵的盖板部分表面可先涂抹热沥青两次，再于其上设 2cm 厚的防水水泥砂浆或 4～6cm 厚的防水混凝土。其上可按照设计铺设路面。

2）沉降缝。涵洞洞身、洞身与端墙、翼墙、进出水口急流槽交接处必须设置沉降缝，但无圬工基础的圆管涵仅于交接处设置沉降缝，洞身范围不设。一般采用沥青栅板嵌缝，中间空隙填以黏土。

（四）渡槽施工

1. 装配式渡槽吊装

吊装前的准备工作有以下几点：

1）制定吊装方案，编排吊装工作计划，明确吊装顺序、劳力组织、吊装方法和进度。

2）制定安全技术操作规程。对吊装方法步骤和技术要求要向施工人员详细交底。

3）检查吊装机具、器材和人员分工情况。

4）对待吊的预制构件和安装构件的墩台、支座按有关规范标准组织质量验收。不合格的应及时处理。

5）组织对起重机具的试吊和对地锚的试拉，并检验设备的稳定和制动灵敏可靠性。

6）做好吊装观测和通信联络。

2. 排架吊装

（1）垂直吊插法。垂直吊插法是用吊装机具将整个排架垂直吊离地面后，再对准并插入基础预留的杯口中校正固定的吊装方法。其吊装步骤如下：

1）事先测量构件的实际长度与杯口高程，削平补齐后将排架底部打毛，清洗干净，并用墨线弹出其中轴线。

2）将吊装机具架立固定于基础附近，如使用设有旋转吊臂的扒杆，则吊钩应尽量对准基础的中心。

3）用吊索绑扎排架顶部并挂上吊钩，将控制拉索捆好，驱动吊车（卷扬机、绞车），排架随即上升，架脚拖地缓缓滑行，当构件将要离地悬空直立时，以人力控制拉索，防止构件旋摆。当构件全部离地后，将其架脚对准基础杯口，同时刹住绞车。

4）倒车使排架徐徐下降，排架脚垂直插入杯口。

5）当排架降落刚接触杯口底部时，即刹住绞车，以钢杆撬正架脚，先使底部对位，然后以预制的混凝土楔子校正架脚位置，同时用经纬仪检测排架是否垂直，并以拉索和楔子校正。

6）当排架全部校正就位后，将杯口用楔子楔紧，即可松脱吊钩，同时用高一级强度等级的小石混凝土填充，填满捣固后再用经纬仪复测一次，如有变位，随即以拉索矫正，安装即告完毕。

（2）就地旋转立装法。就地旋转立装法是把支架当作一旋转杠杆，其旋转轴心设于架脚，并与基础铰接好，吊装时用起重机吊钩拉吊排架顶部，排架就地旋转立正于基础上。

三、堤防施工

（一）堤基处理

堤基基面清理范围包括堤身、铺盖、压载的基面，其边界应在设计基面边线外 30～50cm。堤基表层不合格土、杂物等必须清除，堤基范围内的坑、槽、沟等，应按堤身填筑要求进行回填处理。一般采用砂卵石、低标号混凝土回填。对于软弱堤基一般采用挖除软弱层换填砂、土，换填时应按设计要求用中粗砂或砂砾，锚填后及时予以压实。对于流塑态淤质软黏土地基上采用堤身自重挤淤法施工时，应放缓堤坡、减慢堤身填筑速度、分期加高，直至堤基流塑变形与堤身沉降平衡、稳定。对于软塑态淤质软黏土地基上可以采用在堤身两侧坡脚外设置压载体处理时，压载体应与堤身同步、分级、分期加载，保持施工中的堤基与堤身受力平衡。当采用抛石挤淤方法时，抛石挤淤应使用块径不小于 30cm 的坚硬石块，当抛石露出土面或水面时，改用较小石块填平压实，再在上面铺设反滤层并填筑堤身。此外，还可以采用排水砂井、塑料排水板、碎石桩等方法加固堤基。

如遇到强风化岩层堤基，除按设计要求清除松动岩石外，筑砌石堤或混凝土堤时基面应铺水泥砂浆，层厚宜大于 30mm；筑土堤时基面应涂黏土浆，层厚宜为 3mm，然后进行堤身填筑。裂缝或裂隙比较密集的基岩，应采用水泥固结灌浆或帷幕灌浆进行处理。

（二）土堤碾压

1. 铺料作业

土料或砾质土可采用进占法或后退法卸料，砂砾料宜用后退法卸料；砂砾料或砾质土卸料时如发生颗粒分离现象，应将其拌和均匀。辅料厚度和土块直径的限制尺寸，宜通过碾压试验确定；在缺乏试验资料时，可参照表 4-23 规定取值。

表 4-23　　铺料厚度和土块限制直径表

压实功能类型	压实机具种类	铺料厚度/cm	土块限制直径/cm
轻型	人工夯、机械夯	15～20	≤5
	5～10t 平碾	20～25	≤8
中型	12～15t 平碾 斗容 2.5m³ 铲运机 5～8t 振动碾	25～30	≤10
重型	斗容大于 7m³ 铲运机 10～16t 振动碾 加载气胎碾	30～50	≤15

铺料至堤边时，应在设计边线外侧各超填一定余量：人工铺料宜为 10cm，机械铺料宜为 30cm。

2. 压实作业

分段、分片碾压，相邻作业面的搭接碾压宽度，平行堤轴线方向不应小于 0.5mm；垂直堤轴线方向不应小于 3m；拖拉机带碾碌或振动碾压实作业，宜采用进退错距法，碾迹搭压宽度应大于 10cm；铲运机兼作压实机械时，宜采用轮迹排压法，轮迹应搭压轮宽的 1/3；机械碾压时应控制行车速度，以不超过下列规定为宜：平碾为 2km/h，振动碾为 2km/h，铲运机为 2 档。

机械碾压不到的部位，应辅以夯具夯实，夯实时应采用连环套打法，夯迹双向套压，夯压夯 1/3，行压行 1/3；分段、分片夯实时，夯迹搭压宽度应不小于 1/3 夯径。

砂砾料压实时，洒水量宜为填筑方量的 20%～40%；中细砂压实的洒水量，宜按最优含水量控制；压实施工宜用履带式拖拉机带平碾、振动碾或气胎碾。

（三）砌石堤施工

浆砌石墙（堤）宜采用块石砌筑，如石料不规则，必要时可采用粗料石或混凝土预制块作砌体镶面；仅有卵石的地区，也可用卵石砌筑。砌体强度均必须达到设计要求。砌筑前，应在砌体外将石料上的泥垢冲洗干净，砌筑时保持砌石表面湿润。

应采用坐浆法分层砌筑，铺浆厚宜 3～5cm，随铺浆随砌石，砌缝需用砂浆填充饱满，不得无浆直接贴靠，砌缝内砂浆应采用扁铁插捣密实；严禁先堆砌石块再用砂浆灌缝。上下层砌石应错缝砌筑；砌体外露面应平整美观，外露面上的砌缝应预留约 4cm 深的空隙，以备勾缝处理；水平缝宽应不大于 2.5cm，竖缝宽应不大于 4cm。

砌筑因故停顿，砂浆已超过初凝时间，应待砂浆强度达到 2.5MPa 后才可继续施工；在继续砌筑前，应将原砌体表面的浮渣清除；砌筑时应避免振动下层砌体。

勾缝前必须清缝，用水冲净并保持缝槽内湿润，砂浆应分次向缝内填塞密实；勾缝砂浆标号应高于砌体砂浆；应按实有砌缝勾平缝，严禁勾假缝、凸缝；砌筑完毕后应保持砌体表面湿润做好养护。

（四）防渗体施工

黏土防渗体施工应在清理过的无水基底上进行，与坡脚截水槽和堤身防渗体协同铺筑，并尽量减少接缝，分层铺筑时，上下层接缝应错开，每层厚以 15～20cm 为宜，层面间应刨毛、洒水。

土工膜防渗施工应在铺膜前将膜下基面铲平，土工膜质量也应经检验合格。大幅土工膜拼接，宜采用胶接法粘合或热元件法焊接，胶接法搭接宽度为 5～7cm，热元件法焊接叠合宽度为 1.0～1.5cm；土工膜铺设时应自下游侧开始，依次向上游侧平展铺设，避免土工膜打皱。已铺土工膜上的破孔应及时粘补，粘贴膜大小应超出破孔边缘 10～20cm；土工膜铺完后应及时铺保护层。沥青混凝土和混凝土防渗施工，应符合《渠道防渗工程技术规范》（GB/T 50600—2010）的有关规定。

（五）反滤、排水工程施工

铺反滤层前，应将基面用挖除法整平，对个别低洼部分，应采用与基面相同土料或反滤层第一层滤料填平。铺筑前应做好场地排水，设好样桩，备足反滤料。铺筑时应由底部向上按设计结构层要求逐层铺设，并保证层次清楚，互不混杂，不得从高处顺坡倾倒。陡于 1∶1 的反滤层施工时，应采用挡板支护铺筑。下雪天应停止铺筑，雪后复工时，应严防冻土、冰块和积雪混入料内。

当使用土工织物作反滤层、垫层、排水层铺设时，土工织物铺设前应进行复验，质量必须合格，有扯裂、蠕变、老化的土工织物均不得使用。铺设时，自下游侧开始依次向上游侧进行，上游侧织物应搭接在下游侧织物上或采用专用设备缝制，不宜采用搭接铺设。土工织物长边宜顺河铺设，并应避免张拉受力、折叠、打皱等情况发生。

堆石排水体应按设计要求分层实施，施工时不得破坏反滤层，靠近反滤层处用较小石料铺设，堆石上下层面应避免产生水平通缝。排水减压沟应在枯水期施工。

（六）接缝、堤身与建筑物接合部施工

土堤碾压施工，分段间有高差的连接或新老堤相接时，垂直堤轴线方向的各种接缝，应以斜面相接，坡度可采用 1∶3～1∶5，高差大时宜用缓坡。土堤与岩石岸坡相接时，岩坡削坡后不宜陡于 1∶0.75，严禁出现反坡。垂直堤轴线的堤身接缝碾压时，应跨缝搭接碾压，其搭接宽度不小于 3.0m。

土堤与刚性建筑物（涵闸、堤内埋管、混凝土防渗墙等）相接时，建筑物周边回填土方，宜在建筑物强度达到设计强度 50%～70% 的情况下施工。填筑时，须先将建筑物表面湿润，边涂泥浆、边铺土、边夯实，涂浆高度应与铺土厚度一致，涂层厚宜为 3～5mm，并应与下部涂层衔接；严禁泥浆干固后再铺土、夯实。

制备泥浆应采用塑性指数 I_p 大于 17 的黏土，泥浆的浓度可用 1∶2.5～1∶3.0（土水重量比）；建筑物两侧填土，应保持均衡上升；贴边填筑宜用夯具夯实，铺土层厚度宜为 15～20cm。

浆砌石墙（堤）分段施工时，相邻施工段的砌筑面高差应不大于 1.0m。

第五章　小型水利工程施工组织设计

第一节　施工组织设计的概念及内容

一、基本概念

（一）施工组织

施工组织是根据批准的建设计划、设计文件（施工图）和工程承包合同，对土建工程任务从开工到竣工交付使用，所进行的计划、组织、控制等活动的统称。

施工组织就是依据工程本身的特点，将人力、资金、材料、机械和施工方法这五要素进行科学、合理的安排，使之在一定时间内得以实现有组织、有计划、有秩序的施工，使得工程项目质量好、进度快、成本低。对于具体的工程项目在选定了施工方法和方案后，都要进行时间组织、空间组织和资源组织，这是施工组织最重要的三大组织。

简而言之，施工组织是针对施工过程中直接使用的建筑工人、施工机械和建筑材料与构件等的组织，即对基本施工过程和非基本施工过程和附属业务的组织，它既包括正式工程的施工，又包括临时设施工程的施工。

施工组织是项目施工管理中的主要组成部分，它所处的地位与作用直接关系着整个项目的经营成果。也可以说，它是把一个施工企业的生产管理范围缩小到一个施工现场（区域）上对一个工程项目的管理。

其任务就是按照客观规律科学地组织施工；积极为施工创造必要条件，保证正确施工与顺利施工；选择最优施工方案，取得最佳的经济效果；在施工中确保工程质量，缩短工程周期，安全生产，降低物耗，文明施工，为企业创造出社会信誉。

（二）施工管理

施工管理（Construction Management）是指施工员在施工现场具体解决施工组织设计和现场关系的一种管理。包括工程修建过程中的组织管理和技术管理工作。

组织设计中的内容要靠施工员在现场监督、测量、编写施工日志，上报施工进度、质量，处理现场问题。

明确施工目标的同时，应强化施工管理力度。注意理顺施工生产活动中人与人之间的协作配合关系，落实责、权、利一致的原则，使施工人员在施工中心情舒畅，精神饱满。当一名施工技术员不但自己要有高质量的技能，而且要具备科学的管理能力。依靠集体的力量，双方达成共识，开展工作就更有势力、更有冲劲。这样，哪怕工程再大、楼宇再高、要求再严，都能取得较好的效果。

（三）施工组织设计

施工组织设计（Construction Organization Plan）是用来指导施工项目全过程各项活动的技术、经济和组织的综合性文件，是施工技术与施工项目管理有机结合的产物，它能保证工程开工后施工活动有序、高效、科学合理地进行。

　　施工组织设计的繁简，一般要根据工程规模大小、结构特点、技术复杂程度和施工条件的不同而定，以满足不同的实际需要。复杂和特殊工程的施工组织设计需较为详尽，小型建设项目或具有较丰富施工经验的工程则可较为简略。施工组织总设计是为了解决整个建设项目施工的全局问题，要求简明扼要，重点突出，要安排好主体工程、辅助工程和公用工程的相互衔接和配套。单位工程的施工组织设计是为具体指导施工服务的，要具体明确，要解决好各工序、各工种之间的衔接配合，合理组织平行流水和交叉作业，以提高施工效率。施工条件发生变化时，施工组织设计须及时修改和补充，以便继续执行。施工阶段组织设计的内容要结合工程对象的实际特点、施工条件和技术水平进行综合考虑，一般包括以下基本内容：①编制说明；②工程概况及特点；③施工部署和施工准备工作；④施工现场平面布置；⑤施工总进度计划；⑥各分部分项工程的主要施工方法；⑦拟投入的主要物资计划；⑧工程投入的主要施工机械设备情况；⑨劳动力安排计划；⑩确保工程质量安全、工期、文明施工的技术组织措施；⑪质量通病的防治措施；⑫季节施工保证措施；⑬成品保护措施；⑭创优综合措施；⑮项目成本控制；⑯回访保修服务措施；⑰图纸，主要包括施工平面总图、施工总进度图、施工网络图等。

二、施工组织设计依据

（1）与工程建设有关的法律、法规和文件。

（2）国家现行有关标准和技术经济指标。

（3）工程所在地区行政主管部门的批准文件，建设单位对施工的要求。

（4）工程施工合同或招标投标文件。

（5）工程设计文件。

（6）工程施工范围内的现场条件，工程地质及水文地质、气象等自然条件。

（7）与工程有关的资源供应情况。

（8）施工企业的生产能力、机具设备状况、技术水平等。

三、施工组织设计步骤

　　由于施工工程项目的大小不同，所要求编制组织设计的内容也有所不同，但其方法和步骤基本大同小异，大致可按以下步骤进行：

（1）收集编制依据文件和资料。

1）工程项目设计施工图纸。

2）工程项目所要求的施工进度和要求。

3）施工定额、工程概预算及有关技术经济指标。

4）施工中可配备的劳力、材料和机械装备情况。

5）施工现场的自然条件和技术经济资料。

（2）编写工程概况。主要阐述工程的概貌、特征和特点以及有关要求等。

（3）选择施工方案、确定施工方法。主要确定对工程施工的先后顺序、选择施工机械类型及其合理布置，明确工程施工的流向及流水参数的计算，确定主要项目的施工方法等

（总设计还需先做出施工总体部署方案）。

（4）制定施工进度计划。包括对分部分项工程量的计算、绘制进度图表，对进度计划的调整平衡等。

（5）工预制品等。

（6）绘制施工平面图。

（7）其他。提出对有关工程的质量管理、技术管理、安全管理、进度管理、资源管理、合同管理、环境保护与水土保持。制定降低成本（如节约劳力、材料、机具及临时设施费等）的具体措施、超奖减罚等的具体要求和技术经济指标，最后进行竣工资料整编。

四、施工组织与管理的原则

（1）统筹兼顾的原则。

（2）按照基本建设程序办事的原则。

（3）按照系统工程原理组织施工的原则。

（4）实行科学管理的原则。

（5）一切从实际出发的原则。

第二节 工程条件综合分析

一、工程条件分析

工程条件一般是设计报告和招标文件给出，设计人员根据设计资料进行分析、描述，从而抓住影响施工的工程特征。

（一）地理位置及对外交通概况

1. 工程所在位置

根据工程所在位置用经纬度表示其准确坐标；分析工程与主要城市和周边城市之间的相互关系。

2. 对外交通概况

分析工程周边的交通条件，如公路、铁路、水路等；分析工程与主要城市及周边城市的距离，以及各种交通方式之间的关系。

（1）对铁路运输主要分析：

1）现有铁路对工程可能承担的运输能力。

2）拟与接轨的铁路线及其车站的技术条件、车流情况、运输能力、机车、车辆修理设施规模。

3）现有桥梁、隧道的极限通过限界。

4）当地铁路有关部门对该地区的铁路规划和接轨要求。

（2）对公路运输主要分析：

1）工程附近可利用的公路情况，如路况、等级标准、纵坡、路面结构、宽度、最小平曲线半径及昼夜最大行车密度等。

2）桥、隧道及其他建筑物设计标准、跨度、长度、结构形式和通行能力，最大装载限制尺寸。

3）公路运输能力及费率。

（3）对水路运输主要分析：

1）通航河段、里程、船只吨位、吃水深度、船形尺寸，年运输能力，码头吞吐能力及航运有关费率。

2）利用现有码头的可能性及新建专用码头的地点和要求。

3）有关部门对航运的要求。

（二）工程特点

1. 工程规模

分析工程的主要功能如发电、灌溉、防洪等，分析工程的等别，主要建筑物、次要建筑物、临时建筑物级别。

2. 工程布置特点

分析工程枢纽布置状况、特点，各建筑物之间平面、立面的相互关系，并用数据表示，如坐标、高程等参数。

3. 工程结构特征

分析工程主要建筑物特征、尺寸、高程等，如挡水建筑物形式及主要特征、尺寸，引水建筑物形式及主要特征、尺寸，泄水建筑物主要形式及主要特征、尺寸，厂房（电站、泵站）形式及主要特征、尺寸等。

4. 主要工程项目及其工程量

分析工程主要项目、项目类型、规模及工程量。一般用统计表展示。

一般需要收集设计报告、枢纽布置图、水工建筑物结构图、泄流能力曲线、水库特征水位及主要水能指标、水库蓄水分析计算、施工期的水库淹没资料等规划设计资料。

二、水文气象条件分析

1. 气象

分析工程所在地气象条件，如气温、水温、地温、降水量、蒸发量、风、冻层、冰情、日照、霜日、雾日等，并描述对工程影响较大的特征值。一般收集工程所在地附近的气象站资料。

2. 水文

分析流域基本情况、水文特点、洪水成因及特性、各种频率的流量及洪量、水位流量关系、冬季冰凌情况（北方河流）、施工区各支沟各种重现期洪水，特别要收集施工洪水计算成果。

三、工程地质条件分析

1. 地形与地貌

分析工程区域地形、地貌，分析各建筑物区域地形、地貌，特别是施工现场场地状况等。如地形平坦、陡峭状况，有无台地、滩地，其尺寸大小能否满足施工需要等。

2. 工程地质与水文地质

（1）区域地质与地震。分析工程区域地质特征、地层特征、大地构造特征和构造主要形式；分析工程区域历史地震情况和工程地震动峰值加速度、地震烈度等。

（2）物理地质现象。分析工程区域物理地质现象的类型；各种物理地质现象的成因、特征、规模及其表现形式。特别要描述拟设施工场地有无洪水威胁、泥石流隐患、山体崩塌滑坡等先兆。

（3）水文地质条件。分析区内地下水的埋藏分布，运移规律，地下水的类型。地下水的参数指标，特别是对混凝土有无侵蚀性等。

（4）工程地质条件。分别分析工程的主要建筑物如大坝、水闸、溢洪道、隧洞、渠道、渡槽、调压井（前池）、压力管道、厂房等所在位置的地质构造、特征；土层自上而下的分布及其厚度、力学指标、抗渗指标；岩层埋藏深度、风化分层及厚度，力学指标、抗渗指标。

3. 天然建材供应

根据工程主要工程量，确定主要天然建材的需要量；再分析主要天然建材如混凝土骨料（砂、卵碎石）、块石、堆石、垫层料、过渡料、防渗料等的分布状况、储量、质量、运输距离等。

收集料场的有关资料及施工需用的原材料、成品、半成品的有关试验数据、指标，各种新材料、新工艺、新技术、新设备的生产性试验或现场试验成果。

四、社会经济条件分析

由于水利水电工程施工牵涉面广、影响范围大，而且要顺利进行又受到当地社会经济条件的制约，因此，必须充分了解和认真分析当地社会经济条件，一般从以下几方面进行分析：

（1）了解当地国民经济及其发展前景。

（2）分析施工区水源、电源情况及供应条件。

（3）调查当地可能提供的修理能力和加工能力。

（4）统计可为工程施工服务的建筑、加工制造、修配、运输等企业的规模，生产能力并了解邻近居民点、市政建设状况和规划。

（5）了解当地建筑材料及生活物资供应情况。

（6）了解施工现场土地状况和征地有关问题。

（7）收集工程所在地区行政区划图、施工现场地形图及主要临时工程剖面图，三角水准网点等测绘资料。

（8）征询当地及各有关部门对工程施工的要求，包括施工场地范围内的水土保持和环境保护要求。

第三节 施工方案的确定

施工方案是水利工程施工建设的重要组成部分，是对整个建设项目全局作出统筹规划和全面安排的重要一步。而每项工程建设的性质、规模、客观条件不同，施工方案的内容和侧重点也各不相同。因此，在进行施工方案设计时，应根据工程实际情况进行具体的分析，确定合理的施工方案。

一、施工方案确定的原则

（1）施工期短，辅助工程量及施工附加量小、施工成本低。

（2）各建筑物之间、土建工程与安装工程之间相互协调、穿插有序、干扰较小。

（3）技术先进、安全可靠。

（4）施工强度和施工设备、材料、劳动力等资源需求均衡。

二、施工设备选择与劳动力配制原则

（1）适应工地条件，符合设计和施工要求；保证工程质量、生产能力满足施工强度要求。

（2）设备性能机动、灵活、高效、能耗低，运行安全可靠。

（3）通过市场调查，应按各单项工程工作面、施工强度、施工方法进行设备配套选择，使各类设备均能充分发挥效率。

（4）通用性强，能在先后施工的工程项目中重复使用。

（5）设备购置及运行费用较低，易于获得零配件，便于维修、保养、管理、调度。

（6）在设备选择配套的基础上，应按工作面、工作班制、施工方法，以混合工种结合国内平均先进水平进行劳动力优化组合设计。

三、施工导流的确定

1. 施工导流方式

施工导流是导流设计的重要内容，导流方式从空间可以分为全段围堰法和分段围堰法，按泄流方式分为分段围堰法导流、明渠导流、隧洞导流、涵管导流、底孔导流以及组合导流等多种形式。

分段导流适用于河流流量大、河槽宽、覆盖层薄的坝址。隧洞导流适用于河谷狭窄、地质条件较好的地方。明渠导流适用于河流流量较大、河床一侧有较宽台地、垭口或古河道的坝址。一个枯水期能将永久建筑物（或临时挡水断面）修筑至汛期洪水位以上时，可采用枯水期围堰挡水的导流方式。

2. 围堰

围堰是保证主体工程正常施工的主要建筑物，其主要有土石围堰、混凝土围堰、碾压混凝土围堰、钢板桩围堰、木笼围堰、草土围堰等形式。小型水利工程建设过程中水头较低，大多数采用木笼围堰、竹笼围堰和草土围堰等形式。

围堰结构设计过程中按照正常荷载组合进行，且堰顶宽度应能适应施工和防汛抢险的要求。

围堰堰基覆盖层需进行防渗处理，当覆盖层及水深较浅时，设临时低围堰抽水干挖齿槽，修建截水墙防渗；采用铺盖防渗时，铺盖土料的渗透系数应小于堰基覆盖层渗透系数

50～100 倍，铺盖的厚度不宜小于 2m。

四、主体工程施工方案

水利工程施工涉及工种很多，其中主体工程施工包括土石方明挖、地基处理、混凝土施工、碾压式土石坝施工、地下工程施工等，下面介绍其中两项工程量较大、工期较长的主体工程施工。

（一）混凝土工程施工

1. 混凝土施工方案选择原则

（1）混凝土生产、运输、浇筑、温控防裂等各施工环节衔接合理。

（2）施工机械化程度符合工程实际，保证工程质量，加快工程进度和节约工程投资。

（3）施工工艺先进，设备配套合理，综合生产效率高。

（4）能连续生产混凝土，运输过程的中转环节少、运距短，温控措施简易、可靠。

（5）初、中、后期浇筑强度协调平衡。

（6）混凝土施工与机电安装之间干扰少。

2. 混凝土浇筑要求

混凝土浇筑程序、各期浇筑部位和高程应与供料线路、起吊设备布置和机电安装进度相协调，并符合相邻块高差及温控防裂等有关规定。各期工程形象进度应能适应截流、拦洪度汛、封孔蓄水等要求。

3. 混凝土浇筑设备选择原则

（1）起吊设备能控制整个平面和高程上的浇筑部位。

（2）主要设备型号单一，性能良好，生产率高，配套设备能发挥主要设备的生产能力。

（3）在固定的工作范围内能连续工作，设备利用率高。

（4）浇筑间歇能承担模板、金属构件及仓面小型设备吊运等辅助工作。

（5）不压浇筑块，或不因压块而延长浇筑工期。

（6）生产能力在能保证工程质量前提下能满足高峰时段浇筑强度要求。

（7）混凝土宜直接起吊入仓，若用带式输送机或自卸汽车入仓卸料时，应有保证混凝土质量的可靠措施。

（8）当混凝土运距较远时，可用混凝土搅拌运输车，防止混凝土出现离析或初凝，保证混凝土质量。

4. 模板选择原则

（1）模板类型应适合结构物外型轮廓，有利于机械化操作和提高周转次数。

（2）有条件部位宜优先用混凝土或钢筋混凝土模板，并尽量多用钢模、少用木模。

（3）结构形式应力求标准化、系列化，便于制作、安装、拆卸和提升，条件适合时应优先选用滑模和悬臂式钢模。

5. 坝体分缝的确定

混凝土坝体最大浇筑仓面尺寸是在分析混凝土性能、浇筑设备能力、温控防裂措施和工期要求等因素后确定。

6. 坝体接缝灌浆应考虑的因素

（1）接缝灌浆应待灌浆区及以上冷却层混凝土达到坝体稳定温度或设计规定值后进行，在采取有效措施情况下，混凝土龄期不宜短于 4 个月。

（2）同一坝缝内灌浆分区高度约 10～15m。

（3）应根据双曲拱坝施工期应力确定封拱灌浆高程和浇筑层顶面间的允许高差。

（4）对空腹坝封顶灌浆或受气温年变化影响较大的坝体接缝灌浆，宜采用较坝体稳定温度更低的超冷温度。

7. 混凝土浇筑要求

用平浇法浇筑混凝土时，设备生产能力应能确保混凝土初凝前将仓面覆盖完毕；当仓面面积过大、设备生产能力不能满足时，可用台阶法浇筑。

8. 大体积混凝土施工

大体积混凝土施工必须进行温控防裂设计，采用有效的温控防裂措施以满足温控要求。有条件时宜用系统分析方法确定各种措施的最优组合。

9. 雨季施工要求

在多雨地区雨季施工时，应掌握分析当地历年降雨资料，包括降雨强度、频度和一次降雨延续时间，并分析雨日停工对施工进度的影响和采取防雨措施的可能性与经济性。

10. 低温施工要求

低温季节混凝土施工必要性应根据总进度及技术经济比较论证后确定。在低温季节进行混凝土施工时，应做好保温防冻措施。

（二）碾压式土石坝施工

（1）认真分析工程所在地区气象台（站）的长期观测资料。统计降水、气温、蒸发等各种气象要素不同量级出现的天数，确定对各种坝料施工影响程度。

（2）料场规划原则。

1）料物物理力学性质符合坝体用料要求，质地较均一。

2）储量相对集中，料层厚，总储量能满足坝体填筑需用量。

3）有一定的备用料区，保留部分近料场作为坝体合龙和抢拦洪高程用。

4）按坝体不同部位合理使用各种不同的料场，减少坝料加工。

5）料场剥离层薄，便于开采，获得率较高。

6）采集工作面开阔，料物运距较短，附近有足够的废料堆场。

7）不占或少占耕地、林场。

（3）料场供应原则。

1）必须满足坝体各部位施工强度要求。

2）充分利用开挖渣料，做到就近取料，高料高用，低料低用，避免上下游料物交叉使用。

3）垫层料、过渡层和反滤料一般宜用天然砂石料，工程附近缺乏天然砂石料或使用天然砂石料不经济时，方可采用人工料。

4）减少料物堆存、倒运，必须堆存时，堆料场宜靠近坝区上坝道路，并应有防洪、排水、防料物污染、防分离和散失的措施。

5）力求使料物及弃渣的总运输量最小。做好料场平整，防止水土流失。

（4）土料开采和加工处理。

1）根据土层厚度、土料物理力学特性、施工特性和天然含水量等条件研究确定主次料场，分区开采。

2）开采加工能力应能满足坝体填筑强度要求。

3）若料场天然含水量偏高或偏低，应通过技术经济比较选择具体措施进行调整，增减土料含水量宜在料场进行。

4）若土料物理力学特性不能满足设计和施工要求，应研究使用人工砾质土的可能性。

5）统筹规划施工场地、出料线路和表土堆存场，必要时应做还耕规划。

（5）土料上坝运输。

坝料上坝运输方式应根据运输量，开采、运输设备型号，运距和运费，地形条件以及临建工程量等资料，通过技术经济比较后选定，并考虑以下原则：

1）满足填筑强度要求。

2）在运输过程中不得掺混、污染和降低料物理力学性能。

3）各种坝料尽量采用相同的上坝方式和通用设备。

4）临时设施简易，准备工程量小。

5）运输的中转环节少。

6）运输费用较低。

（6）上坝道路布置原则。

1）各路段标准原则满足坝料运输的强度要求，在认真分析各路段运输总量、使用期限、运输车型和当地气象条件等因素后确定。

2）能兼顾地形条件，各期上坝道路能衔接使用，运输不致中断。

3）能兼顾其他施工运输、两岸交通和施工期过坝运输，尽可能与永久公路结合。

4）在限制坡长条件下，道路最大纵坡不大于15%。

（7）上料用自卸汽车运输上坝时，用进占法卸料，铺土厚度根据土料性质和压实设备性能通过现场试验或工程类比法确定，压实设备可根据土料性质、细颗粒含量和含水量等因素选择。

（8）土料施工尽可能安排在少雨季节，若在雨季或多雨地区施工，应选用适合的土料和施工方法，并采取可靠的防雨措施。

（9）寒冷地区当日平均气温低于0℃时，黏性土按低温季节施工；当日平均气温低于−10℃时，一般不宜填筑土料，否则应进行技术经济论证。

（10）面板堆石坝的面板垫层为级配良好的半透水细料，要求压实密度较高，垫层下游排水必须通畅。

（11）混凝土面板堆石坝上游坝坡用振动平碾，在坝面顺坡分级压实，分级长度一般为10～20m；也可用夯板逐层夯实。压实平整后的边坡用沥青乳胶或喷混凝土固定。

（12）混凝土面板垂直缝间距应有利滑模操作，适应混凝土供料能力，便于仓面作业，一般用高度不大的面板，一般不设水平缝。

（13）混凝土面板浇筑宜用滑模自下而上分条进行，滑模滑行速度通过实验选定。

（14）沥青混凝土面板堆石坝的沥青混合料宜用汽车配保温吊罐运输，坝面上设喂料车、摊铺机、振动碾和牵引卷扬台车等专用设备。面板宜一期铺筑，当坝坡长大于 120m 或因度汛需要，也可分两期铺筑，但两期间的水平缝应加热处理。纵向铺筑宽度一般为 3～4m。

（15）沥青混凝土心墙的铺筑层厚宜通过碾压试验确定，一般可采用 20～30cm。铺筑与两侧过渡层填筑尽量平起平压，两者离差不大于 3m。

（16）寒冷地区沥青混凝土施工不宜裸露越冬，越冬前已浇筑的沥青混凝土应采取保护措施。

（17）坝面作业规划。

1）土质防渗体应与其上、下游反滤料及坝壳部分平起填筑。

2）垫层料与部分坝壳料均宜平起填筑，当反滤料或垫层料施工滞后于堆后棱体时，应预留施工场地。

3）混凝土面板及沥青混凝土面板宜安排在少雨季节施工，坝面上应有足够的施工场地。

4）各种坝料铺料方法及设备宜尽量一致，并重视结合部位的填筑措施，力求减少施工辅助设施。

（18）碾压式土石坝施工机械选型配套原则。

1）提高施工机械化水平。

2）各种坝料坝面作业的机械化水平应协调一致。

3）各种设备数量按施工高峰时段的平均强度计算，适当留有余地。

4）振动碾的碾型和碾重根据料场性质、分层厚度、压实要求等条件确定。

第四节 施工进度计划

施工进度计划是施工组织设计的重要组成部分，按照工程建设的工期要求进行项目的进度安排，并逐步进行施工建设，确保按照业主和有关单位的时间要求完成工程建设。

编制施工进度计划首先要根据工程所在地的自然及社会经济条件、工程施工特点，进行施工分期并确定施工顺序，计算按正常条件施工所需的合理性工期，进而拟定可能的施工进度方案；其次要在条件允许的情况下参考合同工期，调整工程施工进度，保证按期完工。除此以外，编制的施工进度计划要求在经济、技术上是可行的。

一、施工进度计划的表达方式

施工进度计划的表达方式有两种，分别为横道图和网络图。

横道图是在时间坐标上画出各工作过程的起止时间，图形简明扼要，通俗易懂，工程中应用较为广泛，但其不能表达各工作之间的逻辑关系，而且当实际进度与计划进度出现偏差时，不便于调整。因此，横道图一般用来表达施工总进度图。

网络图可以反映各工作之间的逻辑关系，能表示控制工期和关键线路，便于施工和管理，同时利用计算机技术可以较为容易地实现进度计划的优化，但水利工程需要考虑的不确定因素较多，致使网络图在进度计划中应用较少。

二、施工进度的编制

（一）坝基开挖与地基处理工程施工进度

（1）坝基岸坡开挖一般与导流工程平行施工，并在河流截流前基本完成。平原地区的水利工程和河床式水电站如施工条件特殊，也可两岸坝基与河床坝基交叉进行开挖，但以不延长总工期为原则。

（2）基坑排水一般安排在围堰水下部分防渗设施基本完成之后、河床地基开挖前进行。对土石围堰与软质地基的基坑，应控制排水下降速度。

（3）不良地质地基处理宜安排在建筑物覆盖前完成。固结灌浆时间可与混凝土浇筑交叉作业，经过论证，也可在混凝土浇筑前进行。帷幕灌浆可在坝基面或廊道内进行，不占直线工期，并应在蓄水前完成。

（4）两岸岸坡有地质缺陷的坝基，应根据地基处理方案安排施工工期，当处理部位在坝基范围以外或地下时，可考虑与坝体浇筑（填筑）同时进行，在水库蓄水前按设计要求处理完毕。

（5）采用过水围堰导流方案时，应分析围堰过水期限及过水前后对工期带来的影响，在多泥沙河流上应考虑围堰过水后清淤所需工期。

（6）地基处理工程进度应根据地质条件、处理方案、工程量、施工程序、施工水平、设备生产能力和总进度要求等因素研究确定。对处理复杂、技术要求高、对总工期起控制作用的深覆盖层的地基处理应作深入分析，合理安排工期。

（7）根据基坑开挖面积、岩土等级、开挖方法及按工作面分配的施工设备性能、数量等分析计算坝基开挖强度及相应的工期。

（二）混凝土工程施工进度

（1）在安排混凝土工程施工进度时，应分析有效工作天数，大型工程经论证后若需加快浇筑进度，可分别在冬、雨、夏季采取确保施工质量的措施后施工。一般情况下，混凝土浇筑的月工作日数可按25d计。对控制直线工期工程的工作日数，宜将气象因素影响的停工天数从设计日历天数中扣除。

（2）混凝土的平均升高速度与坝型、浇筑块数量、浇筑块高、浇筑设备能力以及温控要求等因素有关，一般通过浇筑排块确定。大型工程宜尽可能应用计算机模拟技术，分析坝体浇筑强度、升高速度和浇筑工期。

（3）混凝土坝施工期历年度汛高程与工程面貌按施工导流要求确定，如施工进度难于满足导流要求，则可相互调整，确保工程度汛安全。

（4）混凝土的接缝灌浆进度（包括厂坝间接缝灌浆）应满足施工期度汛与水库蓄水安全要求，并结合温控措施与二期冷却进度要求确定。

（三）碾压式土石坝施工进度

（1）碾压式土石坝施工进度应根据导流与安全度汛要求安排，研究坝体的拦洪方案，论证上坝强度，确保大坝按期达到设计拦洪高程。

（2）坝体填筑强度拟定原则有以下几点：

1）满足总工期以及各高峰期的工程形象要求，且各强度较为均衡。

2）月高峰填筑量与填筑总量比例协调。一般可取 1∶20～1∶40。

3）坝面填筑强度应与料场出料能力、运输能力协调。

4）水文、气象条件对土石坝各种坝料的施工进度有不同程度的影响，须分析相应的有效施工工日。一般应按照有关规范要求结合本地区水文、气象条件参考附近已建工程综合分析确定。

（3）土石坝上升速度主要受塑性心墙（或斜墙）的上升速度控制，而心墙或斜墙的上升速度又和土料性能、有效工作日、工作面、运输与碾压设备性能以及压实参数有关，一般宜通过现场试验确定。

（四）施工劳动力及主要资源供应

工程施工进度计划编制确定以后，根据施工图纸、工程量计算资料、施工方案、施工进度计划等有关技术资料，编制劳动力需要量计划，各主要材料、构件和半成品需要量计划及各种施工机械的需要量计划。它们不仅是为了明确各种技术工人和各种技术物资的需要量，而且是做好劳动力与物资的供应、平衡、调度、落实的依据。

1. 劳动力需要量计划

劳动力需要量计划，是安排劳动力的平衡、调配和衡量劳动力耗用指标、安排生活福利设施的依据，其编制方法是将施工进度计划表内所列各施工过程每天（或旬月）所需工人人数按工种汇总而得。其表格形式见表 5-1。

表 5-1　　　　　　　　　　劳 动 力 需 要 量 计 划　　　　　　　　　单位：人

序　号	工种名称	需要人数	××月			××月			备注
			上旬	中旬	下旬	上旬	中旬	下旬	

2. 主要材料需要量计划

主要材料需要量计划，是备料、供料和确定仓库、堆场面积及组织运输的依据，其编制方法是将施工进度计划表中各施工过程的工程量，按材料名称、规格、数量、使用时间计算汇总而得，详见表 5-2。

表 5-2　　　　　　　　　　　　主要材料需要量计划

序号	材料名称	规格	需要量		需要时间						备注
			单位	数量	××月			××月			
					上旬	中旬	下旬	上旬	中旬	下旬	

对于某分部分项工程是由多种材料组成时，应按各种材料分类计算，如混凝土工程应换算成水泥、砂、石、外加剂和水的数量列入表格。

3. 构件和半成品需要量计划

建筑结构构件、配件和其他加工半成品的需要量计划主要用于落实加工订货单位，并按照所需规格、数量、时间，组织加工、运输和确定仓库或堆场，可根据施工图和施工进度计划编制，详见表5-3。

表5-3　　　　　　　　　　　　　　　　构件和半成品需要量计划

序号	构件、半成品名称	规格	图号、型号	需要量		使用部位	制作单位	供应日期	备注
				单位	数量				

4. 施工机械需要量计划

施工机械需要量计划主要用于确定施工机械的类型、数量、进场时间，可据此落实施工机械来源，组织进场。其编制方法为将单位工程施工进度计划表中的每一个施工过程每天所需的机械类型、数量和施工日期进行汇总，即得施工机械需要量计划，详见表5-4。

表5-4　　　　　　　　　　　　　　　　施工机械需要量计划

序号	机械名称	型号	需要量		现场使用起止时间	机械进场或安装时间	机械退场或拆卸时间	供应单位
			单位	数量				

三、施工进度计划编制步骤

1. 划分并列出施工项目

水利工程建设过程相对较为复杂，在制定进度计划的过程中，需根据不同阶段和工程内容进行项目划分，在划分过程中，重点突出主要的施工项目，一些次要的、零星的施工项目可并入其他的主要项目中去。

2. 计算工程量

完成项目划分的基础上，根据施工图纸、工程量计算规则及相应的施工方法，计算各工程的工程量。在计算工程量时应注意以下几点：

（1）工程量的计量单位应尽量与所使用的定额相一致。

（2）计算工程量时，应与采用的施工方法相一致，使计算的工程量与施工的实际情况相符合。

3. 计算劳动量及机械台班量，确定施工过程的延续时间

根据工程量及确定采用的施工定额，可进行劳动量及机械台班量的计算，在此基础上确定施工过程的延续时间。

4. 确定各项目之间的逻辑关系

施工项目各工作之间相互联系、相互依赖，在客观上存在着先后的顺序关系，这种顺序关系是编制施工进度计划的基础。

5. 初拟施工进度计划

根据已有的工程资料和施工经验，通过相关计算，首先安排主体工程的施工进度，再安排次要工程的施工进度，并将主要工程的施工进度与次要工程的施工进度按照时间消耗最短、经济合理的原则，完成初步进度计划的编制。

6. 进度计划的优化调整

施工进度计划初步方案编制后，应根据业主和有关部门的要求、合同规定及施工条件等，先检查各施工过程之间的施工顺序是否合理，工期是否满足要求，劳动力等资源消耗是否均衡，然后再进行调整，直至满足要求，正式形成施工计划。总的要求是在合理的工期下尽可能地使施工过程连续，这样便于资源的合理安排。

第五节　施 工 总 体 布 置

施工总体布置是对拟建项目施工场地的平面布置，是施工组织设计的重要组成部分。在工程开工建设之前，根据工程特点和施工条件，对施工场地上拟建的建筑物、施工辅助设施和临时设施等进行平面和高程布置。施工现场的布置情况直接影响工程能否安全、有序地完成，因此需对施工现场进行全面地了解，采用合理有效的方法，对施工场地进行妥善安排，使各项施工设施和临时设施能最有效地为工程服务，保证施工质量，加快施工进度，提高经济效益，也为文明施工、节约土地、减少临时设施费用创造条件。

一、施工总体布置的原则

施工总体布置方案应遵循因地制宜、因时制宜、有利生产、方便生活、易于管理、安全可靠、经济合理的原则。

（1）施工总体布置应综合分析水工枢纽布置，主体建筑物规模、形式、特点，施工条件和工程所在地区社会、自然条件等因素，妥善处理好环境保护和水土保持与施工场地布置的关系，合理确定并统筹规划为工程施工服务的各种临时设施。

（2）施工总体布置方案应贯穿执行十分珍惜和合理利用土地的方针，注重环境保护、减少水土流失、充分体现人与自然和谐相处以及经济合理的原则。

（3）进行施工总体布置时应该考虑以下几点：

1）施工临时设施与永久设施应相互配合，统一规划。临时建筑设施不要占用拟建永久性建筑或设施的位置。

2）确定临时项目及规模时，应研究利用已有企业设施为施工服务的可能性与合理性。

3）主要施工工厂设施和临时设施的布置应考虑施工期洪水的影响，防洪标准根据工程规模、工期长短、河流水文特性等情况，分析不同洪水标准对建筑物的危害程度。

4）场内交通规划，必须满足施工需要，适应施工程序、工艺流程；协调各工作内容、施工企业、地区交通之间的配合，运输方便，费用少，尽可能减少二次转运；力求使交通联系简便，运输组织合理，节省线路和设施的工程投资，减少管理运营费用。

5）施工总布置应做好石方挖填平衡，统筹规划堆、弃渣场地；弃渣应符合环境保护及水土保持要求。在确保主体工程施工顺利的前提下，要尽量少占农田。

6）施工场地应避开不良地质区域、文物保护区。

二、施工总体布置的内容

（1）配合选择对外交通运输方案，选择场内运输及两岸交通联系方式，布置线路，确定各结构物的位置，组织场内运输。

（2）选择合适的施工场地，确定场内区域划分原则，布置各施工辅助作业及其他生产辅助设施，合理布置仓库、搅拌站、生活区等其他附属设施。

（3）选择给水、供电、供热、通信等设施的位置。

（4）确定施工场内排水、防洪沟槽等系统。

（5）规划弃渣、堆料场地，做好场地土石方的开挖、运输和堆存。

（6）确定施工期环境保护和水土保持的相应措施。

三、施工总布置的步骤

（一）收集基本资料

（1）当地国民经济现状及发展前景。

（2）可为工程施工服务的建筑、加工制造、修配、运输等企业的规模、生产能力及其发展规划。

（3）现有水陆交通运输条件和通过能力规划。

（4）水、电以及其他燃料动力资源供应情况。

（5）当地建筑材料及生活物资供应情况。

（6）施工现场土地调查与征地情况。

（7）施工现场范围内的工程地质、水文地质、气象状况等资料。

（8）主要施工项目的定额、指标、单价、运杂费率等。

（9）工程规划、设计的基本资料。

（10）施工场地范围内的环境保护要求。

（二）编制临时建筑物的项目清单

在充分掌握基本资料的基础上，根据施工条件和特点，结合类似工程经验和有关规定，编制临时建筑物的项目清单，并初步确定建筑面积、主要设备、布置要求等相关要求。

以混凝土工程为例，其临时建筑物主要包含以下几项内容：

（1）混凝土系统（包括搅拌楼、净料堆场、水泥仓库等）。

（2）砂石料加工系统（包括破碎筛分厂、毛料堆场、净料堆场）。

（3）机械修配系统（包括机械修配厂、汽车修配厂、汽车停放保养场等）。

（4）综合加工系统（包括木材加工厂、钢筋加工厂、混凝土预制厂）。

（5）供风、供水、供电、通信系统。

（6）仓库系统。

（7）交通运输系统。

（8）办公生活福利系统（包括办公房屋、宿舍、公共福利房屋、招待所）。

（三）施工现场布置

1. 施工交通布置

施工交通包括对内交通和对外交通两部分。对外交通是指联系施工工地与国家公路、地方公路等之间的交通道路，在布置时，应尽量利用现有设施，减少工程量，小型水利工程一般情况下应优先采用公路运输方案。场内交通是指施工现场内部各工区、料场等之间的交通道路，一般应与对外交通衔接，小型水利工程一般采用汽车运输为主、其他运输为辅的运输方式。

2. 仓库和材料堆场的布置

（1）当采用铁路运输时，仓库通常沿铁路线布置，并且要留有足够的装卸前线；如果没有足够的装卸前线，必须在附近设置装运仓库。布置铁路沿线时，应将仓库设置在靠近工地一侧，以免内部运输跨越铁路。同时仓库不宜设置在弯道处或坡道上。

（2）当采用水路运输时，一般应在码头附近设置转运仓库，以缩短船只在码头上的停留时间。

（3）当采用公路运输时，仓库的布置较灵活，一般中心仓库布置在工地中央或靠近使用的地方，也可以布置在靠近外部交通连接处。砂石、水泥、石灰、木材等仓库或堆场宜布置在施工对象附近，以免二次搬运。

3. 加工厂布置

施工现场一般应将加工厂集中布置在同一个地区，多处于工地施工现场的边缘，且各加工厂应与仓库或材料堆场布置在同一地区。污染较大的加工厂，如砂石加工厂、沥青加工厂和钢筋加工厂，应尽量远离生活区和办公区，并注意风向。

4. 办公与生活临时设施布置

办公与生活临时设施布置应尽量利用建设单位的生活基地或其他永久性建筑。不足部分另行建造，还可考虑租用当地的民房。

一般施工现场办公用房宜设置在工地入口处；工人用的生活福利设施应设置在人员较为集中的地方，要求距离施工现场 500～1000m 为宜，且远离危险品仓库和砂石料加工厂等地，以保证安全，减少污染。

5. 临时水电管网及其他动力设施布置

临时水电管网应按照相关要求合理布置；施工现场临时的变电站应设置在高压电引入处；施工现场根据消防的相关要求，应设置消防站，一般设置在易燃物（木材、仓库、油库、炸药库等）附近，并设有通畅的出口和消防车道；沿道路布置消防栓时，消防栓到路边的距离不得小于6m。

（四）施工辅助企业

水利水电工程施工的辅助企业主要包括砂石料场、混凝土生产系统、综合加工系统、机械修配厂、供风、供水、供电系统等。在进行施工现场布置时，要结合工程条件、工程规模和施工要求，综合确定各辅助设施的位置、面积等，使工程施工能够顺利进行。

（1）砂石料加工厂。砂石骨料加工厂布置时，应尽量靠近料场，选择水源充足、运输及供电方便，有足够的堆料场地和便于排水清淤的地段。

（2）混凝土生产系统。混凝土生产系统应尽量集中布置，并靠近混凝土工程量集中的地点。混凝土生产系统的面积可依据拌和设备的型号来确定。

（3）综合加工厂。综合加工厂尽量靠近主体工程施工现场，条件允许的情况下，可与混凝土生产系统一起布置。

1）钢筋加工厂。一般需要的面积较大，最好布置在车站等交通便利的地方，其占地面积可以按照表5-5来确定。

2）木材加工厂。应布置在铁路或公路专用线附近，因有防火需要，必须布置在空旷位置，且主要建筑物的下风向，以免发生火灾，其占地面积可按照表5-5来确定。

3）混凝土预制构件厂。其位置应布置在有足够大的场地和交通方便的地方，且尽量靠近主要施工场地，其占地面积可按照表5-5来确定。

4）机械修配厂。汽车修配厂和保养厂应统一设置，其一般布置在平坦、宽阔、交通便利的地段，其占地面积可按照表5-5来确定。

表5-5　　　　　　　　　　施工辅助企业的占地面积要求

钢筋加工厂				
生产规模/机床台数	10	20	40	60
锻造能力/(t/a)	60	120	250	350
铸造能力/(t/a)	70	150	350	500
建筑面积/m²	545	1040	2018	2917
占地面积/m²	1800	3470	6720	9750

木材加工厂				
生产规模/(m³/班)	20	30	50	60
建筑面积/m²	372	484	1031	1626
占地面积/m²	5000	7390	12200	19500

混凝土预制构件厂（露天式）				
生产规模/(t/班)	5000	10000	20000	30000
建筑面积/m²	200	320	620	800
占地面积/m²	6200	10000	18000	22000

机械修配厂				
生产规模/(m³/a)	5	10	25	50
建筑面积/m²	178	224	736	1900
占地面积/m²	800	1200	4100	11200

5）供风系统。供风系统主要提供石方开挖、混凝土、水泥输送、灌浆等施工作业所需的压缩空气。一般采用固定式空气压缩站或移动的空气压缩机供应。

空气压缩机站的位置，应尽量靠近用风集中地点，保证用风质量，并要求有良好的地基，空气压缩机距离用风地点最好在700m左右，最大不超过1000m。

6）供电系统。施工场地用电主要包括室内外交通照明用电和机械、动力设备用电两种。施工现场供电网络中，变压器应设置在所负担的用电集中、用量大的地方。

7）供水系统。施工现场供水系统主要由取水工程、净水工程和输配水工程等组成，其任务在于经济合理地供给生产、生活和消防用水。在进行供水系统设计时，首先应考虑需水地点和需水量、水质要求，再选择水源，最后进行取水、净水建筑物和输水管网的设计等。

第六节　小型水利工程施工组织设计案例

一、工程概况

（一）工程项目情况

某地区2015年中央财政小型农田水利工程项目，涉及村庄36个村，人口1.44万人，总面积30000亩。

（二）工程投资及主要工程量

主要工程量：开挖土方6.7626万 m³，填筑土方6.2876万 m³，混凝土及钢筋混凝土2099m³，浆砌块石100.9m³。

主要材料用量：钢筋30.26t，水泥340.955t，砂子684.221m³，碎石595.468m³，汽油1.68t，柴油23.15t。

（三）工程气象与水文地质条件

该地区属暖温带半干旱季风气候区，温度适宜，光照充足，四季分明，具有春旱多风、夏热多雨、秋旱少雨、冬寒少雪的自然特点。

根据降雨观测资料，项目区大气降水呈明显季节性，年际变化大，年内分布不均。多年平均降雨量559.74mm，最大降雨量1009.9mm（1961年），最小年降雨量为50.71mm（1970年），最大降雨量为最小降雨量的19.91倍。

项目区地表均由第四系松散堆积物组成，岩性主要由轻亚黏土、粉砂、黏土等组成，层厚均匀，层位稳定。地层内透镜体发育，局部地层起伏显著，稳定性差。

二、施工总体布置

（一）布置原则

施工总布置方案遵循"紧凑实用、方便施工、方便生活、经济合理、易于管理、安全可靠"的原则进行布置，具体如下：

（1）施工总体规划用地不超过发包人提供的施工用地范围。

（2）施工道路充分利用已有干道，各临时设施尽量在施工现场布置或紧靠交通干道布置，尽量减少支道的数量和长度。

（3）采取相对集中、方便施工的原则布置临时设施，临时设施尽量与永久设施相结合。

（4）在满足施工需要的前提下，尽量节约施工用地，减少临时设施占地，减少征地范围，减少对环境造成不良影响。

（二）总体规划

由于本工程分布较为发散，拟在建阳镇设置项目经理部和生活区，原料及各加工厂就近布置，具体布置如下：

（1）仓库。五金仓库设置在生活区内，搭设房屋 2 间。

（2）砂石料堆场。砂石料场布置在东侧，为了保证砂石材料的质量，防止砂石材料污染，砂、石堆场范围场地平整压实后浇筑 10cm 混凝土地坪，并在四周设置排水沟。

（3）木工加工场。木工加工场布置在施工坝附近，并搭设木工加工用房 3 间，配备木工加工机械 2 套，主要用于建筑物木模板的制作。加工场四周布设铁丝网围封，内部设置排水系统及消防系统。

（4）钢筋加工场。钢筋加工场布置在施工现场附近，并搭设钢筋加工用房 3 间，主要用于钢筋加工，钢筋原材料、加工后的半成品钢筋的现场堆放、整理。加工场四周布设铁丝网围封，内部设置排水系统及消防系统。

三、施工方案

（一）施工排水

工程土方开挖在地下水位以上，所以本工程不考虑施工排水。

（二）主体工程施工

1. 土方工程

（1）土方开挖。土方开挖前应进行植被清理和表土清挖，表土和弃渣应按合同规定运至指定地点堆放，防止土料中混入植被有机物和弃渣。

主体工程的临时开挖边坡，应按施工图纸所示或监理的指示进行开挖。土方应从上至下分层分段依次进行。严禁自下而上或采取倒悬的开挖方法，开挖过程中应避免边坡稳定范围形成积水。岸坡易风化崩解的土层开挖后不能及时回填的，应保留保护层。

使用机械开挖土方时，实际施工的边坡坡度适当留有修坡余量，再用人工修整，满足图纸要求的坡度和平整度。

（2）土方填筑。

1）土方填筑前，必须清理地基，清除草皮表土，并将影响建筑物安全的树根、竹根及砂砾料等杂物全部清除，清基厚度按清除实际深度控制，平均按 0.2m 计。

基底及每层填土未经监理工程师检验合格，不得进行填土及上一层的填土施工。

2）土方填筑时，采用接近最优含水量的土料，且土料的含水量应控制在最优含水量±2％范围内。如果超出，采取措施，如翻晒等，使其含水量满足要求后，再进行填筑。

3）必须严格控制铺土厚度，不得超厚。人工夯实每层不超过 20cm，土块粒径不大于 5cm，机械压实每层不超过 25cm，土块料径不大于 8cm。

4）由于气候、施工等原因停工的，回填面加以保护，复工时应进行刨面，洒水处理并必须仔细清理，经监理单位验收合格后，方准填土，以使层间结合紧密，并作记录备查。

5）土方填筑时，无论采用人工夯实还是机械碾压，除满足本节条款外，必须符合施工规范中的有关要求。

2. 砌体工程

本工程砌体均采用砖砌筑。

（1）施工工艺流程：作业准备→砂浆搅拌→砌块湿水→砌砖墙→验评。

（2）施工要求：

1）砌筑前按实地尺寸和砌块尺寸进行排列摆块，不够整块的可以锯成需要的尺寸，但不得小于砌块长度的 1/3。

2）砌块排列上、下皮应错缝搭接，搭接长度一般为 1/2，不得小于砌块高度的 1/3，也不应小于 150mm。

3）转角墙和纵墙交接处，应将砌块分皮留槎，交错搭砌；砌块与墙柱相接处必须预留拉结筋，竖向间距为 500mm 2φ6 钢筋，两端伸入墙内不少于 700mm，端部弯成 90°弯钩。

4）砌体墙顶与梁底应加上一层斜砌，或有可靠拉结，上部拉结一般间距 1.5m，预留 2φ6 拉筋，伸入墙内不少于 500mm，当墙高大于 3m 时，按设计要求加设水平钢筋混凝土带，若无设计要求，一般每高 1.5m，加设 2φ6 或 3φ6 钢筋带，保证墙体的稳定性。

5）砌体砌筑时，按排好的砌块尺寸，先砌两端的第一皮，然后挂线砌墙身，采用 M5 水泥砂浆，铺一块砖长的砂浆砌一块，挤揉密实，"上跟线，下对棱，左右相邻要对平"。砌体水平灰缝厚度一般为 15mm，垂直竖缝宽度为 20mm。竖缝大于 30mm，应用 C20 细混凝土灌实。每砌上皮砌块校正后，用砂浆灌竖缝。

6）砌块墙与门框联结：将预制好埋有木砖的混凝土块，按洞口高度（2m）每侧砌四块，安装门框时用手钻在边框先钻出钉孔，然后用钉子与木砖钉牢。

3. 混凝土工程

（1）模板工程。本工程墩墙等外露面部位采用新大尺寸组合钢模板，异形部位采用木模板。支撑架采用钢管脚手架，承重脚手架需进行受力计算，绘制脚手架施工图，审核后现场实施。

1）模板加工。为确保几何尺寸及线型满足图纸及规范要求，木模板在加工场按 1:1 放样，分段制作，现场分节拼装。木模用料为二等木材，闸墩圆头部位以及圆柱模板定制钢模，质量标准符合规定，立模前清理干净并涂脱模剂。

2）模板安装。按施工放样图现场拼装，底部工程侧面模板用支撑架固定，上部工程侧面模板用 φ16 对销螺栓固定，按 60cm×90cm 纵横间距布置。模板安装后确保有足够的强度、刚度和稳定性，保证浇筑成型后结构物的形状、尺寸和相互位置符合图纸规定，各项误差在规范允许范围之内。

3）模板拆除。混凝土模板的拆除考虑到混凝土上的荷载及混凝土的龄期强度，不承重侧面模板在混凝土强度达到其表面及棱角在拆模时不致损坏时拆除，墩、墙和柱部位在其强度不低于 3.5MPa 时拆除。承重模板达到要求后，方可拆除模板。

（2）脚手架工程。脚手架搭设符合脚手架工程的搭设规定，钢管脚手架采用 1.5 英寸钢管，连接件为铸钢扣件。

（3）钢筋工程。钢筋按照规定进行回直、断配等加工。焊接采用对接闪光电弧焊，对接焊接头按规定取样后进行强度试验，试验合格后进行现场施工。

钢筋的现场安装按照施工放样图有序进行。人工转运至现场后进行绑扎，现场接长采用搭接焊，搭接长度按施工规范规定的标准进行控制。垂直插筋，除绑扎外，再用电焊搭接牢固。底层钢筋保护层采用预制混凝土垫块，面层钢筋端部与墙身钢筋绑扎，中部采用钢筋马凳进行控制，以保证面层钢筋在浇筑混凝土过程中不变形，侧面钢筋保护层用带铅丝的混凝土垫块固定加以控制。

（4）混凝土工程。

1）混凝土拌和。混凝土拌和选用人工拌和与机械拌和相结合的方法。机械拌和选用自落式混凝土搅拌机。人工拌和只用于工作量小、强度不高的混凝土。

2）混凝土浇筑。混凝土浇筑前，应进行仓内清理、模板、钢筋、预埋件、钢筋保护层垫块、止水设施、观测设施等项目检查；浇筑层厚不得超过 30cm，边浇筑边平仓，不得用振捣器平仓。拌好的混凝土不得重新拌和，严禁在仓内加水振捣。

3）混凝土振捣。采用插入式振捣器进行混凝土振捣，作业中应使振动棒自然沉入混凝土，一般垂直插入，并插到下层尚未初凝层中 5~10cm，以促使上下层相互胶合，以混凝土不再显著下沉、不再出现气泡、表面翻出水泥浆和外观均匀为止，在振密时应将振动棒上下抽动 5~10cm，使混凝土振密均匀。

4）混凝土养护。为保证混凝土在规定龄期内达到设计强度，必须认真做好混凝土养护工作。水平表面采用混凝土表面覆盖塑料薄膜加盖草包等材料进行养护，使混凝土在一定时间内保持湿润；垂直面由于覆盖较困难，拟采用塑料薄膜养护法（混凝土养护剂）。

第六章　小型水利工程施工管理

第一节　项目管理机构

一、施工组织机构的建立

施工项目管理组织是指为实施施工项目，由完成各种项目管理的人、单位、部门按照一定的规则或规律建立起来的临时性组织机构。根据工程项目特点，公司批准确定项目经理部的管理任务和组织形式，任命项目经理，确定人员、职责、权限。施工项目管理作为组织机构，是根据项目建设的目标通过科学设计而建立起来的组织实体——项目经理部，对工程施工全过程人工、材料、机械进行安排，对项目的进度、质量、安全、成本及文明施工等负全责。

（一）施工组织机构设置原则

（1）目的性原则。施工项目管理组织机构设置的目的是为了进一步充分发挥项目管理功能，提高项目整体管理效率，以达到项目管理的最终目标。

（2）弹性原则。水利工程建设项目具有的单件性、露天性、阶段性和流动性的特点，随着生产对象的变化而调整人员、部门设置，使组织机构能够适应施工任务的变化，适应工程任务流动性的特点。

（3）精干高效一体化原则。施工项目组织作为临时性机构，在满足施工项目工作任务的需要情况下，尽量简化机构，减少层次，做到精干高效，项目部解体后，其人员仍回企业。

（4）管理跨度和分层统一的原则。项目经理在组建组织机构时，设计出切实可行的跨度和层次，画出机构系统图，尽量做到管理跨度适当，按设计组建机构。

（5）业务系统化管理原则。施工项目由众多子系统组成，恰当分层和设置部门，能够为完成项目管理总目标而实行合理分工及协作。

（二）施工项目管理组织的形式

1. 职能式组织

职能式组织形式是在同一个组织单位里，把具有相同职业特点的专业人员组织在一起，为项目服务（图 6-1）。适用于地理位置相对集中、技术较复杂、工期紧的施工项目。

2. 项目式组织

项目式组织形式是项目组织中，所有人员按项目要求划分，由项目经理管理一个特定的项目团体（图 6-2）。适用于中小型项目，也常用于一些涉外及大型项目的公司。

3. 矩阵式组织

矩阵式组织结构形式是在直线职能式垂直形态组织系统的基础上，再增加一种横向的

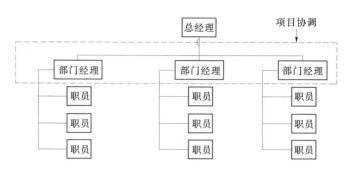

图 6-1 职能式组织

领导系统，它由职能部门系列和完成某一临时任务而组建的项目小组系列组成（图 6-3）。适用于环境变化大、结构工艺复杂、采用新技术的项目或企业承担多个施工项目的情况。

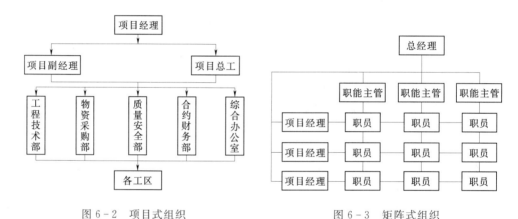

图 6-2 项目式组织   图 6-3 矩阵式组织

二、施工组织机构主要科室的工作职责

水利水电工程管理工作比照其他行业的管理工作存在着工程类别多、工作模式不明确、管理责任重大等特点，为优质、高效地在合同规定时间内完成施工任务，需要组建项目经理部，全面负责合同工程的施工组织管理、目标实现工作。施工项目经理部的人员配置可根据施工项目的特点而定，一般情况下不少于现场施工人员的 5%。

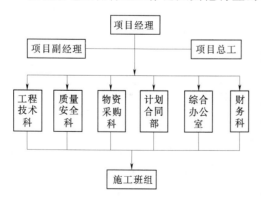

图 6-4 现场施工组织结构

（一）现场施工组织机构设置

公司在施工现场设立项目经理部。由企业法定代表人授权项目经理全权管理项目部，项目经理部同时接受公司各业务部门的指导、监督、检查和考核。现场施工组织机构设置如图 6-4 所示。

（二）施工组织机构主要人员和科室工作职责

1. 项目经理

（1）认真贯彻执行国家的政策、法规、法令。接受项目法人和监理工程师有关工程的各项指令，确保项目法人要求的安全、质量、进度和投资目标的全面实现。

（2）受公司总经理委托，代表公司处理与本工程有关的外部关系，决策本工程的重大事项，全面负责本工程的各项工作。

（3）按照公司质量措施、职业健康安全管理措施和环境管理措施要求，建立与本工程相适应的质量保证措施、职业健康安全管理措施和环境管理措施，明确各部门的职责，审批项目部的各种管理制度。

（4）全面负责落实公司下达的经济责任制，主持编制项目管理实施规划，并对项目目标进行系统管理，确保本工程安全目标、质量目标、工期目标和经济责任制目标的全面完成。

（5）维护项目法人、企业和职工的合法权益，进行授权范围内的利益分配，按项目制管理的要求，全面实现公司下达的各项技术经济指标。

（6）接受审计，处理项目经理部解体的善后工作，协助组织进行项目管理的检查、鉴定和评奖申报工作。

2. 项目副经理

（1）受项目经理领导，是项目施工现场全面生产管理工作的组织和指挥者，协助项目部经理抓好安全生产、工程质量工作。

（2）负责工程项目质量安全管理机构的领导工作，主持制定安全技术措施，指导项目管理人员执行施工组织设计和各类技术措施，指导项目开展 QC 小组活动。

（3）协助项目经理协调与建设、设计、监理的关系，保证工程进度、质量、安全、成本控制目标的实现。

（4）组织编制进度计划和资源调配方案，组织参与提出合理化建议与设计变更等重要决策。

（5）负责工程项目各种形式的质量安全生产检查的组织、督促工作和质量安全隐患整改工作。

（6）负责安全或质量事故现场保护、事故调查分析、处理、纠正预防措施的落实、职工教育等组织工作。

3. 项目总工程师

（1）贯彻执行国家有关技术政策及上级技术管理制度，抓好施工技术管理，制定质量方针、目标并组织实施，对项目施工技术工作全面负责。

（2）负责审核工程质量手册和审批施工组织设计，负责组织编制实施性施工组织设计和施工形象进度计划，解决重大工程技术问题。

（3）负责组织审核设计文件，核对工程数量，及时解决施工图纸中的疑问。

（4）负责组织向施工负责人进行书面施工技术交底，指导、检查技术人员的日常工作。

（5）组织上岗人员进行安全技术培训、教育，积极推广和应用新技术、新工艺、新材料，积极参加科研攻关活动。

4. 工程技术科

（1）贯彻执行国家及上级部门颁发的技术管理规定、规程，制订分部施工技术管理办法，负责办理相关工程申报审批手续。

（2）协助总工程师组织编制项目分部工程的实施性施工组织设计、施工方案和作业指导书，报总工程师批准。

（3）负责工程测量、工程试验的技术管理工作，检查、指导、督促、落实现场的文明施工及施工进度计划，参加工程例会，对施工现场存在的问题提出建议。

（4）负责组织施工技术调查、图纸审核、施工技术方案优化、开竣工报告、技术创新、收集汇总管理施工技术文件资料、编制竣工文件资料等技术管理工作。

（5）组织技术人员对进场的各种材料、产品、设备进行验收，负责督促必检材料、产品进行送检，对施工中的不合格品或材料、设备提出处理意见。

（6）定期召开工程例会，组织各专业监理对施工质量、进度、安全、文明施工、场容场貌进行监督和巡查。

（7）负责竣工验收申请的准备工作，整理收集编制项目竣工验交文件，组织编写施工技术总结，参加竣工验收、交接工作。

5. 质量安全科

（1）贯彻执行国家有关安全生产、工程质量、劳动保护、环境保护的方针、政策，并监督执行。

（2）做好特种作业人员的培训、考核、取证工作，负责现场施工安全教育、安全检查并做好记录。

（3）参加施工调查，检查施工准备工作和技术交底，审核施工组织设计中有关安全、质量技术措施，负责进场材料、机械、器具质量的检验和试验，并对其标识。

（4）根据设计文件和施工组织设计要求检查施工方法、技术操作方法，对违反操作规程和危害工程质量现象坚决制止，并责令返修。

（5）贯彻执行"三检"制度，负责各工序工程质量的初检，并积极配合监理工程师做好单元工程的质量确认，整个工程项目的质量评定工作。

（6）负责按规定程序报告各类质量、安全事故，协助领导及上级机关组织并参加事故的调查处理、分析、记录工作。

（7）检查安全管理及安全操作的相关制度的执行情况，对施工安全负直接责任。

（8）参加隐蔽工程检查和工程竣工预验收、验收交接工作，参与工程竣工资料的整理和竣工验收工作。

6. 物资供应科

（1）贯彻执行有关物资管理的方针、政策、法令，负责制定与健全各项规章制度及实施办法。

（2）建立物资信息网，掌握市场行情，做好钢材、水泥等主要材料的采购工作，解决生产急需。

（3）编制物资采购申请计划，编制工程机械化施工方案，并根据施工组织设计，编制机械配备、使用计划，负责物资采购合同谈判、合同签订及合同履行、采购工作。

（4）负责进场物资的验收、搬运、储存、标识、保管保养、发放工作，负责物资验证的各种质量证明文件的收集，分类整理和移交。

（5）监督工程项目设备的安装过程、调试，保障设备正常运行，参与设备安装工程的验收。

（6）搞好部门间协作，做好低值易耗品、劳动保护用品的使用管理工作，及时向有关部门提交物资报表。

7. 财务科

（1）贯彻国家财经政策、法令、制度，全面负责项目会计核算工作，落实公司财务管理办法，执行公司会计核算和财务管理制度和流程。

（2）主管项目部的财务管理和会计核算工作，认真履行好会计核算工作职责和内部会计监督职能。

（3）负责设置会计工作岗位，搞好财会人员的业务分工，制定岗位，并督促执行。

（4）根据本项目部生产经营情况，具体负责工程项目部会计审计、收入和成本核算、财务成本核算，编制会计报告。

（5）定期与供应单位、分包单位、建设单位核对往来账目，做好经济合同的财务管理，及时、准确收支货款、工程分包款、人工费、工程预付款、工程进度款。

（6）负责营业税及相关税费的纳税申报和缴纳，进行财产物资管理。

8. 计划合同部

（1）认真贯彻执行国家有关计划、统计、预算、合同管理等方面的方针、政策、法律法规，严格执行合同文件、技术标准、质量标准和技术规范。

（2）对项目部所属各单位合同执行情况进行监督、检查，参与施工合同的起草和签订，全面有效的履行合同，指导工程项目的合同管理，处理施工过程中与合同有关的技术业务问题。

（3）负责施工计划的编制、上报和下达，并不定期的检查计划的实施情况，及时向项目领导汇报。

（4）建立健全合同管理台账，对项目工程设计图进行详细复核，做到工程数量精确，不发生错项和漏项。

（5）配合工程技术科做好设计变更工作，收集变更设计资料并建立台账，做好工程结算工作，负责对工程成本进行核算和提出改进措施，及时办理与变更索赔有关的各项业务。

（6）制定切实可行的项目责任成本管理制度，统计考核责任成本实施结果，提出责任成本管理改进措施，会同各部门做好责任成本核算工作。

（7）严格统计报表制度，及时进行现场施工的信息反馈，负责其他有关报表的报送，提供各工程项目的核算资料，为工程的索赔和最后决算提供相关材料

（8）准确地上报各种统计报表，随时检查合同单位对承包合同的执行情况，对合同单位的工作质量实行全过程监督管理。

（9）负责整理调整概预算资料，追加索赔工程款项，负责项目工程价款的结算、计量

与支付工作。

9. 综合办公室

（1）负责拟订项目部行政管理规章制度，定期督促检查，负责本部门的全面工作。

（2）负责组织项目部劳动工资、教育培训、综合治理、后勤事务等管理工作，组织起草项目行政工作计划、总结、报告等文件和筹备有关行政会议。

（3）负责项目部各部门的行政管理、综合协调工作，负责项目部的会务工作，督促检查贯彻落实情况。

（4）负责公文的收发、登记、传阅和整理，人事档案、专业人员技术档案的收集、整理和保管工作，负责本项目部印章的管理及文件档案的管理。

（5）负责项目部工作计划、行政文件的起草、印发工作，负责各部门工作目标管理的实施、督促、检查和考核工作。

（6）负责制定项目年度职工培训计划，机构定员与岗位职责及其他劳动管理规定、办法，建立健全员工培训，技能鉴定等管理记录及相关数据库、台账和基础资料。

第二节 质量管理与评定

一、水利工程施工质量管理

（一）建设工程项目质量概述

1. 水利建设工程项目质量的概念

水利水电工程质量是工程满足国家和水利行业相关标准及合同约定要求的程度，在安全、功能、适用、外观及环境保护等方面的特性总和，见《水利水电工程施工质量检验与评定规程》（SL 176—2007）。

水利工程建设项目质量管理的主要对象是工程质量，它是一个综合性的指标，包括以下几个方面：

（1）水利建设工程结构设计与施工的安全性和可靠性。

（2）所使用的材料、设备、工艺、结构的质量以及它们的耐久性和整个水利建设工程的寿命。

（3）水利建设工程的其他方面，如外观造型、与环境的协调，项目运行费用的高低以及可维护性和可检查性等。

（4）水利建设工程投产运行后，所生产的产品（或服务）的质量，该工程的可用性、使用效果和产出效益，运行的安全度和稳定性。

2. 影响水利工程质量的主要因素

水利工程的建设过程是十分复杂的，其项目法人必须直接介入整个建设过程，参与全过程、各个环节、对各种要素的质量管理。

要达到水利建设工程项目的目标，取得一个高质量的工程，必须对整个项目过程实施严格的质量管理。质量管理必须达到微观和宏观的统一，过程和结果的统一。

（1）项目的质量控制过程。由于水利建设项目是个渐进的过程，在项目控制过程中，任何一个方面出现问题，必然会影响后期的质量管理，进而影响过程的质量目标。

（2）水利工程各个生产要素的质量管理。水利工程建设，是通过人工、材料、设备、方法、环境即施工工艺来完成单元工程，进而完成分部工程、单位工程，以至整个工程的。水利建设工程质量管理必须着眼于各个要素、各个单元工程的施工，并直接渗入到材料的采购、供应、储存、使用过程中。

（3）对建设市场主体各层次管理人员的控制。水利工程建设是通过各个建设市场主体的参与进行的，质量管理必须重视对人及对人的工作的管理。由于项目参加者来自不同的单位，通过合同确定各自的责权利关系，各有其不同的经济利益和目标，这会影响对质量的管理能力和积极性。

（二）水利建设工程质量管理制度

水利建设工程质量管理法规确认的质量管理制度主要有以下几种：

（1）《中华人民共和国建筑法》推行的质量体系认证制度：国际标准化组织（ISO）正式发布的《质量管理和质量保证》（ISO 9000）系列标准，国家标准《质量管理和质量保证》GB/TI 9000—ISO 9000 系列标准，其倡导以过程管理为基础的全面质量管理体系模式。

（2）《建设工程质量管理条例》规定的质量监督制度：国家实行建设工程质量监督管理制度。

（3）《建设工程质量管理条例》规定的监理制度：规定工程建设监理单位接受项目法人委托所实施"三控制、二管理、一协调"职能的法律制度。

（4）《建设工程质量管理条例》规定的开工报告审批制度：规定水利建设工程项目法人在工程开工前应当向相关水行政主管部门申请开工报告审批的制度，是政府对水利建设工程质量监督的主要手段之一。

（5）《建设工程质量管理条例》规定的竣工验收制度：规定水利建设工程竣工后，由政府相关主管部门对水利建设工程组织的政府验收制度，是加强政府对工程质量管理，防止不合格工程流向社会的一个重要手段。

（6）《水利工程质量检测管理规定》规定的质量检测制度：规定由工程质量检测机构依据国家有关法律、法规和水利工程建设强制性标准，对涉及结构安全项目的抽样检测和对进入施工现场建筑材料、构配件的见证取样检测。

（7）《水利水电工程施工质量检验与评定规程》（SL 176—2009）规定的质量验评制度：规定采用统一的水利水电工程施工质量检验与评定的方法，促使检验与评定工作标准化、规范化，保证水利建设工程质量的技术规程。

（8）《建设工程质量管理条例》规定的建筑材料使用许可制度。主要有：①建筑材料生产许可证制度；②建筑材料产品质量认证制度；③建筑材料产品推荐使用制度；④建筑材料进场检验制度。

（9）《建设工程质量管理条例》规定的质量保修制度是对建设工程在交付使用后的一定期限内发现的质量缺陷，由施工企业承担维修责任的一种法律制度。

（10）有关行政主管部门规范性文件规定的质量奖励制度。主要有：①建设工程鲁班奖；②全国土木工程界最高工程荣誉奖——詹天佑奖；③全国水利建设工程优质工程大禹奖。

（三）水利建设市场主体的质量责任与义务

1. 项目法人的质量责任与义务

（1）依法报批并接受政府监督的责任。项目法人应根据国家和水利部有关规定依法设立，主动接受水利工程质量监督机构对其质量体系的监督检查。在水利建设工程设计完成后，应将初步设计、施工图设计文件报县级以上水行政主管部门审查、审批，未经审查批准的施工图设计文件，不得使用。项目法人在工程开工前，应向水利工程质量监督机构办理工程质量监督手续，并应按规定向水利项目审批主管部门申请开工报告审批。在工程施工过程中，应主动接受质量监督机构对工程质量的监督检查。项目法人要加强水利工程质量管理，建立健全施工质量检查体系，根据工程特点建立质量管理机构和质量管理制度。

（2）依法发包工程的责任与义务。项目法人应根据水利建设工程规模和工程特点，按照水利部有关规定，通过招标投标选择勘察设计、施工等单位并实行合同管理。项目法人应当将水利工程发包给具有相应资质等级的单位。但有的项目法人不遵守有关法律及规定，将发包工程变成谋取团体利益和私人利益的手段。为此，《建设工程质量管理条例》规定：项目法人不得将应由一个承包单位完成的建设工程项目肢解成若干部分发包给几个承包单位。不得迫使承包单位以低于成本的价格竞标。同时，发包单位及其工作人员在建设工程发包中不得收受贿赂、回扣或索取其他好处。

（3）依法委托监理的责任。项目法人对水利建设工程应进行必要的监督、管理，对于国家规定强制实行监理的水利工程，项目法人应委托具有相应资质等级的工程监理单位进行监理，也可委托具有工程监理相应资质等级并与被监理工程的施工承包单位没有隶属关系或其他利害关系的该工程的设计单位进行监理。

（4）遵守国家规定及技术标准的责任。水利工程建设过程中，项目法人不得明示或暗示设计单位、施工单位违反工程建设强制性标准，降低工程质量。项目法人不得明示或暗示施工单位使用不合格的建筑材料、建筑构件和设备。按合同约定由项目法人提供的建筑材料、建筑构配件和设备，也必须保证其符合设计文件和合同要求。不得任意压缩合理的建设工期。

（5）依法签订合同并组织设计交底的责任。项目法人在签订水利工程建设合同时，必须有工程质量条款，明确图纸、资料、工程、材料、设备等的质量标准及合同双方的质量责任。同时，项目法人应组织设计、施工等单位进行设计交底。

（6）依法提供资料并组织验收的责任。在水利工程建设的各个阶段，项目法人应负责向有关的勘察、设计、施工、监理等单位提供工程有关的原始资料，并保证其真实、准确、齐全的责任。项目法人应组织设计、施工、监理等有关单位对水利建设工程进行项目法人验收，并应按照国家有关档案管理规定，及时收集、整理水利建设项目各环节的文件资料。同时，向项目主管部门提出应实行政府验收的申请。

如项目法人未尽上述责任，将分别受到期限改正、责令停工、处以罚款等处罚；构成犯罪的，还将追究单位、直接责任人及直接负责的主管人的刑事责任。

2. 勘察设计单位的质量责任与义务

（1）遵守执业资质等级制度的责任。勘察设计单位应当依法取得相应等级的资质证书，并在其资质等级允许范围内承接工程勘察设计任务，不得擅自超越资质等级或以其他勘察、设计单位的名义承接工程，也不得允许其他单位或个人以本单位的名义承接工程，且不得转包或违法分包所承接的工程。

（2）建立勘察设计质量保证体系的责任。勘察设计单位应建立健全质量保证体系。水利工程勘察企业的法定代表人、项目负责人、审核人、审定人等相关人员应在勘察文件上签字或盖章，并对勘察质量负责，其相关责任分别是：企业法定代表人对勘察质量负全面责任，项目负责人对项目的勘察文件负主要质量责任，项目审核人、审定人对其审核、审定项目的勘察文件负审核、审定的质量责任。设计单位应加强设计过程的质量控制，健全设计文件的审核会签制度。注册土木工程师（水利水电）等执业人员应在设计文件上签字，并对设计文件的质量负责。

（3）遵守国家工程建设强制性标准及有关规定的责任。勘察设计单位必须按照过程建设强制性标准及有关规定进行勘察设计。水利工程勘察文件要反映工程地质、地形地貌、水文地质状况，其勘察成果必须真实准确、评价应准确可靠。勘察文件应符合国家规定的勘察深度要求。设计单位要根据勘察成果文件进行设计，设计文件的深度应符合国家规定，满足相应设计阶段的技术要求，并注明工程合理使用年限。设计单位在设计文件中选用的建筑材料、建筑构配件和设备，应注明规格、型号、性能等技术指标，其质量必须符合国家规定的标准，除有特殊要求的建筑材料、专用设备、工艺生产线等，设计单位不得指定生产厂家或供应商。

（4）施工验槽、技术交底和事故处理责任。水利工程勘察企业应当参与施工验槽，及时解决工程设计和施工中与勘察工作有关的问题。设计单位应就审查合格的施工图向施工企业、监理单位作出详细说明，做好设计文件的技术交底工作，在施工过程中要随时掌握施工现场情况，优化设计，解决有关设计问题。当其设计的水利工程发生质量事故时，设计单位应参与质量事故分析，并对因设计造成的质量事故，提出相应的技术处理方案。

（5）提出验收评价意见的责任。水利工程设计单位应按照水利部有关规定在阶段验收、单位工程验收和竣工验收中，对施工质量是否满足设计要求提出评价意见。

勘察设计单位应对本单位编制的勘察设计文件的质量负责。当其违反国家的法律、法规及相关规定，没有尽到上述质量责任时，根据情节轻重，将会受到责令改正、没收违法所得、罚款、责令停业整顿、降低资质等级、吊销资质证书等处罚。造成损失的，依法承担赔偿责任。注册土木工程师等执业人员因过错造成质量事故的，责令停止执业1年；造成重大事故的吊销执业资格证书，5年内不予注册；情节特别恶劣的，终身不予注册。勘察设计单位违反国家规定，降低工程质量标准，造成重大安全事故、构成犯罪的，要依法追究直接责任人员的刑事责任。

3. 施工企业的质量责任与义务

（1）遵守执业资质等级制度的责任。施工企业应当依法取得相应等级的资质证书，并在其资质等级允许范围内承接工程施工任务，不得擅自超越资质等级或以其他施工企业的名义承接工程，禁止施工企业允许其他单位或个人以本单位的名义承接工程，且不得转包或违法分包所承接的工程。

（2）建立质量保证体系的责任。施工企业应当建立健全质量保证体系，建立并落实质量责任制度，要明确确定工程项目的施工项目负责人、技术负责人、质量负责人和安全负责人。施工企业必须建立健全并落实质量责任制度，严格工序管理，做好隐蔽工程的质量检查和记录。水利工程质量监督机构对他们共同检查核定的质量等级进行核备，不参加重要隐蔽工程的联合检查。施工企业还应当建立健全教育培训制度，加强对职工的教育培训，未经教育培训或者考核不合格的人员，不得上岗作业。在施工过程中应加强计量、检测等基础工作，认真执行"三检制"，切实做好工程质量的全过程控制。

（3）总承包单位与分包单位之间的质量责任。建设工程实行总承包的，总承包单位应对全部建设工程质量负责；实行勘察、设计、施工、设备采购的一项或多项总承包的，总承包单位应对其承包单位或采购设备的质量负责。总承包单位依法进行分包的，分包单位应按分包合同的约定对其分包工程的质量向总承包单位负责，总承包单位与分包单位对分包工程的质量承担连带责任。

（4）遵守技术标准、严格按图施工的责任。水利施工企业必须依据国家、水利行业有关工程建设法规、技术规程、技术标准的规定以及设计文件和施工合同的要求进行施工，并对其施工的水利工程质量负责。施工企业必须按照工程设计图纸和施工技术标准施工，不得擅自修改工程设计，不得偷工减料。施工过程中如发现设计文件和图纸的差错，应及时向设计单位提出意见和建议，不得擅自处理。施工企业必须按照工程设计要求，施工技术标准和合同约定，对建筑材料、建筑构配件、设备及商品混凝土进行检验，并做好书面记录，由专人签字，未经检验或检验不合格的物品，不得使用。施工企业必须按有关施工技术标准留取试块、试件及有关材料的取样，应在项目法人或工程监理单位监督下在现场进行，并送具有相应资质等级的质量检测单位进行检测。施工企业对施工中出现质量问题的建设工程或竣工验收不合格的工程，应负责返修。

（5）质量事故处理的责任。水利工程发生质量事故的，施工企业必须按照有关规定向监理单位、项目法人及有关部门报告，并保护好现场，接受工程质量事故调查，认真进行事故处理。

竣工工程质量必须符合国家和水利行业现行的工程标准及设计文件要求，并应向项目法人提交完整的技术档案、试验成果及有关资料。

施工企业未尽上述质量责任时，根据其违法行为的严重程度，将受到责令改正、罚款、降低资质等级、责令停业整顿、吊销资质证书等处罚。对不符合质量标准的工程，要负责返工、修理，并赔偿因此造成的损失。对降低工程质量标准的工程，造成重大安全事故，构成犯罪的，要追究直接责任人的刑事责任。

4. 监理单位的质量责任与义务

（1）遵守执业资质等级制度的责任。监理单位应当依法取得水利部颁发的相应等级资质证书，并在其资质等级允许范围内承接工程监理任务，不得擅自超越资质等级或以其他监理单位的名义承接工程监理业务，禁止监理单位允许其他单位或个人以本单位的名义承接工程监理业务，且不得转让所承接的工程监理业务。

（2）回避责任。水利工程监理单位与被监理工程的施工企业以及建筑材料、建筑构配件和设备供应单位有隶属关系或其他利害关系的，不得承担该项目水利建设工程的监理业务，以保证监理活动的公平、公正。

（3）建立质量控制体系的责任。监理单位应当建立健全质量控制体系，严格执行国家法律、水利行业法规、技术标准，严格履行监理合同。监理单位应向水利工程施工现场派出相应的监理机构，人员配备必须符合项目要求。监理工程师上岗必须持有水利部颁发的监理工程师岗位证书，监理员上岗必须取得监理员上岗资格证书。

（4）坚持质量标准、依法进行现场监理的责任。工程监理单位应当选派具有相应资格的总监理工程师和监理工程师进驻施工现场。采取旁站、巡视和平行、跟踪检测等形式，对水利建设工程实施监理，对违反有关规范及技术标准的行为进行制止，责令改正；对工程使用的建筑材料、建筑构配件和设备的质量进行检验，不合格者，不得准许使用，不得进行下道工序的施工。未经总监理工程师签字，项目法人不支付工程款，不进行竣工验收。工程监理单位不得与项目法人或施工企业串通一气，弄虚作假，降低工程质量。

（5）签发图纸、参加验收的责任。监理单位应根据监理合同参与招标投标工作，从保证工程质量全面履行工程承建合同出发，签发施工图纸；审查施工企业的施工组织设计的技术措施；指导监督合同中有关质量标准、要求的实施；参加工程质量检查、工程质量事故调查处理和工程验收工作。

水利工程监理单位未尽上述责任影响工程质量的，将根据其违法行为的严重程度，给予责令改正、没收非法所得、罚款、降低资质等级、吊销资质证书等处罚。造成重大安全事故、构成犯罪的，要追究直接责任人员的刑事责任。

二、水利工程施工质量评定

为加强水利水电工程建设质量管理，保证工程施工质量，统一施工质量检验与评定方法，使施工质量检验与评定工作标准化、规范化，水利部颁布《水利水电工程施工质量检验与评定规程》（SL 176—2007），自 2007 年 10 月 14 日起实施。

（一）水利建设工程质量评定标准

1. 水利建设工程质量评定的原则

（1）水利水电工程施工质量等级分为"合格""优良"两级。

（2）水行政主管部门及其委托的工程质量监督机构对水利水电工程施工质量检验与评定工作进行监督。

（3）水利建设工程质量评定的顺序：单元工程、分部工程、单位工程、工程项目。

2. 合格标准

合格标准是工程验收标准。不合格工程必须进行处理且达到合格标准后，才能进行后续工程施工或验收。水利水电工程施工质量等级评定的主要依据有以下几项：①国家及相关行业技术标准；②单元工程评定标准；③经批准的设计文件、施工图纸、金属结构设计图样与技术条件、设计修改通知书、厂家提供的设备安装说明书及有关技术文件；④工程承发包合同中约定的技术标准；⑤工程施工期及试运行期的试验和观测分析成果。

（1）单元工程质量评定合格标准。单元（工序）工程施工质量合格标准应按照单元工程评定标准或合同约定的合格标准执行。当达不到合格标准时，应及时处理。处理后的质量等级应按下列规定重新确定：

1）全部返工重做的，可重新评定质量等级。

2）经加固补强并经设计和监理单位鉴定能达到设计要求时，其质量评为合格。

3）处理后的工程部分质量指标仍达不到设计要求时，经设计复核，项目法人及监理单位确认能满足安全和使用功能要求，可不再进行处理；或经加固补强后，改变了外形尺寸或造成工程永久性缺陷的，经项目法人、监理及设计单位确认能基本满足设计要求，其质量可定为合格，但应按规定进行质量缺陷备案。

（2）分部工程质量评定合格标准。分部工程施工质量同时满足下列标准时，其质量评为合格：

1）所含单元工程的质量全部合格。质量事故及质量缺陷已按要求处理，并经检验合格。

2）原材料、中间产品及混凝土（砂浆）试件质量全部合格，金属结构及启闭机制造质量合格，机电产品质量合格。

（3）单位工程质量评定合格标准。单位工程施工质量同时满足下列标准时，其质量评为合格：

1）所含分部工程质量全部合格。

2）质量事故已按要求进行处理。

3）工程外观质量得分率达到70％以上。

4）单位工程施工质量检验与评定资料基本齐全。

5）工程施工期及运行期，单位工程观测资料分析结果符合国家和行业技术标准以及合同约定的标准要求。

（4）工程项目质量评定合格标准。工程项目施工质量同时满足下列标准时，其质量评为合格：

1）单位工程质量全部合格。

2）工程施工期及试运行期，各单位工程观测资料分析结果均符合国家和行业技术标准以及合同约定的标准要求。

3. 优良标准

优良等级是为工程项目质量创优而设置的，其评定标准为推荐性标准，是为鼓励工程项目质量创优或执行合同约定而设置的。

（1）单元工程质量评定优良标准。单元工程施工质量优良标准应按照单元工程评定标准以及合同约定的优良标准执行。全部返工重做的单元工程，经检验达到标准时，可评为优良等级。

（2）分部工程质量评定优良标准。分部工程施工质量同时满足下列标准时，其质量评为优良：

1）所含单元工程质量全部合格，其中70％以上达到优良等级，重要隐蔽单元工程和关键部位单元工程质量优良率达到90％以上，且未发生过质量事故。

2）中间产品质量全部合格，混凝土（砂浆）试件质量达到优良等级（当试件组数小于30时，试件质量合格）。原材料质量、金属结构及启闭机制造质量合格，机电产品质量合格。

（3）单位工程质量评定优良标准。单位工程施工质量同时满足下列标准时，其质量评为优良：

1）所含分部工程质量全部合格，其中70％以上达到优良等级，主要分部工程质量全部优良，且施工中未发生过较大质量事故。

2）质量事故已按要求进行处理。

3）外观质量得分率达到85％以上。

4）单位工程施工质量检验与评定资料齐全。

5）工程施工期及试运行期，单位工程观测资料分析结果符合国家和行业技术标准以及合同约定的标准要求。

（4）工程项目质量评定优良标准。工程项目施工质量同时满足下列标准时，其质量评为优良：

1）单位工程质量全部合格，其中70％以上单位工程质量达到优良等级，且主要单位工程质量全部优良。

2）工程施工期及试运行期，各单位工程观测资料分析结果均符合国家和行业技术标准以及合同约定的标准要求。

（二）质量评定工作的组织与管理

（1）单元（工序）工程质量在施工单位自评合格后，由监理单位复核，监理工程师核定质量等级并签证认可。

（2）重要隐蔽单元工程及关键部位单元工程质量经施工单位自评合格、监理单位抽检后，由项目法人（或委托监理）、监理、设计、施工、工程运行管理（施工阶段已经有时）等单位组成联合小组，共同检查核定其质量等级并填写签证表，报工程质量监督机构核备。

（3）分部工程质量，在施工单位自评合格后，由监理单位复核，项目法人认定。分部工程验收的质量结论由项目法人报工程质量监督机构核备。大型枢纽工程主要建筑物的分部工程验收的质量结论由项目法人报工程质量监督机构核定。

（4）单位工程质量，在施工单位自评合格后，由监理单位复核，项目法人认定。单位工程验收的质量结论由项目法人报工程质量监督机构核定。

（5）工程质量项目，在单位工程质量评定合格后，由监理单位进行统计并评定工程项目质量等级，经项目法人认定后，报工程质量监督机构核定。

（6）阶段验收前，工程质量监督机构应提交工程质量评价意见。

（7）工程质量监督机构应按有关规定阶段验收前，工程质量监督机构应提交工程质量评价意见。在工程竣工验收前提交工程质量监督报告，工程质量监督报告应有工程质量是否合格的明确结论。

（三）水利工程质量检测

随着水利工程建设技术的发展，水利建设工程的规模、复杂程度、工程质量均有了很大的发展。现代水利建设工程质量管理是实行全过程管理的质量管理，实行全过程质量管理最重要工作是加强施工过程的质量检测，取得代表质量特征的有关数据，科学地评价水利工程建设质量，这就是质量检测工作的主要目的。

水利工程质量检测是质量监督、质量检查和质量评定、验收的重要手段。

1. 质量检测的定义

为加强水利工程质量管理，规范水利工程质量检测行为，提高水利工程质量检测水平，根据《国务院办公厅关于加强基础设施工程质量管理的通知》和有关规定，水利部制定了《水利工程质量检测管理规定》。该规定明确水利工程质量检测是指水利工程质量检测单位对水利工程施工质量或用于水利工程建设的原材料、中间产品、金属结构、机电设备等进行测量、检查、试验或度量，并将结果与规定要求进行比较以确定质量是否合格所进行的活动。

2. 质量检测的要求

水行政主管部门、流域机构或其他有关部门、水利工程质量监督机构和工程验收主持单位可根据规定或其他特定需要，要求项目法人委托具有相应资质的水利工程质量检测单位对水利工程进行质量检测。

工程建设项目法人、设计、施工、监理等单位根据工程建设需要，可委托具有相应水利工程质量检测资格的水利工程质量检测单位进行质量检测。

水利工程质量检测的成果是水利工程质量检测报告。检测单位对其出具的检测报告承担相应法律和经济责任。

（1）项目法人质量检测。

1）项目法人应建立健全质量检查体系，对工程规模大、技术要求高的项目应设立质检部门，其他工程应有专人负责质检工作。

2）项目法人应督促监理单位对施工单位的工地试验室进行核查，并及时将监理的核准意见备案归档。

3）项目法人应按水行政主管部门、流域机构、水利工程质量监督机构和验收主持单位的要求，委托具有相应资格的专业质量检测单位对水利工程质量进行综合或专项检测；堤防工程应按《堤防工程施工质量评定与验收规程（试行）》（SL 239—1999）有关规定进行质量检测。

4）项目法人对检测单位检查发现的问题，应要求监理单位督促施工单位及时整改。

（2）施工单位质量检测。

1）施工单位应建立健全质量保证体系，积极实行质量体系认证。质检工作应按班组初检、施工队复检、质检科终检的"三检制"程序进行。

2）质检科应全面管理工程测量放样、原材料和中间产品试验、工程实体质量检测等工作。

3）专职质检员应持有省级以上水利或相关行业行政主管部门核发的工程质量检查员证书，实行持证上岗。

4）施工单位应按所承建工程的规模和建筑物等级，配备相应的工地试验室。如没有条件建立工地试验室的，应按规定取样送有相应资格的专业质量检测单位进行检测。

5）工地试验室应建立健全各项管理制度，包括岗位责任管理、试验操作管理、仪器设备管理、标准养护室管理等，以确保试验结果的可靠性。试验室的测试仪器、设备等必须经计量部门检定。

6）工地试验室可承担的试验项目、参数必须经监理单位核准；不能承担的试验项目、参数，可送施工单位本部有资格的试验室或其他有相应资格的专业质量检测单位进行检验测试。

7）试验人员应熟悉水利及相关行业的有关规程、规范、标准，并能熟悉使用试验仪器设备，且持有省级以上水利或相关行业行政主管部门核发的工程试验员证书，实行持证上岗。

8）外购的构配件、机电设备等应有厂内检查试验记录、出厂合格证等资料，并按规定进行现场检验、保管；原材料（钢材、水泥等）的品质，除应有厂家试验记录、产品合格证等资料外，还应抽样复验，分类存放。

（3）监理单位质量检测。

1）监理单位应建立健全质量控制体系，监理单位应对工程施工质量进行全过程控制。

2）质量管理技术人员应具有丰富的测量、试验方面的专业知识和能力，并取得《水利工程建设监理工程师资格证书》和《水利工程建设监理工程师岗位证书》，具体负责对施工单位质量检测工作的监督管理。

3）监理单位应对施工单位的施工放样和沉降、位移等测量成果进行复验。

4）监理单位应对工程原材料、构配件、设备等进行抽检，不合格的工程原材料、构配件、设备等不得使用。

5）监理单位应对施工单位的工地试验室进行核查。核查范围包括试验设备的配置及计量检定证明、试验人员的配备及资格证书、试验室的管理制度等。由此确定试验室可承担的试验项目、参数。监理单位应将对工地试验室的核准意见书面通知施工单位并报项目法人备案。

6）监理单位应对工程中所用的原材料、试块、试件等进行跟踪检测，跟踪检测的数量不少于施工单位应检测数量的10％。跟踪检测是指施工单位在进行试样检测前，监理单位对其检测人员、仪器设备以及拟定的检测程序和方法进行审核；在施工单位试验人员对试样进行检测时，监理人员实施全过程的监督，确认其程序、方法的有效性及检测结果的可信性，并对该结果签字确认。

7）监理单位应对工程中所用的原材料、试块、试件等进行平行检测，平行检测的数量一般不少于施工单位应检测数量的5％，抽样母体不应与跟踪检测的母体相同。重要部位每种标号混凝土最少取样1组；重要部位土方至少取样3组。平行检测是指监理单位在施工单位对试样自行检测的同时，独立抽样进行检测，以核验施工单位检测结果。平行检测应送有相应资格的专业质量检测单位检测。

（4）质量监督机构质量检测。

1）质量监督机构的质量检测以抽查为主，除常规的查看外，宜配备一些便携式检测仪器，对原材料和工程实体质量进行随机检测。

2）质量监督机构可要求项目法人委托具有相应资格的专业质量检测单位对受监工程进行质量综合或专项检测。

3）质量监督机构根据需要，可直接委托具有相应资格的专业质量检测单位对受监工程进行质量检测。

3. 见证取样送样检测

（1）见证取样的规定。取样是按国家有关技术标准、规范的规定，从检测对象中抽取试验样品的过程；送检是指取样后将试样从现场移交给具有检测资格单位承检的过程。取样和送检是水利工程质量检测的首要环节，其真实性和代表性直接影响检测数据的公正性。

在当前市场经济影响下，不少检测单位热衷于为其他单位提供委托试验服务，同时部分水利施工企业的现场取样缺少必要的监督管理机制，产生了由于试样取样的不规范，以及少数单位弄虚作假而出现样品合格但工程实体质量不合格的现象，导致检测手段失去对工程质量的控制作用。因此，对水利工程质量检测应加强管理。

为保证试件能代表工程实体的质量状况和取样的真实，制止出具只对试件（来样）负责的检测报告，保证水利建设工程质量检测工作的科学性、公正性和准确性，以确保水利建设工程质量，根据有关规定，在水利建设工程质量检测中实行见证取样和送检制度，即在项目法人或监理单位人员见证下，由施工人员在现场取样，送至试验室进行试验。

（2）见证取样送样的管理。

1）各级水行政主管部门是水利建设工程质量检测见证取样工作的主管部门，水利建设工程质量监督管理部门负责对见证取样工作的组织和管理。

2）各质量检测机构对见证取样送样检验的试件，无见证人员签名的检验委托单及无见证人员伴送的试件一律拒收；未注明见证单位和见证人员的检验报告，不得作为见证检验资料，质量监督机构可指定法定检测单位重新检测。

3）项目法人、施工企业、监理单位和检测单位凡以任何形式弄虚作假，或者玩忽职守者，应按有关法律法规、规章严肃查处，情节严重者，依法追究刑事责任。

第三节 技 术 管 理

一、技术管理组织体系

技术管理组织体系（图 6-5）是从属于项目管理机构的一套系统，主要负责工程技术方面的工作。通常实行项目经理领导下的项目总工程师负责制，项目总工程师负责工程项目的技术管理工作，其归口管理职能部门是工程技术部，项目部对工程技术进行全面有效管理。

二、技术管理职责

1. 项目总工程师（技术负责人）技术管理职责

（1）主持本工程的技术管理工作，负责贯彻执行各项技术规程、规范和质量标准；审定本工程技术管理制度和技术管理实施细则（含奖罚细则）。

（2）负责组织技术人员熟悉、审查和会审图纸，主持编制及审查审定本工程项目实施阶段的施工组织设计、施工方案及单项措施，并组织技术交底，同时检查督促工程技术部

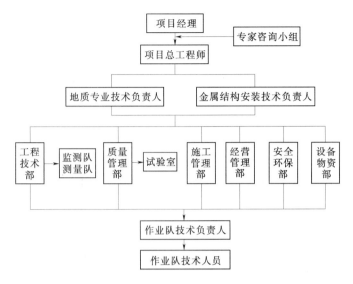

图 6-5 某工程项目技术管理组织体系

和作业队技术人员的技术交底工作；负责组织本工程项目施工组织设计（方案、措施）的优化工作，积极开展合理化建议活动；深入施工现场，组织和解决施工中出现的重大技术问题。

（3）主持编制审定本工程项目质量管理、协助编制审定安全管理的实施细则（含奖罚细则）及质量、安全保证技术措施。

（4）负责组织将责任承包人的技术管理纳入本工程技术管理体系中，对其施工方案的制订、技术交底、施工试验、材料试验、分项工程预检和竣工验收等进行系统的过程控制管理。

（5）指导督促本工程项目的工程技术部、施工管理部和作业队的生产指挥及技术人员在生产过程中的安全和质量检查工作；负责本工程项目的工程测量和材料（含混凝土）试验的技术管理工作。

（6）主持工程技术验收和工程质量事故处理等工作，组织各项技术资料的签证、收集、整理和归档；负责组织本工程项目竣工资料的编制工作。

（7）审查报送监理工程师的全部技术文件资料。

2. 专业技术负责人技术管理职责

根据专业性质具体分管不同专业的技术工作，协助总工程师所管辖部室的行政和建设的管理；协助总工程师组织中心技术工作的建设；协助总工程师组织中心工程管理项目所涉及的重大质量、技术和安全等问题的处理；协助分管领导管理有关事宜；完成领导交办的其他工作。

3. 项目部工程技术部技术管理职责

（1）编制项目实施阶段的施工组织设计、施工方案及单项措施，并负责向作业队技术人员的技术交底工作，同时检查督促作业队技术人员的技术交底工作。对本工程项目施工组织设计（方案、措施）进行优化，提出合理化建议。

（2）对各合作单位施工方案的制订、技术交底、施工试验、材料试验、分项工程预检和竣工验收等进行系统的过程控制管理。

（3）指导督促作业队的生产指挥及技术人员在生产过程中的安全和质量检查工作；对本工程的测量和材料（含混凝土）试验进行技术管理。

（4）参加工程技术验收，编制工程质量事故处理措施等工作；参加各项技术资料的签证、收集、整理和归档；参加组织本工程项目竣工资料的编制工作。

（5）起草报送监理工程师的全部技术文件资料。

4.施工管理部、质量管理部、安全环保部等技术管理职责

参加相关技术交底及技术文件的会签；参加竣工资料整编工作。

5.技术人员技术管理职责

（1）负责本作业队的各项技术管理工作，认真学习掌握并执行工程施工所需的各项技术规程、规范；遵守执行公司有关质量安全管理方针、目标及项目部制定的技术管理制度和技术管理实施细则（含奖罚细则）。

（2）严格按照项目部制定的施工组织设计、施工方案和施工技术措施进行施工，对控制工期、效益的关键项目及施工难度大的施工方案和措施，在施工前要向作业队（厂）班组人员进行详细的技术交底；详细讲解工程项目的施工图纸和施工方法。

（3）在工程项目的施工中，积极参与和开展科技创新和合理化建议活动；积极引进新技术、新工艺、新材料、新设备在工程项目施工中的应用。

（4）依据工程施工组织设计、施工方案和施工技术措施，制定单项工程施工技术要求及质量安全保证措施；配合工程测量并承接测量点线，严格按确定的测量点线要求组织作业队（班组）施工。

（5）按项目部技术管理规定要求，及时收集、整理施工过程中的原始资料；参加作业队（厂）所承担工程项目的预检和竣工验收工作，完成本工程项目竣工资料的编制工作。

三、施工技术管理制度

只有建立健全严格的技术管理制度，才能把整个项目的技术管理工作科学地组织起来，使技术活动无论是内业还是外业，都有明确的目标、具体的内容和严格的制度，从而增强技术活动的可操作性和可检查性，保证管理工作有章可循。

（一）工程设计图纸（文件）会审制度

1.会审目的

了解设计意图，明确质量要求，将图纸上存在的问题和错误，专业之间的矛盾等，尽最大可能解决在工程开工之前。

2.会审参加人员

项目经理、项目技术负责人、专业技术人员、内业技术人员、质检员及其他相关人员。

3.会审时间

一般应在工程项目开工前进行，特殊情况也可边开工边组织会审（如图纸不能及时供应时）。

4. 会审组织

一般由建设单位组织，项目部应根据施工进度要求，督促业主尽快组织会审。

5. 会审记录内容

（1）建设单位和施工单位提出的设计图纸中存在的矛盾、问题、由设计予以答复修改的（要注明图别、图号，必要时要附图说明）。

（2）施工单位为便于施工，施工安全或建筑材料等问题要求设计单位修改部分设计的会商结果与解决方法（要注明图别、图号，必要时附图说明）。

（3）会审中尚未得到解决或需要进一步商讨的问题。

（4）列出参加会审单位名称，并盖章后生效。

（二）技术交底制度

在工程正式施工前，通过技术交底使参与施工的技术人员和工人，熟悉和了解所承担工程任务的特点、技术要求、施工工艺、工程难点、施工操作要点以及工程质量标准，做到心中有数。

项目技术交底分三级：项目技术负责人向项目工程技术及管理人员进行施工组织设计交底（必要时扩大到班组长）并做好记录；技术员向班组进行分部分项工程交底；班组长向工人交底。

1. 项目部技术交底的主要内容

（1）单位工程施工组织设计或施工方案。

（2）重点单位工程和特殊分部分项工程的设计图纸；根据工程特点和关键部位，指出施工中应注意的问题；保证施工质量和安全必须采取的技术措施。

（3）重点单位工程总记与交叉作业过程中如何协作配合，双方在技术上、措施上如何协调一致。

（4）本单位初次采用的新结构、新技术、新工艺、新材料及新的操作方法以及特殊材料使用过程中的注意事项。

（5）土建与设备安装工艺的衔接，施工中如何穿插与配合。

（6）交代图纸审查中所提出的有关问题及解决方法。

（7）设计变更和技术核定中的关键问题。

（8）冬、雨季特殊条件下施工采取哪些技术措施。

（9）技术组织措施计划中，技术性较强，经济效果较显著的重要项目。

2. 施工队技术交底的主要内容

（1）施工图纸。

（2）施工组织设计或施工方案。

（3）重要的分部分项工程的具体部位，标高和尺寸，预埋件、预留孔洞的位置及规格。

（4）土建与设备安装之间、各工种之间、队与队之间在施工中交叉作业的部位和施工方法。

（5）流水和立体交叉作业施工阶段划分。

（6）重要部位，冬、雨季施工特殊条件下施工的操作方法及注意事项。

（7）保证质量、安全的措施。

（8）单位工程测量定位，建筑物主要轴线、尺寸和标高。

（9）现浇混凝土、承重构件支模方法、拆模时间等。

（10）预制、现浇构件配筋规格、品种、数量和制作、绑扎、安装等要求。

（11）管线平面位置、规格、品种、数量及走向、坡度、埋设标高等。

（12）单位工程平面布置图。

（13）混凝土、砂浆、玛琋脂、防水、绝缘、防腐材料和耐火胶泥等配合比及试件、试块的取样、养护方法等。

（14）焊接程序和工艺。

（15）打桩、构件校正、试水记录、混凝土冬季施工和沥青玛蹄脂的测温记录，设备开箱、设备试运转记录、测试打压记录等填写方法。

（三）技术核定制度

凡在图纸会审时遗留或遗漏的问题以及新出现的问题，属于设计产生的，由设计单位以变更设计通知单的形式通知有关单位［施工单位、建设单位（业主）、监理单位］；属建设单位原因产生的，由建设单位通知设计单位出具工程变更通知单，并通知有关单位。

在施工过程中，因施工条件、材料规格、品种和质量不能满足设计要求以及合理化建议等原因，需要进行施工图修改时，由施工单位提出技术核定单。

技术核定单由项目内业技术人员负责填写，并经项目技术负责人审核，重大问题须报公司总工审核，核定单应正确、填写清楚、绘图清晰，变更内容要写明变更部位、图别、图号、轴线位置、原设计和变更后的内容和要求等。

技术核定单由项目内业技术人员负责送设计单位、建设单位办理签证，经认可后方生效。

（四）单位工程施工记录制度

单位工程施工记录是在建设工程整个施工阶段，有关施工技术方面的记录；在工程竣工若干年后，其耐久性、可靠性、安全性发生问题而影响其功能时，是查找原因、制定维修、加固方案的依据。

单位工程施工记录由项目部各专业责任工程师负责逐日记载，直至工程竣工，人员调动时，应办理交接手续，以保证其完整性。

单位工程施工记录的主要内容包括以下几点：

（1）工程的开、竣工日期以及主要分部分项工程的施工起止日期，技术资料供应情况。

（2）因设计与实际情况不符，由设计（或建设）单位在现场解决的设计问题及施工图修改的记录。

（3）重要工程的特殊质量要求和施工方法。

（4）在紧急情况下采取的特殊措施的施工方法。

（5）质量、安全、机械事故的情况，发生原因及处理方法的记录。

（6）有关领导或部门对工程所作的生产、技术方面的决定或建议。

（7）气候、气温、地质以及其他特殊情况（如停电、停水、停工待料）的记录等。

（五）技术复核制度

在施工过程中，对重要和影响全面的技术工作，必须在分部分项工程正式施工前进行复核，以免发生重大差错，影响工程质量和使用。当复核发现差错应及时纠正，方可施工。

技术复核记录由所办复核工程内容的技术员负责填写，技术复核记录应有所办技术员的自复记录，并经质检人员和项目技术负责人签署复查意见和签字。

技术复核记录必须在下一道工序施工前办理。

（六）隐蔽工程验收制度

凡隐蔽工程都必须组织隐蔽验收。

一般分部分项隐蔽工程由施工队长（技术员）组织验收，邀请建设单位和设计单位派人参加；重要的请项目部主任工程师和技术科、治安科参加。

隐蔽工程检查记录是工程档案的重要内容之一，隐蔽工程经三方共同验收后，应及时填写隐蔽工程检查记录。隐蔽检查记录由技术队长（技术员）或该项工程施工负责人填写，工程处质检员和建设单位代表共同回签。

填写隐蔽工程检查记录，文字要简练、扼要，能说明问题，必要时应附三面图（平面图、立面图、剖面图）。

（七）施工技术总结制度

以下项目均应编写施工技术总结：采用"四新"（新技术、新工艺、新材料、新设备）的项目；本企业首次施工的特殊结构工程，新颖的高级装饰工程，引进新施工技术的工程以及有必要进行总结的项目。

总结要简明扼要地介绍工程概况，以图、表形式为主，文字叙述为辅。

施工技术总结由项目技术负责人组织编写，从工程开工之日起，技术负责人应组织人员分工负责搜集工程项目及"四新"项目的有关技术资料、数据。项目工程及"四新"项目完成后，应立即编写技术总结，并上报技术管理部门。

（八）技术标准管理制度

施工过程中，要配备齐全工程施工所需的各种规范、标准、规程、规定，以供施工中严格执行；要建立项目的技术标准体系，编制技术标准目录。标准管理工作由项目技术负责人主持，项目资料员具体负责。

项目工程所需的各类规范、标准，根据项目编制的技术标准目录配齐，保证满足工程需要。

（九）工程技术档案制度

单位工程必须从工程准备开始，就建立工程技术档案，汇集整理有关资料，并贯穿于施工的全过程，直到交工验收后结束。凡列入工程技术档案的技术文件、资料，都必须经各级技术负责人正式审定。所有资料、文件都必须如实反映情况，要求记载真实、准确、及时、内容齐全、完整、整理系统化、表格化、字迹工整，并分类装订成册。严禁擅自修改、伪造和事后补作。

工程技术档案是永久性保存文件，必须严格管理，不得遗失、损坏，人员调动必须办理移交手续。由施工单位保存的工程档案资料，一般工程在交工后统一交项目部资料员保管，重要工程及新工艺、新技术等由技术科资料室保存；并根据工程的性质确定保存期限。

第四节　进　度　管　理

一、进度管理概述

（一）基本概念

工程建设的进度管理是指在工程项目各建设阶段编制进度计划，将该计划付诸实施，在实施的过程中经常检查实际进度是否按计划要求进行，如有偏差则分析产生偏差的原因，采取补救措施或调整、修改原计划，直至工程竣工，交付使用。

工程项目的进度受许多因素的影响，建设者需事先对影响进度的各种因素进行调查，预测它们对进度可能产生的影响，编制科学合理的进度计划，指导建设工作按计划进行。然后根据动态控制原理，不断进行检查，将实际情况与计划安排进行对比，找出偏离计划的原因，特别是找出主要原因，采取相应的措施，对进度进行调整或修正，再按新的计划实施，这样不断地计划、执行、检查、分析、调整计划的动态循环过程，就是进度管理。

建设工程进度管理的最终目的是确保建设项目按预定的时间动用或提前交付使用，建设工程进度管理的总目标是建设工期。

（二）影响进度的因素

由于建设项目具有庞大、复杂、周期长、相关单位多等特点，因而影响进度的因素也很多。从产生的根源看，有来源于建设单位及上级机构的因素；有来源于设计、监理及供货单位的因素；有来源于政府、建设部门、有关协作单位和社会的因素；也有来源于施工单位本身的因素。归纳起来，这些因素包括以下几方面：

（1）人的干扰因素。如建设单位因使用要求改变而提出的设计变更；建设单位应提供的场地条件不及时或不能满足工程需要；勘察资料不准确，特别是地质资料错误或遗漏而引起的不能预料的技术障碍；设计、施工中采用不成熟的工艺或技术方案失当；图纸供应不及时、不配套或出现差错；计划不周，导致停工待料和相关作业脱节，工程无法正常进行；建设单位越过监理职权进行干涉，造成指挥混乱等。

（2）材料、机具、设备干扰因素。如材料、构配件、机具、设备供应环节的差错，品种、规格、数量、时间不能满足工程的需要等。

（3）地基干扰因素。如受地下埋藏文物的保护、处理的影响。

（4）资金干扰因素。如建设单位资金方面的问题，未及时向承包单位或供应商拨款等。

（5）环境干扰因素。如交通运输受阻，水、电供应不具备，外单位临近工程施工干扰，节假日交通、市容整顿的限制；向有关部门提出各种申请审批手续的延误；安全、质量事故的调查、分析、处理及争端的调解、仲裁；恶劣天气、地震、临时停水停电、交通中断、社会动乱等。

受以上因素影响，工程会产生延误。工程延误归纳为两大类：一类是由于承包单位自身的原因造成的工期延长，其一切损失由承包单位自己承担，同时建设单位还有权对承包单位施行违约误期罚款；另一类是由于承包单位以外的原因造成的工期延长，经监理工程师批准的工程延误，所延长的时间属于合同工期的一部分，承包单位不仅有权要求延长工期，而且还有权向建设单位提出赔偿要求以弥补由此造成的额外损失。

监理工程师应对上述各种因素进行全面的预测和分析，公正地区分工程延误的两大类原因，合理地批准工程延长的时间，以便有效地进行进度管理。

（三）工程进度管理任务

进度管理是一项系统工作，是按照计划目标和组织系统，对项目各个部分的行为进行检查，以保证协调地完成总体目标。进度管理的主要任务有以下几点：

（1）编制工程项目进度管理计划。

（2）审查进度计划。

（3）检查并掌握工程实际进度情况。

（4）把工程项目的实际进度情况与计划目标进行比较，分析计划提前或拖后的主要原因。

（5）决定应该采取的相应措施和补救方法。

（6）及时调整计划，使总目标得以实现。

（四）进度管理方法

工程项目进度管理方法主要是规划、控制和协调。规划就是指确定施工项目总进度管理目标及单项工程或单位工程进度管理目标。控制是指在项目实施的全过程中，分阶段对实际进度与计划进度进行比较，出现偏差及时采取措施调整。协调是指协调与项目进度有关的单位、部门和工作队组之间的工作节奏与进度关系。

（五）进度管理措施

施工项目进度管理采取的主要措施有组织措施、技术措施、合同措施、经济措施和信息管理措施等。

1. 组织措施

组织措施包括以下内容：

（1）建立项目的进度管理目标体系。

（2）健全项目管理的组织体系，在项目组织结构中应有专门的工作部门和符合进度管理岗位资格的专人负责进度管理工作。进度管理的主要工作环节包括进度目标的分析和论证、编制进度计划、定期跟踪进度计划的执行情况、采取纠偏措施以及调整进度计划，这些工作任务和相应的管理职能应在项目管理组织设计的任务分工表和管理职能分工表中标示并落实。

（3）建立进度报告、进度信息沟通网络、进度计划审核、进度计划实施中的检查分析、图纸审查、工程变更和设计变更管理等制度。

（4）编制项目进度管理的工作流程，如确定项目进度计划系统的组成、确定各类进度计划的编制程序、审批程序和计划调整程序等。

（5）建立进度协调会议制度，进行有关进度管理会议的组织设计，明确会议的类型、各类会议的主持人及参加单位和人员、各类会议的召开时间和地点、各类会议文件的整理及分发和确认等。

2. 经济措施

经济措施是指实现进度计划的资金保证措施以及可能的奖罚。常见的经济措施包括：

（1）编制资源需求计划（资源进度计划），包括资金需求计划和其他资源（人力和物力资源）需求计划，以反映工程实际各时段所需要的资源。通过资源需求的分析，从而可发现所编制的进度计划实现的可能性，若资源条件不具备，则应调整进度计划，同时考虑可能的资金总供应量、资金来源（自有资金和外来资金）以及资金供应的时间。

（2）及时办理工程预付款及工程进度款支付手续。

（3）在工程预算中应考虑加快工程进度所需要的资金，其中包括为实现进度目标将要采取的经济激励措施所需要的费用，如对应急赶工给予优厚的赶工费用及对工期提前给予奖励等。

（4）对工程延误收取误期损失赔偿金。

3. 技术措施

技术措施主要是指切实可行的施工部署、施工方案及加快施工进度的技术方法。主要体现于规划、控制和协调。规划就是确定项目的总进度目标和分进度目标；控制就是在项目进展的全过程中，进行计划进度与实际进度的比较，发现偏离就及时采取措施进行纠正；协调就是协调参加单位之间的进度关系。

4. 合同措施

合同措施是指对分包单位签订分包合同或施工项目内部工作协议与施工项目进度目标应相互协调、吻合。分包合同的开始、竣工时间、持续时间应与施工项目进度计划相符。主要包括以下几点：

（1）选择合理的承发包合同结构，以避免过多的合同交界面而影响工程的进展。

（2）加强合同管理和索赔管理，协调合同工期与进度计划的关系，保证合同中进度目标的实现；同时严格控制合同变更，尽量减少由于合同变更引起的工程拖延。

（3）分析影响工程进度的风险，并提出采取风险管理措施，以减少进度失控的风险量。

二、工程建设施工阶段进度管理

施工阶段是工程项目得以实施并形成建设产品的重要阶段。在此阶段，需要消耗大量的人力、财力和物力，加之水利工程建设本身的特点，如周期长，投资大，技术综合性强，受地形、地质、水文、气象和交通运输、社会经济等因素影响大等，加强计划管理显得尤为重要。在施工阶段，施工进度一旦拖延，要保证计划工期，后继工作就得赶工作业，这就意味着建设直接费用可能增加。进度拖延幅度越大，需要增加的费用将会越多。如果进度拖延导致工程工期拖延，不仅使工程建设的直接费用增加，而且工程不能按期投产，将会给国民经济造成巨大损失。因此，施工阶段的进度管理是监理单位的重点工作之一。监理单位应以合同管理为中心，建立健全进度管理体系和规章制度，确定进度管理目标系统，严格审核承包人递交的进度计划。协调好建设有关各方的关系，监督资源按计划供应，加强信息管理，随时对进度计划的执行进行跟踪检查、分析和调整。处理好工程变更、工期索赔、施工暂停及工程验收等影响施工进度的重大合同问题，监督承包人按期或提前实现合同工期目标。

(一) 施工进度管理的内容

施工进度管理按时间的先后可分为事前控制、事中控制和事后控制等环节。

1. 事前进度管理

事前进度管理是指合同项目正式施工前所进行的进度管理，其具体内容如下。

(1) 编制施工进度管理实施方案。施工阶段进度管理方案，是管理机构在施工阶段对项目实施进度管理的一个具有可操作性的文件。其内容应主要包括以下几点：

1) 建立施工进度目标系统。

2) 施工进度管理的主要任务和管理部门机构设置与部门、人员职责分工。

3) 与进度管理有关的各项相关工作的时间安排，项目总的工作流程。

4) 施工阶段进度管理所采用的具体措施（包括进度检查日期、信息采集方式、进度报告形式、统计分析方法和信息流程等）。

5) 进度目标实现的风险分析。

(2) 编制或审核施工总进度计划。当采用多标发包形式施工时，为了项目总体施工进度的控制与工作协调，管理机构可能需要编制施工总体进度计划，以便对各施工任务作出统一时间安排，使标与标之间的施工进度保持衔接关系，据此审批各承包人提交的施工进度计划。

(3) 审核单位工程施工进度计划。依据经批准的总进度计划和工程进展情况，在单位工程开工前，管理机构应审批各承包人提交的单位工程进度计划，作为单位工程进度管理的基本依据。

(4) 审核施工组织设计。施工组织设计系统反映了承包人为履行合同所采取的施工方案、作业程序、组织机构与管理措施、资源投入、作业条件、质量与安全控制措施等，因此，应认真审核施工组织设计，以满足施工进度计划的要求。

(5) 检查开工准备工作。开工条件检查是进度管理的基本环节之一，既包括检查发包人的施工准备，如施工图纸、应由发包人提供的场地、道路、水、电、通信以及土料场等，又包括检查承包人自身的人员与组织机构、进场资源（尤其是施工设备）与资源计划以及现场准备工作等。

2. 事中进度管理

事中进度管理是指项目施工过程中进行的进度管理，这是施工进度计划能否付诸实现的关键环节。一旦发现实际进度与目标偏离，必须及时采取措施以纠正这种偏差。事中进度管理的具体内容包括以下几点：

(1) 跟踪监督检查现场施工情况，包括资源投入、资源状况、施工条件、施工方案、现场管理和施工进度等。

(2) 监督检查工程设备和材料的供应。

(3) 做好施工日志，收集、记录、统计分析现场进度信息资料，并将实际进度与计划进度进行比较。分析进度偏差将会带来的影响并进行工程进度预测，审批或研究进度改进措施。

(4) 协调施工干扰与冲突，随时注意施工进度计划关键控制节点的动态。

(5) 审核进度统计分析资料和进度报告。

(6) 定期汇报工程实际进展状况，按期提供必要的进度报告。

（7）组织定期和不定期的现场会议，及时分析、通报工程施工进度状况，并协调各参建单位之间的生产活动。

（8）检查按合同规定应由发包人提供的施工条件。

（9）处理好施工暂停、施工索赔等问题。

（10）预测、分析和防范重大事件对施工进度的影响。

3．事后进度管理

（1）及时组织验收工作。

（2）整理工程进度资料。施工过程中的工程进度资料一方面为发包人提供有用信息，另一方面也是处理施工索赔必不可少的资料，必须认真整理，妥善保存。

（3）工程进度资料的归类、编目和建档。施工任务完成后，这些工程进度资料将作为今后类似工程项目上施工阶段进度管理的重要参考资料，应将其编目和建档。

（二）施工进度的监督、检查、记录

进度管理是一个动态过程，在施工过程中影响进度的因素很多。因此，施工管理人应对施工进度实施全过程的跟踪监督、检查。

1．施工进度监督、检查的日常工作

（1）现场管理人员每天应对施工活动的安排、人员、材料、施工设备等进行监督检查，并按照批准的施工方案、作业安排组织施工，检查实际完成进度情况，并填写施工进度现场记录。

（2）对比分析实际进度与计划进度的偏差，分析工作效率现状及其潜力；预测后期施工进展。特别是对关键线路，应重点做好进度的监督、检查、分析和预控。

（3）要求承包人做好现场施工记录，并按周、月提交相应的进度报告，特别是对于工期延误或可能的工期延误，应分析原因，提出解决对策。

（4）督促承包人按照合同规定的总工期目标和进度计划，合理安排施工强度，加强施工资源供应管理，做到按章作业、均衡施工、文明施工，尽量避免出现突击抢工、赶工局面。

（5）建立施工进度管理体系，做好生产调度、施工进度安排与调整等各项工作，并加强质量、安全管理，切实做到"以质量促进度、以安全促进度"。

（6）通过对施工进度的跟踪检查，及早预见、发现并协调解决影响施工进度的干扰因素，尽量避免作业之间相互干扰、图纸供应延误、施工场地提供延误、设备供应延误等对施工进度的干扰与影响。

2．施工进度的例会监督检查

结合现场例会（如周例会、月例会），要求对上次例会以来的施工进度计划完成情况进行汇报，对进度延误说明原因；依据汇报和掌握的现场情况，对存在的问题进行分析，并提出合理、可行的赶工措施方案，经同意后落实到后续阶段的进度计划中。

3．关键线路的控制

在进度计划实施过程中，控制关键线路的进度，是保证工程按期完成的关键。因此，应从施工方案、作业程序、资源投入、外部条件、工作效率等全方位，加强关键线路的进度管理。

（1）加强监督、检查、预控管理。对每一标段的关键线路作业，管理人应逐日、逐周、逐月检查施工准备、施工条件和工程进度计划的实施情况，及时发现问题，研究赶工措施，抓住有利赶工时机，及时纠正进度偏差。

（2）研究、建议采用新技术。当工程工期延误较严重时，采用新技术、新工艺是加快施工进度的有效措施。对这一问题应抓住时机，深入开展调查研究，仔细分析问题的严重性与对策，避免问题长期悬而未决，影响工作积极性，造成工程进度的进一步延误。

4．逐月、季施工进度计划的审核及其资源核查

进度管理机构应按照要求的格式、详细程度、方式、时间，逐月、逐季编制施工进度计划，如果计划完成的工程量或工程面貌满足不了合同工期和总进度计划的要求（包括防洪度汛、向后续承包人移交工作面、河床截流、下闸蓄水、工程竣工、机组试运行等），则应采取措施，如增加计划完成工程量，加大施工强度，加强管理，改变施工工艺，增加设备等。同时还应审批施工进度计划对施工质量和施工安全的保证程度。

一般来说，在审批月、季进度计划中应注意以下几点：

（1）应了解上个计划期完成的工程量和形象面貌情况。

（2）分析施工进度计划（包括季、月）是否能满足合同工期和施工总进度计划的要求。

（3）为完成计划所采取的措施是否得当，施工设备、人力能否满足要求，施工管理上有无问题。

（4）核实材料供应计划与库存材料数量，分析是否满足施工进度计划的要求。

（5）施工进度计划中所需的施工场地、通道是否能够保证。

（6）施工图供应计划是否与进度计划协调。

（7）工程设备供应计划是否与进度计划协调。

（8）施工进度计划与其他承包人的施工进度计划有无相互干扰。

（9）为完成施工进度计划所采取的方案对施工质量、施工安全和环保有无影响。

（10）计划内容、计划中采用的数据有无错漏之处。

5．防范重大自然灾害对工期的影响

在水利工程施工中，经常遇到超标准洪水、异常暴雨、台风等恶劣自然灾害的影响。因此，应根据当地的自然灾害情况，提前做好防范预案，尽量做到早预测、早准备、有措施。一方面，应抓住有利时机加快施工进度；另一方面，为防范和规避自然灾害可能对工期的重大影响做好充分准备。

第五节　合　同　管　理

水利工程建设是一个庞大的系统工程，涉及单位众多，主要包括项目业主、设计、监理及施工单位等。由于在合同管理中，业主希望为获得较高的投资收益而尽可能少地花费资金，而承包商则希望通过施工，利用一切机会尽可能多地获得业主的报酬，这就决定了各方的利益相对对立又相对统一。认真做好水利施工合同管理，协调好合同双方的权利义务，最大限度地实现利益的相对统一，是水利合同管理的精神实质。水利工程一般深处高山峡谷，大部分地区经济社会发展落后，地质条件复杂，不可预见因素较多，给施工合同管理带来一定的难度。

一、水利施工合同的涵义

所谓水利施工合同是发包人和承包人为完成约定的水利工程建筑安装工程，明确双方权利、义务的协议，一般包括施工协议书、合同谈判纪要、中标通知书、相关的答疑、补遗文件以及招投标文件等。从合同的管理过程一般分为工程招标及合同签订、合同履行、合同终止等三个大的环节，要做好合同管理，就是要做好各环节的工作，明确双方的权利义务，督促对方严格诚信履约。

二、水利施工招标及合同签订

水利施工招标是指项目业主将确定的工程项目施工任务发包，鼓励施工单位进行投标竞争，从中优选出技术能力强、管理水平高、信誉可靠且报价合理的承建单位完成土建施工和设备安装工作，并以合同的形式约束双方在施工过程中的行为。招标文件的编制质量、中标单位的选择对合同的履行及造价控制有着极其重要的作用，要做好招标工作，重点要做到以下几点：

（1）高度重视招标文件编制质量。招标文件是合同文件的重要组成部分，高质量的招标文件是保证合同高效履行的基础。编制高质量的招标文件，一是要设计单位认真做好设计规划报告及技术供应工作，做好方案的比选和推荐工作，必要时邀请权威专家参与方案论证，充分考虑方案的可行性和经济性。二是根据现场的实际情况，合理确定合同双方的权利、义务，充分发挥各自在工程建设中的主导优势，同时为合同目的的最终实现创造条件，不能一味地增加一方的权利或减少一方的义务，保证各方有能力履行合同。三是要认真组织对招标文件进行评审，邀请技术、经济方面的专家对招标文件规定的相关条款进行咨询并修改完善，减少合同履行过程中责、权、利不明确而相互推诿扯皮现象。四是要根据现场实际情况，合理预测发包人能提供的条件，有预见性的提出合同的边界条件。提供条件较少，势必增加不必要的投资；提供的条件较多但不能实现，合同履行时又将面临大数额的索赔，不利于投资控制。五是严格执行《中华人民共和国招标投标法》及《中华人民共和国招标投标法实施条例》等法律法规及工程实际，能公开招标的一定公开招标，确保合法合规，通过市场竞争择优选择承包人。

（2）认真做好评标工作。评标工作即是通过对各投标人的投标文件进行评价比较，择优选择中标人的过程。首先，评标过程中要坚持对投标人的信誉、技术水平、施工能力及投标报价等进行综合评价比较，择优选择中标人，为合同正常履行及投资控制创造条件，避免个别投标人为寻求中标不顾自身实力盲目报低价，中标后导致不能履约，给发包人造成更大的损失；其次，对于投标文件中语意不明、相互矛盾以及合同执行中预计可能不能实现的承诺要求做必要的澄清说明，并与投标文件一同评审。

（3）合同谈判及合同签订。合同谈判是对招投标文件中语意不明（评标时已澄清的除外）、含义不清以及为保证双方合同能顺利履行对招投标文件中的内容进一步明确的过程。合同谈判是合同签订前的最后一道"关口"，合同双方应高度重视，合同谈判应形成谈判纪要，并签字确认。合同签订时，应严格履行合同签订手续，由双方法人或授权代表签字，确保合同对合同双方的约束力。

三、水利施工合同的执行管理

合同执行过程中的管理是合同管理的主体部分，也是工程项目管理的重要组成部分，包括合同双方义务的履行、索赔处理、投资控制等。

（一）业主的主要合同义务

作为业主方，主要有以下方面的合同义务：①负责办理合同范围内的征地移民及与地方政府的沟通协调工作，为工程建设创造良好的外部环境；②工程价款支付严格按合同约定，并建立有效监督机制，确保工程款优先用于工程建设；③按照合同约定提供施工道路、供电，提供物资及设备等；④根据合同约定及施工进度及时提供设计文件，保证施工的连续性；⑤负责相邻标段之间的施工协调工作等。

（二）合同变更索赔管理

合同变更是指在合同生效之后履行完毕之前，当事人经过协商对原合同进行修订和调整的行为。索赔是指在合同实施过程中，合同一方因另一方未履行或未正确履行合同义务而受到损失，向对方提出延长工期和经济补偿的要求。

1. 变更、索赔的起因

引起变更的起因很多，主要有以下几点：①增加或减少合同中约定的工程内容；②增加或减少合同中关键项目的工程量超过合同约定的百分比；③取消合同中任何一项工作；④改变合同中任何一项工作的标准和性质；⑤改变工程建筑物的形式、基线、标高、位置或尺寸；⑥改变合同中任何一项工作的完工日期或改变已批准的施工顺序；⑦追加为完成合同工程所需的任何额外工作。

2. 变更索赔的管理

做好变更管理工作，首先，源头上是要加强招标阶段的设计深度，合理确定业主提供的条件，提供较为完备的招标文件，减少合同变更和索赔事件的发生。其次，随着施工过程中发现的问题或客观条件的变化，进行必要的工程变更，可使工程建设更加完善，有利于节省投资和发挥工程效益，所以应加强对设计的管控和激励，在提供合格设计产品的同时，不断进行设计优化。再次，因监理、业主人员指令等均有可能成为变更及索赔的理由，所以所有参与工程管理的人员均要有合同意识，熟悉合同条款，减少无意识违约，同时业主方要制定相关的管理办法，对监理及工程管理人员的权利进行适当的约束，如对多大金额的项目有变更的权利，超过权限要向上级汇报。这样既能充分发挥其主观能动性，也能使其随时处于监管之中。最后，变更的决定要有书面记录，要求相关单位做好基础资料并及时处理，尽量避免先干后算承包人漫天要价的被动局面，合同管理人员应全面理解和掌握合同内容（包括招投标文件、施工单位在投标期间的各种承诺、合同书），以诚实信用、互利合作、风险共担的原则，在合同文件的规定下实事求是地分析问题，公平诚信地及时处理各类合同问题和争议。

3. 索赔流程

提出索赔要求→报送索赔资料→工程师答复→业主审批。

（三）风险管理

水利工程建设投资动辄数十亿元、几百亿元，投资大，建设周期长，自然灾害一旦发生，后果不堪设想。风险管理的主要任务就是分析处理由不确定因素产生的各种问题的一系列方法，包括风险识别、风险评价和风险控制。水利水电工程建设，面临的主要风险是自然灾害，认真做好风险评估，及时购买建筑安装工程一切险及第三责任险是规避风险，确保投资安全的有效途径。同时，还应督促承包人按合同约定及时购买设备险和为其雇员购买意外伤害险，提高承包人风险抵抗能力，减少损失。

第六节　资　源　管　理

水利工程项目资源管理是指在项目实施过程中，对投入项目中的劳动力、材料、设备、资金、技术等生产要素进行的优化配置和动态平衡管理。项目资源管理的目的，就是在保证工程质量和工期的前提下，进行资源的合理使用，努力节约成本，追求最佳的经济效益。

一、水利工程项目资源管理的基本内容

1. 人力资源管理

在项目的实施过程中，人既是整个项目的决策者，又是整个项目的实施者，因此人力资源管理在整个资源管理中占十分重要的地位。水利工程人力资源管理的主要内容有：科学合理地组织劳动力、节约劳动力，加强劳动纪律管理以及对劳动者进行考核，以便对其进行奖惩。

2. 材料管理

材料管理是指对项目实施过程中所需的各种原材料、周转材料等的计划、订购、运输、存储、发放和使用所进行的组织和管理工作。做好材料管理工作，有利于节约材料，加速资金周转，降低生产成本，增加企业的盈利，保证并提高工程产品质量。其具体内容包括材料计划的编制、材料的订货采购、材料的组织运输、材料的现场管理、材料的成本管理等方面。

3. 机械设备管理

机械设备管理的内容，主要包括机械设备的合理装备、选择、使用维护和修理等。项目施工过程中应正确、合理地使用机械设备，保持其良好的工作性能，减轻机械磨损，延长机械使用寿命。

4. 技术管理

建筑工程的施工是一种复杂得多工种操作的综合过程，其技术管理内容主要有：

（1）技术准备阶段："三结合"设计，图纸的熟悉审查及会审，设计交底，编制施工组织设计及技术交底。

（2）技术开发活动：科学研究、技术改造、技术革新、新技术试验及技术培训等。

5. 资金管理

资金管理主要包括资金筹集、资金使用、资金回收和分配等。

二、水利工程项目资源的基本特点

（1）需要资源种类多、供应量大。在水利工程施工过程中，需要的材料品种、机械设

备的种类较多，即使同一种材料，也涉及不同的规格、型号与特殊性能的要求，往往一个建设工程所需的材料种类多达几千种。

（2）资源需求和供应不平衡。由于工程项目施工过程并不均衡，因此在不同生产阶段与不同的施工部位，对资源的种类与数量的需求和使用有大幅度的变化。

（3）资源供应过程复杂。在水利工程项目施工前，按照工程量和工期确定的仅是资源的使用计划，而在项目施工过程中，资源的供应是十分复杂的。

（4）资源的供应受外界环境影响较大。如水利工程施工时的设备与材料供应商不能按时交货；在项目施工过程中，市场价格、供应条件变化大；运输中由于自然和社会原因造成拖延；特殊季节对供应的影响。

三、水利施工项目资源管理控制

（一）人力资源管理控制

人力资源的选择需要根据项目需求确定人力资源的性质、数量、标准，根据工作岗位的需求，提出人员补充计划，根据岗位要求和条件允许来确定合适人选。

1. 人力资源的优化配置

施工现场劳动力组织优化，就是在考虑相关因素变化的基础上，合理配置人力资源，使劳动者之间、劳动者与生产资料和生产环境之间，达到最佳的组合，使人尽其才，物尽其用，时尽其效，不断地提高劳动生产率，降低工程成本。

2. 劳动定额

劳动定额是指在正常生产条件下，在充分发挥工人生产积极性的基础上，为完成一定产品所规定的必要劳动消耗量的标准。对水利工程施工企业来说不仅仅是管好定额，更重要的是要制定自己的定额。

3. 劳动定员管理

劳动定员是指在一定生产技术组织条件下，为保证企业生产经营活动的正常进行，按一定素质要求，对配备各类人员所规定的限额。

（二）材料管理控制

材料管理控制应包括供应单位的选择、订立采购供应合同、使用管理及不合格品处置等。

1. 供应单位的选择

材料供应单位应当是设备齐全、生产能力强、技术经验丰富、具有一定生产规模、建立有质量保证体系并运行正常的企业。选择和确定材料供应单位是做好材料管理控制的基础。

2. 订立采购供应合同

（1）材料采购供应的业务谈判。材料采购业务人员事先做好细致的调查研究工作，摸清需要采购和加工材料的品种、规格、质量、价格等方面的情况后，开展与生产、物资或商业等部门进行业务谈判，就采购、加工业务等具体情况进行协商和洽谈活动。

（2）材料采购供应合同的签订。合同签订要经过要约和承诺两个步骤，签订合同双方签字盖章，并按法律规定，经合同管理机关签证或公证等手续后，合同才能正式生效。

（三）机械设备管理控制

机械设备管理控制应包括机械设备购置与租赁管理、使用管理等。

1. 机械设备购置管理

当项目需要购置新机械设备时，大型机械和特殊设备应在调研的基础上，写出技术可行性分析报告，经主管部门领导审批后购置。中、小型机械应在调研基础上选择性价比较好的产品。在选择机械设备时应本着实际需要、经济合理的原则进行。

2. 机械设备租赁管理

机械设备租赁是企业利用社会机械设备资源来增强施工能力，减小投资包袱。其租赁形式有内部租赁和社会租赁两种。

（1）内部租赁。指由施工企业所属的机械经营单位与施工单位之间的机械租赁。

（2）社会租赁。指社会化的租赁企业对施工企业的机械租赁。社会租赁有融资性租赁和服务性租赁两种形式。

（四）技术管理控制

技术管理控制应包括技术开发管理，新产品、新材料、新工艺的应用管理，施工组织设计管理，技术档案管理，测试仪器管理等。

（1）确立技术开发方向和方式。根据我国国情，根据企业自身特点和建筑技术发展趋势确定技术开发方向，如走与科研机构、大专院校联合开发的道路。从长远来看，企业应有自己的研发机构，强化自己的技术优势，形成一定的技术垄断。

（2）增大技术装备投入。增大技术装备投入才能提高劳动生产率，投入规模至少应当是承包商当年收益的 2%～3%，并逐年增长。

（3）加强科技开发信息的管理，强化应用计算机和网络技术。用软件进行招投标、工程设计和概预算工作，利用网络收集施工、技术等情报信息，通过电子商务采购降低采购成本。

（五）资金管理控制

工程项目资金管理控制应以保证收入、节约支出、防范风险和提高经济效益为目的，应在财务部门设立项目专用账号进行资金收支预测，统一对外收支与结算。

1. 资金收入与支出管理原则

项目资金收入与支出管理原则主要涉及资金的回收和分配两个方面。为了保证项目资金的合理使用，应遵循以收定支（收入确定支出）和制定资金使用计划两个原则执行。

2. 资金收入与支出管理要求

在项目资金收入与支出管理过程中，应以项目经理为理财中心，并划定资金的管理办法，按月编制资金收支计划，由公司财务及总会计师批准，内部银行监督执行，每月都要做出分析总结。

第七节　安　全　管　理

一、安全工作指导思想和管理目标

（一）安全工作方针

1. 安全工作方针

"安全第一，预防为主，综合治理"。

2. 安全工作指导思想

"安全工作重于泰山"，要以防为主，防管结合，专管与群管相结合，传统管理与系统管理相结合。落实安全责任制、健全安全网络、配备专（兼）职安全员，加强预防预测，做到文明施工，杜绝重大伤亡事故。

（二）安全管理目标

（1）消灭人身死亡事故，减少重伤事故和一般事故，重伤率控制在1‰以下，负伤率控制在6‰以下。

（2）杜绝重大设备事故、火灾事故。

（3）杜绝高空坠落、物体打击和触电伤害事故。

二、安全保证体系

安全保证体系详见安全保证体系框图（图6-6）。

（一）组织保证

（1）成立工地安全生产领导小组，作为本工程安全生产管理机构。安全生产领导小组由项目经理担任组长，亲自主持安全生产领导小组的工作，并安排一名项目副经理担任安全生产领导小组常务副组长，负责日常的安全施工生产。实施安全教育、检查、评比、奖罚等措施。

安全生产领导小组由项目部有关职能部门负责人和施工队负责人组成。

（2）项目经理部设立专门办事机构——安全质量部。安全质量部配备专职安全监察员1名，负责工程的安全隐患检查，督促整改。

（3）各施工队配专职安全员，负责施工队的安全督察工作。

（4）工地设卫生站，配备常用药物。

（5）为保证有关安全规章制度的切实执行，组织机构能正常运转，施工单位应派出既有丰富的实践经验、顽强的工作作风，又有良好的实干精神的人员充实到各机构中去。

（二）制度保证

1. 落实安全生产责任制

在施工中，应贯彻执行安全生产责任制，从领导到施工工人层层落实，分工负责，使"安全生产、人人有责"落实到实处。

（1）项目经理。对整个工程的安全生产负全面责任。组织建立安全保证体系，制定安全管理细则，定期主持召开安全生产工作会议，组织定期安全检查，督促下级主管部门落实安全生产责任制。

（2）项目总工程师。认真贯彻国家和上级有关规定和安全技术标准，对工程施工中一切技术问题负安全责任。将安全措施渗透到施工组织设计的各个环节中，并检查执行情况。组织安全技术攻关活动，从技术方面提出安全保障措施。

（3）施工队负责人。对所领导的施工项目的安全生产负全面责任。认真贯彻落实各项规章制度，认真贯彻落实施工组织的各项要求；定期召开安全生产会议，经常组织各种安全生产教育；支持和配合安技人员的各项工作，当进度与安全发生矛盾时，必须服从安全。

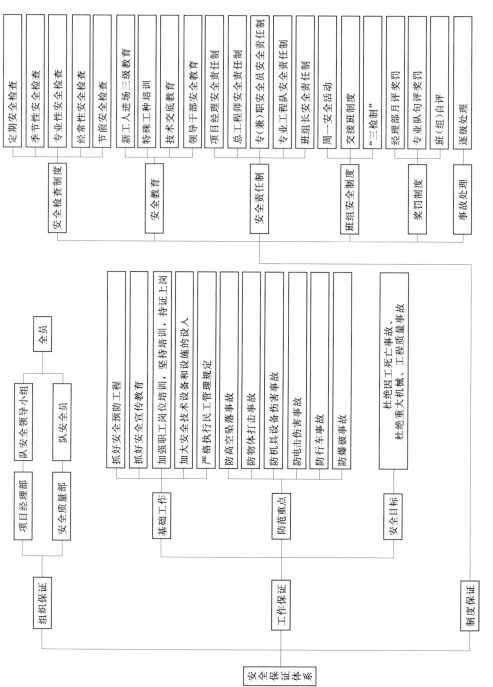

图 6 - 6　安全保证体系

（4）施工员（工长）。对所领导的生产班组的安全生产负责。领导所属班组搞好安全生产，组织班组学习安全操作规程。对所管范围的安全防护设施符合要求负责，对整改指令书组织落实改进，并有权拒绝上级不科学、不安全、不文明的生产指令。

（5）生产班组长。认真遵守安全规章制度和有关安全生产指示，根据本组人员的技术、体力、思想等情况合理安排工作，做好安全交底，对本组人员在生产中的安全健康负责。组织本组人员学习安全规程、制度，经常检查所管人员及现场的安全生产情况，发现问题及时解决或及时汇报。

（6）专职安全员。积极贯彻和宣传上级的各项安全规章制度，并监督检查执行情况；制定安全工作计划；进行方针目标管理，建立健全安全保证体系。协助领导组织安全活动，制订或修订安全制度；对广大职工进行安全教育；参加组织设计、施工方案的会审，参加生产会，掌握信息，预测事故发生的可能性；深入现场分析研究安全动态，提出改正意见，制止违章作业；及时填报安全报表，参加伤亡事故调查，对事故责任者提出处理意见。

2. 贯彻落实安全检查制度

（1）定期安全大检查。

1）施工队每半个月组织一次安全大检查，项目经理部每月组织一次安全大检查，每次安全大检查由项目经理或项目副经理负责带队，有关职能部门及施工队均派员参加。按照安全检查评分表对管理、设备、措施、装置、违章行为等进行全面的安全大检查和评分，对安全隐患提出整改措施，并由安全员督促落实。

2）建设公司安全生产领导小组上半年和年终组织安全、防火、防爆等综合检查，检查到本工地时，项目经理、安全员均参与检查工作，查找隐患，督促整改。

（2）季节性安全检查。

1）雨季安全大检查。雨季安全大检查结合防雨、防洪工作进行。雨季安全检查由项目经理部、各施工队、安全质量部等派员参加，主要检查防洪水的各项准备和应急措施；检查电气设备、线路的绝缘、接地接零电阻是否达到电气安全规程要求；检查架子和材料堆放情况以及土方工程是否有下沉、倒塌的现象；检查现场的道路、排水设施等是否保持畅通等。

2）冬季安全大检查。由项目经理或项目副经理带队，施工队负责人、安全员等参加，主要检查防火措施的落实情况。

3）暑季安全大检查。由项目经理或项目副经理带队，安全员、施工队领导参加，主要检查各车间的通风条件，露天作业人员的作息时间是否调整，防暑措施等情况。

（3）专业安全大检查。由工长负责组织架工、使用工种班长、安全员参加。按照表列的检查项目、内容、标准进行详细检查，确认无重大危险隐患，基本达到规程要求，检查组长签字正式验收。

（4）节前安全检查。由各级领导带队，保安组、安质部等派员参加，在元旦、春节、"五一"劳动节、国庆节前，对现场、车间、库房、食堂等进行安全、防火、防中毒等大检查以及节日加班人员的思想教育和安全措施落实情况的检查。

（5）经常性安全检查。各级领导和专职安全员等，经常深入施工现场、生产车间、库房，对各种设施、安全装置、机电设备、起重设备运行状况，施工工程周围高压线路的防护情况，以及干部有无违章指挥、工人有无违章作业行为等进行随时的检查。

通过多种形式的安全大检查，检查隐患，做到"警钟长鸣"和防患于未然，确保施工生产安全。

3. 安全规章制度

为使安全保证组织机构正常、有效地工作，将严格贯彻执行安全生产管理的各项规章制度。主要规定如下：①安全施工管理规定；②施工现场安全管理规定；③高处作业安全规定；④安全教育培训管理规定；⑤安全检查管理规定；⑥合同工、临时工安全管理规定；⑦工伤事故调查处理规定；⑧安全生产奖罚规定。

（三）建立健全施工安全保证制度

根据"管生产必须管安全"的原则，制订落实各级领导安全施工责任制。

严格执行已制定的施工安全防护措施，广泛宣传，互相监督。加强安全检查，及时消除事故隐患，做到防患于未然。

充分发挥工地安全部门和安全监察员的作用，维护施工安全监察员的权威。开展安全知识竞赛，充分调动职工安全施工积极性。

发挥工地保安职能，维护施工区的安全秩序。

（四）安全教育培训制度

（1）安全教育包括安全生产思想、安全知识、安全技能三个方面的教育。安全教育由工会、质检部等部门组织，采用安全标语宣传牌、开设安全生产黑板报、挂安全挂图或防护标志、张挂安全警示板等形式，采用三级安全教育、特种作业人员岗位培训、经常性安全教育等方法，使安全教育工作形成制度化、经常化、群众化。

（2）员工安全教育培训。所有参加工程施工的人员都必须经过三级安全教育，即企业安全教育、施工队或车间安全教育、施工班组安全教育。

特殊工种施工人员，必须经过严格培训，持证上岗。

对从事先进机械设备、工具使用，新工艺流程应用等的施工人员，必须在工作前进行具体的培训和学习，正确掌握操作技能。

三、安全保证措施

（一）思想保证

（1）有领导地开展"安全百日赛"活动和"安全月"活动，并由安质部门定期组织检查评分，对检查出的问题及时通知整改。

（2）认真贯彻"五同时"，在计划、布置、检查、总结、评比生产任务的同时，计划、布置、检查、总结、评比安全工作。

1）每月安排施工计划的同时，针对施工计划制定安全工作计划、安全方针、目标、措施以及安全控制重点，并落实具体人员对口。

2）每周在调度会上调度施工任务的同时，总结上周安全工作情况。

3）每月召开总结生产任务的同时，总结上月的安全工作并布置落实本月的安全工作措施。

（3）根据工程进展情况和时令季节情况，组织进行施工阶段性安全大检查及季节性安全大检查，对不安全情况，限期整改，落实到部门和人员。

（4）严字当头，对事故苗子实行"三个百分之百"的实施规定，百分之百地登记，百分之百地上报，百分之百加以消除，形成人人遵守规章制度的风气，开创良好的安全施工环境。

（5）用安全系统工程 TSC 的全面管理方法，分析预测工程中施工阶段事故因素，对施工过程中的安全状态做到心中有数，提出安全工作改进措施，针对重点工程运用安全检查表和 FTA 事故树逻辑分析法，从而有效地避免一些事故的发生。

（6）贯彻与经济挂钩的安全工作责任制，做到纵向到底，横向到边。真正做到安全工作人人有责，落实到每个职工。

（7）严格贯彻执行事故"四不放过"的原则，即事故原因不查清不放过，群众和责任者没有受到教育不放过，防范措施未落实不放过，主要责任人未受到处理不放过。对事故及时上报和组织调查分析处理，避免事故的重复性发生。

（8）建立检查落实制度。经常召开安全例会，会前布置，会后检查做到超前控制，防止安全事故的发生。

（9）引入竞争机制把安全工作纳入承包内容，每年在职代会签订经济责任承包责任状的同时，逐级签订安全生产承包责任书，明确分工，责任到人。

（10）抓好现场管理，开展文明施工，经常保持现场"四通一平"的良好状况，对易燃、易爆等危险品按规定存放，严格看守，严格领发手续。

（11）向当地气象台站了解天气趋势，并每天认真收听气象预报，遇到五级以上大风、暴雨应及时通知各施工单位做好预防工作。

（12）定期和不定期开展安全评比工作，查违章、查隐患、查措施、抓落实，表扬先进，树立典型，使安全工作常备不懈。

（二）施工安全技术措施

树立"安全第一、预防为主"的思想，根据国家建设部颁发的安全检查评分标准和防高空坠落、物体打击、机具伤害、触电伤害四项管理目标内容，制订了如下具体措施。

1. 现场常规安全措施

（1）所有进入现场的人员，必须按有关规定穿着工作服、劳保鞋，配戴安全帽，特殊工作人员要配戴专门的防护用品，如电焊工要配戴面罩和目镜。

（2）施工现场和各种施工设施、管道线路等，要符合防洪、防火、防砸、防风以及工业卫生等安全要求。

（3）机电设备的布局要合理，且要装设安全防护装置，操作者严格遵守安全操作规程，操作前要对设备进行全面的安全检查，机械设备严禁带故障运行。

（4）场内道路设计、施工要做到符合行车要求，对于频繁交叉路口，派专人指挥，危险地段要挂"危险"或"禁止通行"标志牌，夜间设红灯示警。

（5）电工、焊工、爆破工、门机起重机司机和各种机动车辆司机，必须经过专门培训，考试合格后发给操作证，方准独立操作。

（6）不得在架空电力线正下方施工、搭设作业棚、建造临时设施和堆放物品。

（7）边坡开挖前，做好开挖线外的危石清理、削坡、加固和排水等工作。

（8）严禁在开挖边坡顶、边脚等不安全的地区滞留和休息。

（9）施工现场的洞、坑、沟等危险处，应有安全设施和明显标志。

（10）全体施工人员必须严格遵守岗位责任制和进行规范的交接班制度，并做好交接班记录。

（11）进行安全用电知识教育，定期检修电器设备；对电器设备外壳要进行防护性接地、保护性接零或绝缘。

（12）挖掘机工作时，任何人不得进入挖掘机的危险半径内。

（13）搬运材料和使用工具时，必须时刻注意自己和周围及上下方人员的安全；上下传送器材或工具时，禁止抛掷。

（14）加强对隧洞围岩的观测，发现情况及时上报并作好安全警示标志。

2. 供电及照明安全措施

（1）施工现场及作业地点应有足够的照明，主要通道装设路灯。

（2）现场（临时或永久）照明线路必须绝缘良好，布线整齐且应相对固定，并经常检查维修，照明灯悬挂高度在2.5m以上，经常有汽车通过处，灯线悬挂高度应在5m以上。

（3）在脚手架上安装临时照明时，竹木脚手架上应加设绝缘子，金属脚手架上应设木横担。

（4）严禁将电源线芯弯成裸钩挂在电源线路或电源开关上通电使用。

（5）存有易燃易爆物品场地，照明设备必须采用防爆措施。

（6）照明线路拆除后，不得留有带电的部分，如必须保留时，则应切断电源，线头包以绝缘，固定于距地面2.5m以上的适当处。

（7）施工现场电气设备和线路等应装漏电保护器，做到一机、一闸、一漏电保护，以防止因潮湿漏电和绝缘损坏引起触电及设备事故。

（8）发电机房、配电房内禁止非工作人员入内。

（9）变压器安在高于地面的基础上，周围装设高度不低于1.8m的安全护拦，周围挂上"高压危险，止步！"的警告牌。

3. 生活区的安全和卫生措施

（1）所有施工人员的宿舍及办公室、各类仓库的设计要符合要求。生活区内配备足够数量的消防器材，并经常检查，使其处于良好状态。

（2）对职工进行消防知识教育，一旦发生火情，能迅速利用消防器材把火扑灭在初起阶段。

（3）保证饮用水卫生，职工食堂保持清洁，腐烂变质食物要及时处理，食堂工作人员要定期检查身体，厕所定期打扫，喷洒药水，做好整个施工段范围的灭蝇、灭蚊工作。

（4）夏天高温季节做好防暑降温工作，并适当调整作息时间。

4. 模板支架作业安全措施

（1）支、拆模板，应防止上下同一垂直面操作。如必须上下同时操作，一定要有牢固的隔离措施。

（2）高处、复杂结构的模板安装与拆除，应按施工设计图的要求进行，事先应有切实可行的安全检查措施。

（3）多人抬模板时，要互相配合，协同工作。上下传送模板，应用运输工具或绳子系牢后升降，不得乱扔。

（4）高处拆模时，应有专人指挥，并在下面标出安全区，加派安全警戒，暂停人员来往。

（5）设在施工通道中间的斜撑、拉杆等应高于地面1.8m，模板的支撑、不得撑在脚手架上。

（6）支撑过程中，如需中途停歇，应将支撑、搭头、柱子等钉牢。拆模间歇时，必须将已活动的模板、支撑等拆除运走，并安放稳妥，以防操作人员因扶空、踏空而发生坠落。

（7）拆模时操作人员严禁站在正拆除的模板上。登高作业时，模板连接件必须放在箱盒或工具袋中，严禁散放在脚手架上，扳手等工具应用绳索系在身上，以免掉落伤人。

（8）拆除脚手架，周围应设围栏或警戒标志，并专人看管；拆除应按顺序由上而下，一步一清，不准上下同时作业。

四、安全事故处理

（一）事故报告程序

1. 轻伤事故

事故发生后，应立即报告现场经理或安全员，安全员在规定时间内报现场质安部。

2. 重伤、死亡事故

重伤事故和3人以内死亡事故发生后，要以最快方式在6h内报项目部领导和建设公司安质处，及时组织有关部门进行调查。3～10人重大安全事故4h内进行调查处理；10人以上特大安全事故在4h内按规定程序报送至中央，由有关部门进行调查处理。

（二）事故处理办法

1. 事故发生的急救措施

发生任何人员伤亡事故时，由工地医疗站的医护人员进行紧急处理后立即送往当地医院。

工地发生火灾时，一方面立即报告当地消防队，另一方面充分利用工地消防器材紧急行动，进行扑灭工作。

事故发生后，保护好现场，及时将事故发生情况上报业主有关部门和工地安全生产领导小组，并立即组织人员进行调查，对于重大事故和死亡事故要及时上报当地公安、检察及劳动部门。

分析事故原因，制定防范措施，按"四不放过"原则认真处理。

2. 事故后期处理

事故后期处理，除按国家有关规定对伤者进行抚恤外，还应总结经验教训，对责任人进行批评教育和纪律处分，情节严重者，交司法机关处理。并通报全公司，以引起重视。

第八节　环境保护与水土保持

一、环境保护、水土保持目标

严格遵守国家和有关环境保护法律、法规，编制好环境保护计划；防止生产废水、生活污水污染水源；做好噪声、粉尘、废气和有毒气体的防治工作；保持施工区、生活区清洁卫生；确保开挖边坡和渣场边坡稳定，防止水土流失。

二、施工期间的环境保护与水土保持的工作项目和内容

工程施工期间环境保护和水土保持的工作包括（但不限于）下列内容：生产废水处理，包括经常性排水及地下洞室施工废水排放的水环境保护；混凝土拌和系统废水处理；生活污水处理；大气环境保护；声环境保护；固体废弃物处理；生态环境保护；施工区施工期人群健康保护；施工场地的水土保持；施工结束后的场地清理。

三、环境保护及水土保持措施计划

施工区和生活区的环境保护措施具体内容包括以下方面：
（1）施工弃渣、废旧器材的利用和堆放。
（2）施工场地开挖的边坡保护和水土流失防治措施。
（3）施工生产废水（洞内废水、混凝土拌和系统废水、机修含油废水等）处理措施。
（4）防止饮用水污染措施。
（5）施工活动中的噪声、粉尘、废气、废水和废油等的治理措施。
（6）固体废弃物处理措施。
（7）施工区和生活区的卫生设施以及粪便、垃圾的治理措施。
（8）施工区声环境保护与控制。
（9）人群健康保护。
（10）珍稀动植物保护措施及施工场地周围林区的保护措施。
（11）完工后的场地清理。

四、施工期环境保护措施

1. 生态保护

在施工场地内砍树和清除表土的工作以前，应得到发包人和监理人的认可。在施工场地内意外发现珍稀保护野生动植物或发现正在使用的鸟巢或动物巢穴，应妥善保护并立即报告发包人和监理人，请求指示，遵照执行。严禁施工人员在周围地区捕猎动物，特别是国家和地方珍稀、濒危保护动物，严禁在施工区范围外砍伐树木。

2. 景观与视觉保护

施工期间，进行生产场地及生活营地周围的绿化、美化工作，改善生活环境，保证环境优美，不擅自砍伐树木、损坏草地，在合同规定的施工活动范围以外的植物、树木，尽

力维护原状，若因修建临时工程破坏了现有的绿色植被，在拆除临时工程时按要求予以恢复。各种临时停放的机械车辆应停放整齐有序，各种临时施工设施（临时住房、仓库、厂房等）在设计及建造时应考虑美观和与周围环境协调的要求。

3. 水污染控制

施工区及办公生活区分类建立生活、生产污废水处理回用系统，生活营地设立雨污分流系统，防止各种废水、污泥等污染邻近的土地或下游水库水体。

（1）生活污水处理。生活污水主要由冲厕污水、盥洗污水、厨房污水、洗衣污水组成。用水量约 120m³/d。生活营区每幢房子设置化粪池，并在地下 1m 左右埋设 Dg300～500 排污管和阴井（转弯处），冲厕污水经化粪池处理后进入地下污水管送至生活污水处理站处理，并回用于施工道路洒水。回用水水质应满足《城市污水再生利用　城市杂用水水质》（GB/T 18920—2002）中道路洒水要求。

在施工现场设置满足需要的移动环保型厕所。

（2）机修废水和汽车冲洗系统废水处理。机修系统用水量小，含油污水排放量少，实施雨污分流，完善废水收集管道，采用间歇式小型隔油沉淀池并定时投加絮凝剂的处理方式。在施工机械修理厂附近低洼处设隔油池，含油污水经一天蓄满水池后投药，再经整晚的絮凝沉淀，第二天达到回用要求时，回用于机械维修。

池内废油和沉淀物 5～7d 清除一次。含油废水处理系统工艺流程如图 6-7 所示。

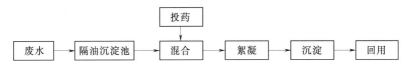

图 6-7　含油废水处理系统工艺流程

（3）进厂交通洞施工废水处理。进厂交通洞施工过程中产生的施工污水洞内各作业面的生产废水通过排水泵等设施汇集到洞外的废水处理系统，经处理后尽可能循环使用；沉淀池定期清理，泥渣进行必要的脱水后统一运至弃渣场。施工废水处理系统工艺流程如图 6-8 所示。

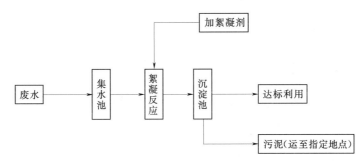

图 6-8　施工废水处理系统工艺流程

（4）混凝土系统废水处理。在混凝土生产系统设立废水处理系统，废水处理系统工艺流程与洞室开挖废水处理相同。经处理后的废水全部回收利用于混凝土系统冲洗。废水处理系统的泥渣需进行必要的脱水处理后运至弃渣场堆存。

4. 声环境保护

声环境保护以保证施工营地、施工区周边居民点等敏感区域声环境质量满足《声环境质量标准》（GB 3096—2008）2 类标准为控制目标，昼、夜噪声控制在 60dB（A）和 50dB（A）。

施工噪声源主要有运输汽车发出的交通噪声以及挖装机械、发电机等施工机械发出的噪声。为将施工噪声控制到最低，并满足环境保护标准要求，施工中将采取以下防护措施：

（1）选用低噪声设备和工艺。

（2）加强设备的维护和保养，保持机械润滑，减少运行噪声。

（3）防止气动工具通风系统阀门漏气产生的噪声。

（4）振动大的机械设备使用减振机座降低噪声。

（5）加强道路养护，保持路面平整。

（6）合理安排施工时间，夜间 22：00 至次日 7：00 尽量避免露天爆破。

（7）合理安排广播宣传、音响设备时间，不影响公众办公、学习和休息。

（8）加强交通噪声的管理和控制，进入施工营地和其他非施工作业区的车辆，不使用高音喇叭和怪音喇叭，尽量减少鸣笛次数；在生活区附近路段设置限速和禁鸣标牌。

（9）对现场施工人员做好个人防护，如佩带耳罩、耳塞和防声头盔等。

5. 空气污染控制

根据招标文件的规定加强对粉尘的控制和处理，采用先进设备和技术，控制粉尘浓度，采取相应的环境空气保护措施，削减施工大气污染物排放量，阻碍污染物扩散，改善施工现场工作条件，保护施工生活区及外环境敏感区环境空气质量。

（1）燃油机械设备排气净化措施。工程施工主要燃油设备有挖装机械、自卸汽车、汽车吊以及柴油发电机等，必须对燃油设备的尾气排放进行控制，施工中将采取以下控制措施：

1）加强对燃油机械设备的维护保养，使发动机在正常和良好状态下工作。

2）安装尾气排放净化器，使尾气达标排放。

3）选用无铅汽油。

4）杜绝使用不符合国家废气排放标准的机械设备。

（2）粉尘控制。

1）工程爆破方式应优先选择预裂爆破、深孔微差挤压爆破技术、光面爆破和缓冲爆破技术等，以减少粉尘产生量。

2）施工开挖现场、施工道路配备洒水降尘设备，无雨日必须定时洒水以控制扬尘。由车辆和施工设备行驶导致散落到路面上的泥浆和碎块应及时清除。

3）凿裂、钻孔、爆破提倡湿法作业，降低粉尘。

4）处于粉尘区的施工人员佩戴防尘面罩，以保护施工人员的健康。

5）易于引起粉尘的细料或松散料予遮盖或适当洒水润湿。运输时用帆布、盖套及类似遮盖物覆盖。

6）采用带有捕尘设备的钻机进行钻孔，禁止把岩粉作为炮孔的堵塞炮泥，以防止岩粉在炮堆的鼓包运动过程中被扬起。

7）进厂交通洞的通风采用混合式通风方式，加强通风排烟，降低废气浓度。

6. 固体废弃物处置

（1）生活垃圾、建筑垃圾。在施工办公、生活营地配备垃圾桶，生活垃圾分开收集或分拣，无机垃圾送指定的弃渣场按规定填埋，有机垃圾送发包人统一建设的垃圾存放间，由发包人定期送至指定的垃圾卫生填埋场。垃圾每日清理，保持办公生活区环境清洁。

机械修理及汽修等产生的金属类废品等，以及工程施工过程中产生的建筑垃圾，其中部分仍具有一定的回收价值，尽可能回收利用，其他生产垃圾统一运至监理人指定的地点进行处理。

（2）弃渣。严格按本合同技术条款的有关规定和监理人的指示做好施工弃渣（土）的处理，严格按指定的渣场弃渣，并采取措施进行防治，不得任意堆放弃渣，严禁向河道乱弃渣，防止和减少水土流失。

7. 场地清理

在每一施工工区，当施工结束后，项目部及时拆除各种临时设施，清理施工场地。所使用的所有材料和设备按计划撤离现场，工地范围内废弃的材料、设备及其他生产垃圾应全部统一按监理人指定的地点和方式处理。对工区内的排水沟道、挡护措施等水土保持设施在撤离前应进行疏通和修整。

按合同要求及监理人指示拆除其他有关设施，及时进行场地清理。

五、施工期水土保持措施

1. 施工过程中的水土保持

进厂交通洞洞口开挖时坡度控制在稳定坡度范围内，对开挖软弱面及时进行工程防护。在开挖边坡两侧设置临时排水沟，将施工期间的降水排至下游，防止边坡坍塌，引起水土流失。为防止施工期降水及地面径流给工程建设带来影响，设置排水沟拦截并排走施工生产区场内及周边降水和地表径流，在排水沟出口处设置蓄水兼沉沙的沉沙池淤积施工区产生的泥沙，并及时对其进行清淤，避免泥沙进入下游河道。

2. 弃渣处理

工程开挖出渣必须严格按施工设计指定的渣场集中堆放，不得沿途、沿河及沿沟随意倾倒。弃渣堆放过程中，应按施工设计的稳定边坡堆放，倾倒过程中，注意对挡渣墙的保护，避免弃渣翻出挡渣墙。

运渣过程中散落在路面的渣土，承包人应及时清理。

3. 施工场地

施工场地平整结合施工生产企业建设开挖进行，施工企业建筑物基础开挖时的弃土弃石就近填入低洼处，按 30cm 左右一层采用机械碾压压实。余下的渣土运至指定的渣场堆放，不得随意弃置。

施工期间注意保护施工场地周围的草木和水土保持设施（包括水库、塘、沟、渠、挡渣坝等），尽量减少对地表的扰动，避免或减少由于施工造成的水土流失。

4. 场内交通设施

在负责修建和维护的场内交通设施及维护时段内，弃渣运输采取防泄漏措施，对出现的部分渣料遗撒情况，予以必要的清理或回采。对负责修建和维护的公路下边坡采取有效的水土流失防治措施。

5. 渣场防护

施工期间严格按监理人批准的堆渣程序执行，保证堆渣边坡坡度。弃土运输采取防泄漏措施。

开挖料的临时堆放，应选择不易受径流冲刷侵蚀的场地，并在其周边修建临时排水沟引排周边汇水，必要时选择土工布遮盖。

六、人群健康保护措施

必须保护施工人群健康，保证各类疾病尤其是传染病发病种类不因工程建设发生异常变化；防止因施工人员交叉感染或生活卫生条件引发传染病流行。

（1）保护施工人群健康措施。施工人员进场前的卫生检疫，定期健康检查，发放常见病的预防药，提高人群免疫力。设疫情监控点，落实责任人，按当地政府制定的疫情管理及报送制度进行管理。一旦发现疫情，及时采取治疗、隔离、观察等措施，对易感染人群采取预防措施。

（2）环境卫生及食品卫生管理与监督。定期对食堂进行卫生清理和卫生检查，除日常清理外每月集中清理不得少于 2 次，生活废弃物要妥善处理；对食堂服务人员和供水工作人员实行"健康证制度"，每年定期进行健康检查，有传染病带菌者要及时撤离岗位；根据气候变化及时安排灭蚊、灭蝇、灭鼠；专人负责生活、办公区环境卫生清扫，并根据工区人口密度和人员流动情况，在生活区、办公区分设垃圾筒（箱），配置清运车，定期清运垃圾，并及时处置；合理布置施工现场公共卫生设施，公共卫生设施应符合国家规定的卫生标准和要求，在施工区域设移动生态厕所。

（3）有害气体防护。进厂交通洞施工过程中，切实加强通风设施，确保洞内空气质量达标，同时配备有害气体检测和报警装置；施工人员地下施工时必须使用防护面具，避免遭受有害气体的危害。

（4）生活供水要求。向施工人员提供清洁的、足量的饮用水，饮用水水质应符合《生活饮用水卫生标准》（GB 5749—2006）的要求。

第九节　水利水电工程验收

一、水利工程验收分类及要求

水利水电建设工程验收按验收主持单位可分为法人验收和政府验收。

法人验收应包括分部工程验收、单位工程验收、水电站（泵站）中间机组启动验收、合同工程完工验收等；政府验收应包括阶段验收、专项验收、竣工验收等。验收主持单位可根据工程建设需要增设验收的类别和具体要求。

1. 工程验收的主要依据

(1) 国家现行有关法律、法规、规章和技术标准。

(2) 有关主管部门的规定。

(3) 经批准的工程立项文件、初步设计文件、调整概算文件。

(4) 经批准的设计文件及相应的工程变更文件。

(5) 施工图纸及主要设备技术说明书等。

(6) 法人验收还应以施工合同为依据。

2. 工程验收的主要内容

(1) 检查工程是否按照批准的设计进行建设。

(2) 检查已完工程在设计、施工、设备制造安装等方面的质量及相关资料的收集、整理和归档情况。

(3) 检查工程是否具备运行或进行下一阶段建设的条件。

(4) 检查工程投资控制和资金使用情况。

(5) 对验收遗留问题提出处理意见。

(6) 对工程建设做出评价和结论。

政府验收应由验收主持单位组织成立的验收委员会负责；法人验收应由项目法人组织成立的验收工作组负责。验收委员会（工作组）由有关单位代表和有关专家组成。

验收的成果性文件是验收鉴定书，验收委员会（工作组）成员应在验收鉴定书上签字。对验收结论持有异议的，应将保留意见在验收鉴定书上明确记载并签字。

工程验收结论应经 2/3 以上验收委员会（工作组）成员同意。

验收过程中发现的问题，其处理原则应由验收委员会（工作组）协商确定。主任委员（组长）对争议问题有裁决权。若 1/2 以上的委员（组员）不同意裁决意见时，法人验收应报请验收监督管理机关决定；政府验收应报请竣工验收主持单位决定。

工程项目中需要移交非水利行业管理的工程，验收工作宜同时参照相关行业主管部门的有关规定。

当工程具备验收条件时，应及时组织验收。未经验收或验收不合格的工程不应交付使用或进行后续工程施工。验收工作应相互衔接，不应重复进行。

工程验收应在施工质量检验与评定的基础上，对工程质量提出明确结论意见。

验收资料制备由项目法人统一组织，有关单位应按要求及时完成并提交。项目法人应对提交的验收资料进行完整性、规范性检查。

验收资料分为应提供的资料和需备查的资料。有关单位应保证其提交资料的真实性并承担相应责任。

工程验收的图纸、资料和成果性文件应按竣工验收资料要求制备。除图纸外，验收资料的规格宜为国际标准 A4（210mm×297mm）。文件正本应加盖单位印章且不应采用复印件。

工程验收所需费用应进入工程造价，由项目法人列支或按合同约定列支。

水利水电建设工程的验收除应遵守本规程外，还应符合国家现行有关标准的规定。

项目法人应在开工之日起 60 个工作日内，制定法人验收工作计划，报法人验收监督管理机关备案。当工程建设计划进行调整时，法人验收工作计划也应相应地进行调整并重新备案。

二、水利工程分部工程验收要求

1. 分部工程验收应具备条件

（1）所有单元工程已完成。

（2）已完单元工程施工质量经评定全部合格，有关质量缺陷已处理完毕或有监理机构批准的处理意见。

（3）合同约定的其他条件。

2. 分部工程验收主要内容

（1）检查工程是否达到设计标准或合同约定标准的要求。

（2）评定工程施工质量等级。

（3）对验收中发现的问题提出处理意见。

3. 分部工程验收程序

（1）听取施工单位工程建设和单元工程质量评定情况的汇报。

（2）现场检查工程完成情况和工程质量。

（3）检查单元工程质量评定及相关档案资料。

（4）讨论并通过分部工程验收鉴定书。

项目法人应在分部工程验收通过之日后 10 个工作日内，将验收质量结论和相关资料报质量监督机构核备。大型枢纽工程主要建筑物分部工程的验收质量结论应报质量监督机构核定。

质量监督机构应在收到验收质量结论之日后 20 个工作日内，将核备（定）意见书面反馈项目法人。

分部工程验收鉴定书正本数量可按参加验收单位、质量和安全监督机构各一份以及归档所需要的份数确定。自验收鉴定书通过之日起 30 个工作日内，由项目法人发送有关单位，并报送法人验收监督管理机关备案。

三、水利工程单位工程与合同工程完工验收要求

（一）单位工程验收

单位工程验收应由项目法人主持。验收工作组应由项目法人、勘测、设计、监理、施工、主要设备制造（供应）商、运行管理等单位的代表组成。必要时，可邀请上述单位以外的专家参加。

单位工程验收工作组成员应具有中级及以上技术职称或相应执业资格，每个单位代表人数不宜超过 3 名。

单位工程完工并具备验收条件时，施工单位应向项目法人提出验收申请报告。项目法人应在收到验收申请报告之日起 10 个工作日内决定是否同意进行验收。

项目法人组织单位工程验收时，应提前通知质量和安全监督机构。主要建筑物单位工程验收应通知法人验收监督管理机关。法人验收监督管理机关可视情况决定是否列席验收会议，质量和安全监督机构应派员列席验收会议。

1. 单位工程验收应具备条件

(1) 所有分部工程已完建并验收合格。

(2) 分部工程验收遗留问题已处理完毕并通过验收，未处理的遗留问题不影响单位工程质量评定并有处理意见。

(3) 合同约定的其他条件。

2. 单位工程验收的主要内容

(1) 检查工程是否按批准的设计内容完成。

(2) 评定工程施工质量等级。

(3) 检查分部工程验收遗留问题处理情况及相关记录。

(4) 对验收中发现的问题提出处理意见。

3. 单位工程验收的程序

(1) 听取工程参建单位有关工程建设情况的汇报。

(2) 现场检查工程完成情况和工程质量。

(3) 检查分部工程验收有关文件及相关档案资料。

(4) 讨论并通过单位工程验收鉴定书。

(二) 合同工程完工验收

施工合同约定的建设内容完成后，应进行合同工程完工验收。当合同工程仅包含一个单位工程 (分部工程) 时，宜将单位工程 (分部工程) 验收与合同工程完工验收一并进行，但应同时满足相应的验收条件。

合同工程完工验收应由项目法人主持。验收工作组应由项目法人以及与合同工程有关的勘测、设计、监理、施工、主要设备制造 (供应) 商等单位的代表组成。

合同工程具备验收条件时，施工单位应向项目法人提出验收申请报告。项目法人应在收到验收申请报告之日起 20 个工作日内决定是否同意进行验收。

1. 合同工程完工验收应具备条件

(1) 合同范围内的工程项目和工作已按合同约定完成。

(2) 工程已按规定进行了有关验收。

(3) 观测仪器和设备已测得初始值及施工期各项观测值。

(4) 工程质量缺陷已按要求进行处理。

(5) 工程完工结算已完成。

(6) 施工现场已经进行清理。

(7) 需移交项目法人的档案资料已按要求整理完毕。

(8) 合同约定的其他条件。

2. 合同工程完工验收的主要内容

(1) 检查合同范围内工程项目和工作完成情况。

(2) 检查施工现场清理情况。

(3) 检查已投入使用工程运行情况。

(4) 检查验收资料整理情况。

(5) 鉴定工程施工质量。

（6）检查工程完工结算情况。

（7）检查历次验收遗留问题的处理情况。

（8）对验收中发现的问题提出处理意见。

（9）确定合同工程完工日期。

（10）讨论并通过合同工程完工验收鉴定书。

合同工程完工验收鉴定书正本数量可按参加验收单位、质量和安全监督机构以及归档所需要的份数确定。自验收鉴定书通过之日起 30 个工作日内，应由项目法人发送有关单位，并报送法人验收监督管理机关备案。

四、水利工程阶段验收要求

阶段验收应包括枢纽工程导（截）流验收、水库下闸蓄水验收、引（调）排水工程通水验收、水电站（泵站）首（末）台机组启动验收、部分工程投入使用验收、竣工验收以及主持单位根据工程建设需要增加的其他验收。

阶段验收应由竣工验收主持单位或其委托的单位主持。阶段验收委员会应由验收主持单位、质量和安全监督机构、运行管理单位的代表以及有关专家组成；必要时，可邀请地方人民政府以及有关部门参加。

工程参建单位应派代表参加阶段验收，并作为被验收单位在验收鉴定书上签字。

工程建设具备阶段验收条件时，项目法人应提出阶段验收申请报告。阶段验收申请报告应由法人验收监督管理机关审查后转报竣工验收主持单位，竣工验收主持单位应自收到申请报告之日起 20 个工作日内决定是否同意进行阶段验收。

阶段验收应包括以下主要内容：

（1）检查已完工程的形象面貌和工程质量。

（2）检查在建工程的建设情况。

（3）检查未完工程的计划安排和主要技术措施落实情况，以及是否具备施工条件。

（4）检查拟投入使用工程是否具备运行条件。

（5）检查历次验收遗留问题的处理情况。

（6）鉴定已完工程施工质量。

（7）对验收中发现的问题提出处理意见。

（8）讨论并通过阶段验收鉴定书。

大型工程在阶段验收前，验收主持单位根据工程建设需要，可成立专家组先进行技术预验收。

阶段验收鉴定书数量按参加验收单位、法人验收监督管理机关、质量和安全监督机构以及归档所需要的份数确定。自验收鉴定书通过之日起 30 个工作日内，由验收主持单位发送有关单位。

五、水利工程竣工验收

竣工验收应在工程建设项目全部完成并满足一定运行条件后 1 年内进行。不能按期进行竣工验收的，经竣工验收主持单位同意，可适当延长期限，但最长不应超过 6 个月。一定运行条件是指：①泵站工程经过一个排水或抽水期；②河道疏浚工程完成后；③其他工程经过 6 个月（经过一个汛期）至 12 个月。

工程具备验收条件时，项目法人应提出竣工验收申请报告，竣工验收申请报告应由法人验收监督管理机关审查后转报竣工验收主持单位。

工程未能按期进行竣工验收的，项目法人应向竣工验收主持单位提出延期竣工验收专题申请报告。申请报告应包括延期竣工验收的主要原因及计划延长的时间等内容。

项目法人编制完成竣工财务决算后，应报送竣工验收主持单位财务部门进行审查和审计部门进行竣工审计。审计部门应出具竣工审计意见。项目法人应对审计意见中提出的问题进行整改并提交整改报告。

竣工验收分为竣工技术预验收和竣工验收两个阶段。

大型水利工程在竣工技术预验收前，应按照有关规定进行竣工验收技术鉴定。中型水利工程，竣工验收主持单位可根据需要决定是否进行竣工验收技术鉴定。

1. 竣工验收应具备的条件

（1）工程已按批准设计全部完成。

（2）工程重大设计变更已经有审批权的单位批准。

（3）各单位工程能正常运行。

（4）历次验收所发现的问题已基本处理完毕。

（5）各专项验收已通过。

（6）工程投资已全部到位。

（7）竣工财务决算已通过竣工审计，审计意见中提出的问题已整改并提交了整改报告。

（8）运行管理单位已明确，管理养护经费已基本落实。

（9）质量和安全监督工作报告已提交，工程质量达到合格标准。

（10）竣工验收资料已准备就绪。

工程有少量建设内容未完成，但不影响工程正常运行，且能符合财务有关规定，项目法人已对尾工作出安排的，经竣工验收主持单位同意，可进行竣工验收。

2. 竣工验收的程序

（1）项目法人组织进行竣工验收自查。

（2）项目法人提交竣工验收申请报告。

（3）竣工验收主持单位批复竣工验收申请报告。

（4）进行竣工技术预验收。

（5）召开竣工验收会议。

（6）印发竣工验收鉴定书。

第十节　竣　工　资　料　整　编

一、竣工资料基本要求

（1）工程资料要求真实、完整、准确、系统。

真实：要求没有虚假的资料。

完整：要求工程档案资料不能缺项，即所有应归档材料的类项必须齐全。

准确：竣工档案资料所反映的内容要准确，其中包括文字、数字、图形都要准确，特别是竣工图要能准确反映工程建设的实际状况。

系统：所有应归档的文件材料，应保持其相互之间的有机联系，相关的文件材料要尽量放在一起，特别要注意工程项目文件材料的成套性。

（2）图片、照片、录音、录像和电子文件的归档。反映建设项目建设过程的图片、照片、录音、录像等声像材料和电子文件材料，都是工程资料的重要内容，应做好这部分材料的收集、整理工作，关键是要及时整理，要将不同种类（照片或录像）的声像或电子材料分别立卷。

（3）竣工资料的汇总、移交。

1）实行总承包的，应由总承包单位负责向建设与管理单位移交。

2）实行分包的，应由各承包单位向建设单位移交，或由建设单位委托一个承包单位汇总后，再向建设与管理单位移交。

3）实行监理制度的，应由监理部门负责审查合格后，再由各有关单位向建设与管理单位移交。

4）审查与移交均应履行签字手续。移交与接收工程档案资料的时间，应视工程建设的实际情况而定。一般情况，单位工程完工后，就应完成有关工程档案的收集、整理工作，随后即可进行档案资料移交与接收工作。

整个工程档案资料（包括竣工验收的文件材料）的交接工作，应在竣工验收后的 3 个月内完成。项目尾工档案资料的交接工作，应在尾工完工后的一个月内完成。

（4）工程档案不合格，工程不能验收。工程档案资料客观、真实地记录了建设活动的过程与结果，这些档案资料与工程建设的关系十分密切，因而成为工程建设不可缺少的重要组成部分。所以档案工作也就成为工程建设过程中的一个必要环节。

工程档案资料达不到要求的，不能算完成工作任务，没有完成工作任务的工程，当然不能进行验收。

（5）工程档案整理未达到要求，不能返还工程质量保证金。工程档案资料的质量，是衡量工程建设各阶段（包括勘测、设计、施工、监理）工作质量的重要内容之一。如果工程档案不合格，说明工程建设工作质量还存在一定的问题。质量存在问题，其质量保证金当然不能返还。水利部《水利工程建设项目档案管理规定》（水办〔2005〕480 号）有明确规定。

二、竣工档案资料的分类

1. 工程建设前期工作文件材料

（1）项目建议书审批文件、报批文件及项目建议书、附件、附图。

（2）可行性研究审批文件、报批文件及可行性研究报告书、附件、附图。

（3）初步设计审批文件、报批文件及初步设计报告书、附件、附图。

2. 工程建设管理文件材料

（1）开工报告及审批文件、重要的协调会议与有关专业会议文件、合同谈判记录、工程建设管理涉及的有关重要事务来往文件。

（2）施工征地红线图。

（3）设计、施工、监理、勘察、质量抽检、招标文件。

（4）设计、施工、监理、勘察、质量抽检、招标资格预审申请文件、投标书。

（5）设计、施工、监理、勘察、质量抽检、招标资料移交清单。

内容：资质资料、委托授权书、开标、评标会议文件、中标通知书、招标补遗及答疑文件（招标代理提供一套完整资料）。

（6）各个单位签订的合同书及补充协议。

（7）工程的勘察与测量建议书、报告、结果。

（8）质量抽检结果。

（9）资金投资计划文件。

（10）工程初设概算评审书。

（11）工程结算评审书。

3. 竣工验收文件材料（组成一卷）

（1）工程验收申请报告及批复。

（2）工程建设管理工作报告。

（3）工程大事记。

（4）工程设计总结。

（5）工程施工总结。

（6）工程监理工作报告。

（7）工程运行管理工作报告。

（8）工程审计文件、材料、决算报告。

（9）工程竣工验收鉴定书及验收委员签字表。

三、组卷工作和案卷编序

（一）组卷基本要求

1. 初排、保证文件齐全完整

文字材料按照工程竣工资料档案分类目录内容初步排列，缺少的应设法追回补齐。

2. 统一规格，组成案卷

文件采用统一的尺寸规格（A4幅面），尺寸不同的要折叠成统一幅面。一份文件页数多的，可单独组成一个至多个案卷；页数少的文件，可多份组成一案卷。每份案卷厚度至多不要超过4cm。

3. 卷内文件排列和编印页号

（1）同一问题、同一会议、同一案件的文件以及正本与底稿、正件与附件、请示与批复、转发文件与原件应放在一起。

（2）卷内文件排列，一般是正文在前，底稿在后；主件在前，附件在后；批复在前，请示在后；转发件在前，原件在后；案件材料、结论性材料在前，依据性材料在后。

（3）文件按文件形成时间排列。

（4）图纸按图样目录排列。

（5）文件材料有书写内容的页面编页号，逐页用阿拉伯数字进行编号，每卷页号从"1"开始编写，页码编写在右下角。卷内目录、封面等立卷表不编页号。

（6）卷内编顺序号，每卷顺序号从"1"开始，顺序号是连续号。

4. 案卷排列和编号

案卷的排列可按工程竣工档案资料的分类目录内容所示顺序，用铅笔在已排列后文件右上角逐卷编写案卷号。

（二）卷内文件目录、案卷目录档案软件电脑编写步骤及顺序

1. 填写卷内目录

"顺序号"用阿拉伯数字从"1"起依次标注，同一个文号、同一标题的文件或者每卷只编一个序号，顺序号是连续号。

"文件材料题目"填写文件材料标题的全称或图标上的图名，文件没有题名只有文种（"通知""纪要""记录"等），要根据文件内容每份拟相应标题"文号"填写文头上的文件编号、图标中的图号，没有文号者，可不填。

"责任者"填写文件材料的直接编制部门或主要责任者，凡经过一定的审批、验收程序而定稿的公文、图纸、施工记录、验收记录等，虽有个人签名，"责任者"仍应填单位名称。有多个责任者时，选择两个主要责任者，其余用"等"代替。

"日期"填写编制文件材料的年、月、日；竣工图按竣工图章上的日期标注。

"页号"填写每份文件首页在本卷内的页号，最后一份文件填写其首末两页在卷内的页号（用"—"相连）。如果最后一份文件只有一页，则填写成"××页止"。

"案卷号"即案卷的顺序号，待所有案卷编目完成后编排案卷号，逐卷填写在卷内目录上。

"全宗号""目录号"由相关水务部门定。

"文件编号"即图纸的图号、文件文号、合同的合同号。

2. 填写案卷目录

"全宗号""目录号"向相关水务部门查询。

"案卷题名"应简明概要，准确地概括和提示卷内文件的内容和形式特征。

"立卷单位"填写本卷的立卷单位。

"起止日期"填写卷内文件材料的起止日期。

"保管期限"填写其划定的保管期限。

"密级"按有关保密规定填写，没有密级的可不填。

3. 案卷封面脊背案卷题名

填写本盒内案卷的主要内容，包括建设项目名称、子项工程名称、内容组成。

（三）保证案卷质量，案卷装订和装盒要求

（1）文字材料装订，图纸不装订。

（2）案卷装订前要去掉卷内文件金属物，残破的文件要修裱好。

（3）案卷封面、卷内目录、脊背卷题名，按相应档案要求，购买其提供的案卷封面纸、卷内目录纸、脊背卷题名纸，并通过档案管理软件套打。

（4）案卷用棉线绳装订，白色的棉纱线在卷面左边 1cm 处上下分四等份打三孔装订，结头统一放在案卷背后，装订要结实、整齐、不掉页、不倒页、不压字、不妨碍阅读。

第七章 水利工程计量与计价

第一节 工 程 量 计 算

水利水电工程各设计阶段的设计工程量是设计的重要参数和编制工程概（估）算的主要依据。因此我们需要按照规定，做好统一设计工程量的计算工作。

提供编制概（估）算的各项目设计工程量，应根据建筑物或工程的设计几何轮廓尺寸净值进行计算，并按表7-1所列乘以相应的阶段系数。施工中超挖、超填部分已计入概算定额，不再包括在设计所提出的工程量中。

一、永久建筑物工程量计算

1. 土石方开挖工程量

土石方开挖工程量应根据工程布置图切取剖面按不同岩土类别分别进行计算，并应将明挖、洞挖分开。明挖分坑槽、坡面、基础、水下开挖；洞挖分平洞、斜井、竖井、地下厂房洞室。

2. 土石方填筑工程量

土石方填筑工程量应根据建筑物设计断面中的分区及其不同材料分别进行计算，其沉陷量应包括在内。

3. 混凝土工程量

混凝土工程量，对不同类别、部位、标号及级配须分别进行计算；钢筋混凝土的钢筋按配筋量计算。

4. 灌浆工程量

固结灌浆与帷幕灌浆的工程量（包括灌浆检查孔），自建基面算起。钻孔深度（包括排水孔）自孔顶高程算起，并按地层或混凝土不同部位分别计算。

接触灌浆及接缝灌浆按设计所需面积计算。

地下工程顶部的回填灌浆，其范围一般在顶拱中心角90°～120°以内，按设计的混凝土衬砌外缘面积计其工程量；地下工程的固结灌浆及排水孔数量根据设计要求计算。

5. 喷锚支护工程量

喷锚支护工程量根据设计要求计算，其中喷混凝土和砂浆应计及回弹量；锚杆、预应力锚索、钢筋网应说明形式、直径、长度、数量及岩石级别。

6. 对外公路工程量

预可行性研究阶段，对外公路工程量根据1/10000～1/5000地形图拟定的线路走向、平均纵坡所计得的公路长度及选定的公路等级，按扩大指标进行计算，对其中的大、中型桥涵、隧道需要单独估算工程量。可行性研究阶段，在大、中型工程中应做专项设计，提出公路、桥涵、隧道等的各项工程量。

表7-1

水电水利工程不同设计阶段工程量阶段系数

类别	设计阶段	土石方填筑、干砌石、浆砌石 工程量/万 m³				钢筋	钢材	灌浆	混凝土				土石方开挖			
		>500	500~200	200~50	<50				>300	300~100	100~50	<50	>500	500~200	200~50	<50
永久水工建筑物	预可行性研究	1.02~1.04	1.04~1.06	1.06~1.08	1.08~1.10	1.05	1.05	1.15	1.02~1.04	1.04~1.06	1.06~1.08	1.08~1.10	1.02~1.04	1.04~1.06	1.06~1.08	1.08~1.10
	可行性研究	1.01~1.02	1.02~1.03	1.03~1.04	1.04~1.05	1.03	1.03	1.10	1.01~1.02	1.02~1.03	1.03~1.04	1.04~1.05	1.01~1.02	1.02~1.03	1.03~1.04	1.04~1.05
施工临时建筑物	预可行性研究	1.04~1.07	1.07~1.10	1.10~1.13	1.13~1.16	1.10	1.10	1.20	1.04~1.07	1.07~1.10	1.10~1.13	1.13~1.16	1.04~1.07	1.07~1.10	1.10~1.13	1.13~1.16
	可行性研究	1.02~1.05	1.05~1.08	1.08~1.11	1.11~1.14	1.05	1.05	1.15	1.02~1.05	1.05~1.08	1.08~1.11	1.11~1.14	1.02~1.05	1.05~1.08	1.08~1.11	1.11~1.14
金属结构	预可行性研究	—	—	—	—	—	1.15	—	—	—	—	—	—	—	—	—
	可行性研究	—	—	—	—	—	1.15	—	—	—	—	—	—	—	—	—

注：
1. 表中各栏工程量、系指板组总工程量。
2. 各设计阶段工程系数应在已包括分项工程量（相当于概算中编制的"三级项目"）中乘以阶段系数。在总工程量中再不乘以阶段系数，以免重复。
3. 土石坝填筑工程量是在已包括沉陷的基数中乘以阶段系数，沉陷量可取现用高的 0.50%~1.00%。
4. 截流工程填筑工程量阶段系数可取 1.25~1.35。
5. 阶段系数按工程地质条件复杂程度取值，复杂的取大值，简单的取小值。

193

7. 主要交通干线工程量

上坝公路、进厂公路及永久生产、生活区等主要交通干线，应根据 1/2000～1/500 地形图进行路基、路面和有关建筑物设计计算工程量并乘以相应的阶段系数。

二、施工临建工程工程量计算

1. 施工导流工程

施工导流工程，包括围堰（及拆除工程）、明渠、隧洞、涵管、底孔等工程量，与永久建筑物结合的部分及混凝土堵头计入永久工程量中，不结合的部分计入临时工程量中，分别乘以各自的阶段系数。导流底孔封堵，闸门设施应计入临时工程量中。

2. 地下工程施工支洞

地下工程施工支洞的工程量，应根据施工组织设计及永久建筑物要求进行计算。临时支护的锚杆、喷混凝土、钢支撑以及混凝土衬砌施工用的钢筋、钢材等工程量应根据设计要求计算。

3. 机械布置所需土建工程量

大型施工设施及施工机械布置所需土建工程量，如砂石系统、混凝土系统、缆式起重机平台的开挖或混凝土基座、排架和门、塔机栈桥等，按永久建筑物要求计算工程量。

4. 场内临时交通

场内临时交通可根据 1/5000～1/2000 施工总平面布置图拟定线路走向、平均纵坡计得的公路长度和选定的级别，以及桥涵、防护工程等，按扩大指标进行计算。对其中的大、中型桥涵需单独计算工程量。

5. 场外输电线路

场外输电线路，可根据 1/10000～1/5000 地形图选定的线路走向计算长度，并说明电压等级、回路数。施工变电站设备的数量根据容量确定。施工场内外通信设备应根据工程实际情况确定。

6. 其他

临时生产、生活房屋建筑工程量按《水利水电工程施工组织设计规范》（SDJ 338—89）的规定计算。

对其他临时工程的工程量，如场地平整、施工占地等，按施工总布置进行估算。

三、金属结构工程量计算

1. 闸门、拦污栅

水工建筑物各种钢闸门和拦污栅的重量，预可行性研究阶段可按已建工程资料用类比法确定；在可行性研究阶段应根据闸门、拦污栅的主要构件进行计算，并按已建工程资料用类比法综合研究确定。

2. 门槽、埋件、启闭机等

与各种钢闸门和拦污栅配套的门槽埋件及各种启闭机的重量，在预可行性研究阶段、可行性研究阶段，均可参考已建工程及现行启闭机系列标准的资料类比选用。

四、机电设备需要量计算

预可行性研究阶段，机电设备及安装工程按水轮机、发电机、厂内桥式起重设备、主变压器、高压设备、主阀等项计算。对其他机电设备，根据工程实际需要，经设备选型，通过经验公式计算和已建工程资料类比综合研究确定。

可行性研究阶段机电设备及安装工程量，应根据电水规〔1997〕123 号文的项目划分"第三部分机电设备及安装工程"中的设备及安装工程所列细项分别计算。

第二节　水利水电工程定额

一、定额的概念

所谓"定"就是规定；"额"就是额度或限额，是进行生产经营活动时，在人力、物力、财力和时间消耗方面所应遵守或达到的数量标准。从广义理解，定额就是规定的额度或限额，即标准或尺度。也是处理特定事物的数量界限。

建设工程定额是指在正常的施工条件和合理劳动组织、合理使用材料及机械的条件下，完成单位合格产品所必须消耗的人工、材料、机械和工期等的数量标准。

工程建设定额是在一定的技术组织条件下，预先规定消耗在单位合格建筑的标准额度，是建筑安装预算定额、概算定额、概算指标、投资估算指标、施工定额和工期定额等的总称。

工程定额是工程造价的计价依据。反映社会生产力投入和产出关系的定额，在建设管理中不可缺少。

二、工程定额的分类和作用

建筑工程定额的种类繁多，根据不同的内容、用途和使用范围，可大致分为以下几类。

（一）按定额反映的生产要素内容分类

为适应建筑施工活动的需要，定额可按物质资料生产所必须满足的三个要素进行编制。三要素分别是：劳动者、劳动对象和劳动手段。劳动者是指生产工人，劳动对象是指建筑材料和各种半成品等，劳动手段是指生产机具和设备。

1. 劳动消耗定额

简称劳动定额，也称为人工定额，它规定了在正常的施工条件和合理的施工组织下，某工种某等级的工人或工人小组，生产单位合格产品所需消耗的劳动时间，或是在单位工作时间内生产合格产品的数量标准。前者称为时间定额，后者称为产量定额。

2. 材料消耗定额

在正常施工条件、节约和合理使用材料条件下，生产单位合格产品所必须消耗的一定品种规格的原材料、半成品、构配件的数量标准。

3. 机械消耗定额

我国机械消耗定额是以一台机械一个工作班（或 1h）为计量单位，所以又称为机械台班（或台时）使用定额。它规定了在正常施工条件下，利用某种施工机械，生产单位合格产品所必须消耗的机械工作时间，或者在单位时间内施工机械完成合格产品的数量标准。

（二）按定额的编制程序和用途分类

按定额的编制程序和用途分类可以把工程建设定额分为施工定额、预算定额、概算定额、投资估算指标四种。

1. 施工定额

施工定额是指在全国统一定额指导下，以同一性质的施工过程（即工序）为测算对象，规定建筑安装工人或班组，在正常施工条件下完成单位合格产品所需消耗人工、材料、机械台班（时）的数量标准。

施工定额是地区专业主管部门和企业的有关职能机构根据专业施工的特点规定出来并按照一定程序颁发执行的，在工作过程或综合工作过程中所生产合格单位产品必须消耗的活劳动与物化劳动的数量标准。

施工定额是施工企业（建筑安装企业）在组织生产和加强管理时在企业内部使用的一种定额，属于企业定额的性质。反映了制定和颁发施工定额的机构和企业对工人劳动成果的要求，也是衡量建筑安装企业劳动生产率水平和管理水平的标准。施工定额本身由劳动定额、材料消耗定额和机械台班（时）使用定额三个相对独立的部分组成。

2. 预算定额

预算定额是以工程基本构造要素，即分项工程和结构构件为研究对象，完成单位合格产品，需要消耗的人工、材料、机械台班（时）的数量标准，是计算建筑安装工程产品价格的基础。预算定额是一种计价的定额。

预算定额是由国家主管机关或被授权单位组织编制并颁发的一种法令性指标，也是工程建设中一项重要的技术经济文件，在执行中具有很大的权威性。它的各项指标反映了在完成规定计量单位符合设计标准和施工及验收规范要求的分项工程消耗的活劳动和物化劳动的数量限度。这种限度最终决定着单项工程和单位工程的成本和造价。

预算定额是以施工定额为基础综合扩大编制的，同时它也是编制概算定额的基础。随着经济发展，在一些地区出现了综合预算定额的形式，它实际上是预算定额的一种，只是在编制方法上更加扩大、综合、简化。

3. 概算定额

概算定额是在预算定额基础上，确定完成合格的单位扩大分项工程或单位扩大结构构件所需消耗的人工、材料和机械台班（时）的数量标准，所以概算定额又称作扩大结构定额。

概算定额是以扩大的分部分项工程或单位扩大结构构件为对象，表示完成合格的该工程项目所需消耗的人工、材料和机械台班（时）的数量标准，同时它也列有工程费用，也是一种计价性定额。一般是在预算定额的基础上通过综合扩大编制而成，同时也是编制概算指标的基础。

4. 投资估算指标

投资估算指标是在项目建议书和可行性研究阶段编制投资估算、计算投资需要量时使用的一种定额。往往以独立的单项工程或完整的工程项目为计算对象，概略地编制了所有项目费用之和。它的概略程度与可行性研究相适应。

投资估算指标通常根据历史的预、决算资料和价格变动等资料编制，但其编制基础仍然离不开预算定额、概算定额。

三、定额的使用

（一）定额的组成内容

（1）单位工程概预算的各定额项目完成的单位工程的人工、主材和主要机械台时消耗量。零星材料以百分率形式列出。

（2）设备安装工程，以实物量或以设备原价为计算基础。

（3）施工机械台时费，定额包括一类费用和二类费用。

（二）定额的使用原则

1. 专业对口的原则

水工建筑物和水利水电设备使用以水利、电力主管部门编制的定额为准，其他道路专业、运输专业等工程造价的计算按相关主管部门颁布的定额为准。

2. 设计阶段对口的原则

可研阶段投资估算对应的计算标准为估算指标；初设阶段编制概算使用的是概算定额；施工图设计阶段编制施工图预算使用的是预算定额。在实际使用中，若本阶段定额缺项，须采用下一阶段定额时，应乘以相应的过渡系数。

3. 工程定额与费用定额配套使用的原则

按照专管部门批准颁布的综合定额和扩大指标以及相应的间接费对应相应规定执行。

（三）定额的使用方法

（1）认真阅读水利定额前的总说明和章节说明。

（2）了解定额项目的工作内容，要做到定额内容不缺项、不漏项、不重项。

（3）学会使用定额附录帮助查找相关信息。

（4）注意定额调整的各种换算关系，在不同的工程使用中灵活换算。

（5）注意定额单位与定额中数字的适用范围相一致。

第三节　水利水电工程项目划分

一、基本建设项目划分

为了便于编制基本建设计划和工程造价，组织招投标与施工，进行质量、工期和投资控制，拨付工程款项，实行经济核算和考核工程成本，须对一个基本建设项目进行系统的逐级划分，使之有利于工程造价的编审，以及基本建设的计划、统计、会计和基建拨款贷款等各方面的工作，也是为了便于同类工程之间进行比较和对不同分项工程进行技术经济分析，使编制工程造价项目时不重不漏，保证质量。基本建设项目通常按项目本身的内部组成，将其划分为单项工程、单位工程、分部工程和分项工程，如图7-1所示。

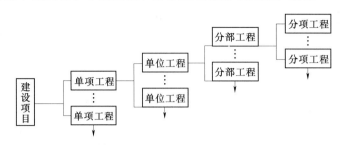

图7-1　建设项目分解示意

1. 单项工程

单项工程是基本建设项目的组成部分，是一个建设项目中具有独立的设计文件、竣工后能够独立发挥生产能力和使用效益的工程。如工厂内能够独立生产的车间、办公楼等，一所学校的教学楼、学生宿舍等，一个水利枢纽工程的发电站、拦河大坝等。

单项工程是具有独立存在意义的一个完整工程，也是一个极为复杂的综合体，它是由许多单位工程所组成的，如一个新建车间，不仅有厂房，还有设备安装等工程。

2. 单位工程

单位工程是单项工程的组成部分，是指具有独立的设计文件、可以独立组织施工，但完工后不能独立发挥效益的工程。如工厂车间是一个单项工程，它又可以划分为建筑工程和设备安装工程两大类单位工程。

每一个单位工程依然是一个较大的组合体，它本身依然是由许多的结构或更小的部分组成的，所以对单位工程还需要进一步划分。

3. 分部工程

分部工程是单位工程的组成部分，是按工程部位、设备种类和型号、使用的材料和工种的不同对单位工程所作的进一步划分。如建筑工程中的一般土建工程，按照不同的工种和不同的材料结构可划分为土石方工程、基础工程、砌筑工程、钢筋混凝土工程等分部工程。

分部工程是编制工程造价、组织施工、质量评定、包工结算与成本核算的基本单位，但在分部工程中影响材料消耗的因素仍然很多。例如，同样都是土方工程，由于土壤类别（普通土、坚硬土、砾质土）不同，挖土的深度不同，施工方法不同，则每一单位土方工程所消耗的人工、材料差别很大。因此，还必须把分部工程按照不同的施工方法、不同的材料、不同的规格等作进一步的划分。

4. 分项工程

分项工程是分部工程的组成部分，是通过较为简单的施工过程就能生产出来，并且可以用适当计量单位计算其工程量大小的建筑或设备安装工程产品。例如，每立方米砖基础工程、一台电动机的安装等。一般情况下它的独立存在是没有意义的，它只是建筑或设备安装工程中最基本的构成要素。

二、水利水电工程项目划分

根据水利部 2014 年 12 月颁发的《水利工程设计概（估）算编制规定》（水总〔2014〕429 号，以下简称《编规》）的有关现行规定，结合水利水电工程的性质特点和组成内容进行项目划分。

（一）三大类型

水利工程按工程性质和功能划分为三大类型，分别是枢纽工程、引水工程和河道工程。

枢纽工程包括水库、水电站、大型泵站、大型拦河水闸和其他大型独立的建筑物。

引水工程包括供水工程、灌溉工程（1）。

河道工程包括堤防工程、河湖整治工程和灌溉工程（2）。

灌溉工程（1）指设计流量不小于 $5m^3/s$ 的灌溉工程；灌溉工程（2）指设计流量小于 $5m^3/s$ 的灌溉工程和田间工程。

（二）四大部分

水利工程概算项目划分为工程部分、建设征地移民补偿、环境保护工程、水土保持工程四部分。具体划分如下。

1. 工程部分

划分为建筑工程、机电设备及安装工程、金属结构设备及安装工程、施工临时工程和独立费用五个部分。

（1）建筑工程。

1）枢纽工程。枢纽工程指水利枢纽建筑物、大型泵站、大型拦河水闸和其他大型独立建筑物（含引水工程中的水源工程）。包括挡水工程、泄洪工程、引水工程、发电厂（泵站）工程、升压变电站工程、航运工程、鱼道工程、交通工程、房屋建筑工程、供电设施工程和其他建筑工程。其中，挡水工程等前七项为主体建筑工程。

2）引水工程。引水工程指供水工程、调水工程和灌溉工程（1）。包括渠（管）道工程、建筑物工程、交通工程、房屋建筑工程、供电设施工程和其他建筑工程。

3）河道工程。河道工程指堤防修建与加固工程、河湖整治工程以及灌溉工程（2）。包括河湖整治与堤防工程、灌溉及田间渠（管）道工程、建筑物工程、交通工程、房屋建筑工程、供电设施工程和其他建筑工程。

（2）机电设备及安装工程。

1）枢纽工程。枢纽工程指构成枢纽工程固定资产的全部机电设备及安装工程。本部分由发电设备及安装工程、升压变电设备及安装工程和公用设备及安装工程三项组成。

2）引水工程及河道工程。引水工程及河道工程指构成该工程固定资产的全部机电设备及安装工程。一般由泵站设备及安装工程、水闸设备及安装工程、电站设备及安装工程、供变电设备及安装工程和公用设备及安装工程五项组成。

（3）金属结构设备及安装工程。金属结构设备及安装工程指构成枢纽工程、引水工程和河道工程固定资产的全部金属结构设备及安装工程。包括闸门、启闭机、拦污设备、升船机等设备及安装工程，水电站（泵站等）压力钢管制作及安装工程和其他金属结构设备及安装工程。金属结构设备及安装工程项目要与建筑工程项目相对应。

（4）施工临时工程。施工临时工程指为辅助主体工程施工所必须修建的生产和生活用临时性工程。包括导流工程、施工交通工程、施工场外供电工程、施工房屋建筑工程、其他施工临时工程。

（5）独立费用。独立费用由建设管理费、工程建设监理费、联合试运转费、生产准备费、科研勘测设计费和其他费用六项组成。

1）建设管理费。建设管理费包括项目建设单位开办费、建设单位人员费、项目管理费三项。

2）工程建设监理费。

3）联合试运转费。联合试运转费主要包括联合试运转期间所消耗的燃料、动力、材料及机械使用费，工具用具购置费，施工单位参加联合试运转人员的工资。

4）生产准备费。生产准备费包括生产及管理单位提前进厂费、生产职工培训费、管理用具购置费、备品备件购置费和工器具及生产家具购置费。

5）科研勘测设计费。科研勘测设计费包括工程科学研究试验费和工程勘测设计费。

6）其他费用。其他费用包括工程保险费、其他税费。

第（1）、（2）、（3）部分均为永久性工程，均构成生产运行单位的固定资产。第（4）部分施工临时工程的全部投资扣除回收价值后和第（5）部分独立费用扣除流动资产和递延资产后，均以适当的比例摊入各永久工程中，构成固定资产的一部分。

2. 建设征地移民补偿

建设征地移民补偿包括农村部分、城（集）镇部分、工业企业、专业项目、防护工程、库底清理、其他费用以及预备费和有关税费。

3. 环境保护工程

环境保护工程包括环境保护设施、环境监测设施、设备及安装工程、环境保护临时设施和其他费用五项。

4. 水土保持工程

水土保持工程包括建筑工程、植物措施、设备及安装工程、水土保持临时设施和其他费用五项。

本部分主要讲述工程部分概（估）算编制规定，建设征地移民补偿、环境保护工程、水土保持工程分别执行相应编规，在编制时将结果汇总到工程总概算中。

（三）三级项目

根据水利水电工程性质，工程项目分别按枢纽工程、引水工程和河道工程划分，工程各部分下设一级、二级、三级项目。其中一级项目相当于单项工程，二级项目相当于单位工程，三级项目相当于分部、分项工程，如图7-2所示。

现行水利部《编规》给出了部分项目划分，其中，第二、三级项目中，仅列示了代表性子目，编制概算时，二级、三级项目可根据水利工程初步设计编制规程的工作深度要求和工程情况增减或再划分，下列项目宜作必要的再划分：

（1）土方开挖工程。土方开挖工程，应将土方开挖与砂砾石开挖分列。

（2）石方开挖工程。石方开挖工程，应将明挖与暗挖，平洞与斜井、竖井分列。

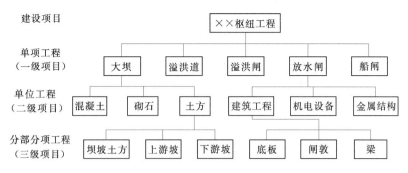

图 7-2 水利水电工程项目划分示意

（3）土石方回填工程。土石方回填工程，应将土方回填与石方回填分列。

（4）混凝土工程。混凝土工程，应将不同工程部位、不同强度等级、不同级配的混凝土分列。

（5）模板工程。模板工程，应将不同规格形状和材质的模板分列。

（6）砌石工程。砌石工程，应将干砌石、浆砌石、抛石、铅丝（钢筋）笼块石等分列。

（7）钻孔工程。钻孔工程，应按使用不同钻孔机械及钻孔的不同用途分列。

（8）灌浆工程。灌浆工程，应按不同灌浆种类分列。

（9）机电、金属结构设备及安装工程。机电、金属结构设备及安装工程，应根据设计提供的设备清单，按分项要求逐一列出。

（10）钢管制作及安装工程。钢管制作及安装工程，应将不同管径的钢管、叉管分列。

对于招标工程，应根据已批准的初步设计概算，按水利水电工程业主预算项目划分进行业主预算（执行概算）的编制。

（四）项目划分注意事项

（1）现行的项目划分适用于估算、概算、施工图预算。对于招标文件和业主预算，要根据工程分标及合同管理的需要来调整项目划分。

（2）建筑安装工程三级项目的设置除深度应满足《编规》的规定外，还必须与采用定额相适应。

（3）对有关部门提供的工程量和预算资料，应按项目划分和费用构成正确处理。如施工临时工程，按其规模、性质，有的应在施工临时工程中单独列项，有的包括在"其他施工临时工程"中，不单独列项。

（4）注意设计单位的习惯与概算项目划分的差异。如施工导流用的闸门及启闭设备大多由金属结构设计人员提供，但应列在施工临时工程内，而不是金属结构内。

第四节 水利工程的费用构成

建设项目费用是指工程项目从筹建到竣工验收、交付使用所需要的费用总和。根据现行《编规》和水利部办公厅印发的《水利工程营业税改征增值税计价依据调整办法》（办水总〔2016〕132号，以下简称《调整办法》）规定，水利工程工程部分费用由工程费、独立费用、预备费、建设期融资利息组成，其中工程费包括建筑及安装工程费、设备费。

一、建筑及安装工程费

建筑及安装工程费用由直接费、间接费、利润、材料补差及税金组成。

（一）直接费

指建筑及安装工程施工过程中直接消耗在工程项目上的活劳动和物化劳动。由基本直接费、其他直接费组成。

1. 基本直接费

基本直接费指施工过程中耗费的构成工程实体和有助于工程形成的各项费用，包括人工费、材料费和施工机械使用费。

（1）人工费。指直接从事建筑安装工程施工的生产工人开支的各项费用，包括基本工资、辅助工资等。

（2）材料费。指用于建筑安装工程上的消耗性材料、装置性材料和周转性材料摊销费。包括定额工作内容规定应计入的未计价材料和计价材料。材料预算价格一般包括材料原价、运杂费、运输保险费和采购及保管费四项。

（3）施工机械使用费。指消耗在建筑安装工程项目上的机械磨损、维修安装、拆除和动力燃料费用及其他有关费用等。包括折旧费、修理及替换设备费、安装拆卸费、机上人工费和动力燃料费等。

2. 其他直接费

其他直接费是指基本直接费以外在施工过程中直接发生的其他费用，包括冬、雨季施工增加费，夜间施工增加费，特殊地区施工增加费，临时设施费，安全生产措施费及其他费用。

（1）冬、雨季施工增加费。指在冬、雨季施工期间为保证工程质量和安全生产所需增加的费用。包括增加施工工序，增设防雨、保温、排水等设施消耗的动力、燃料、材料以及因人工、机械效率降低而增加的费用。

（2）夜间施工增加费。指施工场地和公用施工道路的照明费用。照明线路工程费用包括在"临时设施费"中；施工附属企业系统、加工厂、车间的照明费用，列入相应的产品中，均不包括在本项费用之内。

（3）特殊地区施工增加费。指在高海拔、原始森林、沙漠等特殊地区施工而增加的费用。

（4）临时设施费。指施工企业为进行建筑安装工程施工所必需的但又未被划入施工临时工程的临时建筑物、构筑物和各种临时设施的建设、维修、拆除、摊销等。如供风、供水（支线）、供电（场内）、照明、供热系统及通信支线，土石料场，简易砂石料加工系统，小型混凝土拌和浇筑系统，木工、钢筋、机修等辅助加工厂，混凝土预制构件厂，施工排水，场地平整、道路养护及其他小型临时设施。

（5）安全生产措施费。指为保证施工现场安全作业环境及安全施工、文明施工需要，在工程设计已考虑的安全支护措施之外发生的安全生产、文明施工相关费用。

（6）其他费用。包括施工工具用具使用费，检验试验费，工程定位复测及施工控制网测设，工程点交、竣工场地清理费，工程项目及设备仪表移交生产前的维护费，工程验收检测费等。

（二）间接费

间接费指施工企业为建筑安装工程施工而进行组织与经营管理所发生的各项费用。间接费构成产品成本，由规费和企业管理费组成。

1. 规费

规费是指政府和有关部门规定必须缴纳的费用，包括社会保险费和住房公积金。

（1）社会保险费。

1）养老保险费。指企业按照规定标准为职工缴纳的基本养老保险费。

2）失业保险费。指企业按照规定标准为职工缴纳的失业保险费。

3）医疗保险费。指企业按照规定标准为职工缴纳的基本医疗保险费。

4）工伤保险费。指企业按照规定标准为职工缴纳的工伤保险费。

5）生育保险费。指企业按照规定标准为职工缴纳的生育保险费。

（2）住房公积金。住房公积金是指企业按照规定标准为职工缴纳的住房公积金。

2. 企业管理费

企业管理费是指施工企业为组织施工生产经营活动所发生的管理费用。内容包括以下几种：

（1）管理人员的工资。指管理人员的基本工资、辅助工资。

（2）差旅交通费。是指企业职工因公出差、工作调动的差旅费、误餐补助费、职工探亲路费，劳动力招募费，职工离退休、退职一次性路费，工伤人员就医路费，工地转移费，交通工具运行费及牌照费等。

（3）办公费。指企业办公用具、纸张、账表、印刷、邮电、书报、会议、水电、烧煤（气）等费用。

（4）固定资产使用费。是指企业属于固定资产的房屋、设备、仪器等折旧、大修理、维修费或租赁费等。

（5）工具用具使用费。指企业管理使用的不属于固定资产的工具、用具、家具、交通工具和检验、试验、消防用具等的维修和摊销费等。

（6）职工福利费。是指企业按照国家规定支出的职工福利费，以及由企业支付离退休职工的易地安家补助费、职工退职金、六个月以上的病假人员工资、按规定支付给离休干部的各项经费。职工发生工伤时企业依法在工伤保险基金之外支付的费用，其他在社会保险基金之外依法由企业支付给职工的费用。

（7）劳动保护费。指企业按照国家有关部门规定标准发放给职工的劳动保护用品的购置费、修理费、保健费、防暑降温费、高空作业及进洞津贴、技术安全措施费以及洗澡用水、饮用水的燃料费等。

（8）工会经费。指企业按职工工资总额计提的工会经费。

（9）职工教育经费。指企业为职工学习先进技术和提高文化水平按职工工资总额计提的费用。

（10）保险费。指企业财产保险、管理用车辆等的保险费用，高空、井下、洞内、水下、水上作业等特殊工种安全保险费、危险作业意外伤害保险费等。

（11）财务费用。指企业为筹集资金而发生的各项费用，包括企业经营期间发生的短期融资利息净支出、汇兑净损失、金融机构手续费、企业筹集资金发生的其他财务费用，以及投标和承包工程发生的保函手续费等。

（12）税金。指企业按规定缴纳的房产税、管理用车辆使用税、印花税、城市维护建设税、教育费附加和地方教育附加等。

（13）其他费用。包括技术转让费、企业定额测定费、施工企业进退场费、施工企业承担的部分施工辅助工程设计费、投标报价费、工程图纸资料费及工程摄影费、技术开发费、业务招待费、绿化费、公证费、法律顾问费、审计费、咨询费等。

（三）利润

利润指按规定应计入建筑安装工程费用中的利润。

（四）材料补差

材料补差指根据主要材料消耗量、主要材料预算价格与材料基价之间的差值，计算的主要材料补差金额。材料基价是指计入基本直接费的主要材料的限制价格。

（五）税金

税金指国家对施工企业承担建筑、安装工程作业收入所征收的增值税销项税额。

二、设备费

设备费包括设备原价、运杂费、运输保险费和采购保管费。

三、独立费用

独立费用指在生产准备和施工过程中与工程建设直接有关联而又难于直接摊入某个工程的费用。独立费用由建设管理费、工程建设监理费、联合试运转费、生产准备费、科研勘测设计费和其他费用六项组成。

1. 建设管理费

建设管理费指建设单位在工程项目筹建和建设期间进行管理工作所需的费用。包括建设单位开办费、建设单位人员费、项目管理费三项。

（1）建设单位开办费。指新组建的工程建设单位，为开展工作所必须购置的办公及生活设施、交通工具等，以及其他用于开办工作的费用。

（2）建设单位人员费。指建设单位从批准之日起至完成该工程建设管理任务之日止，需开支的建设单位人员费用。主要包括工作人员的基本工资、辅助工资、职工福利费、劳动保护费、教育经费、养老保险费、失业保险费、医疗保险费、工伤保险费、生育保险费、住房公积金。

（3）项目管理费。指建设单位从筹建到竣工期间所发生的各种管理费用。包括该工程建设过程中用于资金筹措、召开董事（股东）会议、视察工程建设所发生的会议和差旅等费用；工程宣传费；土地使用税、房产税、印花税、合同公证费；审计费；施工期所需的水情、水文、泥沙、气象监测费和报讯费；工程验收费；建设单位人员的教育经费、办公费、差旅交通费、会议费、交通车辆使用费、技术图书资料费、固定资产折旧费、零星固定资产购置费、低值易耗品摊销费、工具用具使用费、修理费、水电费、采暖费等；招标业务费；经济技术咨询费；公安、消防部门派驻工地补贴费以及其他属于工程管理费用。

2. 工程建设监理费

工程建设监理费指建设单位在工程建设工程中委托监理单位，对工程的质量、进度、安全和投资进行监理所发生的全部费用。

3. 联合试运转费

联合试运转费指水利工程的发电机组、水泵等安装完毕，在竣工验收前，进行整套设备带负荷联合试运转期间所需的各项费用。主要包括联合试运转期间所消耗燃料、动力、材料及机械使用费，工具用具购置费，施工单位参加联合试运转人员的工资等。

4. 生产准备费

生产准备费指水利建设项目的生产、管理单位为准备正常的生产运行或管理发生的费用。包括生产及管理单位提前进场费、生产职工培训费、管理用具购置费、备品备件购置费和工器具及生产家具购置费。

（1）生产及管理单位提前进场费。指在工程完工之前，生产、管理单位有一部分工人、技术人员和管理人员提前进场进行生产筹备工作所需的各项费用。包括提前进场人员的基本工资、辅助工资、职工福利费、劳动保护费、养老保险费、失业保险费、医疗保险费、工伤保险费、生育保险费、住房公积金、教育经费、办公费、差旅交通费、会议费、技术图书资料费、零星固定资产购置费、修理费、低值易耗品摊销费、工具用具使用费、水电费、取暖费等，以及其他属于筹建任务应开支的费用。

（2）生产职工培训费。指工程在竣工验收之前，生产及管理单位为保证生产、管理工作能顺利进行，需对工人、技术人员与管理人员进行培训所发生的费用。

（3）管理用具购置费。指为保证新建项目的正常生产和管理所必须购置的办公和生活用具等费用。包括办公室、会议室、资料档案室、阅览室、文娱室、医务室等公用设施需要配置的家具器具费用。

（4）备品备件购置费。指工程在投产运行初期，由于易损件损耗和可能发生事故，而必须准备的备品备件和专用材料的购置费。不包括设备价格中配备的备品备件。

（5）工器具及生产家具购置费。指按设计规定，为保证初期生产正常运行所必须购置的不属于固定资产标准的生产工具、器具、仪表、生产家具等费用。不包括设备价格中已包括的专用工具。

5. 科研勘测设计费

科研勘测设计费指工程建设所需的科研、勘测和设计等费用。包括工程科学研究试验费和工程勘测设计费。

（1）工程科学研究试验费。指在工程建设中，为解决工程的技术问题，而进行必要的科学研究试验所需的费用。

（2）工程勘测设计费。指工程从项目建议书开始至以后各阶段发生的勘测费、设计费。包括可行性研究、初步设计和施工图设计阶段（含招标设计）发生的勘测费、设计费。

6. 其他费用

（1）工程保险费。指工程建设期间，为使工程能在遭受水灾、火灾等自然灾害和意外事故造成损失后得到经济补偿，而对建筑、设备及安装工程进行投保所发生的保险费用。

（2）其他税费。指按国家规定应缴纳的与工程建设有关的税费。

四、预备费

预备费指在设计阶段难以预料而在施工过程中又可能发生的规定范围内的工程费用，以及工程建设期内发生的价差。包括基本预备费和价差预备费两项。

1. 基本预备费

基本预备费主要为解决在工程施工过程中，设计变更和有关技术标准调整增加的投资以及工程遭受一般自然灾害所造成的损失和为预防自然灾害所采取的措施费用。

2. 价差预备费

价差预备费主要为解决在工程项目建设过程中，因人工工资、材料和设备价格上涨以及费用标准调整而增加的投资。

五、建设期融资利息

根据国家财政金融政策规定，工程在建设期内需偿还并应计入工程总投资的融资利息。

第五节 水利水电工程概算文件组成

概算文件包括设计概算报告（正件）、附件、投资对比分析报告。

一、概算正件组成内容

（一）编制说明

1. 工程概况

工程概况是初步设计报告内容的概括介绍，主要包括流域、河系、工程兴建地点，对外交通条件，工程规模、工程效益、工程布置形式，主体建筑工程量，主要材料用量，施工总工期，施工总工时，施工平均人数和高峰人数，资金筹措情况和投资比例等。

2. 主要投资指标

工程静态总投资和总投资，年度价格指数，基本预备费率，建设期融资额度、利率和利息等。

3. 编制原则和依据

（1）概算编制原则和依据。

（2）人工预算单价、主要材料、施工用电、风、水、砂石料等基础单价的计算依据。

（3）主要设备价格的编制依据。

（4）费用计算标准及依据。

（5）工程资金筹措方案。

4. 概算编制中其他应说明的问题

主要说明概算编制方面的遗留问题，影响今后投资变化的因素，以及对某些问题的处理意见，或其他必要的说明等。

5. 主要技术经济指标表

以表格形式反映工程规模，主要建筑物及设备形式，主要工程量、主要材料及燃能消耗量等主要技术指标。

（二）工程概算总表

工程概算总表应汇总工程部分、建设征地移民补偿、环境保护工程、水土保持工程总概算表。

（三）工程部分概算表和概算附表

1. 概算表

（1）工程部分总概算表。

（2）建筑工程概算表。

（3）机电设备及安装工程概算表。

（4）金属结构设备及安装工程概算表。

（5）施工临时工程概算表。

（6）独立费用概算表。

（7）分年度投资表。

（8）资金流量表（枢纽工程）。

2. 概算附表

（1）建筑工程单价汇总表。

（2）安装工程单价汇总表。

（3）主要材料预算价格汇总表。

（4）次要材料预算价格汇总表。

（5）施工机械台时费汇总表。

（6）主要工程量汇总表。

（7）主要材料量汇总表。

（8）工时数量汇总表。

二、概算附件组成内容

（1）人工预算单价计算表。

（2）主要材料运输费用计算表。

（3）主要材料价格计算表。

（4）施工用电价格计算书。

（5）施工用水价格计算书。

（6）施工用风价格计算书。

（7）补充定额计算书。

（8）补充施工机械台时费计算书。

（9）砂石料单价计算书。

（10）混凝土材料单价计算表。

（11）建筑工程单价表。

（12）安装工程单价表。

（13）主要设备运杂费率计算书（附计算说明）。

（14）施工房屋建筑工程投资计算书（附计算说明）。

（15）独立费用计算书（勘测设计费可另附计算书）。

（16）分年度投资表。

（17）资金流量计算表。

（18）价差预备费计算表。

（19）建设期融资利息计算书（附计算说明）。

（20）计算人工、材料、设备预算价格和费用依据的有关文件、询价报价资料及其他。

三、投资对比分析报告

应从价格变动、项目及工程量调整、国家政策性变化等方面进行详细分析，说明初步设计阶段与可行性研究阶段（或可行性研究阶段与项目建议书阶段）相比较的投资变化原因和结论，编写投资分析报告。工程部分报告应包括以下附表：①总投资对比表；②主要工程量对比表；③主要材料和设备价格对比表；④其他相关表格。

投资对比分析报告应汇总工程部分、建设征地移民补偿、环境保护、水土保持各部分对比分析内容。

设计概算报告（正件）、投资对比分析报告可单独成册，也可作为初步设计文件报告（设计概算章节）的相关内容。设计概算附件宜单独成册，并应随初步设计文件报审。

四、说明

编制概算小数点后位数取定方法：基础单价、工程单价为"元"，计算结果精确到小数点后两位；概算表、分年度概算表及总概算表单位为"万元"，计算结果精确到小数点后两位；计量单位为"m""m²""m³"的工程量精确到整数位。

第六节　基 础 单 价 编 制

一、人工预算单价

人工预算单价是指在编制概预算时，用来计算各种生产工人人工费时所采用的人工工时价格，是生产工人在单位时间（工时）所需的费用。它是计算建筑安装工程单价和施工机械台时费中机上人工费的重要基础单价。

人工预算单价的组成内容和标准，在不同时期、不同地区、不同行业、不同部门都是不相同的。因此，在编制概预算时，必须根据工程所在地区的工资类别和现行水利水电施工企业工人工资标准及有关工资性津贴标准，按照国家有关规定，正确地确定生产工人人工预算单价。人工预算单价编制准确与否，对概预算的编制质量起到至关重要的作用。

根据《水利工程设计概（估）算编制规定》（水总〔2014〕429号）（以下简称《编规》）的规定，人工预算单价由基本工资、辅助工资两项内容组成，并划分为工长、高级工、中级工、初级工四个档次。

基本工资包括岗位工资、生产工人年应工作天数内非作业天数的工资。

辅助工资是指在基本工资之外，以其他形式支付给职工的工资性收入，包括根据国家有关规定属于工资性质的各种津贴，主要包括艰苦边远地区津贴、施工津贴、夜餐津贴、节假日加班津贴。

按照工程所在地区的工资区类别和水利水电施工企业工人工资标准并结合水利工程性质特点等进行。

人工预算单价按照表7-2标准计算。

表7-2　　　　　　　　　　　　人工预算单价计算标准　　　　　　　　　　　　单位：元/工时

类别与等级		一般地区	一类区	二类区	三类区	四类区	五类区 西藏二类区	六类区 西藏三类区	西藏四类区
枢纽工程	工长	11.55	11.80	11.98	12.26	12.76	13.61	14.63	15.40
	高级工	10.67	10.92	11.09	11.38	11.88	12.73	13.74	14.51
	中级工	8.90	9.15	9.33	9.62	10.12	10.96	11.98	12.75
	初级工	6.13	6.38	6.55	6.84	7.34	8.19	9.21	9.98
引水工程	工长	9.27	9.47	9.61	9.84	10.24	10.92	11.73	12.11
	高级工	8.57	8.77	8.91	9.14	9.54	10.21	11.03	11.40
	中级工	6.62	6.82	6.96	7.19	7.59	8.26	9.08	9.45
	初级工	4.64	4.84	4.98	5.21	5.61	6.29	7.10	7.47
河道工程	工长	8.02	8.19	8.31	8.52	8.86	9.46	10.17	10.49
	高级工	7.40	7.57	7.70	7.90	8.25	8.84	9.55	9.88
	中级工	6.16	6.33	6.46	6.66	7.01	7.60	8.31	8.63
	初级工	4.26	4.43	4.55	4.76	5.10	5.70	6.41	6.73

注　1. 艰苦边远地区划分执行人事部、财政部《关于印发〈完善艰苦边远地区津贴制度实施方案〉的通知》（国人部发〔2006〕61号）及各省（自治区、直辖市）关于艰苦边远地区津贴制度实施意见。执行时应根据最新文件进行调整。

　　2. 跨地区建设项目的人工预算单价可按主要建筑物所在地确定，也可按工程规模或投资比例进行综合确定。

二、材料预算价格

（一）概述

材料是指在建筑工程（如水利工程、房屋建筑工程、道路与桥梁工程等）的建设过程中，所直接耗用的原材料、半成品、成品、零部件等的统称。材料是各项基本建设的重要物质基础之一，是建筑安装工人加工和施工的劳动对象，它包括直接消耗在工程上的消耗性材料、构成工程实体的装置性材料和在施工过程中可重复使用的周转性材料。

材料预算价格是指材料从购买地运到工地分仓库或相当于工地分仓库的材料堆放场地的出库价格。材料从工地分仓库至施工现场用料点的场内运杂费已计入定额内。在水利水电工程建设过程中，材料消耗的品种多、数量大，材料费是建筑安装工程投资的主要组成部分，所占的比重很大，一般可达到建安工程投资的 30%～65%。而材料预算价格是编制建筑安装工程单价中材料费的基础单价，因此准确地计算材料预算价格，对于提高工程概预算编制质量、正确合理地确定工程造价与工程投资具有重要意义。所以在编制材料预算价格过程中，必须通过深入细致的市场调查研究，并结合工程所在地编制年的物价水平，实事求是地进行计算。

（二）水利水电工程主要材料与次要材料的划分

水利水电工程建设中所使用的材料品种繁多、数量不同、规格型号各异，在编制材料的预算价格时没必要也不可能逐一详细计算，而是按其用量的多少及对工程投资的影响程度大小，将材料划分为主要材料和次要材料。对于主要材料要逐一详细地计算其材料预算价格，而对于次要材料则采用简化的方法进行计算。

1. 主要材料

主要材料是指在施工中用量多或用量虽小但价格很高，对工程投资影响较大的材料。

水利水电工程中常用的主要材料一般有以下几种：

（1）水泥。水泥包括硅酸盐水泥、普通硅酸盐水泥、矿渣硅酸盐水泥、火山灰硅酸盐水泥、粉煤灰硅酸盐水泥及一些特殊性能的水泥。

（2）钢材。钢材包括各种钢筋、钢绞线、钢板、工字钢、角钢、槽钢、扁钢、钢轨、钢管等。

（3）木材。木材包括原木、板枋材等。

（4）油料。油料包括汽油、柴油。

（5）火工产品。火工产品包括炸药（起爆炸药、单质猛炸药、混合猛炸药）、雷管（火雷管、电雷管、延期雷管、毫秒雷管）、导电线或导火线（导火索、纱包线、导爆索等）。

（6）砂石料。砂石料包括砂砾料、砂、卵（砾）石、碎石、块石、料石等当地建筑材料，是建筑工程中混凝土、反滤层、堆砌石和灌浆等结构物的主要建筑材料。

（7）电缆及母线。

（8）粉煤灰。

2. 次要材料

次要材料又称其他材料，是指施工中品种繁多且用量少，对工程投资影响较小的除主要材料外的其他材料。

次要材料与主要材料是相对而言的，两者之间并没有严格的界限，要根据工程对某种材料用量的多少及其在工程投资中所占的比重来确定。例如：大体积混凝土工程为了温控措施，需要掺用大量的粉煤灰；碾压混凝土坝工程也掺有大量的粉煤灰；还有大量采用沥青混凝土的防渗工程等，可将粉煤灰、沥青视为主要材料。而对于石方开挖量很小的工程，炸药可作为次要材料。对于土石坝工程，木材用量很少也可以作为次要材料。

（三）主要材料预算价格

1. 主要材料预算价格的组成内容

主要材料预算价格一般包括材料原价、运杂费、运输保险费、采购及保管费四项内容。其计算公式为：

$$材料预算价格＝（材料原价＋运杂费）×（1＋采购及保管费率）＋运输保险费 \qquad (7-1)$$

2. 主要材料预算价格的编制

编制材料预算价格，首先要了解有关材料各方面的信息：工程所在地区就近建筑材料市场的材料价格、材料供应情况、对外交通条件、已建工程的有关经验和资料、国家或地方有关法规、规范等。其次应综合考虑，科学合理地选择材料供货商、供货地点、供货比例和运输方式等，使编制的材料预算价格尽可能符合工程实际，以达到节约投资，降低工程造价的目的。

（1）材料原价。材料原价指材料指定交货地点的价格，按不含增值税进项税额的价格计算。

（2）运杂费。材料运杂费是指材料由产地或交货地点至工地分仓库或相当于工地分仓库的材料堆放场地所发生的全部费用之和，包括各种运载工具的运输费、装卸费及其他费用。按不含增值税进项税额的价格计算。由工地分仓库或相当于工地分仓库的材料堆放场地至现场各施工点的运输费用，已包括在定额内，在材料预算价格中不再计算。

材料预算价格的编制，应根据施工组织设计所选定的材料来源、运输方式、运输工具、运输线路和运输里程，并按照交通部门的有关规定，计算材料的运杂费。特殊材料或部件运输，还要考虑特殊措施费、改造路面和桥梁等费用。

（3）材料运输保险费。材料运输保险费是指材料在运输途中的保险费。其计算公式为：

$$材料运输保险费＝材料原价×材料运输保险费率 \qquad (7-2)$$

材料运输保险费率可按工程所在省（自治区、直辖市）或中国人民保险公司的有关规定计算。

（4）材料采购及保管费。材料采购及保管费是指材料在采购、供应和保管过程中所发生的各项费用。其主要内容包括以下几项：

1）各级材料采购、供应及保管部门工作人员的基本工资、辅助工资、职工福利费、劳动保护费、养老保险费、失业保险费、医疗保险费、工伤保险费、生育保险费、住房公积金、教育经费、办公费、差旅交通费及工具用具使用费等。

2）仓库、转运站等设施的检修费、固定资产折旧费、技术安全措施费等。

3）材料在运输、保管过程中发生的损耗。

采购及保管费的计算公式为：

$$材料采购及保管费＝（材料原价＋运杂费）×采购及保管费率×1.10 \qquad (7-3)$$

按现行规定，材料采购及保管费率见表 7-3；1.10 为按《调整办法》规定的调整系数。

表 7 - 3　　　　　　　　　　　采 购 及 保 管 费 率

序号	材 料 名 称	费 率/%
1	水泥、碎（砾）石、砂、块石	3
2	钢材	2
3	油料	2
4	其他材料	2.5

【例 7 - 1】 某混凝土坝工程所用水泥由某地水泥厂直供，水泥强度等级为 42.5，其中袋装水泥占 20%，散装水泥占 80%，袋装水泥不含增值税进项税额的价格为 320 元/t，散装水泥不含增值税进项税额的价格为 290 元/t。通过调查确定的运输流程及各项费用为：自水泥厂通过公路运往工地仓库，其中袋装水泥不含增值税进项税额的运杂费为 21.6 元/t，散装不含增值税进项税额的运杂费为 12.8 元/t；从仓库到拌和楼由汽车运送，不含增值税进项税额的运费为 1.7 元/t，进罐费为 1.5 元/t；运输保险费按 1% 计；采购保管费率按 3% 计。试计算水泥的预算价格。

解： 水泥原价＝袋装水泥不含增值税进项税额的价格×20%＋散装水泥不含增值税进项税额的价格×80%

　　　　＝320×20%＋290×80%＝296（元/t）

水泥运杂费＝水泥厂至工地仓库运杂费＋工地仓库至拌和楼运杂费＋进罐费

　　　　＝（21.6×20%＋12.8×80%）＋1.7＋1.5＝17.76（元/t）

水泥运输保险费＝水泥原价×运输保险费率＝296×1%＝2.96（元/t）

水泥预算价格＝（水泥原价＋运杂费）×（1＋采购及保管费率×1.10）＋运输保险费

　　　　＝（296＋17.76）×（1＋3%×1.10）＋2.96＝327.07（元/t）

（四）其他材料预算价格的确定

其他材料预算价格可参考工程所在地区的工业与民用建筑安装工程材料预算价格或信息价格。

（五）基价及材料补差

为了避免材料市场价格起伏变化，造成间接费、企业利润的相应变化，有些部门（如工业与民用建筑）和有些地方的水利水电主管部门，对主要材料规定了统一价格，按此价格计算工程单价计取有关费用，故称为取费价格。这种价格由主管部门发布，在一定时期内固定不变，故又称基价。

《调整办法》中规定，主要材料预算价格超过表 7 - 4 规定的材料基价时应按基价计入

表 7 - 4　　　　　　　　　　　主 要 材 料 基 价

序号	材 料 名 称	单 位	基 价/元
1	柴油	t	2990
2	汽油	t	3075
3	钢筋	t	2560
4	水泥	t	255
5	炸药	t	5150

工程单价参与取费，预算价与基价的差值以材料补差形式计算税金后计入工程单价。外购的砂、卵（砾）石、碎石、块石、料石等材料预算价格如超过 70 元/m³，按 70 元/m³ 取费，余额以补差形式计算税金后计入工程单价。

三、施工机械台时费

（一）概述

一台施工机械正常工作 1h，称为施工机械台时。施工机械台时费是指一台施工机械在一个工作小时内，为使机械正常运行所需支付、消耗和分摊的各种费用的总和，又称"台时价格"。施工机械台时费是编制建筑安装工程单价中机械使用费的基础单价，应根据《水利工程施工机械台时费定额》及有关规定进行编制。在水利水电工程施工中，随着施工机械化程度的不断提高，施工机械台时费在工程投资中所占比例越来越大，目前已达到 20%～30%。因此准确计算施工机械台时费对合理确定工程造价非常重要。

（二）施工机械台时费的组成内容

施工机械台时费由两类费用组成，包括一类费用和二类费用。

1. 一类费用

第一类费用由折旧费、修理及替换设备费、安装拆卸费组成。一类费用是按定额编制年的物价水平在施工机械台时费定额中以金额表示，编制台时费时应考虑物价上涨因素，按主管部门公布的物价调整系数进行调整。

（1）折旧费。折旧费是指施工机械在规定使用期内收回原始价值的台时折旧摊销费用。

（2）修理及替换设备费。修理及替换设备费是指施工机械在使用过程中，为了使机械保持正常功能而进行修理所需的费用、日常保养所需的润滑油料费、擦拭用品费、机械保管费以及替换设备、随机使用的工具附具等所需的台时摊销费。包括以下几项。

1）大修理费。大修理费是指施工机械使用一定台时，为了使机械保持正常功能而进行大修理所需的台时摊销费用。部分属于大型施工机械的中修费合并入大修理费内一起计列。

2）经常性修理费。经常性修理费是指施工机械在寿命期内除大修理费之外的保养、临时故障排除及机械停置期间的维护等所需各种费用，包括中修费（属于大型施工机械不包括中修费）、小修费、各级保养费、润滑及擦拭材料费以及保管费等费用的台时摊销费。

3）替换设备费。替换设备费包括施工机械需用的蓄电池、变压器、启动器、电线、电缆、电器开关、仪表、轮胎、传动皮带、输送皮带、钢丝绳、胶皮管等替换设备和为了保证机械正常运转所需的随机使用的工具附具的摊销费用。

（3）安装拆卸费。安装拆卸费是指施工机械进出工地的安装、拆卸、试运转和场内转移及辅助设施的摊销费用。部分大型施工机械的安装拆卸不在其施工机械使用费中计列，包含在其他施工机械临时工程中。

现行施工机械台时费定额中，凡备注栏内注有"※"的大型施工机械，表示该项定额未计列安装拆卸费，其费用在临时工程中的"其他施工临时工程"中计算，如混凝土搅拌楼、缆索起重机、塔带机、钢模台车等。

2. 二类费用

第二类费用是指机上人工费和施工机械所消耗的动力费、燃料费，在施工机械台时费定额中以实物量形式表示，其定额数量一般不允许调整，其费用按国家规定的人工工资计算办法和工程所在地的物价水平分别计算。但是因工程所在地的人工预算单价、材料市场价格各异，所以此项费用一般随工程地点不同而变化，为可变费用。

（1）机上人工费。机上人工费是指施工机械运转时应配备的机上操作人员预算工资所需的费用。机上人工在施工机械台时费定额中以工时数量表示，它包括机械运转时间、辅助时间、机上人员用餐、交接班以及必要的机械正常中断时间。机下辅助人员预算工资一般列入工程人工费，而不包括在此项费用内。

（2）动力、燃料费。动力、燃料费指施工机械正常运转时所耗用的各种动力费用及燃料费用，包括风（压缩空气）、水、电、汽油、柴油、煤和木柴等所需的费用。定额中以实物消耗量表示。

（三）施工机械台时费的计算

台时费计算依据现行水利部颁发的《水利工程施工机械台时费定额》（以下简称《台时费定额》）及《调整办法》等有关规定。

1. 一类费用

根据施工机械设备规格、型号、设备容量等参数，查阅现行台时费定额中的一类费用，其中，折旧费除以 1.15 调整系数，修理及替换设备费除以 1.11 调整系数，安装拆卸费不变。计算公式如式（7-4）所示。

一类费用＝定额折旧费÷1.15＋定额修理及替换设备费÷1.11＋定额安装拆卸费

（7-4）

掘进机及其他由建设单位采购、设备费单独列项的施工机械，台时费中不计折旧费，设备费除以 1.17 调整系数。

2. 二类费用

根据台时费定额中的人工工时数量、动力、燃料消耗量及各工程的人工预算单价、材料预算价格（不含增值税进项税额），计算出二类费用，其中人工费按中级工计算。计算公式如式（7-5）所示。

第二类费用＝机上人工费＋动力、燃料费

＝定额机上人工工时数×中级工人工预算单价＋

Σ（定额动力、燃料消耗量×动力、燃料相应的预算价格）

（7-5）

3. 施工机械台时费

施工机械台时费＝一类费用＋二类费用　　　　（7-6）

【例 7-2】 已知某水利枢纽工程中中级工人工预算单价为 8.9 元/工时，柴油预算价格为 5.57 元/kg（不含增值税进项税额）。请按现行台时费定额及有关规定计算 15t 自卸汽车的台时费。

解： 查台时费定额可知，一类费用中折旧费 42.67 元/台时、修理及替换设备费 29.87 元/台时；二类费用中机上人工工时数为 1.3 工时/台时，柴油耗量为 13.1kg/台时。

则有

$$一类费用＝42.67÷1.15＋29.87÷1.11＝64.01(元/台时)$$

$$二类费用＝机上人工费＋动力燃料费＝1.3×8.9＋13.1×5.57＝11.57＋72.97$$
$$＝84.54(元/台时)$$

所以，15t 自卸汽车的台时费＝一类费用＋二类费用

$$＝64.01＋84.54＝148.55(元/台时)$$

其中

$$材料补差＝13.1×(5.57－2.99)＝33.80(元/台时)$$

（四）施工机械组合台时费的计算

组合台时（简称组时）是指多台施工机械设备相互衔接或配备形成的机械联合作业系统的台时，组合台时费是指系统中各施工机械台时费之和，其计算公式为：

$$B = \sum_{i=1}^{m} T_i n_i \tag{7-7}$$

式中　B——机械组时费，元/组时；

　　　m——该系统的机械设备种类数目；

　　　T_i——第 i 种机械设备的台时费，元/台时；

　　　n_i——第 i 种机械配备的台数，台。

（五）补充施工机械台时费的编制

当施工组织设计选取的施工机械在《台时费定额》中缺项，或规格、型号不符时，可以按有关规定编制补充施工机械台时费。具体编制方法可参考相关资料进行编制，这里不再赘述。

四、施工用电、风、水预算价格

水利水电工程施工中，要消耗大量的电、风、水，其预算价格编制的准确程度，将直接影响到施工机械台时费和工程单价的高低，进而影响到工程造价、工程投资编制是否合理。因此，在编制电、风、水预算价格时，要根据工程所在地的现场情况、工程规模、工程特点、施工企业技术装备情况等编制合理的施工组织设计，确定电、风、水的供应方式、布置形式、设备配备等，据此编制准确的施工用电、风、水预算价格。

（一）施工用电价格

1. 施工用电分类

施工用电按其用途可分为生产用电和生活用电两部分。生产用电系指施工机械用电、施工照明用电和其他生产用电。生产用电直接计入工程成本。生活用电系指生活、文化、福利建筑的室内、外照明和其他生活用电。生活用电不直接用于生产，应在间接费内开支或由职工负担，不在施工用电电价计算范围内。水利水电工程概预算中的施工用电电价计算范围仅指生产用电。

2. 施工用电来源

（1）外购电。由国家或地方电网及其他电厂供电的电网供电。电网供电电价低廉，电源可靠，是施工时的主要电源。

（2）自发电。由施工企业自备柴油发电机、自建水力或火力发电厂供电。自发电成本

较高，一般作为施工企业的备用电源或高峰用电时使用。

3. 施工用电价格的组成

施工用电价格，由基本电价、电能损耗摊销费和供电设施维修摊销费三部分组成。根据施工组织设计确定的供电方式以及不同电源供电量所占比例，按国家或工程所在省、自治区、直辖市规定的电网电价和各种规定的加价进行计算。

（1）基本电价。

1）外购电（电网供电）的基本电价。外购电（电网供电）的基本电价指施工企业直接向供电单位购电按规定所需支付的不含增值税进项税额的供电价格。凡是国家电网供电，均执行国家规定的基本电网电价中的非工业标准电价，包括电网电价（如非工业标准电价）、电力建设基金（如三峡工程建设基金）、用电附加费（如公用事业附加费、燃料附加费）及各种按规定的加价（农网改造还贷）等。由地方电网或其他企业中、小型电网供电的，执行地方电价主管部门规定的电价。

2）自发电的基本电价。自发电的基本电价指施工企业自建发电厂的单位发电成本。自建发电厂一般有柴油发电厂（或柴油发电机组）、燃煤发电厂和水力发电厂等。

（a）柴油发电厂：是自发电电厂中较普通的一种，在初设阶段编制概算时，根据自备电厂所配置的设备，以台时总费用来计算单位电能的成本作为基本电价（不含增值税进项税额），柴油发电机供电如果采用水泵供给冷却水时，可按式（7-8）计算：

$$基本电价 = \frac{台时总费用}{台时总发电量 \times (1-厂用电率)} \qquad (7-8)$$

$$台时总发电量 = 柴油发电机额定容量之和 \times 发电机出力系数 \qquad (7-9)$$

$$台时总费用 = 柴油发电机组（台）时总费用 + 水泵组（台）时总费用 \qquad (7-10)$$

式中，发电机出力系数根据设备的技术性能和状态选定，一般可取 0.8~0.85；厂用电率一般可取 3%~5%。

柴油发电机供电如果采用循环冷却水，而不用水泵，则基本电价的计算公式为：

$$基本电价 = \frac{台时总费用}{台时总发电量 \times (1-厂用电率)} + 单位循环冷却水费 \qquad (7-11)$$

$$台时总费用 = 柴油发电机组（台）时总费用 \qquad (7-12)$$

式中，单位循环冷却水费取 0.05~0.07 元/(kW·h)；其他同前。

柴油发电机组供电的基本电价同样采用上述方法确定。

（b）燃煤发电厂及水力发电厂：根据施工组织设计所确定的设备配置和工程施工所需的发电量、发电厂运行人员数量、管理人员数量和燃煤消耗、厂用电率等，计算出折旧、大修、运行、维修、管理、损耗等各项费用，按火电厂及水力发电厂常用的发电单位成本分析方法计算基本电价。

（2）电能损耗摊销费。

1）外购电的电能损耗摊销费。外购电的电能损耗摊销费指从施工企业与供电部门的产权分割点处（供电部门计量收费点）起到现场各施工点最后一级降压变压器低压侧止，所有变配电设备和输配电线路上所发生的电能损耗摊销费。包括由高压电网到施工主变压器高压侧之间的高压输电线路损耗和由主变压器高压侧至现场各施工点最后一级降压变压器低压侧之间的变配电设备及配电线路损耗两部分。

2）自发电的电能损耗摊销费。自发电的电能损耗摊销费指从施工企业自建发电厂的出线侧至现场各施工点最后一级降压变压器低压侧止，所有变配电设备和输配电线路上发生的电能损耗摊销费。当出线侧为低压供电时，损耗已包括在台时耗电定额内；当出线侧为高压供电时，则应计入变配电设备及线路损耗摊销费。

从最后一级降压变压器低压侧至施工用电点的施工设备和低压配电线路损耗，已包括在各用电施工设备、工器具的台时耗电定额内，电价中不再考虑。

电能损耗摊销费通常用电能损耗率表示。

（3）供电设施维修摊销费。供电设施维修摊销费指摊入电价的变、配电设备的折旧费、大修理、安装拆卸费、设备及输配电线路的移设和运行维护费等。

按水利部现行《编规》规定，施工场外变、配电设备可计入临时工程，故供电设施维修摊销费中不包括折旧费。

供电设施维修摊销费在初设概算阶段一般可根据经验指标计算。在编制修正概算或预算阶段，可按式（7-13）计算。

$$摊销费＝应摊销的总费用÷总电量（包括生活用电） \qquad (7-13)$$

4. 施工用电价格的计算

（1）外购电电价。其计算公式为：

$$电网供电价格＝\frac{基本电价}{（1－高压输电线路损耗率）×（1－35kV 以下变配电设备及配电线路损耗率）}$$
$$＋供电设施维修摊销费（变配电设备除外） \qquad (7-14)$$

式中：高压输电线路损耗率，可取 3%～5%；35kV 以下变配电设备及配电线路损耗率，可取 4%～7%；供电设施维修摊销费，初设可取 0.04～0.05 元/(kW·h)。

（2）自发电电价。

1）采用专用水泵供给冷却水，计算公式为：

$$柴油发电机供电价格＝\frac{柴油发电机组（台）时总费用＋水泵组（台）时总费用}{柴油发电机额定容量之和×发电机出力系数×（1－厂用电率）}$$
$$÷（1－变配电设备及配电线路损耗率）＋供电设施维修摊销费$$
$$(7-15)$$

2）采用循环冷却水，计算公式为：

$$柴油发电机供电价格＝\frac{柴油发电机组（台）时总费用}{柴油发电机额定容量之和×发电机出力系数×（1－厂用电率）}$$
$$÷（1－变配电设备及配电线路损耗率）＋供电设施维修摊销费$$
$$＋单位循环冷却水费 \qquad (7-16)$$

式中指标取值同前。

（3）综合电价。外购电与自发电的电量比例，要根据工程具体情况，由施工组织设计确定。同一工程中有两种或两种以上供电方式供电时，综合电价应根据供电比例加权平均计算。

（二）施工用风价格

水利水电工程施工用风主要指在水利水电工程施工过程中用于石方开挖、混凝土振捣、基础处理、金属结构和机电设备安装工程等风动机械（如风钻、潜孔钻、风水枪、风砂枪、混凝土喷射机、振动器、铆钉枪、凿岩台车等）所需的压缩空气。压缩空气可由固定式空压机和移动式空压机供给。对分区布置多个供风系统的工程，施工用风价格按各系统供风量的比例加权平均计算综合风价。

1. 施工用风价格的组成

施工用风价格由基本风价、供风损耗摊销费和供风设施维修摊销费组成。

（1）基本风价。基本风价是指根据施工组织设计所配置的供风系统设备，按台时总费用除以台时总供风量计算的单位风量价格。

1）空气压缩机系统如果采用水泵冷却，则基本风价计算公式为：

$$基本风价 = \frac{空压机组（台）时总费用 + 水泵组（台）时总费用}{空压机额定容量之和（m^3/min）\times 60（min）\times 能量利用系数} \qquad (7-17)$$

式中，能量利用系数一般取 0.70～0.85。

2）空气压缩机系统如果采用循环冷却水，不用水泵，则基本风价计算公式为：

$$基本风价 = \frac{空压机组（台）时总费用}{空压机额定容量之和（m^3/min）\times 60（min）\times 能量利用系数} +$$
$$单位循环冷却水费 \qquad (7-18)$$

式中，单位循环冷却水费一般可取 0.007 元/m³。

（2）供风损耗摊销费。供风损耗摊销费是指由压气站至用风工作面的固定供风管道，在输送压气过程中所发生的漏气损耗、压气在管道中流动时的阻力风量损耗摊销费用。

损耗摊销费常用损耗率表示，损耗率一般可按总用风量的 8%～12%选取，供风管路短的，取小值，长的取大值。

（3）供风设施维修摊销费。供风设施维修摊销费是指摊入风价的供风管道的维护、修理费用。初步设计阶段编制工程概算时，采用经验指标值，一般取 0.004～0.005 元/m³。编制工程预算时，若无实际资料或资料不足无法进行具体计算时，也可采用上述经验值。

2. 施工用风价格的计算

（1）采用水泵供水冷却时，计算公式为：

$$施工用风价格 = \frac{空压机组（台）时总费用 + 水泵台（组）总费用}{空压机额定容量之和（m^3/min）\times 60（min）\times 能量利用系数} \div$$
$$（1-供风损耗率）+ 供风设施维修摊销费 \qquad (7-19)$$

（2）采用循环水冷却时，计算公式为：

$$施工用风价格 = \frac{空压机组（台）时总费用}{空压机额定容量之和（m^3/min）\times 60（min）\times 能量利用系数} \div$$
$$（1-供风损耗率）+ 供风设施维修摊销费 + 单位循环冷却水费$$
$$(7-20)$$

（3）综合风价。同一工程中有两个或两个以上供风系统时，综合风价应该根据供风比例加权平均计算。

（三）施工用水价格

水利水电工程施工用水包括生产用水和生活用水两部分。生产用水直接计入工程成本，主要包括施工机械用水、机械加工用水、砂石料筛洗用水、混凝土拌制和养护用水、钻孔灌浆用水、土石坝砂石料压实用水、消防用水、环保用水等。生活用水不直接计入工程成本，主要包括职工、家属的饮用水和洗涤用水等。

水利水电工程概预算中施工用水的水价，仅指生产用水的水价。生活用水应由间接费用开支和职工自行负担，不属于施工用水水价计算范围。生产用水水价是各种用水施工机械台时费和工程单价的计算依据。

如果生产、生活用水采用同一系统供水，那么凡为生活用水而增加的费用（如水净化药品费等），均不应摊入生产用水的单价内。根据施工组织设计所确定的生产用水供水方式，若需分别设置几个供水系统，则可按各系统供水量的比例加权平均计算综合水价。

1. 施工用水价格的组成

施工用水价格由基本水价、供水损耗摊销费和供水设施维修摊销费组成。

（1）基本水价。基本水价是根据施工组织设计所确定的施工期间高峰用水量所配备的供水系统设备（不含备用设备），按台时产量分析计算的单位水量的价格。

（2）供水损耗摊销费。水量损耗是指施工用水在储存、输送、处理过程中的水量损失。在计算水价时，水量损耗通常以损耗率表示，计算公式为：

$$损耗率(\%) = \frac{损失水量}{水泵总出水量} \times 100\% \qquad (7-21)$$

编制水利水电工程概算阶段损耗率一般可按出水量的 $6\% \sim 10\%$ 计取，在预算阶段，如有实际资料，应根据实际资料计算。否则可根据式（7-21）计算。

（3）供水设施维修摊销费。供水设施维修摊销费是指摊入水价的蓄水池、供水管路等供水设施的单位维护修理费用。在编制水利水电工程概算阶段一般可按经验指标 $0.04 \sim 0.05$ 元/m³ 计入水价，在编制预算阶段，如有实际资料，应根据实际资料计算。否则可根据上述数值计算。大型工程或一、二级供水系统可取大值，中小型工程或多级供水系统可取小值。

2. 水价的计算

$$施工用水水价 = \frac{水泵组（台）时总费用}{水泵额定容量之和（m³/h）\times 能量利用系数 \times（1-损耗率）} +$$

$$供水设施维修摊销费 \qquad (7-22)$$

式中，能量利用系数一般取 $0.75 \sim 0.85$。

3. 水价计算时应注意的几个问题

根据供水系统不同情况，在计算水泵台时费和台时总出水量时，应考虑以下几种情况：

（1）水泵台时总出水量计算，应根据施工组织设计选定的水泵型号、系统的实际扬程和水泵性能曲线确定。

（2）在计算台时总出水量和台时总费用时，如计入备用水泵的出水量，则台时总费用中也应包括备用水泵的台时费。如备用水泵的出水量不计，则台时费也不计。

（3）供水系统为一级供水时，台时总出水量按全部工作水泵的总出水量计算。

（4）供水系统为多级供水时，又分以下三种情况：

1）当全部水量通过最后一级水泵出水，则台时总出水量按最后一级工作水泵的出水量计算，但台时总费用应包括所有各级工作水泵的台时费。

2）当有部分水量不通过最后一级，而由其他各级分别供水时，要逐级计算水价。

3）当最后一级是供生活用水时，则台时总出水量包括最后一级，但该级台时费不应计算在台时总费用内。

（5）施工用水有循环用水时，水价要根据施工组织设计的供水工艺流程计算。

五、砂石料单价

在水利水电工程建设过程中，由于砂石料的使用量很大，大中型工程一般由施工单位自行采备。自采砂石料单价根据料源情况、开采条件和工艺流程按相应定额和不含增值税进项税额的基础价格进行计算，并计取间接费、利润及税金。自采砂石料按不含税金的单价参与工程费用计算。小型工程一般可在市场上就近采购。外购砂石料的单价按编制材料预算价格的方法编制。水利部现行《编规》规定，砂、碎石（砾石）、块石、料石等预算价格如超过基价 70 元/m^3，应按 70 元/m^3 进入工程单价，超过 70 元/m^3 部分以材料补差形式计取税金后列入相应部分。

六、混凝土、砂浆材料单价

（一）概述

混凝土、砂浆材料单价是指配制 1m^3 混凝土、砂浆所需的水泥、砂石骨料、水、掺合料及外加剂等各种材料的费用之和。

混凝土和砂浆是混凝土工程的主要构成材料。混凝土、砂浆材料单价在混凝土工程单价中占有较大的比重，所以在编制混凝土工程概预算单价时，应根据设计选定的不同工程部位的混凝土及砂浆的强度等级、级配和龄期，首先确定混凝土及砂浆各组成材料的用量，进而计算出混凝土及砂浆材料单价。

根据每 1m^3 混凝土、砂浆中各种材料预算用量分别乘以其材料预算价格，其总和即为定额表中混凝土、砂浆的材料单价。

（二）编制混凝土材料单价应遵循的原则

1. 大体积混凝土工程混凝土材料单价编制

编制大体积混凝土工程（如拦河坝等）概预算单价时，混凝土材料必须按掺加适量粉煤灰以节省水泥用量来编制其单价作为计价依据，掺量比例应根据设计对混凝土的温度控制要求或试验资料选取。如无试验资料，可根据一般工程实际掺用比例情况，按现行《水利建筑工程概预算定额》附录 7 "掺粉煤灰混凝土材料配合表" 选取。

2. 现浇混凝土及碾压混凝土工程凝土材料单价编制

编制现浇混凝土及碾压混凝土工程概预算单价时，混凝土材料均应采用掺外加剂（木质素磺酸钙等）的混凝土配合比来编制其单价作为计价依据，以减少水泥用量。一般情况下不得采用纯混凝土配合比作为编制混凝土概预算单价的依据。

（三）混凝土材料单价的计算步骤与方法

混凝土各组成材料用量是计算混凝土材料单价的基础，应根据工程试验提供的资料计算。若设计深度或试验资料不足，也可按下述步骤和方法计算混凝土半成品的材料用量及材料单价。

1. 选定水泥品种与强度等级

拦河坝等大体积水工混凝土，一般可选用强度等级为32.5与42.5的水泥。对水位变化区外部混凝土，宜选用普通硅酸盐大坝水泥和普通硅酸盐水泥；对大体积建筑物内部混凝土、位于水下的混凝土和基础混凝土，宜选用矿渣硅酸盐大坝水泥、矿渣硅酸盐水泥和粉煤灰硅酸盐水泥。

2. 确定混凝土强度等级和级配

混凝土强度等级和级配是根据水工建筑物各结构部位的运用条件、设计要求和施工条件确定的。

3. 确定混凝土材料配合比

混凝土材料中各种组成材料的用量，应根据设计强度等级，由试验确定，计算时，其水泥、砂石预算用量要比配合比理论计算量分别增加2.5％、3％与4％。初步设计阶段的混凝土，如无试验资料，可参照概预算定额附录中的混凝土材料配合比表查用。水利部现行《水利建筑工程概预算定额》附录7列出了不同强度混凝土、砂浆配合比，在使用附录混凝土材料配合比表时，应注意以下几个方面：

（1）混凝土强度等级与设计龄期的换算系数。现行定额中，不同混凝土配合比所对应的混凝土强度等级均以28d龄期考虑的，如设计龄期为60d、90d、180d、360d时，应按表7-5的换算系数将各龄期强度等级换算为28d龄期强度等级。当换算结果介于两种强度等级之间时，应选用高一级的强度等级。如某大坝混凝土采用180d龄期设计强度等级为C20，则换算为28d龄期时对应的混凝土强度等级为：C20×0.71≈C14，其结果介于C10与C15之间，则混凝土的强度等级取C15。

表7-5   混凝土龄期与强度等级换算系数

设计龄期/d	28	60	90	180	360
强度等级换算系数	1.00	0.83	0.77	0.71	0.65

（2）骨料种类、粒度换算系数。配合比表中混凝土材料配合比是按卵石、粗砂拟定的，如改用碎石或中、细砂，应对配合比表中的各材料用量按表7-6系数换算（注：粉煤灰的换算系数同水泥的换算系数）。

表7-6   碎石或中、细砂配合比换算系数

项目	水泥	砂	石子	水
卵石换为碎石	1.10	1.10	1.06	1.10
粗砂换为中砂	1.07	0.98	0.98	1.07
粗砂换为细砂	1.10	0.96	0.97	1.10
粗砂换为特细砂	1.16	0.90	0.95	1.16

注 1. 水泥按重量计，砂、石子、水按体积计。

2. 若实际采用碎石及中细砂时，则总的换算系数应为各单项换算系数的乘积。

（3）埋块石混凝土材料用量的调整。埋块石混凝土，应按配合比表的材料用量，扣除埋块石实体的数量计算。

$$埋块石混凝土材料量＝配合比表列材料用量×（1－埋块石率）\qquad （7-23）$$
$$1块石实体方＝1.67码方$$

因埋块石增加的人工工时见表7-7。

表7-7　　　　　　　　　　　埋块石混凝土人工工时增加量

埋块石率/%	5	10	15	20
每100m³埋块石混凝土增加人工工时	24.0	32.0	42.4	56.8

注　不包括块石运输及影响浇筑的工时。

（4）当工程采用的水泥强度等级与配合比表中不同时，应对配合比表中的水泥用量进行调整，见表7-8。

（5）除碾压混凝土材料配合比表外，混凝土配合比表中各材料的预算量包括场内运输及操作损耗，不包括搅拌后（熟料）的运输和浇筑损耗，搅拌后的运输和浇筑损耗已根据不同浇筑部位计入定额内。

表7-8　　　　　　　　　　　水泥强度等级换算系数参考

原强度等级 \ 代换强度等级	32.5	42.5	52.5
32.5	1.00	0.86	0.76
42.5	1.16	1.00	0.88
52.5	1.31	1.13	1.00

（6）水泥用量按机械拌和拟定，若人工拌和，则水泥用量需增加5%。

（7）在混凝土组成材料中，若水泥预算价格超过基价255元/t、外购骨料的预算价格超过限价70元/m³时，应计算出两个混凝土材料单价，一个用实际材料的预算价格计算，一个用基价计算（用此价格计算出的混凝土材料单价进入混凝土工程单价），两个混凝土材料单价的价差以材料补差的形式计入混凝土工程单价。

4. 计算混凝土材料单价

混凝土材料单价计算公式为：

$$混凝土材料单价＝\sum（某材料用量×某材料预算价格）\qquad （7-24）$$

材料预算价格按前文相关知识计算。

如果有几种不同强度等级的混凝土，需要计算混凝土材料的综合单价，则按各强度等级的混凝土所占比例计算加权平均单价。

商品混凝土单价可根据建材市场实际情况和有关规定，参考材料预算价格计算方法编制。参考各地经验，水利部现行《编规》中规定，当采用商品混凝土时，其材料单价应按基价200元/m³计入工程单价参加取费，预算价格与基价的差额以材料补差形式进行计算，材料补差列入单价表中并计取税金。

（四）砂浆材料单价的计算方法

砂浆材料单价的计算方法和混凝土材料单价的计算方法大致相同，应根据工程试验提供的资料确定砂浆的各组成材料及相应的用量，进而计算出砂浆材料单价。若无试验资料，可参照砂浆材料配合比表中各组成材料的预算量，计算砂浆材料的单价。

第七节　建筑与安装工程单价编制

一、概述

建筑、安装工程单价，简称工程单价，指完成单位工程量（如 $1m^3$，$1t$，1 台等）所消耗的直接费、间接费、利润和税金的全部费用。各费用的含义及组成详见第四节。

工程单价由"量、价、费"三要素组成。量，指完成单位工程量所需的人工、材料和施工机械台时数量。需根据设计图纸及施工组织设计等资料，正确选用定额相应子目确定。价，指人工预算单价、材料预算价格和机械台时费等基础单价。费，指按规定计入工程单价的其他直接费、间接费、利润和税金。需按规定的取费标准计算。

二、建筑工程单价编制

（一）建筑工程单价计算方法

1. 直接费

（1）基本直接费。

$$人工费 = \sum 定额劳动量（工时）\times 人工预算单价（元/工时） \tag{7-25}$$

$$材料费 = \sum 定额材料用量 \times 材料预算价格 \tag{7-26}$$

$$机械使用费 = \sum 定额机械使用量（台时）\times 施工机械台时费/（元/台时） \tag{7-27}$$

（2）其他直接费。

$$其他直接费 = 基本直接费 \times 其他直接费率之和 \tag{7-28}$$

其他直接费率如下：

1）冬、雨季施工增加费。

西南、中南、华东区为 $0.5\% \sim 1.0\%$；华北区为 $1.0\% \sim 2.0\%$；西北、东北区为 $2.0\% \sim 4.0\%$；西藏自治区为 $2.0\% \sim 4.0\%$。

西南区、中南区、华东区中，按规定不计冬季施工增加费的地区取小值，计算冬季施工增加费的地区可取大值；华北区中，内蒙古等较严寒地区可取大值，其他地区取中值或小值；西北区、东北区中，陕西、甘肃等省取小值，其他地区可取中值或大值。各地区包括的省（自治区、直辖市）如下：

华北地区：北京、天津、河北、山西、内蒙古 5 个省（自治区、直辖市）。

东北地区：辽宁、吉林、黑龙江三省。

华东地区：上海、江苏、浙江、安徽、福建、江西、山东7个省（直辖市）。

中南地区：河南、湖北、湖南、广东、广西、海南6个省（自治区）。

西南地区：重庆、四川、贵州、云南4个省（直辖市）。

西北地区：陕西、甘肃、青海、宁夏、新疆5个省（自治区）。

2）夜间施工增加费。

枢纽工程：建筑工程为0.5%，安装工程为0.7%。

引水工程：建筑工程为0.3%，安装工程为0.6%。

河道工程：建筑工程为0.3%，安装工程为0.5%。

3）特殊地区施工增加费。

特殊地区施工增加费指在高海拔、原始森林、沙漠等特殊地区施工而增加的费用，其中高海拔地区施工增加已计入定额；其他特殊增加费（如酷热、风沙）应按工程所在地区规定的标准计算；地方没有规定的不得计算此项费用。

4）临时设施费。

枢纽工程：建筑及安装工程3.0%。

引水工程：建筑及安装工程1.8%～2.8%。若工程自采加工人工砂石料，费率取上限；若工程自采加工天然砂石料，费率取中值；若工程采用外购砂石料，费率取下限。

河道工程：建筑及安装工程1.5%～1.7%。灌溉田间工程取下限，其他工程取中上限。

5）安全生产措施费。

枢纽工程：建筑及安装工程2.0%。

引水工程：建筑及安装工程1.4%～1.8%。一般取下限标准，隧洞、渡槽等大型建筑物较多的引水工程、施工条件复杂的引水工程取上限标准。

河道工程：建筑及安装工程1.2%。灌溉田间工程取下限，其他工程取中上限。

6）其他费用。

枢纽工程：建筑工程为1.0%，安装工程为1.5%。

引水工程：建筑工程为0.6%，安装工程为1.1%。

河道工程：建筑工程为0.5%，安装工程为1.0%。

特别说明：

a）砂石备料工程其他直接费费率取0.5%。

b）掘进机施工隧洞工程其他直接费费率取值执行以下规定：土石方类工程、钻孔灌浆及锚固类工程，其他直接费费率为2%～3%；掘进机由建设单位采购、设备费单独列项时，台时费中不计折旧费，土石方类工程、钻孔灌浆及锚固类工程其他直接费费率为4%～5%。敞开式掘进机费率取低值，其他掘进机取高值。

2. 间接费

$$间接费＝直接费×间接费费率 \qquad (7-29)$$

根据工程性质不同间接费标准分为枢纽工程、引水工程及河道工程三部分，间接费费率标准分别见表7-9。

表 7 - 9　　　　　　　　　　　　　间 接 费 费 率

序号	工 程 类 别	计算基础	间接费费率/%		
			枢纽工程	引水工程	河道工程
一	建筑工程				
1	土方工程	直接费	8.5	5~6	4~5
2	石方工程	直接费	12.5	10.5~11.5	8.5~9.5
3	砂石备料工程（自采）	直接费	5	5	5
4	模板工程	直接费	9.5	7~8.5	6~7
5	混凝土浇筑工程	直接费	9.5	8.5~9.5	7~8.5
6	钢筋制安工程	直接费	5.5	5	5
7	钻孔灌浆工程	直接费	10.5	9.5~10.5	9.25
8	锚固工程	直接费	10.5	9.5~10.5	9.25
9	疏浚工程	直接费	7.25	7.25	6.25~7.25
10	掘进机施工隧洞工程（1）	直接费	4	4	4
11	掘进机施工隧洞工程（2）	直接费	6.25	6.25	6.25
12	其他工程	直接费	10.5	8.5~9.5	7.25
二	机电、金属结构设备安装工程	人工费	75	70	70

注　引水工程：一般取下限标准，隧洞、渡槽等大型建筑物较多的引水工程、施工条件复杂的引水工程取上限标准。

　　河道工程：灌溉田间工程取下限，其他工程取上限。

　　工程类别划分：

（1）土方工程：包括土方开挖与填筑。

（2）石方工程：包括石方开挖与填筑、砌石、抛石工程等。

（3）砂石备料工程（自采）：包括天然砂砾料和人工砂石料的开采加工。

（4）模板工程：包括现浇各种混凝土时制作及安装的各类模板工程。

（5）混凝土浇筑工程：包括现浇和预制各种混凝土、钢筋制作安装、伸缩缝、止水、防水层、温控措施等。

（6）钢筋制安工程：包括钢筋制作与安装工程等。

（7）钻孔灌浆工程：包括各种类型的钻孔灌浆、防渗墙、灌注桩工程等。

（8）锚固工程：包括混凝土（浆）、锚杆、预应力锚索（筋）工程等。

（9）疏浚工程：指用挖泥船、水力冲挖机组等机械疏浚江河、湖泊的工程。

（10）掘进机施工隧洞工程（1）：包括掘进机施工土石方类工程、钻孔灌浆及锚固类工程等。

（11）掘进机施工隧洞工程（2）：包括掘进机设备单独列项采购并且在台时费中不计折旧费的土石方类工程、
　　　　钻孔灌浆及锚固类工程等。

（12）其他工程：除表中所列 11 类工程以外的其他工程。

　3. 利润

$$利润＝（直接费＋间接费）×利润率 \qquad (7-30)$$

利润率不分建筑工程和安装工程，均按 7% 计算。

　4. 材料补差

$$材料补差＝（材料预算价格－材料基价）×材料消耗量 \qquad (7-31)$$

　5. 税金

$$税金＝（直接费＋间接费＋利润＋材料补差）×税率 \qquad (7-32)$$

（注：若建筑、安装工程中含未计价装置性材料费，则计算税金时应计入未计价装置

性材料费。)

现行计算税率标准：税率为 11%。自采砂石料税率为 3%。

6. 建筑工程单价

$$建筑工程单价＝直接费＋间接费＋利润＋材料补差＋税金 \qquad (7-33)$$

(注：建筑工程单价中含有未计价材料时，格式参照安装工程单价。)

（二）建筑工程单价的编制

1. 建筑工程单价编制步骤

（1）了解工程概况，熟悉设计文件与设计图纸，收集编制依据（定额、基础单价、费用标准等）。

（2）根据施工组织设计确定的施工方法，结合工程特征、施工条件、施工工艺和设备配备情况，正确选用定额子目。

（3）将本工程人工、材料、机械等的基础单价分别乘以定额的人工、材料、机械设备的消耗量，计算所得人工费、材料费、机械使用费相加可得基本直接费。

（4）根据基本直接费和各项费用标准计算其他直接费、间接费、利润和税金，并汇总求得工程单价。当存在材料价差时，应将材料补差计入工程单价。

2. 建筑工程单价表的编制

建筑工程单价在实际工程中一般采用列表法，工程单价计算程序表见表 7-10。

（1）按定额编号、工程名称、单位、数量等分别填入表中相应栏内。其中："名称"一栏，应填写详细和具体，如混凝土要分强度等级和级配等。

（2）将定额中的人工、材料、机械等消耗量，以及相应的人工预算单价、材料预算价格和机械台时费分别填入表中相应各栏。

（3）按"消耗量×单价"的方法，得出相应的人工费、材料费和机械使用费，相加得出基本直接费。

（4）根据规定的费率标准，计算直接费、间接费、利润、税金等，汇总即得出该工程单价。

表 7-10　　　　　　　　　　建筑工程单价计算程序

序号	项　目	计　算　方　法
一	直接费	1＋2
1	基本直接费	①＋②＋③
①	人工费	∑（定额人工工时数×人工预算单价）
②	材料费	∑（定额材料用量×材料预算价格）
③	机械使用费	∑（定额机械台时用量×机械台时费）
2	其他直接费	1×其他直接费费率之和
二	间接费	一×间接费费率
三	利润	（一＋二）×利润率
四	材料补差	（材料预算价格－材料基价）×材料消耗量
五	税金	（一＋二＋三＋四）×税率
六	工程单价	一＋二＋三＋四＋五

三、安装工程单价编制

安装工程包括机电设备安装和金属结构设备安装两部分。机电设备主要指发电设备、升压变电设备、公用设备。其中发电设备如水轮机、发电机、起重设备、辅助设备等；升压变电设备如主变压器、高压电器设备等；公用设备如通信设备、通风采暖设备、机修设备、计算机监控系统、管理自动化系统、全厂接地及保护网等。金属结构设备主要指闸门、启闭设备、拦污栅、压力钢管等。

（一）安装定额表现形式

1. 现行《水利水电设备安装工程概算定额》的表现形式

现行《水利水电设备安装工程概算定额》（以下简称《概算定额》）有两种表现形式，其安装工程单价的计算方法也有区别。

（1）以实物量形式表示的定额。以实物量形式表示的安装工程定额，其安装工程单价的计算与前述建筑工程单价计算方法和步骤基本相同，这种形式编制的单价较准确，但计算相对繁琐。由于这种方法量、价分离，所以能满足动态变化的要求。

采用实物量计算单价的项目有：水轮机、水轮发电机、主阀、大型水泵、水力机械辅助设备，电气设备中的电缆线、接地、保护网、变电站设备（除高压电气设备）、通信设备、起重设备、闸门以及压力钢管等设备。

（2）以安装费率形式表示的定额。安装费率是以安装费占设备原价的百分率形式表示的定额。定额中给定了人工费、材料费和机械使用费各占设备原价的百分比。计算公式见式（7-34）。

$$安装工程直接费 = 设备原价 \times 各费率之和(\%) \tag{7-34}$$

定额人工费安装费率以北京地区为基准给出，在编制安装工程单价时，须根据编制地区的不同进行调整。应根据定额主管部门当年发布的北京地区人工预算单价，与该工程设计概（估）算采用的人工预算单价进行对比，测算其比例系数，以此为依据调整人工费率指标。调整的方法是将定额人工费率乘以本工程安装费率调整系数。调整系数计算见式（7-35）。

$$人工费安装费率调整系数 = \frac{工程所在地人工预算单价}{北京地区人工预算单价} \tag{7-35}$$

根据水利部《调整办法》（办水总〔2016〕132号），定额中材料费费率除以1.03调整系数，机械使用费费率除以1.10调整系数，装置性材料费费率除以1.17调整系数。

采用安装费率计算单价的项目有：电气设备中的发电电压设备、控制保护设备、计算机监控系统、直流系统、厂用电系统和电气试验设备、变电站高压电器设备等。

2. 现行《水利水电设备安装工程预算定额》的表现形式

现行《水利水电设备安装工程预算定额》（以下简称《预算定额》）表现形式均以实物量形式表示。

（二）安装工程单价编制

安装工程单价由直接费、间接费、利润、材料补差、未计价装置性材料费和税金组成。其编制方法有实物量法和安装费率法。安装工程单价的具体编制方法和编制程序见表7-11。

表 7-11　　　　　　　　　　安装工程单价计算程序

序号	项　目	计　算　方　法	
		实物量法	安装费率法/%
一	直接费	1+2	1+2
1	基本直接费	①+②+③	①+②+③+④
①	人工费	Σ（定额人工工时数×人工预算单价）	定额人工费
②	材料费	Σ（定额材料用量×材料预算价格）	定额材料费÷1.03
③	机械使用费	Σ（定额机械台时用量×机械台时费）	定额机械使用费÷1.10
④	装置性材料费		定额装置性材料费÷1.17
2	其他直接费	1×其他直接费费率之和	1×其他直接费费率之和
二	间接费	①×间接费费率	①×间接费费率
三	利润	（一+二）×利润率	（一+二）×利润率
四	材料补差	（材料预算价格－材料基价）×材料消耗量	
五	未计价装置性材料费	未计价装置性材料用量×材料预算价格	
六	税金	（一+二+三+四+五）×税率	（一+二+三）×税率
七	工程单价	一+二+三+四+五+六	单价百分比＝一+二+三+六 单价＝单价百分比×设备原价

（三）编制安装工程单价时应注意的问题

（1）装置性材料费。装置性材料是指它本身属材料，但又是被安装的对象，安装后构成工程的实体。装置性材料分为主要装置性材料和次要装置性材料。

主要装置性材料也叫未计价装置性材料。凡在定额中作为独立的安装项目的材料，即为主要装置性材料，如轨道、管路、电缆、母线、滑触线等。主要装置性材料本身的价值在安装定额内并未包括，需要另外计价，所以主要装置性材料也叫未计价装置性材料。未计价材料用量，应根据施工图设计量计算（并计入规定的操作损耗量），定额规定的操作损耗率见安装定额总说明。由未计价材料设计用量和工地材料预算价格计算其费用。概算定额附录中列有部分子目的装置性材料数量，供编制概算缺乏设计主要装置性材料规格、数量资料时参考。

次要装置性材料也称为已计价装置性材料。次要装置性材料因品种多，规格杂，且价值也较低，故在概预算安装费用子目中均已列入其他费用，所以次要装置性材料又称为已计价装置性材料。如轨道的垫板、螺栓、电缆支架、母线金具等。在编制概（预）算单价时，不必再另行计算。

（2）采用安装费率法计算安装工程单价时，定额人工安装费率需按规定的方法调整，调整系数见式（7-36）。

对进口设备的安装费率也需要调整，调整的方法是将定额安装费率乘以进口设备安装费率调整系数。进口设备的安装费率调整系数计算如下：

$$进口设备安装费率调整系数 = \frac{同类国产设备原价}{进口设备原价} \qquad (7-36)$$

（3）设备自工地仓库运至安装现场的一切费用，称为设备场内运费，属于设备运杂费范畴，不属于设备安装费。在《预算定额》中列有"设备工地运输"一章，是为施工单位自行组织运输而拟定的定额，不能理解为这项费用也属于安装费范围。

（4）压力钢管制作、运输和安装均属安装费范畴，应列入安装费栏目下，这点是和设备不同的，应特别注意。

（5）设备与材料的划分。

1）制造厂成套供货范围的部件，备品备件、设备体腔内定量填物（透平油、变压器油、六氟化硫气等）均作为设备。

2）不论成套供货，还是现场加工或零星购置的储气罐、阀门、盘用仪表、机组本体上的梯子、平台和栏杆等均作为设备，不能因供货来源不同而改变设备性质。

3）如管道和阀门构成设备本体部件时，应作为设备，否则应作为材料。

4）随设备供应的保护罩、网门等已计入相应设备出厂价格内时，应作为设备，否则应作为材料。

5）电缆和管道的支吊架、母线、金属、金具、滑触线和架、屏盘的基础型钢、钢轨、石棉板、穿墙隔板、绝缘子、一般用保护网、罩、门、梯子、栏杆和蓄电池架等，均作为材料。

（6）"电气调整"在《概算定额》中各章节均已包括这项工作内容，而在《预算定额》中是单列一章，独立计算，不包括在各有关章节内。这点应注意，避免在编制预算时遗漏这个项目。

（7）按设备重量划分子目的定额，当所求设备的重量介于同型设备的子目之间时，按插入法计算安装费。如与目标起重量相差5%以内时，可不作调整。

（8）压力钢管一般在工地制作和安装，在《概算定额》中包括一般钢管和叉管的制作及安装共二节。并将直管、弯管、渐变管、斜管和伸缩节等综合考虑，使用时均不作调整，只把叉管制作安装单独列出。《预算定额》中，钢管的制作及安装项目划分得比较细，把钢管制作、安装、运输、分别单独列出，并且定额费以直管列出，对于其他形状的钢管制作和安装以及安装斜度大于等于15°时按不同斜度分别乘规定的修正系数。

（9）使用电站主厂房桥式起重机进行安装工作时，桥式起重机台时费不计基本折旧费和安装拆卸费。

【例7-3】　某灌溉田间工程渠道（上口宽5m）土料为Ⅲ类土，采用1m³液压挖掘机开挖，8t自卸汽车运输，运距2km。该渠道位于中南部一般地区，需要考虑冬季施工增加费，属于河道工程，柴油的价格为3500元/t。根据已知条件及现行《编规》及《调整办法》，求渠道开挖预算单价。

解：（1）根据工程条件，选定定额子目，列表。

（2）根据已知条件及编规查得：中级工6.16元/工时，初级工为4.26元/工时。

（3）计算施工机械台时费。1m³液压挖掘机132.05元/台时，59kW推土机68.49元/台时，8t自卸汽车79.85元/台时，胶轮车0.90元/台时，均为不含增值税销项税价格。

（4）根据现行《编规》及《调整办法》，查得：冬雨季施工增加费率为1%，夜间施工增加费为0.3%，特殊地区施工增加费不计，临时设施费率为1.5%，安全生产措施费率为1.2%，其他0.5%，合计其他直接费费率为4.5%。间接费费率为4%，利润率为7%，税金率为11%。

（5）计算过程见表7-12，可得渠道开挖预算单价为13.47元/m³。

表7-12　　　　　　　　　　建　筑　工　程　单　价

单价编号	01		项目名称	渠道土方开挖工程
定额编号	10450		定额单位	100m³

施工方法：1m³液压挖掘机开挖Ⅲ类土，8t自卸汽车运输，运距2km

编号	名称及规格	单位	数量	单价/元	合计/元
一	直接费	元			1090.67
1	基本直接费	元			1043.70
（1）	人工费	元			167.84
	初级工	工时	39.4	4.26	167.84
（2）	材料费	元			30.40
	零星材料费	%	3	1013.30	30.40
（3）	机械使用费	元			845.46
	反产挖掘机 1m³	台时	1.00	132.05	132.05
	推土机 59kW	台时	0.50	68.49	34.25
	自卸汽车 8t	台时	8.40	79.85	670.74
	胶轮车	台时	9.36	0.90	8.42
2	其他直接费	%	4.5	1043.70	46.97
二	间接费	%	4	1090.67	43.63
三	利润	%	7	1134.30	79.40
四	材料补差	元	0	0.00	0.00
五	税金	%	11	1213.70	133.51
六	工程单价	元			1347.21

第八节　设计总概算编制

一、分部工程概算编制

（一）建筑工程概算编制

建筑工程按主体建筑工程、交通工程、房屋建筑工程、外部供电线路工程、其他建筑工程分别采用不同的方法编制。

1. 主体建筑工程

（1）主体建筑工程概算均按设计工程量乘以工程单价进行编制。

（2）主体建筑工程量应根据《水利水电工程设计工程量计算规则》确定，按项目划分要求，计算到三级项目。

（3）当设计对混凝土施工有温控要求时，应根据温控措施设计，计算温控措施费用；也可以经过分析确定指标后，按建筑物混凝土方量进行计算。

（4）细部结构工程。初步设计阶段由于设计深度所限，不可能对各主体建筑物的细部结构提出工程项目和数量。编制概算时，大多按细部结构指标（表7-13）计算。但这些指标是指直接费，应相应计算其他各项费用。

表7-13　　　　　　　　　　　水工建筑工程细部结构指标

项目名称	混凝土重力坝、重力拱坝、宽缝重力坝、支墩坝	混凝土双曲拱坝	土坝、堆石坝	水闸	冲砂闸、泄洪闸	进水口、进水塔	溢洪道	隧洞
单位	元/m³（坝体方）	元/m³（坝体方）	元/m³（坝体方）	元/m³（混凝土）	元/m³（混凝土）	元/m³（混凝土）	元/m³（混凝土）	元/m³（混凝土）
综合指标	16.2	17.2	1.15	48	42	19	18.1	15.3
项目名称	竖井、调压井	高压管道	电（泵）站地面厂房	电（泵）站地下厂房	船闸	倒虹吸、暗渠	渡槽	明渠（衬砌）
单位	元/m³（混凝土）	元/m³（混凝土）	元/m³（混凝土）	元/m³（混凝土）	元/m³（混凝土）	元/m³（混凝土）	元/m³（混凝土）	元/m³（混凝土）
综合指标	19	4	37	57	30	17.7	54	8.45

注　1. 表中综合指标包括多孔混凝土排水管、廊道木模板制作与安装、止水工程（面板坝除外）、伸缩缝工程、接缝灌浆管路、冷却水管路、栏杆、照明工程、爬梯、通气管道、排水工程、排水渗井钻孔及反滤料、坝坡踏步、孔洞钢盖板、厂房内上下水工程、防潮层、建筑钢材及其他细部结构工程。

2. 表中综合指标仅包括基本直接费内容。

3. 改扩建及加固工程根据设计确定细部结构工程的工程量。其他工程，如果工程设计能够确定细部结构工程的工程量，可按设计工程量乘以工程单价进行计算，不再按表7-13指标计算。

2. 交通工程

交通工程投资按设计工程量乘以单价进行计算，也可根据工程所在地区造价指标或有关实际资料，采用扩大单位指标编制。

3. 房屋建筑工程

（1）水利工程的永久房屋建筑面积，用于生产和管理办公的部分，由设计单位按有关规定，结合工程规模确定；用于值班宿舍及文化福利建筑的投资按主体建筑工程投资的百分率计算。其百分率如下所示。

1）枢纽工程：50000万元≥投资，1.0%～1.5%；100000万元≥投资＞50000万元，0.8%～1.0%；100000万元＜投资，0.5%～0.8%。

2）引水工程：0.4%～0.6%。

3）河道工程：0.4%。

注：在每档中，投资小或工程位置偏远者取大值；反之，取小值。

除险加固工程（含枢纽、引水、河道工程）、灌溉田间工程的永久房屋建筑面积由设计单位根据有关规定结合工程建设需要确定。

（2）室外工程投资，一般按房屋建筑工程投资的 15%～20% 计算。

4. 外部供电线路工程

根据设计的电压等级、线路架设长度及所需配备的变配电设施要求，采用工程所在地区造价指标或有关实际资料计算。

5. 其他建筑工程

（1）安全监测设施工程，指属于建筑工程性质的内外部观测设施。安全监测设施工程项目投资应按设计资料计算。如无设计资料时，可根据坝型或其他工程形式，按照主体建筑工程投资的百分率计算。其百分率为：当地材料坝 0.9%～1.1%，混凝土坝 1.1%～1.3%，引水式电站（引水建筑物）1.1%～1.3%，堤防工程 0.2%～0.3%。

（2）动力线路、照明线路、通信线路等工程投资按设计工程量乘以单价或采用扩大单位指标编制。

（3）其余各项按设计要求分析计算。

建筑工程概算表见表 7-14。

表 7-14　　　　　　　　　　　　建 筑 工 程 概 算

序号	工程或费用名称	单位	数量	单价/元	合计/元

注　1. 按项目划分列至三级项目。

　　2. 本表适用于编制建筑工程概算、施工临时工程概算和独立费用概算。

（二）机电设备及安装工程概算编制

机电设备及安装工程投资由设备费和安装工程费两部分组成。

1. 设备费

设备费由设备原价、运杂费、运输保险费和采购保管费等项组成。

（1）设备原价。

1）国产设备。以出厂价为原价，非定型和非标准产品（如闸门、拦污栅、压力钢管等）采用与厂家签订的合同价或询价。

2）进口设备。以到岸价和进口征收的关税、增值税、手续费、商检费及港口费等各项费用之和为原价。到岸价采用与厂家签订的合同价或询价计算，税费和手续费等按规定计算。

3）自行加工设备。自行加工制作的设备参照有关定额计算价格，但不低于外购价格。

（2）运杂费。指设备由厂家运至工地安装现场所发生的一切运杂费用。主要包括运输费、调车费、装卸费、包装绑扎费、变压器充氮费等。在运输过程中应考虑超重、超高、超宽所增加的费用，如铁路运输的特殊车辆费、公路运输的桥涵加宽、路面拓宽所需费用。

1）国产设备运杂费，分主要设备和其他设备，均按占设备原价的百分率计算。

a）主要设备运杂费率。主要设备运杂费率见表 7-15。

表 7 - 15	主 要 设 备 运 杂 费 率				%
设备分类	铁 路		公 路		公路直达 基本费率
	基本运距 1000km	每增运 500km	基本运距 50km	每增运 10km	
水轮发电机组	2.21	0.30	1.06	0.15	1.01
主阀、桥机	2.99	0.50	1.85	0.20	1.33
主变压器 120000kVA 及以上	3.50	0.40	2.80	0.30	1.20
主变压器 120000kVA 以下	2.97	0.40	0.92	0.15	1.20

注 设备由铁路直达或铁路、公路联运时，分别按里程求得费率后叠加计算；如果设备由公路直达，应按公路里程计算费率后，再加公路直达基本费率。

b）其他设备运杂费率。其他设备运杂费率见表 7 - 16。

表 7 - 16	其 他 设 备 运 杂 费 率	%
类别	适 用 地 区	费率
Ⅰ	北京、天津、上海、江苏、浙江、江西、安徽、湖北、湖南、河南、广东、山西、山东、河北、陕西、辽宁、吉林、黑龙江等省（直辖市）	3～5
Ⅱ	甘肃、云南、贵州、广西、四川、重庆、福建、海南、宁夏、内蒙古、青海等省（自治区、直辖市）	5～7

注 工程地点距铁路线近者费率取小值，远者取大值。新疆、西藏地区的费率在表中未包括，可视具体情况另行确定。

2）进口设备国内段运杂费率，可按国产设备运杂费率乘以相应国产设备原价占进口设备原价的比例系数计算。

（3）运输保险费。运输保险费等于设备原价乘以运输保险费率。国产设备运输保险费率可按工程所在省、自治区、直辖市规定计算，进口设备的运输保险费率按有关规定执行。

（4）采购及保管费。采购及保管费是指建设单位和施工企业在负责设备的采购、保管过程中发生的各项费用，按设备原价、运杂费之和的 0.7% 计算。

设备体腔内的定量充填物，应视为设备，其价值计入设备费，一般变压器油计入设备原价，不必另外计价。透平油、油压启闭机中液压油、蓄电池中电解液都应另计费用。

（5）运杂综合费率。在编制设备安装工程概算时，一般将设备运杂费、运输保险费和采购及保管费合并，统称为设备运杂综合费，按设备原价乘以运杂综合费率计算。计算公式如下：

运杂综合费率＝运杂费率＋（1＋运杂费率）×采购及保管费率＋运输保险费率

$$(7-37)$$

上述运杂综合费率，适用于计算国产设备运杂综合费。国产设备运杂综合费率乘以相应国产设备原价占进口设备原价的比例系数，即为进口设备国内段运杂综合费率。

（6）交通工具购置费。工程竣工后，为保证建设项目初期生产管理单位正常运行必须配备车辆和船只所产生的费用。

交通设备数量应由设计单位按有关规定、结合工程规模确定，设备价格根据市场情况、结合国家有关政策确定。

无设计资料时，可按表 7-17 方法计算。除高原、沙漠地区外，不得用于购置进口、豪华车辆。灌溉田间工程不计此项费用。

计算方法：以第一部分建筑工程投资为技术，按表 7-17 的费率，以超额累进方法计算。简化计算公式为：第一部分建筑工程投资×该档费率＋辅助参数。

表 7-17　　　　　　　　　交 通 工 具 购 置 指 标

第一部分建筑工程投资/万元	费　　率/%	辅助参数/万元
10000 及以内	0.50	0
10000～50000	0.25	25
50000～100000	0.10	100
100000～200000	0.06	140
200000～500000	0.04	180
500000～1000000	0.02	280

2. 安装工程费

安装工程投资按设备数量乘以安装单价进行计算。设备及安装工程概算表格式见表 7-18。

表 7-18　　　　　　　　　设 备 及 安 装 工 程 概 算

序号	名称及规格	单位	数量	单价/元		合计/元	
				设备费	安装费	设备费	安装费

注　1. 按项目划分列至三级项目。

　　2. 本表适用于编制机电和金属结构设备及安装工程概算。

（三）金属结构设备及安装工程概算编制

编制方法同"（二）机电设备及安装工程概算编制"。

（四）施工临时工程

1. 施工导流工程

导流工程费用计算同主体工程编制方法一样，按设计工程量乘以工程单价进行计算。

2. 施工交通工程

按设计工程量乘以单价进行计算，也可根据工程所在地区造价指标或有关实际资料，采用扩大单位指标编制。

3. 施工场外供电工程

根据设计的电压等级、线路架设长度及所需配备的变配电设施要求，采用工程所在地区造价指标或有关实际资料计算。

4. 施工房屋建筑工程

施工房屋建筑工程包括施工仓库和办公、生活及文化福利建筑两部分。施工仓库指为工程施工而临时兴建的设备、材料、工器具等仓库；办公、生活及文化福利建筑，指施工单位、建设单位（包括监理）及设计代表在工程建设期所需的办公室、宿舍、招待所和其他文化福利设施等房屋建筑工程。不包括列入临时设施和其他施工临时工程项目内的电、风、水、通信系统，砂石料系统，混凝土拌和及浇筑系统，木工、钢筋、机修等辅助加工厂，混凝土预制构件厂，混凝土制冷、供热系统，施工排水等生产用房。

（1）施工仓库。施工仓库面积和建筑标准由施工组织设计确定，单位造价指标根据当地生活福利建筑的相应造价水平确定。

（2）办公、生活及文化福利建筑。

1）枢纽工程和大型引水工程按下列公式计算：

$$I=\frac{A \cdot U \cdot P}{N \cdot L} \cdot K_1 \cdot K_2 \cdot K_3 \qquad (7-38)$$

式中 I——房屋建筑工程投资；

A——建安工作量按建筑工程、机电设备及安装工程、金属结构设备及安装工程和施工临时工程（以下简称"一至四部分"）建安工作量（不包括办公、生活及文化福利建筑和其他施工临时工程）之和乘以（1＋其他施工临时工程百分率）计算；

U——人均建筑面积综合指标，按 $12\sim15m^2/$人标准计算；

P——单位造价指标，参考工程所在地区的永久房屋造价指标（元/m^2）计算；

N——施工年限，按施工组织设计确定的合理工期计算；

L——全员劳动生产率，一般不低于 $80000\sim120000$ 元/（人·年），施工机械化程度高取大值，反之取小值；

K_1——施工高峰人数调整系数，取 1.10；

K_2——室外工程系数，取 $1.10\sim1.15$，地形条件差的可取大值，反之取小值；

K_3——单位造价指标调整系数，按不同施工年限，采用表 7-19 中的调整系数。

表 7-19   单位造价指标调整系数 K_3

工期/年	2 以上	2～3	3～5	5～8	8～11
K_3	0.25	0.40	0.55	0.70	0.80

2）引水工程按一至四部分建安工作量的百分率计算。合理工期不大于 3 年取$1.5\%\sim$$2.0\%$；大于 3 年取 $1.0\%\sim1.5\%$。一般引水工程取中上值，大型引水工程取下限。

掘进机施工隧洞工程按上述费率乘 0.5 调整系数。

3）河道工程按一至四部分建安工作量的百分率计算。合理工期不大于 3 年取$1.5\%\sim$$2.0\%$；大于 3 年取 $1.0\%\sim1.5\%$。

5. 其他施工临时工程

其他施工临时工程费用计算按一至四部分建安工作量（不包括其他施工临时工程）之和的百分率计算。其百分率为：枢纽工程为 $3.0\%\sim4.0\%$；引水工程为 $2.5\%\sim3.0\%$，一般引水工程取下限、隧洞、渡槽等大型建筑物较多的引水工程、施工条件复杂的引水工程取上限；河道工程为 $0.5\%\sim1.5\%$。灌溉田间工程取下限，建筑物较多、施工排水量大或施工条件复杂的河道工程取上限。

（五）独立费用概算编制

1. 建设管理费

（1）枢纽工程。枢纽工程建设管理费以一至四部分建安工作量为计算基数，按表7-20所列费率，以超额累进方法计算。

简化计算公式为：一至四部分建安工作量×该档费率＋辅助参数。

表 7-20　　　　　　　　　　　枢纽工程建设管理费费率

一至四部分建安工作量/万元	费　率/%	辅助参数/万元
50000 及以内	4.5	0
50000～100000	3.5	500
100000～200000	2.5	1500
200000～500000	1.8	2900
500000 以上	0.6	8900

（2）引水工程。引水工程建设管理费以一至四部分建安工作量为计算基数，按表7-21所列费率，以超额累进方法计算。原则上应按整体工程投资统一计算，工程规模较大时可分段计算。

简化计算公式为：一至四部分建安工作量×该档费率＋辅助参数。

表 7-21　　　　　　　　　　　引水工程建设管理费费率

一至四部分建安工作量/万元	费　率/%	辅助参数/万元
50000 及以内	4.2	0
50000～100000	3.1	550
100000～200000	2.2	1450
200000～500000	1.6	2650
500000 以上	0.5	8150

（3）河道工程。河道工程建设管理费以一至四部分建安工作量为计算基数，按表7-22所列费率，以超额累进方法计算。原则上应按整体工程投资统一计算，工程规模较大时可分段计算。

简化计算公式为：一至四部分建安工作量×该档费率＋辅助参数。

表 7-22　　　　　　　　　　　河道工程建设管理费费率

一至四部分建安工作量/万元	费　率/%	辅助参数/万元
10000 及以内	3.5	0
10000～50000	2.4	110
50000～100000	1.7	460
100000～200000	0.9	1260
200000～500000	0.4	2260
500000 以上	0.2	3260

2. 工程建设监理费

按照国家发展和改革委员会《建设工程监理与相关服务收费管理规定》（发改价格〔2007〕670号）及其他相关规定执行。

3. 联合试运转费

费用指标见表7-23。

表7-23　　　　　　　　　　　　　　　联合试运转费用指标

水电站工程	单机容量/万kW	≤1	≤2	≤3	≤4	≤5	≤6	≤10	≤20	≤30	≤40	>40
	费用/（万元/台）	6	8	10	12	14	16	18	22	24	32	44
泵站工程	电力泵站	50~60元/kW										

4. 生产准备费

（1）生产及管理单位提前进厂费。枢纽工程按一至四部分建安工作量的0.15%～0.35%计算，大（1）型工程取小值，大（2）型工程取大值；引水工程视工程规模参照枢纽工程计算；河道工程、除险加固工程、田间工程原则上不计此项费用，若工程中含有新建大型泵站、泄洪闸、船闸等建筑物，按建筑物投资参照枢纽工程计算。

（2）生产职工培训费。按一至四部分建安工作量的0.35%～0.55%计算，枢纽工程引水工程取中上限，河道工程取下限。

（3）管理用具购置费。枢纽工程按一至四部分建安工作量的0.04%～0.06%计算，大（1）型工程取小值，大（2）型工程取大值；引水工程按建安工作量的0.03%计算；河道工程按建安工作量的0.02%计算。

（4）备品备件购置费。按设备费的0.4%～0.6%计算。大（1）型工程取下限，其他工程取中、上限。

注：①设备费应包括机电设备、金属结构设备以及运杂费等全部设备费。②电站、泵站同容量、同型号机组超过一台时，只计算一台的设备费。

（5）工器具及生产家具购置费。按设备费的0.1%～0.2%计算。枢纽工程取下限，其他工程取中、上限。

5. 科研勘测设计费

（1）工程科学研究试验费。按工程建安工作量的百分率计算。其中：枢纽和引水工程取0.7%；河道工程取0.3%。灌溉田间工程一般不计此项费用。

（2）工程勘测设计费。项目建议书、可行性研究阶段的勘测设计费及报告编制费：执行国家发改委发改价格〔2006〕1352号文颁布的《水利、水电、电力建设项目前期工作工程勘察收费暂行规定》和原国家计委计价格〔1999〕1283号文颁布的《建设项目前期工作咨询收费暂行规定》。初步设计、招标设计及施工图设计阶段的勘测设计费：执行原国家计委、建设部计价格〔2002〕10号文颁布的《工程勘察设计收费管理规定》。

应根据所完成的相应勘测设计工作阶段确定工程勘测设计费，未发生的工作阶段不计相应阶段勘测设计费。

6. 其他

（1）工程保险费。按工程一至四部分投资合计的4.5‰～5.0‰计算。田间工程原则上不计此项费用。

（2）其他税费。按国家有关规定计取。

二、总概算编制

在各部分概算完成后，即可进行总概算表的编制。总概算表是工程设计概算文件的总表，反映了整个工程项目的全部投资，现行总概算表中的内容包括各部分投资、一至五部分（建筑工程、机电设备及安装工程、金属结构设备及安装工程、施工临时工程、独立费用，以下简称"一至五部分"）投资合计、基本预备费、静态总投资、价差预备费、建设期融资利息、总投资等费用。

（一）预备费

1. 基本预备费

根据工程规模、施工年限和地质条件不同情况，按工程一至五部分投资合计（依据分年度投资表）的百分率计算，初步设计阶段设计概算为 $5.0\% \sim 8.0\%$。技术复杂、建设难度大的工程项目取大值，其他工程取中小值。

2. 价差预备费

根据施工年限，以资金流量表的静态投资为计算基数，按照国家计委发布的年物价指数计算。计算公式为：

$$E = \sum_{n=1}^{N} F_n \left[(1+p)^n - 1 \right] \qquad (7-39)$$

式中　E——价差预备费；

　　　N——合理建设工期；

　　　n——施工年度；

　　　F_n——建设期间资金流量表内第 n 年的静态投资；

　　　p——年物价指数。

（二）建设期融资利息

根据合理建设工期，按一至五部分分年度投资、基本预备费、价差预备费之和，按国家规定的贷款利率复利计算。计算公式如下：

$$S = \sum_{n=1}^{N} \left[\left(\sum_{m=1}^{n} F_m b_m - \frac{1}{2} F_n b_n \right) + \sum_{m=0}^{n-1} S_m \right] i \qquad (7-40)$$

式中　S——建设期融资利息；

　　　N——合理建设工期；

　　　n——施工年度；

　　　m——还息年度；

F_n、F_m——在建设期资金流量表内的第 n、m 年的投资；

b_n、b_m——各施工年份融资额占当年投资比例；

　　　i——建设期融资利率；

　　　S_m——第 m 年的付息额度。

（三）静态总投资

工程一至五部分投资与基本预备费之和构成工程部分静态投资。编制工程部分总概算表时，在第五部分独立费用之后，应顺序计算以下项目：①一至五部分投资合计；②基本预备费；③静态投资。

工程部分、建设征地移民补偿、环境保护工程、水土保持工程的静态投资之和构成静态总投资。

（四）总投资

静态总投资、价差预备费、建设期融资利息之和构成总投资。

编制工程概算总表时，在工程投资总计中应顺序计列以下项目：①静态总投资（汇总各部分静态投资）；②价差预备费；③建设期融资利息；④总投资。

工程部分总概算表见表 7-24。

表 7-24　　　　　　　　　　**工 程 部 分 总 概 算**　　　　　　　　　　　单位：万元

序号	工程或费用名称	建安工程费	设备购置费	独立费用	合计	占一至五部分投资百分比/%
1	各部分投资					
2	一至五部分投资合计					
3	基本预备费					
4	静态投资					
5	价差预备费					
6	建设期融资利息					
7	总投资					

注　表中各部分投资按项目划分的五部分填表并列至一级项目。

第八章 小型水利工程运行管理

根据水利部《水利工程建设项目管理规定》（水建〔1995〕128 号）和《水利工程建设程序管理暂行规定》（水建〔1998〕16 号）的规定，水利工程建设程序一般分为：项目建议书、可行性研究报告、初步设计、施工准备（包括招标设计）、建设实施、生产准备、竣工验收、后评价等阶段。竣工验收合格的项目即从基本建设转入生产或使用。

水利工程管理设计应与主体工程设计同步进行，工程管理设施基本建设费用纳入工程建设总投资。水利工程运行管理一般分为组织管理、运行管理、信息化管理、设施管理。

第一节 小型水利工程的组织管理

一、管理责任

（一）主管单位

根据《水库工程管理设计规范》（SL 106—96）、《水闸工程管理设计规范》（SL 170—96）和《堤防工程管理设计规范》（SL 171—96）规定，建设项目按等级管理规定确定水库主管部门的级别，据此确定与主管部门级别相适应的水管理的机构规格。

如水库库容属于一个等级，而防洪保护城镇及工矿区、保护农田面积等其中一项属上一个等级或坝高超规模，则可认为是上一等级的重要水库，其主管部门等级可按提高一级确定。

如堤防上的水闸，规模不大，但若失事，将造成严重后果，故均与其所属堤防等级相同，其人员编制、管理设施等应以工程级别为基础综合工程规模的原则进行管理设计。

大（1）型水库主管部门级别为省级，大（2）型水库主管部门级别为县级以上，中型水库主管部门级别为县级以上，小型水利工程主管部门为县级及以下。

主管部门对其直接管理的小型水利工程安全负管理责任，主要内容有以下几项：

（1）落实工程管理单位或委托物业化管理单位对工程进行管理，明确并落实管理人员。

（2）与专职管理人员（巡查员）签订工作合同，明确其职责。

（3）指导督促工程管理单位（物业管理单位）落实安全管理责任制，制订完善管理规章制度，确定工程安全管理责任人。

（4）筹措落实工程管护经费。

（5）指导督促工程管理单位（物业化管理单位）开展运行管理工作。

（6）组织开展工程安全鉴定、汛前检查、年度检查、特别检查等工作，制定工程运行调度计划。

（7）制订培训计划，组织培训管理人员。

（8）履行法律法规中规定的其他职责。

（二）管理单位

根据水利部《水利工程建设程序管理暂行规定》（水建〔1998〕16号）要求，工程建设项目法人生产准备阶段申报生产经营管理机构，经主管部门批准后正式成立。

生产经营管理机构对工程进行初期运行包括：确定工程是否达到设计标准，对工程开展观测，分析初步运行发挥的效益，确定工程运行状态，对出现的问题分析原因并提出相应措施。

工程项目经相关部门竣工验收后由生产经营管理机构对工程进行运营管理。工程管理单位（物业化管理单位）应配备具有相应专业技术的人员，按相关规定开展工程管理工作。未明确工程管理单位（物业化管理单位）的工程，由其产权所有者承担管理单位职责。

1. 工程管理单位职责

工程管理单位对其管理的小型水库工程负直接责任，主要内容有以下几项：

（1）结合工程实际和有关规定，设置工作岗位、明确岗位职责，明确直接管理责任人。

（2）落实各项安全管理制度。

（3）按照批准的控运计划或上级防指和工程主管部门的指令做好工程调度工作。

（4）组织管理人员参加业务培训。

（5）按照主管部门或上级水行政主管部门的要求，做好相关管理工作。

（6）履行法律法规中规定的其他职责。

2. 管理单位职能

（1）负责拟定管理和保护河道、水库、湖泊等水域、岸线、河堤等的规章制度并监督实施。

（2）承担辖区水利工程的建设管理和质量监督、检测服务。

（3）监督水利工程建设的招投标、施工及验收工作。

（4）承担已建水利工程的运行管理、监督和提供业务技术指导。

（5）组织指导江河湖泊的综合治理开发。

二、管理人员

工程管理人员应本着"精兵简政，提高工作效率"的原则进行配置，合理设置职能机构或管理岗位，尽量减少机构层次和非生产人员。

工程管理人员应参加上级主管部门组织的培训，并培训合格。工程管理人员应履行岗位职责，做好相应的管理工作。每项工程应至少配备一名巡查员。巡查员宜常年居住在工程附近，年龄大于18周岁、小于65周岁，身体健康，责任心强。其工作内容有以下几点：

（1）按规定做好工程巡视检查和记录。

（2）发现险情（异常情况）立即向主管部门（业主）或上级报告。

（3）劝阻有危害工程安全的行为，并立即向主管部门（业主）或上级报告。

（4）遇台风、暴雨、地震等紧急情况，按上级要求做好有关工作。

小型水库管理单位岗位设置及人员配备参考标准可参见附录 A。

三、经费保障

小型水利工程管护经费应满足正常运行管理的需要。

承担防洪、灌溉、农村供水等公益性任务的工程，所需的调度运行、维修养护、监测、信息化运用等管护经费，按照工程隶属关系，由同级地方财政承担。

承担经营性任务的工程，工程主管部门应当按照国家有关规定在其经营收入中计提足额的工程大修、折旧和维护管理费用，专款专用。

既承担防洪、灌溉等公益性任务，同时又有农村饮用水、养殖、发电等经营收入的工程，若经营收入不能满足工程运行和维修、养护及信息化改造支出的费用由同级财政给予补助。

四、管理制度

管理单位成立后需尽快建立规章制度，并根据实际情况及时修订完善。管理制度主要包括：安全责任制、运行管理、应急管理、险情报告、维修养护、工程检查、库区管理、档案管理、保洁及管理考核等。

第二节　小型水利工程的运行管理

一、工程检查

工程检查分为日常巡查、汛前检查、年度检查和特别检查。检查范围包括坝体、坝址区、溢洪道、输泄水涵管（洞）、管理设施、运行资料、监测设施以及近坝岸坡库区、中小河流堤防、小型水闸、农村饮水安全工程等。

1. 检查项目和内容

（1）坝体：主要检查有无渗漏、裂缝、塌坑、凹陷、隆起、蚁害及动物洞穴；近坝水面有无冒泡、漩涡等异常现象等。

（2）坝址区：主要检查有无渗漏、塌坑、凹陷、隆起等现象。

（3）溢洪道：主要检查有无堵塞、拦鱼网、岸坡及边墙是否稳定、溢洪时是否会冲刷坝体及下游坝脚等。

（4）输泄水涵管（洞）：主要检查进、出口有无渗漏，管（洞）身有无断裂、损坏及渗漏等情况。

（5）闸门及启闭设施：闸门启闭设施有无锈蚀、弯曲、操作是否灵活，电气设备及备用电源状况是否完好。

（6）近坝岸坡：主要检查有无崩塌及滑坡等迹象。

（7）管理设施：检查管理房屋顶是否漏水，墙体是否开裂，检查上坝道路路面是否完好，有无影响通车的障碍物。

（8）监测设施：检查大坝位移、渗流、水雨情监测设施、视频监控设施是否完好。

（9）运行资料：检查水库日常运行中的检查监测、维修养护的成果记录资料是否完整。

（10）库区：检查库区是否存在占用水域和违法取土、乱倒垃圾等现象。

（11）标识、标牌是否完整、清晰。

（12）中小河流堤防：检查堤顶、堤坡与戗台、护坡、堤脚、堤岸防护工程是否有渗漏、垮塌等，对堤防上已建的穿堤、跨堤建筑物及堤防附属设施等进行检查。

（13）小型水闸：检查混凝土及钢筋混凝土结构完整性、闸门、启闭设备等。

（14）农村饮水安全工程：检查管道漏水情况、过滤设施运行情况等。

2. 检查方法和要求

（1）常规检查。日常检查方法为眼看、耳听、手摸、鼻嗅、脚踩等直观方法，或辅以锤、钎、钢卷尺、放大镜、石蕊试纸等简单工具器材，对工程表面和异常现象进行检查。

（2）特殊检查方法可采用开挖探坑（或槽）、探井、钻孔取样或孔内电视、向孔内注水试验、投放化学试剂、潜水员探摸或水下电视、水下摄影或录像等方法，对工程内部、水下部位或坝基进行检查。

（一）日常巡查

日常巡查是指为及时发现水工建筑物、边坡、库岸、管理设施等可能存在的隐患、缺陷、损毁或损坏，由水库管理人员（巡查员）负责的经常性的巡视与检查。

1. 检查频次

（1）枢纽建筑物、管理设施、监测设施以及近坝岸坡的检查频次应满足以下规定：

1）汛期每天1次，非汛期每3天1次，且每周不少于3次。

2）当水位接近溢洪道堰顶高程或超过汛限水位时，每天1次。

3）当发生强降雨、地震等其他特殊情况时，应立即开展巡查工作。

（2）库区一般每10天1次。

2. 检查线路

（1）土石坝一般按以下路线进行检查：

1）检查坝脚排水、导水设施及坝趾区排水沟或渗坑地，检查坝顶、坝坡和岸坡。一般可从左岸坡上坡，从下游坝面下坡，再从右侧岸坡上坝，如果坝面较大，则需要反复几次上坝下坝，检查每处坝面；从右侧沿坝体巡查至左坝体尽头；从左侧上游坝面巡查至尽头，同时观察水面情况。区域小或坡度平缓的坝坡，通常可采用之字形路线检查；坡度很陡或者面积大的坝坡，可采用平行于坝顶路线顺序沿坝坡向下检查的平行路线检查。

2）检查其他部位。如输水涵洞（管）、溢洪道、闸门等；检查对大坝安全有重大影响的近坝区岸坡和其他对大坝安全有直接关系的建筑物与设施。

（2）混凝土、砌石坝一般可按以下路线进行检查：

1）检查坝脚排水、导水设施及坝趾区排水沟或渗水坑。

2）检查下游坝坡和下游岸坡。

3）检查坝体廊道。

4）检查其他部位。如输水涵洞（管）、溢洪道、闸门等；检查对大坝安全有重大影响的近坝区岸坡和其他对大坝安全有直接关系的建筑物与设施。

3. 检查记录

检查人员每次检查应做好记录并签名，检查记录应真实、详细，同时将本次检查结果与以往检查结果进行比较分析，如发现有问题或异常现象，应立即进行复查，以保证记录的准确性和检查的正确性。日常巡查记录格式可参照附录 B-1。

4. 问题处理

（1）检查中发现的问题，检查人员应及时向管理单位报告，经管理单位进一步核实后上报水库主管部门，由水库主管部门分析其影响情况并及时组织处理。

（2）当发现有危及工程安全的异常情况时，水库主管部门应立即向当地人民政府防汛指挥机构和水行政主管部门报告，同时立即采取措施，安全、快速降低库水位。情况紧急时可越级上报。

（二）汛前检查

汛前检查是指为保障水库安全度汛，由水库主管部门或水库管理单位主要负责人组织开展、在每年入汛前对水库安全状况和度汛准备情况进行的一次全面检查。

1. 检查重点

（1）规定的项目和内容。

（2）上一年年度检查中发现问题的处理情况。

（3）备用电源负荷试运行情况。

（4）应急管理措施及责任人的落实情况。

（5）水库控制运用计划的编制和报批情况。

（6）除险加固在建工程度汛方案的编制、报备和措施落实情况。

2. 检查记录

检查时应做好记录，记录格式可参见附录 B-2，由主管部门负责人或水库管理单位负责人签字后，存档并报送相应水行政主管部门备案。

3. 问题处理

汛前检查中发现的问题，主管部门一般应在当年主汛前及时进行处理。对于影响工程安全运行的，主管部门应调整工程运行调度计划，落实应急措施，保障工程安全度汛。

（三）年度检查

年度检查是指为全面掌握水库度汛后的工程安全状况，并有针对性地开展下一年度维修养护，由水库主管部门或水库管理单位或委托专业机构组织开展，在每年汛期结束以后、年底之前完成的一次全面检查，包括当年的调度运行工作总结、工程检查结果分析、监测资料整编分析等工作。

1. 检查重点

（1）日常巡查记录的完整性、可靠性及合规性。

（2）工程泄洪次数、泄洪历时、最高水位等。

（3）溢洪道下游冲刷状况。

（4）大坝监测资料的完整性及合规性。

2．检查记录

检查时应做好相应记录，记录格式可参见附录 B-3，由主管部门负责人签字后，存档并报送相应水行政主管部门备案。

3．问题处理

年度检查中发现的问题，主管部门应提出处理意见并组织实施，一般应在下年度汛期前解决或消除。

（四）特别检查

特别检查是指当发生设计洪水、库水位暴涨暴落、极端低气温、强降雨、有感地震以及其他影响大坝安全的特殊情况时，对工程进行的检查。特别检查由水库主管部门或水库管理单位主要负责人组织进行检查，必要时可委托专业机构检查。

1．检查记录

特别检查应编制检查报告，检查报告中应说明检查中发现的问题，结合设计、施工、运行资料及监测检查情况进行综合分析、研判产生原因，说明影响程度和结论，提出问题处理意见和建议。

2．检查报告

检查报告经主管部门负责人签字后，上报水行政主管部门并存档。

3．隐患处理

特别检查中发现的缺陷或隐患，主管部门应及时组织提出处理方案并实施，限期消除安全隐患。

二、安全监测

1．安全监测目的

根据本工程的等级、规模、结构形式以及地形、地质条件、地理环境等特点，选择监测部位，实施有效的监测项目，通过实测资料分析，掌握各主要建筑物及其基础的工作状况，指导施工和运行。主要目的有：

（1）通过对各重要建筑物和各重点部位实施监控，及时掌握其工作性态和运行规律，对建筑物的稳定性和安全度作出评估，及时发现异常情况，随时采取补救措施，防范事故发生，确保工程安全。

（2）为动态跟踪、优化调整工程设计提供分析决策的基础参数和依据。

（3）积累相关成果，检验评价工程实施效果，总结提高工程建设水平。

2．监测设计原则

遵循在监控枢纽建筑物工作性状的前提下，符合"实用、可靠、先进、经济"的设计原则，满足国家安全监测的现行规程、规范要求。安全监测设计的主要原则有以下几点：

（1）满足《土石坝安全监测技术规范》（DL/T 5259—2010）、《土石坝安全监测技术规范》（SL 60—94）等现行规范的要求。

（2）根据工程规模与建筑物级别和具体工程特点，监测布置以"目的明确、重点突出、兼顾全面、反馈及时、便于实现自动化"为基本原则。

（3）以保证工程安全运行，全面反映主要建筑物工作性状为主题，采取行之有效、经济可靠的监测方法，对监测仪器及设备进行精心选型和布置。

（4）结合工程建设进度计划，对监测工作统一规划，分期实施，明确施工期和运行期监测的重点项目和具体要求。

（5）以仪器监测为主，辅以人工巡视检查，弥补仪器覆盖面的不足，并集成施工动态等环境资料。各部位和分区的各类监测项目或仪器设备统筹考虑，具备相互配合、相互补充、相互校验的功能，在重点和关键部位适度设置比测监测仪器，确保资料的完整性、准确性和可靠性。

（6）监测仪器和设施的布置统一考虑各种内外因素引起的相互作用，紧密结合工程实际与特点，强调针对性、相互协调和同步，控制关键部位，项目和测点布置满足预测模型和资料分析的要求，主要监测项目能够监控其空间和时间分布与变化。

（7）变形监测的坐标及高程系统与勘测设计施工体系有效协调衔接，并根据各建筑物的规模和等级确定监测精度标准。

（8）监测断面布置充分统筹建筑物地基与水力结构特点，兼顾上下限并具代表性。

（9）仪器设备选型强调耐久、可靠、实用、有效，力求先进和便于实现自动化。

3. 监测项目

（1）变形监测。变形监测项目主要有坝的表面变形、内部变形、裂缝及接缝、混凝土面板变形及岸坡位移等观测。

变形监测用的平面坐标及水准高程应与设计施工和运行诸阶段的控制网坐标系统相一致，有条件的工程应与国家网建立联系。

1）表面变形。表面变形观测包括竖向位移和水平位移。水平位移中包括垂直坝轴线的横向水平位移和平行坝轴线的纵向水平位移。

断面选择和测点布置应符合以下要求：观测横断面通常选在最大坝高或原河床处、合龙段、地形突变处、地质条件复杂处，坝内埋管及运行有异常反应处，一般不少于3个。

对V形河谷中的高坝和两坝端以及坝基地形变化陡峻坝段，坝顶测点应适当加密，并宜加测纵向水平位移。

2）内部变形。内部变形观测包括分层竖向位移、分层水平位移、界面位移及深层应变观测等。观测布置的要求应满足以下几项：观测断面应布置在最大横断面及其他特征断面（原河床、合龙段、地质及地形复杂段、结构及施工薄弱段等）上。分层水平位移的观测布置与分层竖向位移观测相同。观测断面可布置在最大断面及两坝端受拉区。观测垂线一般布设在坝轴线或坝肩附近，或其他需要测定的部位。界面位移测点，通常布设在坝体与岸坡连接处、组合坝型不同坝斜交界及土坝与混凝土建筑物连接处，测定界面上两种介质相对的法向及切向位移。深层应变观测测点通常布设在两坝端受拉区上下游坝肩受拉区以及斜墙心墙的受拉区和最大横断面上。

3）裂缝及接缝。观测布置应符合以下要求：对已建坝的表面裂缝（非干缩、冰冻缝），凡缝宽大于5mm的，缝长大于5m的，缝深大于2m的纵横向缝，都必须进行监测；对在建坝，可在土体与混凝土建筑物及岸坡岩石接合处易产生裂缝的部位，以及窄心墙及窄河谷坝拱效应突出的部位埋设测缝计；混凝土面板堆石坝接缝观测布置：观测点一般应布设在正常高水位以下。

4）混凝土面板变形。混凝土面板变形观测包括面板的表面位移、挠度、应变及接缝位移观测。

5）岸坡位移。对于危及大坝输泄水建筑物及附属设施安全和运行的新老滑坡体或潜在滑坡体必须进行监测。岸坡位移观测包括表面位移、裂缝、错位及深层位移的观测，有条件的应增设地下水位观测。

（2）渗流观测。一般规定土石坝在上下游水位差作用下产生的渗流场的监测，包括渗流压力、渗流量及其水质的观测。异常或险情状态坝的渗流监测应根据工程实际状况和安全论证需要提出专门部署和要求。凡不宜在工程竣工后补设的仪器、设施（如铺盖和斜墙底部的仪器以及截水墙、观测廊道等），均应在工程施工期适时安设。当运用期补设测压管或开挖集渗沟时，应确保渗流安全。

1）坝体渗流压力。坝体渗流压力观测，包括观测断面上的压力分布和浸润线位置的确定。

测压管宜采用镀锌钢管或硬塑料管，一般内径不宜大于 50mm。测压管的透水段一般长 1~2m，当用于点压力观测时应小于 0.5m，外部包扎防止周围土体颗粒进入的无纺土工织物，透水段与孔壁之间用反滤料填满。测压管的导管段应顺直，内壁光滑无阻，接头应采用外箍接头，管口应高于地面并加保护装置防止雨水进入和人为破坏。测压管的埋设，除必须随坝体填筑适时埋设，一般应在土石坝竣工后、蓄水前用钻孔埋设。随坝体填筑施工埋设时应确保管壁与周围土体结合良好并不因施工遭受破坏。

2）坝基渗流压力。坝基渗流压力观测，包括坝基天然岩土层、人工防渗和排水设施等关键部位渗流压力分布情况的观测。

观测横断面的选择，主要取决于地层结构、地质构造情况。观测横断面上的测点布置，应根据建筑物地下轮廓形状、坝基地质条件以及防渗和排水形式等确定。

3）绕坝渗流。绕坝渗流观测，包括两岸坝端及部分山体、土石坝与岸坡或混凝土建筑物接触面，以及防渗齿墙或灌浆帷幕与坝体或两岸接合部等关键部位。

土石坝两端的绕渗观测，宜沿流线方向或渗流较集中的透水（层）带布设观测断面。土石坝与刚性建筑物接触部的绕渗观测，应在接触轮廓线的控制处设置观测铅直线，沿接触面不同高程布设观测点。在岸坡防渗齿槽和灌浆帷幕的上下游侧各设 1 个观测点。

4）渗流量。渗流量观测，包括渗漏水的流量及其水质观测。水质观测中包括渗漏水的温度、透明度观测和化学成分分析。

渗流量观测系统的布置，应根据坝型和坝基地质条件、渗漏水的出流和汇集条件以及所采用的测量方法等确定。对坝体、坝基、绕渗及导渗（含减压井和减压沟）的渗流量，应分区、分段进行测量。所有集水和量水设施均应避免客水干扰。

当下游有渗漏水出逸时，一般应在下游坝趾附近设导渗沟（可分区、分段设置），在导渗沟出口或排水沟内设量水堰测其出逸明流流量。

当透水层深厚、地下水位低于地面时，可在坝下游河床中设测压管，通过观测地下水坡降计算出渗流量。

（3）水文观测。水库水位观测测点布置必须于蓄水前在坝前设置一个永久性测点。水面广阔或形状特殊的水库，为掌握风壅和动水影响形成的倾斜水面，可于蓄水后在库区不同部位设置若干个短期测点。

测点应设置在水面平稳、受风浪和泄流影响较小、便于安装设备和观测的地点，如岸坡稳固处或永久性建筑物上，基本能代表坝前平稳水位的地点。

观测设备一般应设置水尺或自记水位计，有条件时可设遥测水位计或自动测报水位计。其延伸测读高程应高于校核洪水位。水尺零点高程每隔3～5年应校测一次。当怀疑水尺零点有变化时应及时进行校测。水位计应每年汛前检验。

监测项目设置选择及观测频次要求可参见附录C。

4. 监测项目数据观测与整编

（1）观测人员应及时将每次观测的原始物理量等原始观测值，转换为实际物理量。

（2）观测人员应及时整理监测成果并与前次期监测成果进行比对，发现异常情况应及时分析，并开展复测工作。

（3）观测资料应每2～3年进行一次整理，每5～10年进行一次分析。观测资料分析宜委托专业机构开展。

（4）对于观测资料中的异常测值，水库主管部门应立即组织专业技术人员分析原因、做好记录并及时采取措施。若不能准确查明原因或工程已出现异常情况，水库主管部门应立即报告水行政主管部门，采取相应措施并做好保护，待进一步处理。

三、注册（备案）登记

1. 大坝注册登记

为掌握水库大坝的安全状况，加强水库大坝的安全管理和监督，根据国务院发布的《中华人民共和国水库大坝安全管理条例》（以下简称《大坝安全管理条例》）和水利部《水库大坝注册登记办法》（水管〔1995〕290号）要求，库容在10万 m^3 以上已建成的水库大坝和所指大坝包括永久性挡水建筑物以及与其配合运用的泄洪、输水等建筑物进行注册登记。

水库大坝注册登记实行分部门分级负责制。省级或以上各大坝主管部门负责登记所管辖的库容在1亿 m^3 以上大型水库大坝和直管的水库大坝；地（市）级各大坝主管部门负责登记所管辖的库容在1000万～1亿 m^3 的中型水库大坝和直管的水库大坝；县级各大坝主管部门负责登记所管辖的库容在10万～1000万 m^3 的小型水库大坝。登记结果应进行汇编、建档，并逐级上报。各级水库大坝主管部门可指定机构受理大坝注册登记工作。

国务院水行政主管部门负责全国水库大坝注册登记的汇总工作。国务院各大坝主管部门和各省、自治区、直辖市水行政主管部门负责所管辖水库大坝注册登记的汇总工作，并报国务院水行政主管部门。

凡符合有关规定已建成运行的大坝管理单位，应到指定的注册登记机构申报登记。没有专管机构的大坝，由乡镇水利站申报登记。注册登记程序为：申报→审核→发证。

已建成的水库大坝，6个月内不申报登记的，属违章运行，造成大坝事故的，按《水库大坝安全管理条例》罚则的有关规定处理。已注册登记的大坝完成扩建、改建的，或经批准升、降级的，或大坝隶属关系发生变化的，应在此后3个月内，向登记机构办理变更事项登记。大坝失事后应立即向主管部门和登记机构报告。

经主管部门批准废弃的大坝，其管理单位应在撤销前，向注册登记机构申报注销，填报水库大坝注销登记表，并交回注册登记证。

水库大坝注册登记的数据和情况应实事求是、真实准确，不得弄虚作假。注册登记机构有权对大坝管理单位的登记事项进行检查，并每隔 5 年对大坝管理单位的登记事项普遍复查一次。

经发现已登记的大坝有关安全的数据和情况发生变更而未及时申报换证或在具体事项办理中有弄虚作假行为，注册登记机构有权视情节轻重处以警告、罚款，或报请大坝主管部门给有关人员以行政处分。

水库大坝注册登记证和登记表应按照附件格式由国务院各大坝主管部门统一印制。

2. 水闸注册登记

为规范水闸管理，加强水闸监督，保障水闸安全运行，水利部制定《水闸注册登记管理办法》（水建管〔2005〕263 号）。注册登记水闸适用于全国河道（包括湖泊、人工水道、灌溉渠道、蓄滞洪区）、堤防（包括海堤）上依法修建的水闸。不包括水库大坝、水电站输、泄水建筑物上的水闸和灌溉渠系上过闸流量小于 $1m^3/s$ 的水闸。

水闸注册登记是水工程管理考核、改建、扩建、除险加固等的主要依据之一。

水闸注册登记实行分级负责制。国务院水行政主管部门负责指导和监督全国水闸注册登记工作，委托水利部水利建设与管理总站负责全国水闸注册登记的汇总工作。县级以上地方人民政府水行政主管部门负责本地区所管辖水闸的注册登记和汇总、逐级上报工作。其他行业管辖的水闸向所在地县级水行政主管部门注册。

符合规定的已建成运行的水闸，由其管理单位申请注册登记；新建水闸竣工验收之后3 个月以内，由其管理单位申请注册登记。无专门管理单位的水闸，由主管部门或建设单位申请办理注册登记。

水闸注册登记实行一闸一证制度。注册登记程序为：申报→受理→审核→登记→发证。水闸注册登记证包括一个正本和两个副本。其中，正本和一个副本发放水闸管理单位，另一个副本由注册登记机构存档备查。水闸管理单位应在适当地点明示水闸注册登记证正本。水闸注册登记证每 5 年由水闸注册登记机构复验一次。复验时，申请注册登记单位应向注册登记机构提供水闸注册登记证原件、管理单位法人登记证复印件及 5 年来的水闸运行情况综合报告。

水闸注册登记证由国务院水行政主管部门统一印制。水闸注册登记表，按国务院水行政主管部门统一格式印制。水闸编码按《中国水闸名称代码》（SL 262—2000）的规定执行。

3. 农村饮水注册登记

为规范农村供水工程运行管理工作，提高农村水厂运行管理水平，各地已开展全省农村供水工程注册登记。登记内容如下：

（1）基本情况。主要包括工程的供水能力、供水人口、解决饮水不安全人口、受益人口、水源、工程投资、建设与验收等情况。

（2）运行管理信息。主要包括工程管护主体水质检测、水价、运行管理人员等情况。

（3）建（构）筑物特征值。主要包括工程的取水、输水工程、水处理构筑物、附属建筑物、输配水管网及附属设施等情况。

四、运行调度

为加强对水库的管理和科学调度，确保水库安全运行，充分发挥水库功能和效益，更好地服务于经济和社会发展，小（2）型水库以上需根据《水库调度规程编制导则》（SL 706—2015）编制运行调度计划。

（一）防洪与防凌调度

1.调度任务与原则

（1）水库防洪与防凌调度的任务。根据设计确定或上级主管部门核定的水库防洪标准和下游防护对象的防洪标准、防洪调度方案及各特征水位对入库洪水进行调蓄，保障大坝和下游防洪安全，遇超标准洪水，应首先保障大坝安全，并尽量减轻下游的洪水灾害。

对存在冰情危害的水库，通过调度减少或免除冰情对大坝及附属建筑物安全的不利影响。有上游凌汛影响的水库，应防备凌汛或冰坝溃决洪水的影响；下游存在凌汛问题的水库，应通过防凌调度减轻或避免下游河道或水库的凌汛危害。

（2）水库防洪调度服从有调度权限的防汛抗旱指挥部门调度，并严格执行经批准的所在流域或区域防洪规划和洪水调度方案要求；流域或区域防洪规划和洪水调度方案没有明确要求时，应在确保大坝安全和防洪安全条件下，经充分论证，提出合理的洪水调度方案。

（3）防洪与防凌调度方式应安全可靠、简明可行，并明确提出控制断面、补偿调度，保坝调度的水位或流量等判别条件。

2.防洪调度方式

（1）根据流域洪水特性、水库防洪运用标准、水库下游保护对象的防洪要求，上游洪水及与下游区间洪水的遭遇组合特性等情况，结合水库综合利用要求，明确不同频率洪水的防洪调度方式、判别条件和调度权限。

（2）对超标准洪水，应根据批准的超标准洪水防御方案，明确超标准洪水的判别条件、运用方式、调度权限，调度令下达及执行程序等。

（3）当流域暴雨洪水在汛期内具有明显季节性变化规律，在保证水库防洪安全和满足下游防洪要求前提下，可实行分期防洪调度。

分期防洪调度，应根据初步设计确定的分期防洪调度方案，明确不同分期的防洪库容及汛期限制水位；当初步设计没有分期，而根据新情况需要实行分期防洪调度时，可根据水库运用情况和水雨情监测预报条件，经过专题论证和原审批部门审查批准后方可采用分期防洪调度。

（4）当水库具备水雨情监测预报系统，拦洪、泄洪建筑物完善时，可依据经主管部门审定的洪水预报方案制定水库洪水调度方案。

洪水预报调度，应根据水库上下游的具体情况和防洪需要，明确采用预泄调度、补偿调度、错峰调度等方式的判别条件。

3. 防凌调度方式

（1）有上游凌汛影响的水库，应明确减缓上游冰塞、冰坝的形成和发展，降低水库冰位、缩短水库冰位上延距离的调度方式。冰凌开河时，降低水库水位泄水排冰。并防止排冰对大坝工程的破坏。

（2）下游存在凌汛问题的水库，水库本身有冰情时，应在确保大坝安全的前提下，提出防凌和排冰调度方式，水库本身无冰情时，应提出配合下游防凌调度运用，抬高下游河道封冻冰盖的调度方式。

（3）梯级水库的联合防凌调度，应明确联合防凌调度的任务和要求，在冰凌开河时上、下水库应进行联合排冰调度，上水库的防凌调度和综合利用调度要为下水库的防凌安全调度创造有利条件。

（二）供水调度

1. 调度任务与原则

（1）以初步设计供水任务为基础，考虑经济社会发展，保障流域或区域生活生产供水和河道内生态用水的基本需求，明确供水调度任务。

（2）结合水资源状况和水库调节性能，明确城镇和农村供水、工业供水、河道内生态用水、灌溉供水等不同供水任务的次序，以及供水任务之间的协调，裁决方式。

（3）有效与节约利用水资源；发生供水矛盾时，优先保障生活用水。

2. 调度方式

（1）在满足供水设计保证率和设计引水流量要求下，明确取水水位和用水量。

（2）以供水为主要任务的水库，应首先满足供水对象的用水要求。当水库承担多目标供水任务时，应明确各供水对象的用水权益、供水顺序、供水过程及供水量。

（3）兼顾供水任务的水库，且水库具有年调节及以上性能时，应绘制供水调度图，明确各供水对象供水变化的判别条件。

（4）应明确特殊干旱年的应急供水方案和相应的调度原则和方式，当供水不能满足要求时，应尽量减小破坏深度。承担生活供水和重要供水目标供水的水库，可设置干旱预警水位，预留抗旱应急备用水量。

（5）根据初步设计确定的河流生态保护目标和生态需水流量，拟定满足生态要求的调度方式及相应控制备件。

（6）水库供水调度遇干旱等特殊供水需求时，应服从有调度权限的防汛防旱指挥部门调度，并严格执行经批准的所在流域或区域抗旱规划和供水调度方案要求。

（三）泥沙调度

（1）明确泥沙调度的任务与原则，在保证防洪安全和供水调度的前提下，减少水库的泥沙淤积和下游河道的淤堵。

（2）多沙河流水库宜合理拦沙，以排为主，排拦结合；少沙河流水库应合理排沙，拦排结合。泥沙调度应以主汛期和沙峰期为主，结合防洪及其他调度合理排拦泥沙。

（3）明确为减少库区淤积而设置的排沙水位及其控制条件，或为减少下游河道淤积而设置的调水调沙库容及其判别条件。

（4）明确泥沙淤积监测方案，对泥沙淤积情况进行评估，为优化泥沙调度方式提供依据。

（四）综合利用调度

（1）按初步设计确定的水库开发任务，明确水库综合利用调度目标；对设计文件不完整的水库，按实际运行和利用需求分析论证，确定水库综合利用调度目标。按任务主次关系及水量、水位和用水时间的要求，合理分配库容和调配水量。

（2）正常来水或丰水年份，在确保大坝安全的前提下，按照水库调度任务的主次关系及不同特点，合理调配水量。

（3）枯水年份，按照区分主次、保证重点、兼顾其他、减少损失、公益优先的原则进行调度，重点保证生活用水需求。兼顾其他生产或经营需求，降低因供水减少而造成的损失。

（4）综合利用调度应统筹各目标任务主次关系，优化水资源配置，按"保障安全、提高效益、减小损失"的原则确定各目标任务相应的调度方式。

（5）在对任务和调度条件进行分析论证的基础上，确定合理的蓄泄次序及相应的调度方式。

（6）初步设计没有确定河流生态保护目标和生态需水流量的水库，结合相关调度任务兼顾生态用水调度，服从流域生态调水安排。

（五）水库调度管理

（1）水库调度单位负责组织制定水库调度运用计划，下达水库调度指令、组织实施应急调度等，并收集掌握流域水雨情、水库工程情况、供水区用水需求等情报资料。

（2）水库主管部门和运行管理单位负责执行水库调度指令，建立调度值班、巡视检查与安全监测、水情测报、运行维护等制度，做好水库调度信息通报和调度值班记录。

（3）水库调度各方应严格按照水库调度规程进行水库调度运用，建立有效的信息沟通和调度磋商机制，编制年度调度总结并报上级主管部门；妥善保管水库调度运行有关资料并归档。

（4）按水库大坝安全管理应急预案及防汛抢险应急预案等要求，明确应对大坝安全、防汛抢险、抗旱，突发水污染等突发事件的应急调度方案和调度方式。

（5）被鉴定为"三类坝"的病险水库或水库存在严重工程险情时，应复核水库的各特征水位和泄洪设施安全泄量等调度指标是否满足安全运用要求，及时调整水库调度运用方案，并按规定履行报批手续。

五、安全鉴定

为加强水库大坝（以下简称大坝）安全管理，规范大坝安全鉴定工作，保障大坝安全运行，小型水库需根据《水库大坝安全评价导则》（SL 258—2000）要求进行安全鉴定。

（一）总则

县级以上地方人民政府水行政主管部门对本行政区域内所辖的大坝安全鉴定工作实施监督管理。县级以上地方人民政府水行政主管部门和流域机构（以下称鉴定审定部门）按规定的分级管理原则对大坝安全鉴定意见进行审定。

省级水行政主管部门审定大型水库和影响县城安全或坝高 50m 以上中型水库的大坝

安全鉴定意见；市（地）级水行政主管部门审定其他中型水库和影响县城安全或坝高30m以上小型水库的大坝安全鉴定意见；县级水行政主管部门审定其他小型水库的大坝安全鉴定意见。

大坝主管部门（单位）负责组织所管辖大坝的安全鉴定工作；农村集体经济组织所属的大坝安全鉴定由所在乡镇人民政府负责组织（以下称鉴定组织单位）。水库管理单位协助鉴定组织单位做好安全鉴定的有关工作。

大坝实行定期安全鉴定制度，首次安全鉴定应在竣工验收后5年内进行，以后应每隔6～10年进行一次。运行中遭遇特大洪水、强烈地震、工程发生重大事故或出现影响安全的异常现象后，应组织专门的安全鉴定。

大坝安全状况分为三类，分类标准如下：

一类坝：实际抗御洪水标准达到《中华人民共和国防洪标准》（GB 50201—2014）规定，大坝工作状态正常；工程无重大质量问题，能按设计正常运行的大坝。

二类坝：实际抗御洪水标准不低于部颁水利枢纽工程除险加固近期非常运用洪水标准，但达不到《中华人民共和国防洪标准》（GB 50201—2014）规定；大坝工作状态基本正常，在一定控制运用条件下能安全运行的大坝。

三类坝：实际抗御洪水标准低于部颁水利枢纽工程除险加固近期非常运用洪水标准，或者工程存在较严重安全隐患，不能按设计正常运行的大坝。

（二）基本程序及组织

1. 大坝安全鉴定

大坝安全鉴定包括大坝安全评价、大坝安全鉴定技术审查和大坝安全鉴定意见审定三个基本程序。

（1）鉴定组织单位负责委托满足第十一条规定的大坝安全评价单位（以下称鉴定承担单位）对大坝安全状况进行分析评价，并提出大坝安全评价报告和大坝安全鉴定报告书。

（2）由鉴定审定部门或委托有关单位组织并主持召开大坝安全鉴定会，组织专家审查大坝安全评价报告，通过大坝安全鉴定报告书。

（3）鉴定审定部门审定并印发大坝安全鉴定报告书。

2. 大坝安全鉴定委员会（小组）

大坝安全鉴定委员会（小组）应由大坝主管部门的代表、水库法人单位的代表和从事水利水电专业技术工作的专家组成，并符合下列要求：

（1）中型水库和影响县城安全或坝高30m以上小型水库的大坝安全鉴定委员会（小组）由7名以上专家组成，其中具有高级技术职称的人数不得少于3名；其他小型水库的大坝安全鉴定委员会（小组）由5名以上专家组成，其中具有高级技术职称的人数不得少于2名。

（2）大坝主管部门所在行政区域以外的专家人数不得少于大坝安全鉴定委员会（小组）组成人员的1/3。

（3）大坝原设计、施工、监理、设备制造等单位的在职人员以及从事过本工程设计、施工、监理、设备制造的人员总数不得超过大坝安全鉴定委员会（小组）组成人员的1/3。

（4）大坝安全鉴定委员会（小组）应根据需要由水文、地质、水工、机电、金属结构和管理等相关专业的专家组成。

（5）大坝安全鉴定委员会（小组）组成人员应当遵循客观、公正、科学的原则履行职责。

（三）工作内容

（1）现场安全检查包括查阅工程勘察设计、施工与运行资料，对大坝外观状况、结构安全情况、运行管理条件等进行全面检查和评估，并提出大坝安全评价工作的重点和建议，编制大坝现场安全检查报告。

（2）大坝安全评价包括工程质量评价、大坝运行管理评价、防洪标准复核、大坝结构安全稳定评价、渗流安全评价、抗震安全复核、金属结构安全评价和大坝安全综合评价等。

（3）大坝安全评价过程中，应根据需要补充地质勘探与土工试验，补充混凝土与金属结构检测，对重要工程隐患进行探测等。

（4）鉴定审定部门应当将审定的大坝安全鉴定报告书及时印发鉴定组织单位。

（5）省级水行政主管部门应当及时将本行政区域内大中型水库及影响县城安全或坝高30m以上小型水库的大坝安全鉴定报告书报送相关流域机构和水利部大坝安全管理中心备案，并于每年2月底前将上年度本行政区域内小型水库的大坝安全鉴定结果汇总后报送相关流域机构和水利部大坝安全管理中心备案。

（6）鉴定组织单位应当根据大坝安全鉴定结果，采取相应的调度管理措施，加强大坝安全管理。对鉴定为三类坝、二类坝的水库，鉴定组织单位应当对可能出现的溃坝方式和对下游可能造成的损失进行评估，并采取除险加固、降等或报废等措施予以处理。在处理措施未落实或未完成之前，应制定保坝应急措施，并限制运用。

（7）经安全鉴定，大坝安全类别改变的，必须自接到大坝安全鉴定报告书之日起3个月内向大坝注册登记机构申请变更注册登记。

（8）鉴定组织单位应当按照档案管理的有关规定及时对大坝安全评价报告和大坝安全鉴定报告书进行归档，并妥善保管。

（四）附则

（1）大坝安全鉴定工作所需费用，由鉴定组织单位负责筹措，也可在基本建设前期费、工程维修等费用中列支。

（2）违反本办法规定，不按要求进行大坝安全鉴定，由县级以上人民政府水行政主管部门责令其限期改正；对大坝安全鉴定工作监管不力，由上一级人民政府水行政主管部门责令其限期改正；造成严重后果的，对负有责任的主管人员和其他直接责任人员依法给予行政处分，触犯刑律的，依法追究刑事责任。

六、除险加固

对鉴定为三类坝、二类坝的水库，大坝主管单位应采取除险加固、降等或报废等措施予以处理。

列入国家水库除险加固规划的小型水库，应按照《水库大坝安全管理条例》《水库大坝安全鉴定办法》《水库大坝安全评价导则》（SL 258—2000）的有关要求，进行大坝安全鉴定。小型水库大坝安全鉴定应由有资质的勘察设计单位承担。承担水库除险加固设计的勘察设计单位原则上应参与该水库的大坝安全鉴定、评估工作。

七、库区管理

1. 原则

库区管理遵循统筹规划、保护优先、合理利用、综合治理的原则，实行统一领导、分工负责、部门联动、公众参与的机制。

2. 协调机构

人民政府设立库区管理委员会，统筹协调库区管理工作。库区管理委员会由库区所在地区人民政府组成，履行以下职责：

（1）组织协调库区保护与发展规划的制定与实施。

（2）统筹协调库区管理范围内重大事项的决策。

（3）研究制定库区管理年度工作计划和措施。

（4）组织开展库区管理联合执法。

（5）组织库区管理综合考核评价工作。

（6）协调处理库区管理部门之间、区县之间的重大争议。

（7）组织开展库区生态保护和修复工作。

（8）协调其他需要统筹的事项。

库区管理委员会的日常工作由县或乡镇人民政府水行政主管部门负责。

3. 管理责任制度

库区管理实行目标管理责任制和考核评价制度。库区管理委员会负责制定工作目标和考核评价办法，将库区管理目标完成情况作为对有关单位和相关区人民政府及其主要负责人进行综合考核评价的内容。

4. 执法机制

承担库区管理职责的相关部门按照各自职责开展库区管理范围内的行政执法。发现本部门无权查处的违法行为应当及时移送有查处权的管理部门。

库区管理委员会可以指定水务、环境保护、交通运输或者其他部门牵头，组织相关部门开展库区管理范围内的联合执法。水务、环境保护、国土资源和渔业等机构可以委托县市区水务综合执法机构在库区管理范围内实施行政处罚。

5. 公众参与

库区管理中的重大决策事项，应当采取座谈会、论证会、听证会等方式广泛听取社会公众和有关专家的意见。任何单位和个人有权对库区管理范围内的违法行为进行举报。

6. 岸线利用、工程建设要求

库区管理范围及其堤防安全保护区内工程建设严格执行审查制度和验收制度。

7. 防洪调度

市、区（县）、乡镇人民政府，应当根据库区综合规划、防洪工程实际状况和国家规定的防洪标准，制定防洪方案并实行防洪系统的联合调度制度。

8.库区管理范围禁止活动

在库区管理范围内应当遵守下列法律法规的规定：

（1）禁止建设妨碍行洪的建筑物、构筑物，倾倒垃圾、渣土，从事影响河势稳定、危害河岸堤防安全和其他妨碍河道行洪的活动。

（2）禁止使用炸鱼、毒鱼、电鱼等破坏渔业资源的方法进行捕捞，禁止在禁渔区、禁渔期进行捕捞。

（3）禁止擅自在河道滩地存放物料、修建厂房或其他建筑设施；禁止任意侵占、砍伐和破坏护堤岸林木。

（4）禁止擅自从事采砂活动。

（5）禁止从事食品加工等污染水体的活动，禁止摆摊设点等经营活动。

（6）禁止种植农作物；禁止经营性餐饮；禁止放牧、养殖；禁止采矿；禁止在市人民政府规定的岸线区域外装卸砂石。

（7）其他法律、法规禁止的行为。

9.库区范围禁止活动

在库区范围内除应遵守相关规定外，还应当遵守下列法律法规的规定：

（1）禁止在饮用水水源保护区设置排污口；禁止在一级水源保护区内新建、扩建与供水设施和保护水源无关的建设项目；禁止从事网箱养殖、旅游、游泳、垂钓或者其他可能污染饮用水水体的活动。

（2）禁止危害航道通航安全的行为。

（3）禁止侵占、毁坏、擅自移动或者擅自使用水文监测设施。

（4）禁止港口码头违规违章作业；船舶应当在码头、泊位或者依法公布的锚地、停泊区、作业区停泊；禁止乱停乱靠；禁止装载有国家明令禁止通过内河运输的有毒有害或者放射性物质的船舶通行、停靠和装卸。

（5）禁止水路运输经营者在依法取得许可经营范围之外从事水路运输经营；不得超载或者使用货船载运旅客；禁止未取得船舶营运证件的船舶从事水路运输。

（6）禁止在一级水源保护区内装载有毒有害或者放射性物质的船舶停靠和装卸。

（7）禁止破坏或擅自挪动水功能区标志。

（8）禁止无证经营水上加油站点。

（9）其他法律、法规禁止的行为。

八、应急管理

（一）应急预案总则

1.编制目的

提高水利行业保障公共安全和处置突发公共事件的能力，最大程度地预防和减少水利行业突发公共事件及其造成的损害，保障公众的生命财产安全，维护社会稳定，促进水利建设事业全面、协调、可持续发展。

2.分类等级

本预案所称水利行业突发公共事件是指突然发生，造成或者可能造成重大人员伤亡、财产损失和严重社会危害，危及公共安全的水利行业的紧急事件。

根据水利行业突发公共事件的发生过程和性质，水利行业突发公共事件主要分为以下几类：

（1）自然灾害。主要包括洪水、暴雨、干旱等方面的涉水灾害，如洪涝和干旱灾害、饮水安全、水库库区发生的自然灾害。

（2）水利生产事故。水利（水电、水产）工程施工安全事故，水利（水电、水产）工程安全事故，水利（水电）设施和设备安全事故，河道堤防安全事故，渔业生产安全事故和水生态破坏事件等。

（3）水利公共卫生事件。水利系统发生的包括人畜饮水水质安全事件，水产品质量安全等直接危及受益人群生命安全的事件。

各类突发公共事件按照其性质、严重程度、可控性和影响范围等因素，一般分为四级：Ⅰ级（特别重大）、Ⅱ级（重大）、Ⅲ级（较大）、Ⅳ（一般）。

3. 工作原则

（1）以人为本，减少危害。切实履行水行政主管部门的社会管理和公共服务职能，把保障公众健康和生命财产安全作为首要任务，最大程度地减少水利行业突发公共事件及其造成的人员伤亡和危害。

（2）居安思危，预防为主。高度重视公共安全工作，常抓不懈，防患于未然。增强忧患意识，坚持预防与应急相结合，常态与非常态相结合，做好应对水利行业突发公共事件的各项准备工作。

（3）统一领导，分级负责。在政府的统一领导下，建立健全水利系统分类管理、分级负责、属地管理为主的管理体制。

（4）事故上报要坚持一事一报、急事快报、随时上报、逐级上报的原则。

（5）依法规范，加强管理。依据有关法律和行政法规的规定，加强应急管理，维护公众的合法权益，使应对水利行业突发公共事件的工作规范化、制度化、法制化。

（6）快速反应，协同应对。加强以属地管理为主的水利行业应急处置队伍建设，建立联动协调制度，充分动员和发挥基层单位、社会团体的作用，依靠公众力量，形成统一指挥、反应灵敏、功能齐全、协调有序、运转高效、准确处置的应急管理机制。

（7）依靠科技，提高素质。加强水利公共安全科学研究和技术开发，充分利用山洪灾害的监测、预测、预警、防御应急管理设施，充分发挥专业技术人员的作用，提高水利行业应对突发公共事件的科技水平和指挥能力，避免发生次生、衍生事件；加强宣传和培训教育工作，提高水利职工和公众自救、互救和应对各类突发公共事件的综合素质。

4. 应急体系

水利行业突发公共事件应急预案体系包括以下几点：

（1）水行政主管突发公共事件应急预案是水利行业应急预案体系的总纲，是水利行业应对特别重大突发公共事件的规范性文件。

（2）水利系统所属各单位突发公共事件应急预案要参照各地的总体预案，结合自身实际情况，按照分类管理、分级负责的原则，制定相应的专项应急预案。

各类预案将根据实际情况变化不断补充、完善。

（二）组织体系

1. 领导机构

为了明确突发公共应急事件的职责分工，管理单位成立突发公共事件应急管理工作领导小组，负责水利行业突发公共事件应急管理的指导、协调等工作。

2. 职责

（1）决定启动和终止水利突发事件预警状态和应急响应行动。

（2）负责统一领导水利突发事件的应急处置工作，发布指挥调度命令，并督促检查执行情况。

（3）制定突发事件现场应急处置工作应急预案。

（4）根据需要，会同政府有关部门，制定应对突发事件的联合行动方案，并监督实施。

3. 突发公共事件应急领导组

一般设一室四组，即办公室、抢险救灾组、运输保障组、信息组、后勤保障和恢复重建组。

（三）运行机制

1. 预测与预警

根据预测分析结果，对可能发生和可以预警的水利突发公共事件进行预警。预警级别依据水利突发公共事件可能造成的危害程度、紧急程度和发展势态，一般划分为四级：Ⅰ级（特别严重）、Ⅱ级（严重）、Ⅲ级（较重）、Ⅳ级（一般），依次用红色、橙色、黄色和蓝色表示。具体等级划分的标准，按照国家和省、市各有关应急预案的规定执行。

预警信息的发布、调整和解除应当报请政府同意，通过广播、电视、报刊、预警设施等方式进行。

2. 应急处置

（1）信息报告。特别重大或重大水利突发公共事件发生后，要立即向政府和上级水行政主管部门报告，严禁出现错报、漏报、误报、谎报等问题。

（2）先期处置。水利突发公共事件发生后，事件所属管理单位在报告相关信息的同时，要根据实际情况和职责启动相关应急预案，及时、有效地进行处置，控制事态发展。

（3）应急响应。对于先期处置未能有效控制事态的重大水利突发公共事件，要及时报请政府应急指挥机构启动相关预案，由政府相关应急指挥机构统一协调其他有关部门开展处置工作。

（4）应急结束。水利突发公共事件应急处置工作结束，或者相关危险因素消除后，应根据应急管理的权限报请撤销或决定撤销现场应急指挥机构。

3. 恢复与重建

积极稳妥、深入细致地做好善后处置工作。妥善安置受灾人员，做好各项安置工作，加强对水利工程及设施的维修保护，确保安全运行，同时对水利突发公共事件的起因、性质、影响、责任、经验教训和恢复重建等问题进行调查评估，并向政府和上级水行政主管部门做出报告。

（四）应急保障

各单位要按照职责分工和相关预案做好水利突发公共事件的应对工作，同时根据预案的要求和实际情况，协调有关部门切实做好应对水利突发公共事件的人力、物力、财力、交通、通信保障等工作，保证应急救援工作的顺利进行。

（五）责任与奖惩

水利系统各单位及全体人员要高度重视，协调一致，密切配合，全力以赴搞好重大紧急事项的报告处置工作。水利突发公共事件应急处置工作实行责任追究制。对水利突发公共事件应急管理工作中做出突出贡献的先进集体和个人要给予表彰和奖励。对执行不力、延误时机、推诿扯皮、影响决策和造成不良后果的，要给予通报批评；对造成重大影响的，要追究有关人员的责任。对迟报、谎报、瞒报和漏报水利突发公共事件重要情况或者应急管理工作中有其他失职、渎职行为的，依法对有关责任人给予行政处分；构成犯罪的，移送司法机关依法追究刑事责任。

九、险情报告

水利工程险情主要是指水库、堤防、涵闸、泵站以及其他水利工程出现可能危及工程及人员安全的情况。各级防汛抗旱指挥机构要高度重视水利工程险情的掌握和报告工作，准确及时地报告、处置险情，险情报告坚持报险与抢险同步，严禁报险不处险、报险不抢险。

水利工程险情分为重大险情、较大险情和一般险情三类，各地要具体明确水库、堤防（河道工程）、涵闸（泵站）险情报告内容。重大或较大险情发生后，事发地乡镇（街道办事处）及水工程管理单位应立即向县级防汛抗旱指挥部办公室报告。县防汛抗旱指挥部办公室迅速核实并在1h内向市防汛抗旱指挥部办公室报送，特殊原因滞阻的不得迟于事发后2h。并在2h内向省、市人民政府防汛抗旱指挥机构和水行政主管部门报告。险情报告分为首次报告和续报，原则上应以书面形式逐级上报，并由县级防汛抗旱指挥部办公室主要负责人签发。紧急情况下，可以采用电话或其他方式报告，并以书面形式及时补报。对险情的应急处置情况实行态势变化进程报告和日报告制度。情况紧急时，可越级上报。

险情的处置应遵循分级负责、属地管理的原则。县级防汛抗旱指挥部负责本区域内的水利工程险情应急处置工作。市防汛抗旱指挥部办公室负责全市水利工程重大险情应急处置的指导和协调工作。

十、档案管理

（一）档案内容

工程规划、设计、施工、日常管理中形成的有关工程档案资料均应立卷归档并落实人员保管。工程档案主要内容为：

（1）水库工程规划、设计等资料。包括报告、批复、鉴定书。

（2）水库工程施工资料。包括招投标资料、施工组织设计书、施工日志、质检记录、竣工验收资料等。

（3）历年水库安全监测资料。

（4）工程历次维修养护、除险加固、防汛抢险资料等。

（5）历年降雨、径流资料和库水位资料。

（6）历年城镇供水、灌溉、发电等效益指标等。

（7）日常工作计划、工作总结、规章制度等。

（8）日常巡查、日常巡检、汛前检查、年度检查、特别检查的记录、报告以及工程隐患、险情处理结果报告等相关资料。

（9）仪器设备维修资料、使用说明书、各种情报资料等。

（二）档案保存

档案资料应在水库主管部门、水库管理单位及当地水行政主管部门保存。暂未落实水库管理单位的，档案资料应在水库主管部门及当地水行政主管部门保存。

第三节　设　施　管　理

一、管理范围与保护范围

1. 小型水库管理范围和保护范围

（1）大坝的管理范围：大坝两端以外不少于 50m 的地带，或者以山头、岗地脊线为界，以及大坝背水坡脚以外 50～100m 内的地带，保护范围为管理范围以外 20～50m 内的地带；水库库区的管理范围为校核洪水位或者库区移民线以下的地带，保护范围为上述管理范围以外 50～100m 内的地带。

（2）溢洪道：工程两侧轮廓线向外不少于 50m，消力池以下不少于 50m。

（3）其他建筑物：从工程外轮廓线向外 20m。

水库管理单位应在划定的管理范围和保护范围设置界桩、隔离设施和公告牌。

2. 小型水闸管理范围和保护范围

小型水闸管理范围和保护范围包括上游引水渠、闸室、下游消能防冲工程和两岸连接建筑物。水闸上、下游管理范围侧轮廓线向外不少于 50m；水闸两侧的宽度向外不少于 50m。

3. 堤防工程保护范围

（1）管理范围。

1）堤身，堤内外戗堤，防渗导渗工程及堤内、外护堤地。

2）穿堤、跨堤交叉建筑物：包括各类水闸、船闸、桥涵、泵站、鱼道、码头等。

3）附属工程设施：包括观测、交通、通信设施、测量控制标点、界碑、里程碑及其他维护管理设施。

4）护岸控导工程：包括各类立式和坡式护岸建筑物，如丁坝、顺坝、坝垛、石矶等。

（2）护堤地范围。

1）护堤地的顺堤向布置应与堤防走向一致。

2）护堤地横向宽度，应从堤防内外坡脚线开始起算。设有戗堤或防渗压重铺盖的堤段，应从戗堤或防渗压重铺盖坡脚线开始起算。

3）堤内、外护堤地宽度为 5m。

4）邻近堤防工程或与堤防工程形成整体的护岸控导工程，其管理范围应从护岸控导工程基脚连线起向外侧延伸 30m。

5）在堤防工程背水侧紧邻护堤地边界线以外 50m。

二、抢险道路

防汛抢险道路一般应能直达坝顶或下游坝脚，路面宜硬化、宽度不小于 3.0m，满足抢险机械安全通行要求。有条件的，宜在坝脚、坝顶均设置抢险道路。

三、管理房

水库管理用房应满足水库日常办公、防汛值班、物资储备、信息化管理等安全与生产管理的需要及职工基本生活需要。

当水库管理单位离大坝距离超出 500m 时，应在大坝附近设置现场管理房，可结合启闭机房设置。

四、标识标牌

以下部位应设置标识牌：

（1）水库工程区域主要通道口应设置标有水库名称、简介等内容的标识牌 1 块。

（2）大坝两头应设置安全保护标识各 1 块，泄洪设施进口、出口部位应设置安全保护标识、安全警示标识各 1 块，启闭设施周边应设置安全保护标识 1 块。

（3）蓄水区域、高边坡部位应设置安全警示标识。

（4）容易接触水面的通道口应设置安全警示标识。

五、坝顶交通

坝顶、工作桥确需兼作道路的，应当经过技术论证，并由道路主管部门设置相应的安全设施和交通标志、标线。水行政主管部门应根据工程安全状况和防汛需求，提出限制或者禁止机动车辆通行的意见。

第九章　小型水利工程维修与养护

水工建筑物长期运行在复杂的自然条件下，受各种荷载作用、施工质量不高、管理运用不当等影响，容易产生各种缺陷，为了防止缺陷的进一步扩展，需要及时养护、修理，甚至除险加固。

水利工程的养护、修理、除险加固三者之间没有严格的界限，工程不经常养护容易产生缺陷及轻微损害，某些缺陷及轻微损害如不及时修理就会发展成严重破坏；反之，加强经常性的养护、及时维修，工程的破坏现象是可以防止或减轻的。水利工程的养护修理，必须坚持"经常养护、随时维修，养重于修、修重于抢"的原则。

在制定养护修理方案时，必须根据实际情况，因地制宜，就地取材，力求经济合理、技术科学。为了规范我国水利工程的养护修理工作，水利部制定并发布了《土石坝养护修理规程》（SL 210—2015）、《混凝土坝养护修理规程》（SL 230—2015）等行业标准。

第一节　土石坝的养护与修理

我国的水库大坝中，95％以上为土石坝。土石坝的病害类型主要有裂缝、渗漏、滑坡、护坡破坏等几种。

一、土石坝的日常养护

土石坝的日常养护包括对坝顶及坝端、坝坡、排水设施、观测设施、坝基和坝区进行养护。

（一）坝顶及坝端的养护

（1）坝顶应平整，无积水、杂草、弃物；防浪墙、坝肩、踏步完整，轮廓鲜明；坝端无裂缝、坑凹、堆积物等。

（2）如坝顶出现坑洼或雨淋沟缺，应及时用相同材料填平补齐，并应保持一定的排水坡度；对经主管部门批准通行车辆的坝顶，如有损坏，应按原路面要求及时修复，不能及时修复的，应用土或石料临时填平。

（3）防浪墙、坝肩和踏步出现局部破损，应及时修补或更换。

（4）坝端出现局部裂缝、坑凹时，应及时填补，发现堆积物应及时清除。

（5）坝面上不得种植树木、农作物，不得放牧、铲草皮以及搬动护坡和导渗设施的砂石材料等。

（二）坝坡的养护

（1）干砌块石护坡或堆石护坡的养护。应及时填补、楔紧个别脱落或松动的护坡石料；及时更换风化或冻毁的块石，并嵌砌紧密；块石塌陷、垫层被淘刷时，应先翻出块石，恢复坝体和垫层后，再将块石嵌砌紧密；堆石或碎石石料如有滚动，造成厚薄不均时，应及时进行平整。

（2）混凝土或浆砌块石护坡的养护。应及时填补伸缩缝内流失的填料，填补时应将缝内杂物清洗干净。护坡局部发生侵蚀剥落、裂缝或破碎时，应及时采用水泥砂浆表面抹补、喷浆或填塞处理，处理时表面应清洗干净；如破碎面较大，且垫层被淘刷、砌体有架空时，应用石料做临时性填塞。排水孔如有不畅，应及时进行疏通或补设。

（3）草皮护坡的养护。应经常修整、清除杂草，保持完整美观；草皮干枯时，应及时洒水养护。出现雨淋沟缺时，应及时还原坝坡，补植草皮。

（4）严寒地区护坡的养护。在冰冻期间，应积极防止冰凌对护坡的破坏。可根据具体情况，采用打冰道或在护坡临水处铺放塑料薄膜等办法减少冰压力；有条件的，可采用机械破冰法、动水破冰法或水位调节法，破碎坝前冰盖。

（三）排水设施的养护

（1）各种排水、导渗设施应达到无断裂、损坏、阻塞、失效现象，排水畅通。

（2）必须及时清除排水沟（管）内的淤泥、杂物及冰塞，保持通畅。

（3）对排水沟（管）局部的松动、裂缝和损坏，应及时用水泥砂浆修补。

（4）排水沟（管）的基础如被冲刷破坏，应先恢复基础，后修复排水沟（管修复时，应使用与基础同样的土料，恢复到原来断面，并应严格夯实；排水沟（管）如设有反滤层时，也应按设计标准恢复。

（5）随时检查修补滤水坝趾或导渗设施周边山坡的截水沟，防止山坡浑水淤塞坝趾导渗排水设施。

（6）减压井应经常进行清理疏通，保持排水畅通；周围如有积水渗入井内，应将积水排干，填平坑洼，保持井周无积水。

（四）坝基和坝区的养护

（1）对坝基和坝区管理范围内违反大坝管理规定的行为和事件，应立即制止并纠正。

（2）设置在坝基和坝区范围内的排水、观测设施和绿化区，应保持完整、美观，无损坏现象。

（3）发现坝区范围内有白蚁活动迹象时，应按土石坝防蚁的相关要求进行治理。

（4）发现坝基范围内有新的渗漏逸出点时，不要盲目处理，应设置观测设施进行观测，待弄清原因后再进行处理。

（5）严禁在大坝管理和保护范围内进行爆破、打井、采石、采矿、挖砂、取土、修坟等危害大坝安全的活动。

（6）严禁在坝体修建码头、渠道，严禁在坝体堆放杂物、晾晒粮草。在大坝管理和保护范围内修建码头、鱼塘，必须经大坝主管部门批准，并与坝脚和泄水、输水建筑物保持一定的安全距离。

（五）观测设施的养护

各种观测设施应保持完整，无变形、损坏、堵塞现象。

（1）经常检查各种变形观测设施的保护装置是否完好，标志是否明显，随时清除观测障碍物；观测设施如有损坏，应及时修复，并重新校正。

（2）测压管口及其他保护装置，应随时加盖上锁，如有损坏应及时修复或更换。

（3）水位观测尺若受到碰撞破坏，应及时修复，并重新校正。

（4）量水堰板上的附着物和量水堰上下游的淤泥或堵塞物应及时清除。

二、土石坝裂缝的处理

土石坝坝体裂缝是一种较为常见的病害现象，大多发生在蓄水运用期间，对坝体存在着潜在的危险。

（一）土石坝裂缝的类型及成因

按裂缝原因分为干缩裂缝、冻融裂缝、沉陷裂缝、滑坡裂缝和震动裂缝，按裂缝方向分为龟纹裂缝、横向裂缝、纵向裂缝和水平裂缝，按裂缝部位分为表面裂缝和内部裂缝。在实际工程中，土石坝的裂缝常由多种因素造成，并以混合的形式出现。

干缩裂缝，通常是由于坝体表面水分迅速蒸发，引起土体干缩，当收缩引起的拉应力超过坝体内部黏性土的约束时而出现的裂缝。一般发生在黏性坝体的表面或黏土心墙坝顶部或施工期黏土的填筑面上。这种裂缝分布较广，呈龟裂状，密集交错，缝的间距比较均匀，无上下错动。一般与坝体表面垂直，上宽下窄，呈楔形尖灭，缝宽通常小于1cm。

冻融裂缝，主要是由于坝体表层土体因冰冻收缩而产生的裂缝。当气温再次骤降时，表层冻土将进一步收缩，此时受到内部未降温冻土的约束，进一步产生表层裂缝；当气温骤然升高时，经过冻融的土体不能恢复到原来的密实度而产生裂缝。冬季气温变化，黏土表层反复冻融形成冻融裂缝和松土层。冻融裂缝一般发生在冻土层以内，表层破碎，有脱空现象，缝深及缝宽随气温而异。

沉陷裂缝是由于不均匀沉陷引起的裂缝，按裂缝方向主要包括纵向、横向和水平裂缝。纵向裂缝，为与坝轴线平行的裂缝，主要是由于坝体在横向断面上不同土料的固结速度不同，或由坝体、坝基在横断面上产生较大的不均匀沉陷造成的，一般接近于直线，垂直向下延伸，规模较大，并深入坝体，多发生在坝的顶部或内外坝肩附近，有时也出现在坝坡和坝身内部。横向裂缝，为走向与坝轴线大致垂直的裂缝，产生的原因是沿坝轴线纵剖面方向相邻坝段的坝高不同或坝基的覆盖厚度不同，产生的不均匀沉陷超过一定限度时出现的裂缝，一般接近铅直或稍有倾斜地伸入坝体内，上宽下窄，多发生在坝端。水平裂缝，是指破裂面为水平面的裂缝，多为内部裂缝，常贯穿防渗体，而且在坝体内部较难发现，常出现在薄心墙土坝和修建于狭窄山谷中的坝中。

滑坡裂缝，是因滑移土体开始发生位移而出现的裂缝，裂缝中段大致平行坝轴线，缝两端逐渐向坝脚延伸，在平面上略呈弧形，多出现在坝顶、坝肩、背水面及排水不畅的坝坡下部，在水位骤降或地震条件下，迎水面也可能出现滑坡裂缝，在相应部位的坝面或坝基上有带状或椭圆形隆起。

震动裂缝，是由于坝体受强烈震动或地震后产生的裂缝，走向平行或垂直坝轴线方向，多暴露在坝面。

（二）土石坝裂缝的检查与判断

对土石坝裂缝的检查与判断，首先应借助日常管理和观测资料并结合地形、地质、坝型和施工质量等整理分析，根据裂缝常见部位，对坝体变形、测压管水位、土体中应力及孔隙水压力变化、水流渗出后的浑浊度等进行鉴别，在初步确定裂缝位置后，再采用必要的探测方法弄清裂缝确切位置、大小及其走向。目前土石坝隐患探测的方法分为有损探测和无损探测两类，有损探测主要有人工破损探测和同位素探测；无损探测主要为电法探测。

（1）人工破损探测。对表面有明显征兆，沉降差特别大，坝顶防浪墙被拉裂的部位，可采用探坑、探槽和探井的方法探测。即人工开挖一定数量的坑、槽和井来实际检查坝体隐患情况。该法直观、可靠，易弄清裂缝位置、大小、走向及深度，但受到深度限制，目前国内探坑、探槽的深度不超过 10m，探井深度可达到 40m。

（2）同位素探测。同位素探测法也称放射性示踪法，包括多孔示踪法、单孔示踪法、单孔稀释法和单孔定向法等。是利用土石坝已有的测压管，投入放射性示踪剂模拟天然渗透水流运动状态，用核探测技术观测其运动规律和踪迹。通过现场实际观测可以取得渗透水流的流速、流向和途径。在给定水力坡降和有效孔隙率时，可以计算相应的渗透水流速度和渗透系数。在给定的渗透层宽度和厚度基础上，可以计算渗流量。

（3）电法探测。电法探测，是在土石坝表面布设电极，通过电测仪器观测人工或天然电场的强度，分析这些电场的特点和变化规律，以达到探测工程隐患的目的。电法探测适用于土石坝裂缝、集中渗流、管涌通道、基础漏水、绕坝渗流、接触渗流、软土夹层以及白蚁洞穴等隐患探测，它比传统的人工破坏探测速度快、费用低，目前已被广泛采用。电法探测的方法主要有自然电场法、直流电阻率法、直流激发极法和甚低频电磁法。

（三）土石坝裂缝的处理

裂缝处理，首先应根据观测资料、裂缝特征和部位，结合现场探测结果，分析裂缝类型、产生原因，然后按照不同情况采取相应措施进行处理。非滑坡性裂缝处理方法主要有开挖回填法、灌浆法和两者相结合等方法。

1. 开挖回填法

开挖回填法是处理裂缝比较彻底的方法，适用于处理深度不超过 3m 的裂缝，或允许放空水库进行修补加固防渗部位的裂缝。

开挖的横断面形状应根据裂缝所在部位及特点的不同而不同。具体有以下几种：

（1）梯形楔入法。适用于不太深的非防渗部位裂缝。开挖时采用梯形断面，或开挖成台阶形的坑槽。回填时削去台阶，保持梯形断面，便于新老土料紧密结合，如图 9-1 所示。

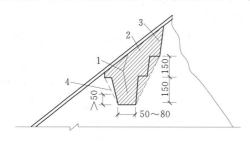

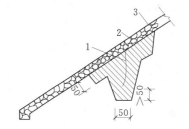

图 9-1　梯形楔入法（单位：cm）　　　　图 9-2　梯形加盖法（单位：cm）

1—裂缝；2—回填土；3—开挖线；4—回填线　　1—裂缝；2—回填土；3—块石护坡

（2）梯形加盖法。适用于裂缝不太深的防渗部位及均质坝迎水坡的裂缝。其开挖情形基本与"梯形楔入法"相同，只是上部因防渗的需要，适当扩大开挖范围，如图 9-2 所示。

（3）梯形十字法。适用于处理坝体和坝端的横向裂缝，开挖时除沿缝开挖直槽外，在垂直裂缝方向每隔一定距离（2～4m），加挖结合槽组成十字，为了施工安全，可在上游做挡水围堰，如图9-3所示。

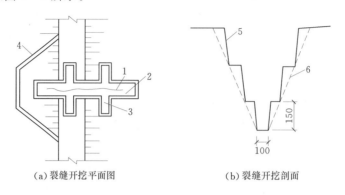

(a) 裂缝开挖平面图　　　　　　(b) 裂缝开挖剖面

图9-3　梯形十字法（单位：cm）
1—裂缝；2—坑槽；3—结合槽；4—挡水围堰；5—开挖线；6—回填线

开挖前应向裂缝内灌入较稀的石灰水，使开挖沿石灰痕迹进行，以利掌握开挖边界；对于较深坑槽应挖成阶梯形，以便出土和安全施工；挖出的土料不要大量堆积坑边，以利安全，不同土料应分开存放，以便使用；开挖长度应超过裂缝两端1m以外，开挖深度应超过裂缝0.5m；坑槽挖好后，应保护坑口，避免雨淋、干裂、冰冻、进水，造成塌垮。

回填前应检查坑槽周围的含水量，如偏干则应将表面洒水湿润，如土体过湿或冰冻，应清除后，再回填；回填时，应将坑槽的阶梯逐层削成斜坡，并将结合面刨毛、洒水，要特别注意边脚处的夯实质量；回填土料应根据坝体土料和裂缝性质选用，并作物理力学性质试验；回填的土料应分层夯实，层厚以10～15cm为宜，压实厚度为填土厚度的2/3，夯实工具按工作面大小选用，可采用人工夯实或机械碾压。

2. 灌浆法

对于采用开挖回填法有困难、危及坝坡稳定或工程量较大的深层非滑动裂缝和内部裂缝，可采用灌浆处理法。试验证明，合适的浆液对坝体中的裂缝、孔隙或洞穴均有良好的充填作用，同时在灌浆压力作用下对坝内土体有压密作用，使缝隙被压密或闭合。

（1）灌浆浆液。一般可采用纯黏土浆液。泥浆要求有足够的流动性；具有适当的凝固时间，在灌注过程中不凝固堵塞，灌注后又能较快凝固并有一定的强度；凝固时体积收缩量小，析出水分少，能与缝壁的土体胶结牢固。适宜的制浆土料以粉质黏土与重粉质壤土比较合适，黏粒含量为20%～30%，砂粒在10%以下，其余为粉粒。

当灌注位置处于浸润线以下，或对坝体内含有大量的砂、砾料渗透较严重的部位，宜采用黏土水泥混合浆液，以加速凝固，提高早期强度，避免浆液被渗流带走并可减少浆液凝固后的体积收缩。水泥掺量，约为土料重的10%～30%。水泥掺量过大，则浆液凝固后不能适应土坝变形而产生裂缝。

（2）孔位布置及造孔。对于土石坝表层可见的裂缝，孔位一般布置在裂缝的两端、转弯处、缝宽突然变化处及裂缝密集处。但应注意灌浆孔与导渗设施或观测设备之间应有足够的距离，一般不应小于 3m，以防止因串浆而影响其正常工作。对于坝体内部的裂缝，布孔时应根据内部裂缝的分布范围、灌浆压力和坝体结构综合考虑。一般宜在坝顶上游侧布置 1～2 排，孔距由疏到密，最终孔距以 1～3m 为宜，孔深应超过缝深 1～2m。

坝体灌浆的钻孔，一般要求用干钻以保护坝体，钻孔直径可为 75～110mm，堤防钻孔，一般孔径为 16～60mm。钻孔过程要注意做好取样试验，并详细记录土质及松散程度等资料。

3. 开挖回填与灌浆结合法

此法适用于自表层延伸到坝体深处的裂缝，当库水位较高、不易全部开挖回填的部位，全部开挖回填有困难的裂缝。施工时对上部采用开挖回填，下部采用灌浆处理。即先沿裂缝开挖至一定深度（一般为 2～4m）即进行回填，在回填时预埋灌浆管，回填完毕，采用黏土灌浆，进行坝体下部裂缝灌浆处理。

三、土石坝渗漏的处理

由于土石坝属于散粒体结构，在坝身土料颗粒之间存在着较大的孔隙，且土石坝对地基地质条件的要求相对较低，在土基或较差的岩基上均可筑坝。因此，水库蓄水后，在水压力的作用下，土石坝出现渗漏是不可避免的，但应控制在一定范围之内。

土石坝渗漏除沿地基中的断层破碎带或岩溶地层向下渗漏外，一般均沿坝体土料、坝基透水层或绕过坝端向下游渗漏，即按照渗漏部位的特征，相应称为坝体渗漏、坝基渗漏及绕坝渗漏。渗漏量过大，将损失水库蓄水量、抬高坝体浸润线、造成渗透破坏等危害。

（一）土石坝坝体渗漏的处理

1. 坝体渗漏的形式及原因

坝体渗漏的常见形式有散浸、集中渗漏、管涌及管涌塌坑、斜墙或心墙被击穿等。坝体浸润线抬高，渗漏的逸出点超过排水体的顶部，下游坝坡呈大片湿润状态的现象，称为散浸；而当下游坝坡、地基或两岸山包出现成股水流涌出的现象，则称集中渗漏；坝体中的集中渗漏，逐渐带走坝体中的土粒，自然形成管涌；若没有反滤保护（或反滤设计不当），渗流将把土粒带走，淘成孔穴，逐渐形成塌坑；当集中渗流发生在防渗体（斜墙和心墙）内，亦会使土料随渗流带出，即所谓的心墙（斜墙）击穿。

造成坝体渗漏的主要原因有以下几点：

（1）坝身尺寸单薄，特别是塑性斜墙或心墙厚度不够。

（2）排水体在施工时未按设计要求选用反滤料、铺设的反滤料层间混乱或泥沙堵塞等原因造成排水体失效，或因排水体设计断面过小高度不够。

（3）坝体施工质量差，如土料含砂砾太多，在分层填筑时已压实的土层表面未经刨毛处理致使上下土层结合不良，铺土层过厚碾压不实，分区填筑的结合部少压或漏压造成坝体内形成薄弱夹层。

（4）坝体不均匀沉陷引起横向裂缝，坝体与两岸接头不好而形成渗漏途径，坝下压力涵管断裂。

（5）管理工作中，对白蚁、獾、鼠等动物在坝体内的孔穴未能及时发现并进行处理。

（6）冬季施工中，填土碾压前冻土层没有彻底处理或把大量冻土填入坝内，形成软弱夹层。

2. 坝体渗漏的处理方法

坝体渗漏的处理，应按照"上堵下排"的原则，针对渗漏的原因，结合具体情况，采取以下不同的处理措施。

（1）斜墙法。斜墙法即在上游坝坡补做或加固原斜墙，堵截渗流，防止坝体渗漏。此法适用于大坝施工质量差、造成严重管涌、管涌塌坑、斜墙被击穿、浸润线及其逸出点抬高、坝身普遍漏水等情况。具体按照所用材料的不同，分为黏土斜墙、沥青混凝土斜墙及土工膜防渗斜墙。

1）黏土防渗斜墙。修筑黏土斜墙时，一般应放空水库，揭开护坡，铲去表土，再挖松 10～15cm，并清除坝身含水量过大的土体，然后填筑与原斜墙相同的黏土，分层夯实，使新旧土层结合良好。斜墙底部应修筑截水槽，深入坝基至相对不透水层。对黏土防渗斜墙的具体要求为：①所用土料的渗透系数应为坝身土料渗透系数的 1% 以下；②斜墙顶部厚度（垂直于斜墙坡面）应不小于 0.5～1.0m，底部厚度应根据土料容许水力坡降而定，一般不得小于作用水头的 1/10，最小不得少于 2m；③斜墙上游面应铺设保护层，用砂砾或非黏性土料自坝底铺到坝顶。厚度应大于当地冰冻层深度，一般为 1.5～2.0m。下游面按反滤要求铺设反滤层。

如果坝身渗漏不太严重，且主要是施工质量较差引起的，则不必另做新斜墙，只需降低水位，使渗漏部分全部露出水面，将原坝上游土料翻筑夯实即可。

当水库不能放空，无法补做新斜墙时，可采用水中抛土法处理，即用船载运黏土至漏水处，从水面均匀抛下，使黏土自由沉积在上游坝坡，从而堵塞渗漏孔道，不过效果没有填筑斜墙好。

对于坝体上游坡形成塌坑或漏水喇叭口，而其他坝段质量尚好的情况，可用黏土铺盖进行局部处理，在漏水口处预埋灌浆管，最后采用压力灌浆充填漏水孔道，如图 9-4 所示。

2）沥青混凝土斜墙。在缺乏合适的黏土料，而有一定数量的合适沥青材料时，可在上游坝坡加筑沥青混凝土斜墙。沥青混凝土几乎不透水，同时能适应坝体变形，不致开裂，抗震性能好，工程量小（其厚度为黏土斜墙厚度的 1/40～1/20），投资省，工期短。

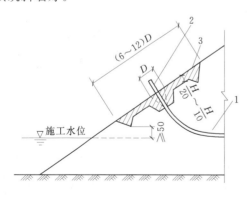

图 9-4　漏水喇叭口处理示意（单位：cm）
D—漏水喇叭口直径；H—设计水头；
1—漏水通道；2—预埋灌浆管；
3—黏土铺盖（夯实）

3）土工膜防渗斜墙。土工膜的基本原料是橡胶、沥青和塑料，当对其强度有要求时，加入绵纶布、尼龙布等加筋材料，与土工膜热压形成复合土工膜。土工膜具有很好的防渗性，其渗透系数一般都小于 10^{-8} cm/s。土工膜防渗墙与其他材料防渗斜墙相比，其施工简便，设备少，易于操作，节省造价，而且施工质量容易保证。土工膜铺设前应进行坡面处理，拆除原有护坡、清除树根杂草、挖除表层0.3～0.5m，坡面修理平顺、密实。土工膜与坝基、岸坡、涵洞的连接以及土工膜本身的接缝处理是整体防渗效果的关键，沿迎水坡坝面与坝基、岸坡接触边线开挖梯形沟槽，然后埋入土工膜，用黏土回填；土工膜与坝内输水涵管连接，可在涵管与土石坝迎水坡相接段，增加一个混凝土截水环。由于迎水坡面倾斜，可沿坝坡每隔5～10m设置阻滑槽，然后回填不小于0.5m厚的砂或砂壤土保护层。土工膜的连接方式常有搭接、焊接、黏结等。

（2）灌浆法。对于施工质量差、坝体渗漏严重的均质坝或心墙坝，无法采用斜墙法进行处理时，可从坝顶或上游坝坡平台采用造孔灌浆的方法进行处理，在坝内形成一道灌浆帷幕，阻断渗漏通道。灌浆的方法主要包括劈裂灌浆、高喷灌浆、黏土固化剂灌浆等。

1）劈裂灌浆法。劈裂灌浆是利用河槽段坝轴线附近的小主应力面一般平行于坝轴线的铅垂面的规律，沿坝轴线单排布置相距较远的灌浆孔，利用泥浆压力，沿坝轴线劈开坝体并充填泥浆，从而形成连续的浆体防渗帷幕。对于坝体比较松散、渗漏、裂缝众多或很深，开挖回填困难时，可选用劈裂灌浆法处理。劈裂灌浆具有设备简单、效果好、投资省等优点。

2）黏土固化剂灌浆法。黏土固化剂灌浆就是用80％～90％的黏土、15％～20％的水泥和水泥用量15％～20％的黏土固化剂按1.5：1～1：1的水料比通过高速搅拌后，参照帷幕灌浆施工工艺注入坝身或坝基，充填（或劈裂）密实坝体内部各处洞穴、裂隙、土质松散等隐患，以达到消除渗漏，提高防抗渗能力的目的。黏土固化剂是一种新的灌浆材料，黏土固化剂灌浆技术是一种施工简单方便、防渗性能高、工程造价较低、低碳环保的防渗灌浆新技术。

（3）防渗墙法。防渗墙法是用一定的机具，按照相应的方式造孔，然后在孔内填筑防渗材料，最后在地基或坝体内形成一道防渗体，以达到防渗的目的。包括混凝土防渗墙、黏土防渗墙两种。

1）混凝土防渗墙。一般是利用专用机具在坝身打孔，直径为0.5～1.0m，将若干圆孔连成槽型，用泥浆固壁，然后在槽孔内浇筑混凝土，形成一道整体混凝土防渗墙。适应于各种不同材料的坝体，坝高60m以内的情况。与其他防渗措施相比，具有施工速度快，建筑材料省、防渗效果好等优点，但成本较高，对施工道路要求高。

2）黏土防渗墙。利用冲抓式打井机具，在土坝或堤防渗漏范围的防渗体中造孔，用黏性土料分层回填夯实，形成一个连续的黏土防渗墙。同时，在回填夯击时，对井壁土层挤压，使其井孔周围土体密实，提高坝体质量，从而达到防渗加固的目的。适用于黏性较强的均质坝和宽心墙坝且能放空库水位的坝体渗漏处理，孔深一般不超过25m。黏土防渗墙法具有机械设备简单、施工方便、工艺易掌握、工程量小、工效高、造价低、防渗效果好等优点。

（4）导渗法。主要针对已经进入坝体的渗水，通过改善和加强坝体排渗能力，使渗水在不致引起渗透破坏的条件下，安全通畅地排出坝外。按具体不同情况，可采用以下几种形式：

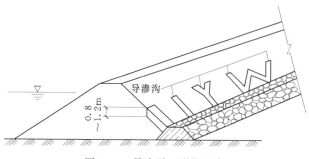

图 9-5　导渗平面形状示意

1）导渗沟法。当坝体散浸不严重，不致引起坝坡失稳时，可在下游坝坡上采用导渗法处理。导渗沟在平面上可布置成垂直坝轴线的沟或人字形沟（一般 45°角），也可布置成两者结合的 Y 形沟，如图 9-5 所示。三种形式相比，渗漏不十分严重的坝体，常用 I 形导渗沟；当坝坡、岸坡散浸面积分布较广，且逸出点较高时，可采有 Y 形导渗沟；而当散浸相对较严重，且面积较大的坝坡及岸坡，则需用 W 形导渗沟。

几种导渗沟的具体做法和要求为：①导渗沟一般深 0.8～1.2m、宽 0.5～1.0m，沟内按反滤层要求填砂、卵石、碎石或片石；②导渗沟的间距可视渗漏的严重程度，以能保持坝坡干燥为准，一般为 3～10m；③严格控制滤料质量，不得含有泥土或杂质，不同粒径的滤料要严格分层填筑，其细部构造和滤料分层填筑的步骤如图 9-6 所示；④为避免造成坝坡崩塌，不应采用平行坝轴线的纵向或类似纵向（口形、T 形等）导渗沟；⑤为使坝坡保持整齐美观，免受冲刷，导渗沟可做成暗沟。

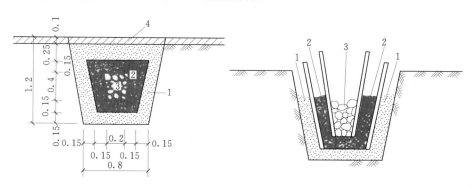

图 9-6　导渗沟构造（单位：m）
1—砂；2—卵石或碎石；3—片石；4—护坡

2）导渗砂槽法。对局部浸润线逸出点较高和坝坡渗漏较严重，而坝坡又较缓，且具有褥垫式滤水设施的坝段，可用导渗砂槽处理。它具有较好的导渗性能，对降低坝体浸润线效果亦比较明显。其形状如图 9-7 所示。

3）导渗培厚法。当坝体散浸严重，出现大面积渗漏，渗水又在排水设施以上出逸，坝身单薄，坝坡较陡，且要求在处理坝面渗水的同时增加下游坝坡稳定性时，可采用导渗培厚法。

导渗培厚即在下游坝坡贴一层砂壳，再培厚坝身断面，如图 9-8 所示。这样既可导渗排水，又可增加坝坡稳定。不过，需要注意新老排水设施的连接，确保排水设备有效和畅通，达到导渗培厚的目的。

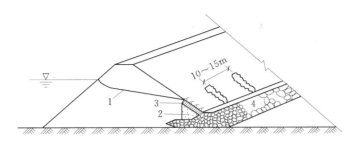

图 9-7　导渗砂槽示意

1—浸润线；2—砂；3—回填土；4—滤水体

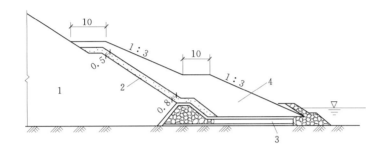

图 9-8　导渗培厚法示意（单位：m）

1—原坝体；2—砂壳；3—排水设施；4—培厚坝体

（二）土石坝坝基渗漏的处理

1. 坝基渗漏的现象及原因

坝基渗漏是通过坝基透水层从坝脚或坝脚以外覆盖层薄弱的部位逸出的现象。

坝基渗漏的根本原因是坝趾处的工程地质条件不良，直接原因存在于设计、施工和管理各个环节。

（1）设计方面。对坝趾的地质勘探工作做得不够，没有详细弄清坝基情况，未能针对性地采取有效的防渗措施，或防渗设施尺寸不够；薄弱部位未做补强处理，给坝基渗漏留下隐患。

（2）施工方面。

1）对地基处理质量差，如岩基上部的冲积层或强风化层及破碎带未按设计要求彻底清理，垂直防渗设施未按要求做到新鲜基岩上。

2）施工管理不善，在库内任意挖坑取土，天然铺盖被破坏。

3）各种防渗设施未按设计要求严格施工，质量差。

（3）管理方面。

1）运用不当，库水位消落，坝前滩地部分黏土铺盖裸露暴晒开裂，或在铺盖上挖坑取土打桩等引起渗漏。

2）对导渗沟、减压井养护维修不善，出现问题未及时处理，而发生渗透破坏。

3）在坝后任意取土、修建鱼池等也可能引起坝基渗漏。

2. 坝基渗漏的处理措施

坝基渗漏处理的原则，仍可归纳为"上堵下排"。即在上游采取水平防渗（如黏土铺盖）和垂直防渗（如截水槽、防渗墙等）两种措施，阻止或减少渗流通过坝基。在下游用导渗措施（如排水沟、减压井等）把已经进入坝基的渗流安全排走，不致引起渗透破坏。

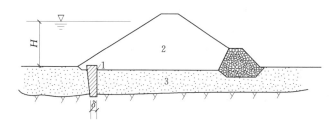

图 9-9　黏土截水槽
1—黏土截水槽；2—坝体；3—透水层

（1）黏土截水槽。黏土截水槽，是在透水地基中沿坝轴线方向开挖一条槽形断面的沟槽，槽内填以黏土夯实而成，如图 9-9 所示。

对于均质坝或斜墙坝，当不透水层埋置较浅（10～15m 以内）、坝身质量较好时，应优先考虑这一方案。不过当不透水层埋置较深，而施工时又不便放空水库时，切忌采用，因施工排水困难，投资增大，不经济。对于均质坝和黏土斜墙坝，应注意使坝身或斜墙与截水槽的可靠连接，如图 9-10 所示。

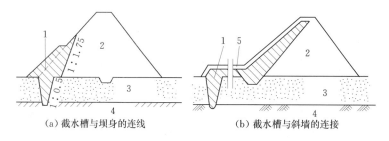

（a）截水槽与坝身的连线　　　　（b）截水槽与斜墙的连接

图 9-10　新挖截水槽与坝身或斜墙的连接
1—截水槽；2—原坝体；3—透水层；4—不透水层；5—保护层

（2）混凝土防渗墙。如果覆盖层较厚，地基透水层较深，修建黏土截水槽困难大，则可考虑采用混凝土防渗墙。其优点是不必放空水库，施工速度快，节省材料，防渗效果好。其上部应插入坝内防渗体，下部和两侧应嵌入基岩，如图 9-11 所示。

（3）帷幕灌浆。帷幕灌浆是在透水地基中每隔一定距离用钻机钻孔，伸入基岩以下 2～5m，然后在钻孔中用一定压力把浆液压入坝基透水层中，使浆液填充地基土中孔隙，使之胶结成不透水的防渗帷幕，如图 9-12 所示。

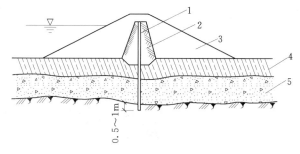

图 9-11　混凝土防渗墙的一般布置
1—防渗墙；2—黏土心墙；3—坝壳；4—覆盖层；5—透水层

当坝基透水层厚度较大，修筑截水槽不经济；透水层中有较大的漂石、孤石，修建防渗墙较困难时，可优先采用灌浆帷幕。另外当坝基中局部地方进行防渗处理时，利用灌浆帷幕亦较灵活方便。灌筑的浆液一般有黏土浆、水泥浆、水泥黏土浆、化学灌浆材料等。在砂砾石地基中，多采用水泥黏土浆；对于中砂、细砂和粉砂层，可酌情采用化学灌浆，但其造价较高。

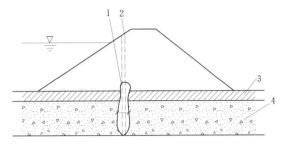

图 9-12 帷幕灌浆示意
1—帷幕体；2—钻孔；3—覆盖层；4—透水层

（4）黏土铺盖。黏土铺盖是一种水平防渗措施，利用黏土在坝上游地基面分层碾压而成，覆盖渗漏部位，延长渗径，减小坝基渗透坡降，如图 9-13 所示。其特点是施工简单，造价低廉，但此法要求放空水库且坝区附近有足够的黏土资源。黏土铺盖一般在不严格要求控制渗流量、地基各向渗透性较均匀、透水地基较深，且坝体质量尚好、采用其他防渗措施不经济的情况下采用。

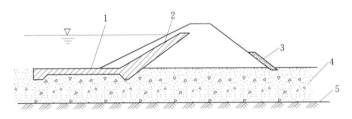

图 9-13 黏土铺盖示意
1—黏土铺盖；2—斜墙；3—坝坡排水；4—砂卵石质；5—不透水层

（5）坝后导渗。坝后导渗主要措施有排渗沟、透水盖重、减压井。

1）排渗沟。当坝基轻微渗漏，造成坝后积水而透水层较浅时，可在坝下游修建排渗沟，如图 9-14 所示。既可收集坝身和坝基的渗水，排向下游，避免下游坡脚积水，又可当下游有弱透水层时排水减压。排渗沟可平行坝轴线或垂直坝轴线布置，并与坝趾排水体连接；垂直坝轴线的排渗沟间距视地基渗漏程度而定，一般为 5～10m，在沟的尾部设横向排渗干沟，将各排渗沟的水集中排走；对一般均质透水层沟只需深入坝基 1～1.5m；对双层结构地基且表层弱透水层不太厚时，应挖穿弱透水层；沟内按反滤材料设保护层；当弱透水层较厚时，不宜考虑其导渗减压作用。为了方便检查，排渗沟一般布置成明沟；但有时为防止地表水流入沟内造成淤塞，亦可做成暗沟，但工程量较大。

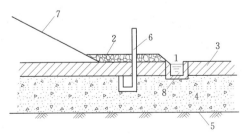

图 9-14 排渗沟示意
1—排渗沟；2—透水盖重；3—弱透水层；
4—透水层；5—不透水层；6—测压管；
7—下游坝坡；8—反滤层

2）透水盖重。当坝基渗漏严重，在坝后发生翻水冒砂、管涌或流土现象时，则不宜开

273

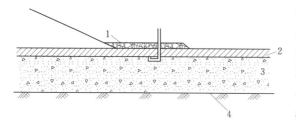

图 9-15　透水盖重示意

1—透水盖重；2—弱透水层；3—透水层；4—不透水层

排渗沟，而应采取压渗措施。透水盖重是在坝体下游渗流出逸的适当范围内，先铺设反滤料垫层，然后填以石料或土料盖重，它既能使覆盖层土体中的渗水导出又能给覆盖层土体一定的压重，抵抗渗压水头，故又称之压渗台。透水盖重的厚度可根据单位面积土柱受力平衡条件求得，如图 9-15 所示。

常见的压渗台形式有两种：①石料压渗台，主要适用于石料较多的地区、压渗面积不大和局部的临时紧急救护，如图 9-16（a）所示，如果坝后有夹带泥沙的水流倒灌，则压渗台上面需用水泥砂浆勾缝；②土料压渗台，适用于缺乏石料、压渗面积较大、要求单位面积压渗重量较大的情况，需注意在滤料垫层中每隔 3～5m 加设一道垂直于坝轴线的排水管，以保证原坝脚滤水体排出通畅，如图 9-16（b）所示。

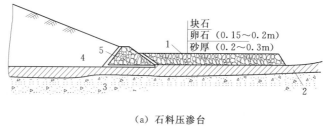

（a）石料压渗台

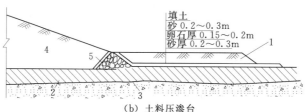

（b）土料压渗台

图 9-16　压渗台示意

1—压渗台；2—覆盖层；3—透水层；4—坝体；5—滤水体

3）减压井。减压井是利用造孔机具，在坝趾下游坝基内，沿纵向每隔一定距离造孔，并使钻孔穿过弱透水层，深入强透水层一定深度而形成，如图 9-17 所示。减压井的结构是在钻孔内下入井管（包括导管、花管、沉淀管），管下端周围填以反滤料，上端接横向排水管与排水沟相连，如图 9-18 所示。

这样可把地基深层的承压水导出地面，以降低浸润线，防止坝基渗透变形，避免下游地区沼泽化。当坝基弱透水层覆盖较厚，开挖排水沟不经济，而且施工也较困难时，可采用减压井。减压井是保证覆盖层较厚的砂砾石地基渗流稳定的重要措施。减压井虽然有良好的排渗降压效果，但施工复杂，管理、养护要求高，并随时间的推移，容易出现淤堵失效的现象。

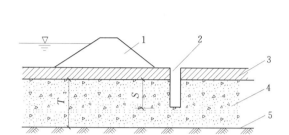

图 9-17　减压井示意

1—坝体；2—减压井；3—弱透水层；
4—强透水层；5—不透水层

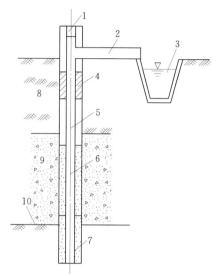

图 9-18　减压井结构示意

1—井帽；2—出水管；3—排水沟；4—黏土或混
凝土封闭；5—导管；6—有孔花管；7—沉淀管；
8—弱透水层；9—透水层；10—不透水层

（三）土石坝绕坝渗漏的处理

1. 绕坝渗漏的原因

水库的蓄水绕过土石坝两岸坡或沿坝岸结合面渗向下游的现象，称为绕坝渗漏。绕坝渗漏将使坝端部分坝体内浸润线抬高，岸坡背后出现阴湿、软化和集中渗漏，甚至引起岸坡塌陷和滑坡。

产生绕坝渗漏的主要原因有以下几点：

（1）坝端两岸地质条件过差。如土石坝两岸连接的岸坡属条形山或覆盖层单薄的山包，且有砂砾透水层；透水性大的风化岩层；山包的岩体破碎，节理裂隙发育，或有断层通过等不利地质条件，而施工中未能妥善处理。

（2）坝岸接头防渗措施不当。如对两岸地质条件缺乏深入了解，未提出合理的措施进行防渗处理，或采用截水槽等方案盲目进行防渗处理，不但没有切入不透水层，反而挖穿了透水性较小的天然铺盖，暴露出内部强透水层。

（3）施工质量不符合要求。施工中由于开挖困难或工期紧迫等原因，未按设计要求施工，例如岸坡段坝基清基不彻底，坝端岸坡开挖过陡，截水槽回填质量较差等，造成坝岸结合质量差。

（4）因施工期任意取土或水库蓄水后受风浪淘刷，破坏了上游岸坡的天然铺盖。

（5）岩溶、生物洞穴以及植物根茎腐烂后形成孔洞等。

2. 绕坝渗漏的处理措施

绕坝渗漏的处理原则仍是"上堵下排"，以堵为主、结合下排。常用的处理措施有截水槽、防渗斜墙、黏土铺盖、灌浆帷幕、堵塞回填、导渗排水等方法。

当岸坡表面覆盖层或风化层较厚，且透水性较大时，可在岸坡上开挖深槽，切断覆盖层或风化层，直达不透水层，并回填黏土或混凝土，形成防渗截水槽；当坝体为均质坝或斜墙坝，岸坡平缓，基岩节理发育，岩石破碎，渗漏严重，附近又有许多合适黏土时，则可将上游岸坡清理后修筑黏土防渗斜墙；当上游坝肩岸坡岩石轻微风化，但节理发育或山坡单薄时，可沿岸坡设置黏土铺盖来进行防渗；当岸坡存在裂缝和洞穴，引起绕坝渗漏时，则先将裂缝和洞穴清理干净，然后较小的裂缝用砂浆堵塞，较大的裂缝用黏土回填夯实，与水库相通的洞穴，先在上游面用黏土回填夯实，再在下游面按反滤原则堵塞，并用排水沟或排水管将渗水导向下游；当坝端基岩裂隙发育，渗漏严重时，可在坝端岸坡内进行灌浆处理，形成防渗帷幕，但应与坝体和坝基的防渗设施形成一个整体；另外，可在土质岸坡下游坡面出现散浸的地段铺设反滤排水，在渗水严重的岩质岸坡下游及坡脚处打排水孔集中排水。对岩溶发育地区渗漏的处理包括地表处理和地下处理两种，地表处理主要有黏土或混凝土铺盖、喷水泥砂浆或混凝土等措施；地下处理主要有开挖回填、堵塞溶洞及灌浆等措施，可参考专门书籍。

四、土石坝滑坡的处理

土石坝滑坡，是指土石坝的部分坝坡土体，在各种内外因素作用下失去平衡，脱离原来的位置向下滑移的现象。

（一）土石坝滑坡的类型

土石坝滑坡按其性质可分为剪切性滑坡、塑流性滑坡和液化性滑坡。

1. 剪切性滑坡

坝坡与坝基上部分滑动体的滑动力超过了滑动面上的抗滑力，失去平衡向下滑移的现象，即剪切性滑坡。当坝体与坝基土层是高塑性以外的黏性土或粉砂以外的非黏性土时，多发生剪切性滑坡破坏。剪切性滑坡滑动前在坝面出现一条平行于坝轴线的纵向裂缝，然后随裂缝的不断延伸和加宽，两端逐渐向下弯曲延伸，形成曲线形。滑动时，主裂缝两侧便上下错开，错距逐渐加大。同时，滑坡体下部出现带状或椭圆形隆起，末端向坝脚方向推移。

2. 塑流性滑坡

塑流性滑坡多发生于含水量较大的高塑性黏土填筑的坝体中。高塑性黏土坝坡，在一定的荷载作用下，产生塑性流动（蠕动），即使剪应力低于土的抗剪强度，土体也将不断产生剪切变形，以致产生显著的塑性流动而滑坡。塑流性滑坡发生前，不一定出现明显的纵向裂缝，而通常表现为坡面的水平位移和垂直位移连续增长，滑坡体的下部土被压出或隆起。只有当坝体中间有含水量较大的近乎水平的软弱夹层，而坝体沿该层发生塑流破坏时，滑坡体顶端在滑动前也会出现纵向裂缝。

3. 液化性滑坡

对于级配均匀的中细砂或粉砂坝体或坝基，在水库蓄水砂体达饱和状态时，突然遭受强烈振动（如地震、爆炸或地基土层剪切破坏等），砂的体积急剧收缩，砂体中的水分无法流泻，这种现象即液化性滑坡。液化性滑坡发生时间短促，事前没有预兆，大体积坝体顷刻之间便液化流散，很难观测、预报或抢护。

（二）土石坝滑坡的原因

土石坝滑坡，是由于滑动面上土体的滑动力超过了抗滑力，滑坡的产生往往是多种因素共同作用的结果，其主要取决于设计、施工和管理等因素。

1. 勘测设计方面的原因

某些设计指标选择过高，坝坡设计过陡，或对土石坝抗震问题考虑不足；坝端岩石破碎或土质很差，设计时未进行防渗处理，因而产生绕坝渗流；坝基内有高压缩性软土层、淤泥层，强度较低，勘测时没有查明，设计时也未作任何处理；下游排水设备设计不当，使下游坝坡大面积散浸等。

2. 施工方面的原因

施工时为赶速度，土料碾压未达标准，干密度偏低，或者是含水量偏高，施工孔隙压力较大；冬季雨季施工时没有采取适当的防护措施，影响坝体施工质量；合龙段坝坡较陡，填筑质量较差；心墙坝坝壳土料未压实，水库蓄水后产生大量湿陷等。

3. 运用管理方面的原因

水库运用中若水位骤降，土体孔隙中水分来不及排出，致使渗透压力增大；坝后排水设备堵塞，浸润线抬高；白蚁等害虫害兽打洞，形成渗流通道；在土石坝附近爆破或在坝坡上堆放重物等也均会引起滑坡。

另外，在持续暴雨和风浪淘刷下，在地震和强烈振动作用下也可能产生滑坡。

（三）滑坡的处理

1. 滑坡的抢护

对刚出现滑坡征兆的边坡，应根据情况采取紧急措施，使其不再继续发展并使滑动逐步稳定。主要的抢护措施有以下几点：

（1）改善运用条件。例如在水库水位下降时发现上游坡有弧形裂缝或纵向裂缝时，应立即停止放水或减小放水量以减小降落速度，防止上游坡滑坡；当坝身浸润线太高，可能危及下游坝坡稳定时，应降低水库运行水位和下游水位，以保安全；当施工期孔隙水压力过高可能危及坝坡稳定时，应暂时停止填筑或降低填筑速度。

（2）防止雨水渗入。导走坝外地面径流，将坝面径流排至可能滑坡范围之外。做好裂缝防护，避免雨水灌入，并防止冰冻、干缩等。

（3）坡脚压透水盖重，以增加抗滑力并排出渗水。

（4）在保证土石坝有足够挡水断面的前提下，亦可采取上部削土减载的措施。

2. 滑坡的处理

当滑坡已经形成且坍塌终止，或经抢护进入稳定阶段后，应根据具体情况研究分析，进行永久性处理。其基本原则是"上部减载，下部压重"并结合"上截下排"。具体措施如下。

（1）堆石（抛石）固脚。在滑坡坡脚增设堆石体，是防止滑动的有效方法。如图 9-19 所示，堆石的部位应在滑弧中的垂线 OM 左边，靠滑弧下端部分（增加抗滑力），而不应将堆石放在滑弧的腰部，即垂线 OM 与 ND 之间（因虽然增加了抗滑力，但也加大了滑动力），更不能放在垂线 ND 以右的坝顶部分（因主要增加滑动力）。

如果用于处理上游坝坡的滑坡，在水库有条件放空时，可用块石浆砌而成，具体尺寸

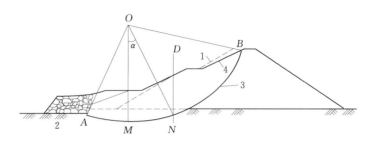

图 9-19　堆石固脚示意

1—原坝坡；2—堆石固脚；3—滑动圆弧；4—放缓后坝坡

应根据稳定计算确定。当水库不能放空时，可在库岸上用经纬仪定位，用船向水中抛石固脚。同时注意，上游坝坡滑坡时，原护坡的块石常大量散堆于滑坡体上，可结合清理工作，把这部分石料作为堆石固脚的一部分。如果用于处理下游的滑坡，则可用块石堆筑或干砌，以利排水。堆石固脚的石料应具有足够的强度，一般不低于 40MPa，并具有耐水、耐风化的特性。

（2）放缓坝坡。当滑坡是由边坡过陡造成时，放缓坝坡才是彻底的处理措施。即先将滑动土体挖除，并将坡面切成阶梯状，然后按放缓的加大断面，用原坝体土料分层填筑，夯压密实。必须注意，在放缓坝坡时，应做好坝脚排水设施，如图 9-20 所示。

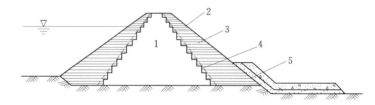

图 9-20　放缓坝坡示意

1—原坝体；2—新坝坡；3—培厚坝体；4—原坝坡；5—坝脚排水

（3）开沟导渗滤水还坡。由于坝体原有的排水设施质量差或排水失效后浸润线抬高，使坝体饱和，从而增加了坝坡的滑动力，降低了阻滑能力，引起滑坡者，可采用开沟导渗滤水还坡法进行处理。具体做法为：从开始脱坡的顶点到坝脚为止，开挖导渗沟，沟中填导渗材料，然后将陡坎以上的土体削成斜坡，换填砂性土料，使其与未脱坡前的坡度相同，夯填密实，如图 9-21 所示。

（4）清淤排水。对于地基存在淤泥层、湿陷性黄土层或液化的均匀细砂层，施工时没有清除或清除不彻底而引起的滑坡，处理时应彻底清除这些淤泥、黄土和砂层。同时可采用开导渗沟等排水措施，也可在坝脚外一定距离修筑固脚齿槽，并用砂石料压重固脚，增加阻滑力。

（5）裂缝处理。对土坝伴随滑坡而产生的裂缝必须进行认真处理。因为土体产生滑动以后，土体的结构和抗剪强度都发生了变化，加上裂缝后雨水或渗透水流的侵入，使土体进一步软化，滑动体接触面处的抗剪强度迅速减小，稳定性降低。处理滑坡裂缝时应将裂缝挖开，把其中稀软土体挖除，再用与原坝体相同土料回填夯实，达到原设计干容重

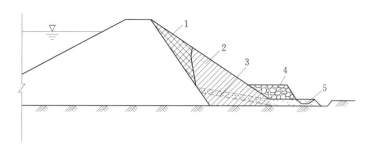

图 9 - 21　滤水还坡示意

1—削坡换填砂性土；2—还坡部分；3—导渗沟；4—堆石固脚；5—排水暗沟

要求。

在进行土石坝滑坡处理时，切忌采取错误的处理方法。对于滑坡主裂缝，原则上不应采用灌浆方法，因为浆液中的水将渗入土体，降低滑坡体之间的抗剪强度，对滑坡体的稳定不利，灌浆压力更会增加滑坡体的下滑力。不宜采用打桩固脚的方法处理滑坡，因为桩的阻滑作用很小，土体松散，不能抵挡滑坡体的推力，而且因打桩连续的震动，反而促使滑坡体滑动。对于水中填土坝，水力冲填坝，在处理滑坡阶段进行填土时，最好不要采用碾压法施工，以免因原坝体固结沉陷而开裂。

五、土石坝护坡的修理

我国已建土石坝护坡的形式，迎水坡多为干砌块石，也有浆砌块石、混凝土预制块、抛石等，背水坡常为草皮或干砌石护坡等形式。

（一）土石坝护坡破坏的类型及原因

常见护坡破坏的类型有脱落破坏、塌陷破坏、崩塌破坏、滑动破坏、挤压破坏、鼓胀破坏、溶蚀破坏等。

护坡破坏的原因是多方面的，总结主要有以下几个方面的原因：

（1）由于护坡块石设计标准偏低或施工用料选择不严，块石重量不够，粒径小，厚度薄，有的选用石料风化严重。在风浪的冲击下，护坡产生脱落，垫层被淘刷，上部护坡因失去支撑而产生崩塌和滑移。

（2）护坡的底端和护坡的转折处未设基脚，结构不合理或深度不够，在风浪作用下基脚被淘刷，护坡因失去支撑而产生滑移破坏。

（3）护坡砌筑质量差，如缝隙较大、出现通缝等导致块石松动、脱出破坏。

（4）没有垫层或垫层级配不好。护坡垫层材料选择不严格，未按反滤原则设计施工，级配不好，反滤作用差，在风浪作用下，细粒在层间流失，护坡被淘空，引起护坡破坏。

（5）在严寒地区，冻胀使护坡拱起，冻土融化，坝土松软，使护坡架空；水库表面冰盖与护坡冻结在一起，冰温升降对护坡产生推拉力，使护坡破坏。

（6）在运用过程中，水位骤降或遭遇地震，均易造成护坡滑坡的险情。

（二）护坡的抢护和修理

土石坝护坡的抢护和修理分为临时紧急抢护和永久加固修理两类。

1. 临时紧急抢护

当护坡受到风浪或冰凌破坏时，为了防止险情继续恶化，破坏区不断扩大，应该采取临时紧急抢护措施。临时抢护措施通常有砂袋压盖、抛石和铅丝石笼抢护等几种。

（1）砂袋压盖。适用于风浪不大，护坡局部松动脱落，垫层尚未被淘刷的情况，此时可在破坏部位用砂袋压盖两层，压盖范围应超出破坏区 0.5～1.0m 范围。

（2）抛石抢护。适用于风浪较大，护坡已冲掉和坍塌的情况，这时应先抛填 0.3～0.5m 厚的卵石或碎石垫层，然后抛石，石块大小应足以抵抗风浪的冲击和淘刷。

（3）铅丝石笼抢护。适用于风浪很大，护坡破坏严重的情况。装好的石笼用设备或人力移至破坏部位，石笼间用铅丝扎牢，并填以石块，以增强其整体性和抵抗风浪的能力。

2. 永久加固修理

护坡经临时紧急抢护而趋于稳定后，应及时采取相应措施进行加固修理，永久加固修理的方法通常有局部翻砌、框格加固、砾石混凝土、砂浆灌注、全面浆砌块石、混凝土护坡等。

（1）局部填补翻修。应先将临时抢护的物料全部清除，将反滤体按设计修复，然后铺砌护坡。若是干砌石护坡，应选择符合设计要求的石块沿坝坡自下而上砌筑，石块应立砌，砌缝应交错压紧，较大的缝隙则用小片石填塞楔紧。若是浆砌石护坡，先将松动的块石拆除并清理干净，再取较方整的坚硬块石用坐浆法砌筑，石缝中填满砂浆并捣实，用高标号砂浆勾缝。若是堆石护坡，下部需做好反滤层，其厚度不小于 30cm，堆石层厚度为 50～90cm。若是混凝土护坡，对于现浇板，则应将破坏部位凿毛清洗干净，再浇混凝土；对于预制板，若板块较厚，损坏又不大，可在原混凝土板上填补混凝土，如损坏严重，则应更换新板。若是草皮护坡，应先将坝体土料夯实，然后铺一层 10～30cm 厚的腐殖土，再在腐殖土上重铺草皮。若是沥青混凝土护坡，对 1～2mm 的小裂缝，可不必处理，气温较高时能自行闭合；对较大的裂缝，可在每年 1—2 月裂缝开度最大时用热沥青渣油液灌筑，对隆起和剥蚀部分则应凿开并冲洗干净，在风干后洒一层热沥青渣油浆，再用沥青混凝土填补。

（2）混凝土盖面加固。若原来的干砌石护坡的块石较小或浆砌石护坡厚度较小，强度不够，不能抵抗风浪的冲击和淘刷，可将原有护坡表面和缝隙清理干净，并在其上浇一层 5～7cm 厚的混凝土盖面，并用沥青混凝土板分缝，间距 3～5m。

（3）框格加固。若干砌石护坡的石块尺寸较小，砌筑质量较差，则可在原护坡上增设浆砌石或混凝土框格，将护坡改造为框格砌石护坡，以增加其整体性，避免大面积损坏。

（4）干砌石缝胶结。当护坡石块尺寸较小，或石块尺寸虽大，但施工质量不好，不足以抵御风浪冲刷时，可用水泥砂浆、水泥黏土砂浆、细石混凝土、石灰水泥砂浆、沥青渣油浆或沥青混凝土填缝，将护坡石块胶结成一体。施工时应先将石缝清理和冲洗干净，再向石缝中填充胶结料，并每隔一定距离保留一些细缝隙以便排水。

（5）沥青渣油混凝土加固。若护坡损坏严重，当地缺乏石料，而沥青渣油材料较易获得，则可将护坡改建为沥青渣油块石护坡，或沥青渣油混凝土（板）护坡等。

六、土石坝白蚁的防治

白蚁是一种危害性很大的昆虫，它的种类繁多，分布很广。白蚁按栖居习性不同，大致可分为木栖白蚁、土栖白蚁和土木两栖白蚁三种类型，危害堤坝安全的是土栖白蚁。白蚁在堤坝土壤里营巢筑路，主巢离地表的深度1～3m，年久的可达7m，它们到处寻水觅食，随着巢龄的增长和群体的发展，主巢搬迁由浅入深，巢体由小到大，主巢附近的副巢增多，蚁道蔓延伸长纵横交错，四通八达，贯穿堤坝内外坡，成为漏水通道。

（一）土石坝蚁害产生的原因

堤坝白蚁产生的原因主要有：清基不彻底，隐有旧蚁患；有翅成虫分飞到堤坝营巢繁殖；附近白蚁蔓延到堤坝；管理工作不善，人为招致蚁害等。

（二）土石坝白蚁的防治

1. 土石坝白蚁的预防

土栖白蚁对堤坝的危害既隐蔽又严重，在白蚁对堤坝造成严重危害之前，通常不易被人发现。防治白蚁工作必须贯彻"防重于治，防治结合"的方针。预防堤坝白蚁一般有如下措施：

（1）做好清基工作。对新建的堤坝和扩建的加高培厚工程，施工前清除杂草和树根，仔细检查白蚁隐患，灭治附近山坡白蚁；严禁杂草树根上堤坝，避免蚁患填埋于堤坝中。

（2）毒土防蚁。利用化学药剂处理堤坝土壤，防止外来白蚁的侵入和灭治堤坝浅层的初建巢群。目前常用的药剂有五氯酚钠水溶液、氯丹乳剂、煤或柴油等。

（3）灯光诱杀有翅成虫。在每年4—6月的纷飞季节，利用有翅成虫的趋光习性，在坝区外装置黑光灯（气灯、煤油灯）诱杀有翅成虫，防止其从附近山地到堤坝建巢。

（4）改变堤坝表土结构，阻止新的群体产生。用掺入10％石灰或3％食盐的土壤以及两种掺入料比例降低一半的混合土壤填筑土坝表层，可使有翅成虫配对脱翅后均死于土表。铲去背水坡草皮，铺上厚10cm的煤灰渣，同样能防止繁殖蚁入土建巢。

（5）生物防治。在堤坝上放养鸡群，能将刚落在坝面上的有翅成虫啄食。同时鸡还经常翻动坝面上的枯草和白蚁的泥被、泥线，啄食出来活动的白蚁。

（6）加强工程管理。禁止在堤坝上长期堆放柴草、木材等白蚁喜食的杂物，并经常清除堤坝上的枯草和树根，逐步更换堤坝附近白蚁喜食的绿化树种（大叶桉）。

2. 土石坝白蚁的查找

（1）普查法。根据白蚁的生活习性，在每年白蚁活动的旺盛季节（一般为3—6月和9—11月），寻找白蚁修筑的蚁道、泥线和泥被等地表活动迹象。

（2）引诱法。在有白蚁的地方打入一根长50cm的松、杉、刺槐、柏或桉树的带皮木桩，深入土中约1/3，或挖掘多个长40cm、宽40cm、深50cm的坑，坑距5～15m，在坑内堆放桉树皮、甘蔗渣、茅草根、新鲜玉米和高粱茎，上面盖上松土，每天早晚定时检查桩上有无白蚁筑的泥被，定期检查坑里是否有白蚁，并跟踪查找主巢位置。

（3）锥探法。利用钢锥锥探坝体，检查坝体中是否有空洞，以判断坝内有无白蚁巢。

3. 土石坝白蚁的灭治

当找到白蚁巢后进行灭杀，才能彻底地消灭白蚁。灭治白蚁的方法较多，一般可归纳为熏、灌、挖、喷、诱5种。现将常用的灭蚁方法分述如下。

（1）磷化铝（或磷化钙）熏杀。利用磷化铝在空气中易吸收水分而产生极毒的磷化氢气体来熏杀白蚁。操作方法为将磷化铝片剂5~15片（每片含2g），放入装有湿棉球的玻璃试管内，立即把试管口插入已挖开的主蚁道，用湿布密封试管周围。为加速反应，可在试管底部加温。反应完毕，拔出试管，迅速用湿土封堵蚁道口，3~5日白蚁的死亡率可达100％。此法简单易行，效果较好，但操作时必须严守规程，以防中毒。用药后一周之内严禁人、畜进入施药地区。

还可以利用敌敌畏熏杀、六六六粉烟雾剂熏杀等方法，但要注意用烟雾剂熏杀白蚁，在蚁道畅通、离主巢又近时，效果才佳。

（2）灌毒泥浆毒杀。灌毒泥浆不仅能毒杀白蚁，还有填补蚁巢、空腔、蚁道和加固堤坝的作用。泥浆由过筛的黄泥（黏土）和药剂水液按重量比约为1：2拌和而成，泥浆比重以1.25~1.40为宜。常用药剂水液有0.1％~0.2％的五氯酚钠，0.3％~0.5％的六六六粉、氯丹，0.4％的乐果和0.1％~0.2％的敌百虫等。

灌浆灭蚁可利用主蚁道口或锥探孔进行，也可用小型钻机造孔灌浆。开始时，灌浆压力应控制在 4×10^4 Pa 以内，压力过大会造成土层破裂而冒浆，随后再逐渐加大，直至蚁道或堤面出现冒浆现象。此时，停止灌浆片刻，用泥封堵冒浆的地方，再重新慢灌至饱和为止，待浆液脱水收缩形成空隙时，可再进行灌浆。

（3）挖巢灭蚁。挖巢灭蚁方法简单，可发动群众进行，取巢后要及时熏灌残留在蚁道内的白蚁，杜绝后患。挖巢后，及时回填并结合工程处理，但在汛期翻挖蚁巢，应特别注意堤坝的安全。此法的缺点是工程量较大。

（4）喷灭蚁灵粉剂毒杀。灭蚁灵纯品是一种白色或淡黄色晶体，无气味，通常配成75％的粉剂，属慢性胃毒性杀虫剂。毒杀原理是利用白蚁在相遇时互相舔吮和通过工蚁给其他白蚁喂食的生活习性，使中毒的白蚁在巢群内互相传染，最后全巢死亡。

在每年4—6月或9—11月土栖白蚁在地表活动的两个高峰期，在堤坝坡面上按前述方法设置诱蚁坑或诱蚁堆，在短期内可引来大量白蚁，即可进行喷药。喷药前先将泥皮扒开，然后轻轻提起饵物，将灭蚁灵粉喷在白蚁身上，再把饵料轻轻放回原处，盖上泥皮。过几天再检查，发现有白蚁再喷药，直至没有白蚁为止。

（5）灭蚁灵毒饵诱杀。此法由诱喷灭蚁灵粉方法改进而成，是目前灭治堤坝白蚁行之有效的新技术，已被广泛采用。毒饵系采用当地白蚁喜食饵料，经晒干粉碎成粉末状，再与灭蚁灵粉、白糖按一定重量比混合制成。目前各地采用的有毒饵条、片剂和诱杀包等。

毒饵诱杀法具有灭蚁效果好，操作简单安全，对周围环境污染小，省工、省时，药物费用少，适用于各种坝型等优点。但毒饵易霉变失效，所以保存和使用都应注意防潮防霉。

第二节　混凝土坝及浆砌石坝的养护修理

混凝土坝与浆砌石坝的病害类型主要有裂缝、渗漏破坏和抗滑稳定性不够等。

一、混凝土坝与浆砌石坝的日常养护

混凝土坝的维护是指对混凝土坝主要建筑物及其设施进行的日常保养和防护。主要包括工程表面、伸缩缝止水设施、排水设施、监测设施等的养护和维修以及冻害、碳化与氯离子侵蚀、化学侵蚀等的防护和处理。

（一）表面养护和防护

（1）坝面和坝顶路面应经常整理，保持清洁整齐，无积水、散落物、杂草、垃圾和乱堆的杂物、工具。

（2）溢流过水面应保持光滑、平整，无引起冲磨损坏的石块和其他重物，以防止溢流过水面出现空蚀或磨损现象。

（3）在寒冷地区，应加强冰压、冻拔、冻胀、冻融等冻害的防护。

（4）对重要的钢筋混凝土结构，应采取表面涂料涂层封闭的方法，防止混凝土碳化与氯离子对钢筋的侵蚀作用。

（5）对沿海地区或化学污染严重的地区，应采取涂料涂层防护或浇筑保护层的方法，防止溶出性侵蚀或酸类和盐类侵蚀。

（二）伸缩缝止水设施维护

（1）各类止水设施应完整无损，无渗水或渗漏量不超过允许范围。

（2）沥青井出流管、盖板等设施应经常保养，溢出的沥青应及时清除。

（3）沥青井5～10年应加热一次，沥青不足时应补灌，沥青老化时应及时更换。

（4）伸缩缝充填物老化脱落时，应及时充填封堵。

（三）排水设施维护

（1）排水设施应保持完整、通畅。

（2）坝面、廊道及其他表面的排水沟、孔应经常进行人工或机械清理。

（3）坝体、基础、溢洪道边墙及底板的排水孔应经常进行人工掏挖或机械疏通，疏通时应不损坏孔底反滤层。无法疏通时，应在附近补孔。

（4）集水井、集水廊道的淤积物应及时清除。

二、混凝土坝与浆砌石坝裂缝的处理

（一）裂缝的分类及特征

混凝土坝及浆砌石坝裂缝是常见的现象，其类型及特征见表9-1。

表9-1　　　　　　　　　　　　裂 缝 的 类 型 及 特 征

类型	特　　征
沉陷缝	1. 裂缝往往属于贯通性的，走向一般与沉陷走向一致； 2. 较小的沉陷引起的裂缝，一般看不出错距，较大的不均匀沉陷引起的裂缝，则常有错距； 3. 温度变化对裂缝影响较小
干缩缝	1. 裂缝属于表面性的，没有一定规律性，走向纵横交错； 2. 宽及长度一般都很小，如同发丝

类型	特 征
温度缝	1. 裂缝可以是表层的，也可以是深层或贯穿性的； 2. 表层裂缝的走向没有一定规律性； 3. 钢筋混凝土深层或贯穿性裂缝，方向一般与主钢筋方向平行或近似于平行； 4. 裂缝宽度沿裂缝方向无多大变化； 5. 缝宽受温度变化的影响，有明显的热胀冷缩现象
应力缝	1. 裂缝属深层或贯穿性的，走向一般与主应力方向垂直； 2. 宽度一般较大，沿长度和深度方向有明显变化； 3. 缝宽一般不受温度变化的影响

（二）裂缝形成的主要原因

混凝土坝与浆砌石坝裂缝的产生，主要与设计、施工、运用管理等有关。

（1）设计方面。大坝在设计过程中，由于各种因素考虑不全，坝体断面过于单薄，致使结构强度不足，造成建筑物抗裂性能降低，容易产生裂缝。设计时，分缝分块不当，块长或分缝间距过大也容易产生裂缝。由于设计不合理，水流不稳定，引起坝体振动，同样能引起坝体开裂。

（2）施工方面。在施工过程中，由于基础处理、分缝分块、温度控制等未按设计要求施工，致使基础产生不均匀沉陷；施工缝处理不善或者温差过大，造成坝体裂缝。在浇筑混凝土时，由于施工质量控制不好，使混凝土的均匀性、密实性差，或者混凝土养护不当，在外界温度骤降时又没有做好保温措施，导致混凝土坝容易产生裂缝。

（3）运用管理方面。大坝在运用过程中，超设计荷载使用，使建筑物承受的应力大于设计应力产生裂缝。大坝维护不善或者在北方地区受冰冻影响而又未做好防护措施，也容易引起裂缝。

（4）其他方面。由于地震、爆破、台风和特大洪水等引起的坝体振动或超设计荷载作用，常导致裂缝发生。含有大量碳酸氢离子的水，对混凝土产生侵蚀，造成混凝土收缩也容易引起裂缝。

（三）裂缝处理的方法

混凝土及浆砌石坝裂缝的处理，目的是恢复其整体性，保持其强度、耐久性和抗渗性，以延长建筑物的使用寿命。裂缝处理的措施与裂缝产生的原因、裂缝的类型、裂缝的部位及开裂程度有关。沉陷裂缝、应力裂缝，一般应在裂缝已经稳定的情况下再进行处理；温度裂缝应在低温季节进行处理；影响结构强度的裂缝，应与结构加固补强措施结合考虑；处理沉陷裂缝，应先加固地基。

1. 裂缝表面处理

当裂缝不稳定，随着气温或结构变形而变化，而又不影响建筑物整体受力时，可对裂缝进行表面处理。常用的裂缝表面处理的方法有表面涂抹、表面贴补、凿槽嵌补和喷浆修补等。裂缝表面处理的方法也可用来处理混凝土表层的其他损坏，如蜂窝、麻面、骨料架空外露以及表层混凝土松软、脱壳和剥落等。

（1）表面涂抹。表面涂抹是用水泥砂浆、防水快凝砂浆、环氧砂浆等涂抹在裂缝部位的表面。这是建筑物水上部分或背水面裂缝的一种处理方法。

1）水泥砂浆涂抹。涂抹前先将裂缝附近的表面凿毛，并清洗干净，保持湿润，然后用1：1～1：2的水泥砂浆在其上涂抹。涂抹的总厚度一般控制在1～2cm为宜，最后压实抹光。温度高时，涂抹3～4h后即需洒水养护，冬季要注意保温，切不可受冻，否则强度容易降低。应注意，水泥砂浆所用砂子一般为中细砂，水泥可用不低于32.5（R）号的普通硅酸盐水泥。

2）环氧砂浆涂抹。环氧砂浆是由环氧树脂与固化剂、增韧剂、稀释剂配制而成的液体材料再加入适量的细填料拌和而成的。具有强度高、抗冲耐磨的性能。涂抹前沿裂缝凿槽，槽深0.5～1.0cm，用钢丝刷洗刷干净，保证槽内无油污、灰尘。经预热后再涂抹一层环氧基液，厚约0.5～1.0mm，再在环氧基液上涂抹环氧砂浆，使其与原建筑物表面齐平，然后覆盖塑料布并压实。

3）防水快凝砂浆（或灰浆）涂抹。防水快凝砂浆（或灰浆）是在水泥砂浆内加入防水剂（同时又是速凝剂），以达到速凝同时又能提高防水性能的要求，这对涂抹有渗漏的裂缝是非常有效的。涂抹时，先将裂缝凿成深约2cm、宽约20cm的V形或矩形槽并清洗干净，然后按每层0.5～1cm分层涂抹砂浆（或灰浆），抹平为止。

（2）表面贴补。表面贴补是用黏结剂把橡皮或其他材料粘贴在裂缝的表面，以防止沿裂缝渗漏，达到封闭裂缝并适应裂缝的伸缩变化的目的。一般用来处理建筑物水上部分或背水面裂缝的处理。

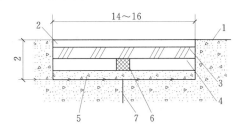

图9-22 橡皮贴补裂缝（单位：cm）
1—原混凝土；2—环氧基液；3—橡皮；4—环氧砂浆；5—水泥砂浆；6—板条；7—裂缝

1）橡皮贴补。橡皮贴补所用材料主要有环氧基液、环氧砂浆、水泥砂浆、橡皮、木板条或石棉线等。环氧基液、环氧砂浆的配制同涂抹用环氧砂浆。水泥砂浆的配比一般为水泥：砂1：0.8～1：1，水灰比不超过0.55，橡皮厚度一般采用3～5mm为宜，板条厚度以5mm为宜。如图9-22所示。

施工工艺有以下要求：

a）沿裂缝凿深2cm、宽14～16cm的槽并洗净。

b）在槽内涂一层环氧基液，随即用水泥砂浆抹平并养护2～3d。

c）将准备好的橡皮进行表面处理，一般放浓硫酸中浸5～10min，取出冲洗晾干。

d）在水泥砂浆表面刷一层环氧基液，然后沿裂缝方向放一根木板条，按板条厚度涂抹一层环氧砂浆，然后将粘贴面刷有一层环氧基液的橡皮铺贴到环氧砂浆上，注意铺贴时要用力均匀压紧，直至环氧砂浆从橡皮边缘挤出为止。

e）侧面施工时，为防止橡皮滑动或环氧砂浆脱落，需设木支撑加压。待环氧砂浆固化后，可将支撑拆除。为防止橡皮老化，可在橡皮表面刷一层环氧基液，再抹一层环氧砂浆保护。

用橡皮贴补，也可在缝内嵌入石棉线，以代替夹入木板条，施工工艺基本相同，只是取消了水泥砂浆层。在实际工程中，也有用氯丁胶片、塑料片代替橡皮的，施工方法一样。

2）玻璃布贴补。玻璃布的种类很多，一般采用无碱玻璃纤维织成，它具有耐水性能好、强度高的特点。

玻璃布在使用前，必须除去油脂和蜡，以便在粘贴时有效地与环氧树脂结合。玻璃布除油蜡的方法有两种：一种是加热蒸煮，即将玻璃布放置在碱水中煮 0.5～1h，然后用清水洗净；另一种是先加热烘烤再蒸煮，即将玻璃布放在烘烤炉上加温到 190～250℃，使油蜡燃烧，再将玻璃布放在浓度为 2%～3% 的碱水中煮沸约 30min，然后取出洗净晾干。

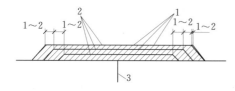

图 9－23　玻璃布粘贴示意（单位：cm）
1—玻璃布；2—环氧基液；3—裂缝

玻璃布粘贴前，需先将混凝土表面凿毛，并冲洗干净，若表面不平，可用环氧砂浆抹平。粘贴时，先在粘贴面上均匀刷一层环氧基液，然后将玻璃布展开放置并使之紧贴在混凝土面上，再用刷子在玻璃布面上刷一遍，使环氧基液浸透玻璃布，接着再在玻璃布上刷环氧基液，按同样方法粘贴第二层玻璃布，但上层应比下层玻璃布稍宽 1～2cm，以便压边。一般粘贴 2～3 层即可，如图 9－23 所示。

（3）凿槽嵌补。凿槽嵌补是沿裂缝凿一条深槽，槽内嵌填各种防水材料，以堵塞裂缝和防止渗水。这种方法主要用于对结构强度没有影响的裂缝处理。沿裂缝凿槽，槽的形状可根据裂缝位置和填补材料而定，一般有如图 9－24 所示的几种形状。V 形槽多用于竖直裂缝；U 形槽多用于水平裂缝；匕形槽多用于顶面裂缝及有渗水的裂缝；凵形槽则以上 3 种情况均能适用。槽的两边必须修理平整，槽内要清洗干净。

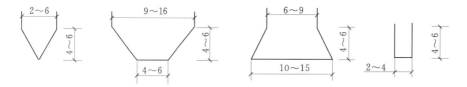

图 9－24　缝槽形状和尺寸（单位：cm）

嵌补材料的种类很多，有聚氯乙烯胶泥、沥青材料、环氧砂浆、预缩砂浆和普通砂浆等。嵌补材料的选用与裂缝性质、受力情况及供货条件等因素有关。因此，材料的选用需经全面分析后再确定。对于已稳定的裂缝，可采用预缩砂浆、普通砂浆等脆性材料嵌补；对缝宽随温度变化的裂缝，应采用弹性材料嵌补，如聚乙烯胶泥或沥青材料等；对受高速水流冲刷或需结构补强的裂缝，则可采用环氧砂浆嵌补。

（4）喷浆修补。喷浆修补是将水泥砂浆通过喷头高压喷射至修补部位，达到封闭裂缝和提高建筑物表面耐磨抗冲能力的目的。根据裂缝的部位、性质和修理要求，可以分别采用挂网喷浆或挂网喷浆与凿槽嵌补相结合的方法。

1）挂网喷浆。挂网喷浆所采用的材料主要有水泥、砂、钢筋、钢丝网、锚筋等。通常采用 32.5（R）～42.5（R）的普通硅酸盐水泥，砂料以粒径 0.35～0.5mm 为宜；钢筋网由直径 4～6mm 的钢筋做成，网格尺寸为 100mm×100mm～150mm×150mm，结点焊接或者采用直径 1～3mm 的钢丝做钢丝网，尺寸为 50mm×50mm～60mm×60mm 及

10mm×10mm～20mm×20mm，结点可编结或扎结；锚筋通常采用 10～16mm 的钢筋。灰砂比根据不同部位喷射方向和使用材料，通过试验决定，一般采用 0.3～0.5。

喷浆系统布置如图 9-25 所示。喷浆工艺有以下要求：

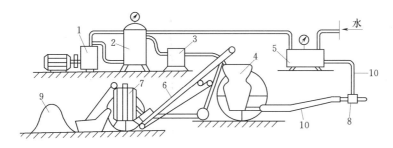

图 9-25　喷浆系统布置示意

1—空气压缩机；2—储气罐；3—空气滤清器；4—喷浆机；5—水箱；6—皮带运输机；

7—拌和机；8—喷头；9—堆料处；10—输料、输气和输水软管

a) 喷浆前，对被喷面凿毛冲洗干净，并进行钢筋网的制作和安装，钢筋网应加设锚筋，一般 5～10 个网格应有一锚筋，锚筋埋设孔深一般为 15～25cm。为使喷浆层和被喷面结合良好，钢筋网应离开受喷面 15～25mm。

b) 喷浆前还应对受喷面洒水处理，保持湿润状态。

c) 喷浆前还应准备充足的砂子和水泥，并均匀拌和好。

d) 喷浆时应控制好气压和水压并保持稳定。喷浆压力应控制在 0.25～0.4MPa。

e) 喷头操作。喷头与受喷面要保持适宜的距离，一般要求 80～120cm。过近会吹掉砂浆，过远使气压损失，黏着力降低，影响喷浆强度。喷头一般应与受喷面垂直，这样使喷射物集中，减少损失，增强黏结力。若有特殊情况可以和喷射物成一定角度，但要大于 70°。

f) 喷层厚度控制。当喷浆层较厚时，为防止砂浆流淌或因自重坠落等现象，可分层喷射。一次喷射厚度一般不宜超过下列数值：仰喷时，20～30mm；侧喷时，30～40mm；俯喷时，50～60mm。

g) 喷浆工作结束后 2h 即应进行无压洒水养护，养护时间一般需 14～21d。

喷浆修补采用较小的水灰比、较多的水泥，从而可达到较高的强度和密实性，具有较高的耐久性。可省去较复杂的运输、浇筑及骨料加工等设备，简化施工工艺，提高施工工效，可用于不同规模的修补工程。但是，喷浆修补因存在水泥消耗较多、层薄、不均匀等问题，易产生裂缝，影响喷浆层寿命，从而限制了它的使用范围，因此须严格控制砂浆的质量和施工工艺。

2) 挂网喷浆与凿槽嵌补相结合。挂网喷浆与凿槽嵌补相结合施工流程为：凿槽→打锚筋孔→凿毛冲洗→固定锚筋→填预缩砂浆→涂抹冷沥青胶泥→焊接架立钢筋→挂网→被喷面冲洗湿润→喷浆→养护。

施工工艺：先沿缝凿槽，然后填入预缩砂浆使之与混凝土面齐平并养护，待预缩砂浆达到设计强度时，涂一层薄沥青漆。涂沥青漆 30min 后，再涂冷沥青胶泥。冷沥青胶泥

是由 40∶10∶50 的 60 号沥青、生石灰、水，再掺入 15％的砂（粒径小于 1mm）配制而成。冷沥青胶泥总厚度为 1.5～2.0cm，分 3～4 层涂抹。待冷沥青胶泥凝固后挂网喷浆，如图 9-26 所示。

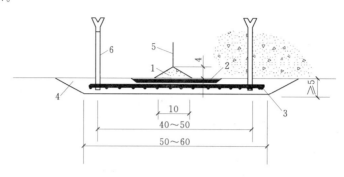

图 9-26　挂网喷浆与凿槽嵌补结合示意（单位：cm）
1—预缩砂浆；2—冷沥青胶泥；3—钢丝网；4—水泥砂浆
喷层；5—裂缝；6—锚筋

2. 裂缝的内部处理

裂缝的内部处理是指贯穿性裂缝或内部裂缝常用灌浆方法处理。其施工方法通常为钻孔灌浆，灌浆材料一般采用水泥和化学材料，可根据裂缝的性质、开度以及施工条件等具体情况选定。对于开度大于 0.3mm 的裂缝，一般可采用水泥灌浆；对开度小于 0.3mm 的裂缝，宜采用化学灌浆；对于渗透流速大于 600m/d 或受温度变化影响的裂缝，则不论其开度如何，均宜采用化学灌浆处理。

（1）水泥灌浆。水泥灌浆具体施工程序为钻孔→冲洗→止浆或堵漏处理→安装管路→压水试验→灌浆→封孔→质量检查。

水泥灌浆施工具体技术要求可参见《水工建筑物水泥灌浆施工技术规范》（SL 62—2014）。需注意的是：对钻孔孔向的要求，除骑缝浅孔外，不得顺裂隙钻孔，钻孔轴线与裂缝面的交角一般不应大于 30°，孔深应穿过裂缝面 0.5m 以上，如果钻孔为两排或两排以上，应尽量交错或呈梅花形布置。钻进过程中，若发现有集中漏水或其他异常现象，应立即停钻，查明漏水高程，并进行灌浆处理后，再行钻进。钻进过程中，对孔内各种情况，如岩层及混凝土的厚度、涌水、漏水、洞穴等均应详细记录。钻孔结束后，孔口应用木塞塞紧，以防污物进入。

（2）化学灌浆。化学灌浆材料一般具有良好的可灌性，可以灌入 0.3mm 或更小的裂缝，同时化学灌浆材料可调节凝结时间，适应各种情况下的堵漏防渗处理。此外，化学灌浆材料具有较高的黏结强度，或者具有一定的弹性，对于恢复建筑物的整体性及对伸缩缝的处理效果较好。因此，凡是不能用水泥灌浆进行内部处理的裂缝，均可考虑采用化学灌浆。

化学灌浆的施工程序为：钻孔→压气（或压水）试验→止浆→试漏→灌浆→封孔→检查。化学灌浆施工具体技术要求可参见《水工建筑物化学灌浆施工规范》（DL/T 5406—2010）。

化学灌浆的灌浆材料可根据裂缝的性质、开度和干燥情况选用。常用的有以下几种：

1）甲凝。甲凝是以甲基丙烯酸甲酯为主要成分，加入引发剂等组成的一种低黏度的灌浆材料。甲基丙烯酸甲酯是无色透明液体，黏度很低，渗透力很强，可灌入 $0.05\sim$ 0.1mm 的细微裂缝，在一定的压力下，还可渗入无缝混凝土中一定距离，并可以在低温下进行灌浆。聚合后的强度和黏结力很高，并具有较好的稳定性，但甲凝浆液黏度的增长和聚合速度较快。此材料适用于干燥裂缝或经处理后无渗水裂缝的补强。

2）环氧树脂。环氧树脂浆液是以环氧树脂为主体，加入一定比例的固化剂、稀释剂、增韧剂等混合而成，一般能灌入宽 0.2mm 的裂隙。硬化后，黏结力强、收缩性小、强度高、稳定性好。环氧树脂浆液多用于较干燥裂缝或经处理后已无渗水裂缝的补强。

3）聚氨酯。聚氨酯浆液是由多异氰酸酯和含羟基的化合物合成后，加入催化剂、溶剂、增塑剂、乳化剂以及表面活性剂配合而成。这种浆液遇水反应后，便生成不溶于水的固结强度高的凝胶体。此种浆液防渗堵漏能力强，黏结强度高，适用于渗水缝隙的堵水补强。

4）水玻璃。水玻璃是由水泥浆和硅酸钠溶液配合而成的，两者体积比通常为 1：0.8～1：0.6。水玻璃具有较高的防渗能力和黏结强度，适用于渗水裂缝的堵水补强。

5）丙凝。丙凝是以丙烯酰胺为主剂，配以其他材料发生聚合反应，形成具有弹性的、不溶于水的聚合体。可填充堵塞岩层裂隙或砂层中空隙，并可把砂粒胶结起来，起到堵水防渗和加固地基的作用。但因其强度较低，不宜用作补强灌浆，仅用于地基帷幕和混凝土裂缝的快速止水。

随着各种大型工程和地下工程的不断兴建，化学灌浆材料得到了越来越广泛的应用。但化学灌浆费用较高，一般情况下应首先采用水泥灌浆，在达不到设计要求时，再用化学灌浆予以辅助，以获得良好的技术经济指标。此外，化学浆材都有一定的毒性，对人体健康不利，还会污染水源，在运用过程中要十分注意。

三、混凝土坝与浆砌石坝渗漏的处理

（一）渗漏的类型
混凝土及浆砌石坝渗漏，按其发生的部位，可分为坝体渗漏、坝基渗漏、坝与岩石基础接触面渗漏、绕坝渗漏。

（二）渗漏产生的原因
造成混凝土和浆砌石坝渗漏的原因很多，归纳起来有以下几个方面：

（1）因勘探工作做得不够，地基中存在的隐患未能发现和处理，水库蓄水后引起渗漏。

（2）在设计过程中，由于对某些问题考虑不全，在某种应力作用下使坝体产生裂缝。

（3）施工质量差。如对坝体温度控制不严，使坝体内外温差过大产生裂缝；地基处理不当，使坝体产生沉陷裂缝；混凝土振捣不实，坝体内部存在蜂窝空洞；浆砌石坝勾缝不严；帷幕灌浆质量不好；坝体与基础接触不良；坝体所用建筑材料质量差等，均会导致渗漏。

（4）设计、施工过程中采取的防渗措施不合理，或运用期间由于物理、化学因素的作用，使原来的防渗措施失效或遭到破坏，均容易引起渗漏。

（5）运用期间，遭受强烈地震及其他破坏作用，使坝体或基础产生裂缝，引起渗漏。

（三）渗漏的处理措施

渗漏处理的基本原则是"上截下排"，以截为主，以排为辅。应根据渗漏的部位、危害程度以及修补条件等实际情况确定处理的措施。

1. 坝体裂缝渗漏的处理

坝体裂缝渗漏的处理可根据裂缝发生的原因及对结构影响的程度、渗漏量的大小和集中分散等情况，分别采取不同的处理措施。

（1）表面处理。坝体裂缝渗漏按裂缝所在部位可采取表面涂抹、表面贴补、凿槽嵌补等表面处理方法，具体操作可见"二、混凝土坝与浆砌石坝裂缝的处理"。对渗漏量较大，但渗透压力不直接影响建筑物正常运行的渗水裂缝，如在漏水出口进行处理时，先应采取以下导渗措施：

1）埋管导渗。沿漏水裂缝在混凝土表面凿三角形槽，并在裂缝渗漏集中部位埋设引水铁管，然后用旧棉絮沿裂缝填塞，使漏水集中从引水管排出，再用快凝灰浆或防水快凝砂浆迅速回填封闭槽口，最后封堵引水管，如图9-27所示。

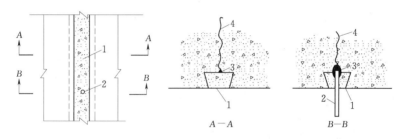

图9-27　埋管导渗示意
1—沿裂缝凿出的三角形槽内填快凝灰浆；2—引水管；3—塞进的棉絮；4—向内延伸的裂缝

2）钻孔导渗。用风钻在漏水裂缝一侧钻斜孔（水平缝则在缝的下方），穿过裂缝面，使漏水从钻孔中导出，然后封闭裂缝，从导渗孔灌浆填塞。

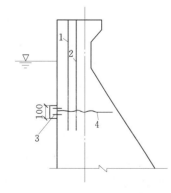

图9-28　插筋结合止水塞处理渗水裂缝示意（单位：cm）
1—5φ28第一排插筋；2—5φ28
第二排插筋；3—锚筋；
4—水平渗水裂缝

（2）内部处理。内部处理是通过灌浆充填漏水通道，达到堵漏的目的。根据裂缝的特征，可分别采用骑缝或斜缝钻孔灌浆的方式。根据裂缝的开度和可灌性，可分别采用水泥灌浆或化学灌浆。根据渗漏的情况，又可分别采取全缝灌浆或局部灌浆的方法。有时为了灌浆的顺利进行，还需先在裂缝上游面进行表面处理或在裂缝下游面采取导渗并封闭裂缝的措施。有关灌浆的工艺与技术要求，可参阅上节内容。

（3）结构处理结合表面处理。对于影响建筑物整体性或破坏结构强度的渗水裂缝，除灌浆处理外，有的还要采取结构处理结合表面处理的措施，以达到防渗、结构补强或恢复整体性的要求。图9-28是利用插筋结合止水塞处理大坝水平渗水裂缝的一个实例。其具体做法是：在上游面沿缝隙凿一宽 20～25cm、深 8～10cm 的槽，向槽的两侧各扩大约 40cm 的凿毛面，共宽 100cm，并在槽的两侧钻孔埋设两排锚筋；槽底涂沥青漆，然后在槽内填塞沥青水泥和沥青麻布 2～3 层；槽内填满后，再在上面铺设宽 50cm 的沥青麻布两层；最后浇筑宽 100cm、厚 25cm 的钢筋混凝土盖板作为止水塞，从坝顶钻孔两排插筋锚固坝体；最后进行接缝灌浆。

2. 混凝土坝体散渗或集中渗漏的处理

混凝土坝由于蜂窝、空洞、不密实及抗渗标号不够等缺陷，引起坝体散渗或集中渗漏时，可根据渗漏的部位、程度和施工条件等情况，采取下列一种或几种方法结合进行处理：

（1）灌浆处理。灌浆处理主要用于建筑物内部密实性差、裂缝孔隙比较集中的部位。可用水泥灌浆，也可用化学灌浆，具体施工技术要求见上节内容。

（2）表面处理。对大面积的细微散渗及水头较小的部位，可采取表面涂抹处理，对面积较小的散渗可采取表面贴补处理，具体处理方法详见上节内容。

（3）筑防渗层。防渗层适用于大面积的散渗情况。防渗层一般做在坝体迎水面，结构一般有水泥喷浆、水泥浆及砂浆防渗层等形式。

水泥浆及砂浆防渗层，一般在坝的迎水面采用 5 层，总厚度 12～14mm。水泥浆及砂浆防渗层施工前需用钢丝刷或竹刷将渗水面松散的表层、泥沙、苔藓、污垢等刷洗干净，如渗水面凹凸不平，则需把凸起的部分剔除，凹陷的用 1:2.5 的水泥砂浆填平，并经常洒水，保持表面湿润。防渗层的施工，第一层为水灰比 0.35～0.4 的素灰浆，厚度 2mm，分两次涂抹。第一次涂抹用拌和的素灰浆抹 1mm 厚，把混凝土表面的孔隙填平压实，然后再抹第二次素灰浆。若施工时仍有少量渗水，可在灰浆中加入适量促凝剂，以加速素灰浆的凝固。第二层为灰砂比 1:2.5、水灰比 0.55～0.60 的水泥砂浆，厚度 4～5mm，应在初凝的素灰浆层上轻轻压抹，使砂粒能压入素灰浆层，以不压穿为度。这层表面应保持粗糙，待终凝后表面洒水湿润，再进行下一层施工。第三层、第四层分别为厚度为 2mm 的素灰浆和厚度为 4～5mm 的水泥砂浆，操作工艺分别同第一层和第二层。第五层素灰浆层厚度 2mm，应在第四层初凝时进行，且表面需压实抹光。防渗层终凝后，应每隔 4h 洒水一次，保持湿润，养护时间按混凝土施工规范规定进行。

（4）增设防渗面板。当坝体本身质量差、抗渗等级低、大面积渗漏严重时，可在上游坝面增设防渗面板。

防渗面板一般用混凝土材料，施工时需先放空水库，然后在原坝体布置锚筋并将原坝体凿毛、刷洗干净，最后浇筑混凝土。锚筋一般采用直径 12mm 的钢筋，每平方米一根，混凝土强度一般不低于 C15。混凝土防渗面板的两端和底部都应深入基岩 1～1.5m。根据经验，一般混凝土防渗面板底部厚度为上游水深的 1/60～1/15，顶部厚度不少于 30cm。为防止面板因温度产生裂缝，应设伸缩缝，分块进行浇筑，伸缩缝间距不宜过大，一般为 15～20m，缝间设止水。

（5）堵塞孔洞。当坝体存在集中渗流孔洞时，若渗流流速不大，可先将孔洞内稍微扩大并凿毛，然后将快凝胶泥塞入孔洞中堵漏。若一次不能堵截。可分几次进行，直到堵截为止。当渗流流速较大时，可先在洞中楔入棉絮或麻丝，以降低流速和漏水量，然后再行堵塞。

（6）回填混凝土。对于局部混凝土疏松或由蜂窝空洞造成的渗漏，可先将质量差的混凝土全部凿除，再用现浇混凝土回填。

3. 混凝土坝止水、结构缝渗漏的处理

混凝土坝段间伸缩缝止水结构因损坏而漏水，其修补措施有以下几种：

（1）补灌沥青。对沥青止水结构，应先采用加热补灌沥青方法堵漏，恢复止水，若补灌有困难或无效，再用其他止水方法。

（2）化学灌浆。伸缩缝漏水也可用聚氨酯、丙凝等具有一定弹性的化学材料进行灌浆处理，根据渗漏的情况，可进行全缝灌浆或局部灌浆。

（3）补做止水。坝上游面补做止水，应在降低水位情况下进行，补做止水可在坝面加镶铜片或镀锌片，具体操作方法如下：

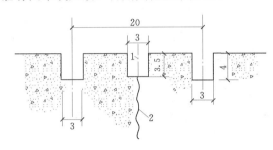

图 9-29　坝面加镶铜片凿槽示意（单位：cm）

1—中心线；2—伸缩缝

1）沿伸缩缝中心线两边各凿一条槽，槽宽 3cm、深 4cm，两条槽中心距 20cm，槽口尽量做到齐整顺直，如图 9-29 所示。

2）沿伸缩缝凿一条宽 3cm、深 3.5cm 的槽，凿后清扫干净。

3）将石棉绳放在盛有 60 号沥青的锅内，加热至 170～190℃，并浸煮 1h 左右，使石棉绳内全部浸透沥青。

4）用毛刷向缝内小槽刷上一层薄薄的沥青漆，沥青漆中沥青、汽油比为 6：4，然后把沥青石棉绳嵌入槽缝内，表面基本平整。沥青石棉绳面距槽口面保持 2.0～2.5cm。

5）把铜片或镀锌铁片加工成图 9-30 的形状。紫铜片厚度不宜小于 0.5mm，紫铜片长度不够时，可用铆钉铆固搭接。

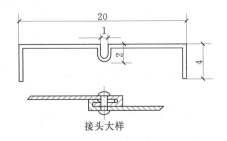

图 9-30　紫铜片形状尺寸

（单位：cm）

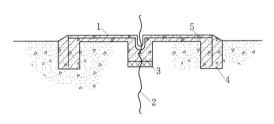

图 9-31　坝面加镶片示意

1—环氧基液与沥青漆；2—裂缝；3—沥青石棉绳；4—环氧砂浆；5—紫铜片

6）用毛刷将配好的环氧基液在两边槽内刷一层，然后在槽内填入环氧砂浆，并将紫铜片嵌入填满环氧砂浆的槽内，如图 9-31 所示。将紫铜片压紧，使环氧砂浆与紫铜片紧密结合，然后加支撑将紫铜片顶紧，待固化后再拆除。

7）在紫铜片面上和两边槽口环氧砂浆上刷一层环氧基液，待固化后再涂上一层沥青漆，经 15～30min 后再涂一层冷沥青胶泥作为保护层。

4. 浆砌石坝体渗漏的处理

浆砌石坝的上游防渗部分由于施工质量不好，砌筑时砌缝中砂浆存在较多孔隙，或者砌坝石料本身抗渗标号较低等均容易造成坝体渗漏。浆砌石坝体渗漏可根据渗漏产生的原因，用以下方法进行处理：

（1）重新勾缝。当坝体石料质量较好，仅局部由于施工质量差、砌缝中砂浆不够饱满、有孔隙，或者砂浆干缩产生裂缝而造成渗漏时，均可采用水泥砂浆重新勾缝处理。一般浆砌石坝，当石料质量较好时，渗漏多沿灰缝发生，因此，认真进行勾缝处理后，渗漏途径可全部堵塞。

（2）灌浆处理。当坝体砌筑质量普遍较差，大范围内出现严重渗漏、勾缝无效时，可采用从坝顶钻孔灌浆，在坝体上游形成防渗帷幕的方法处理。灌浆的具体工艺见上节内容。

（3）加厚坝体。当坝体砌筑质量普遍较差、渗漏严重、勾缝无效，但又无灌浆处理条件时，可在上游面加厚坝体，加厚坝体需放空水库进行。若原坝体较单薄，则结合加固工作，采取加厚坝体防渗处理措施将更合理。

（4）上游面增设防渗层或防渗面板。当坝体石料本身质量差、抗渗标号较低，加上砌筑质量不符合要求、渗漏严重时，可在坝上游面增设防渗层或混凝土防渗面板，具体做法同混凝土坝。

5. 绕坝渗漏的处理

绕过混凝土或浆砌石坝的渗漏，应根据两岸的地质情况，摸清渗漏的原因及渗漏的来源与部位，采取相应措施进行处理。处理的方法可在上游面封堵，也可进行灌浆处理。对土质岸端的绕坝渗漏，还可采取开挖回填或加深刺墙的方法处理。

6. 基础渗漏的处理

对岩石基础，如出现扬压力升高，或排水孔涌水量增大等情况，可能是由于原有帷幕失效、岩基断层裂隙扩大、混凝土与基岩接触不密实或排水系统堵塞等原因所致。对此，应首先要查清有关部位的排水孔和测压孔的工作情况，然后根据原设计要求、施工情况进行综合分析，确定处理方法。一般有以下几种方法：

（1）若原帷幕深度不够或下部孔距不满足要求，可对原帷幕进行加深加密补灌。

（2）若是混凝土与基岩接触面产生渗漏，可进行接触灌浆处理。

（3）若为垂直或斜交于坝轴线且贯穿坝基的断层破碎带造成的渗漏，可进行帷幕加深加厚和固结灌浆综合处理。

（4）若是排水设备不畅或堵塞，可设法疏通，必要时增设排水孔以改善排水条件。

四、混凝土坝及浆砌石坝抗滑稳定性的加固

重力坝是用混凝土或浆砌石修筑的大体积挡水建筑物，它的主要特点是依靠自重来维持坝身的稳定。

重力坝必须保证在各种外力组合的作用下，有足够的抗滑稳定性，抗滑稳定性不足是

重力坝最危险的病害情况。当发现坝体存在抗滑稳定性不足，或已产生初步滑动迹象时，必须详细查找和分析坝体抗滑稳定性不足的原因，提出妥善措施，及时处理。

（一）重力坝抗滑稳定性不足的主要原因

根据对重力坝病害和失事情况的调查分析，坝体抗滑稳定性不足，主要是由于重力坝在勘测、设计、施工和运用管理中存在的如下问题造成的：

（1）在勘测工作中，由于对坝基地质条件缺乏全面了解，特别是忽略了地基中存在的软弱夹层，往往因为采用了过高的摩擦系数而造成抗滑稳定性不足。

（2）设计的坝体断面过于单薄，自重不够，或坝体上游面产生了拉应力，扬压力加大，使坝体稳定性不够。

（3）施工质量较差，基础处理不彻底，使实际的摩擦系数值达不到设计要求，而坝底渗透压力又超过设计计算数值，造成不稳定。

（4）由于管理运用不善，造成库水位超过设计最高水位过多，增大了坝体所受的水平推力或排水设施失效，增加了渗透压力，均会减小坝体的抗滑稳定性。

（二）增加重力坝抗滑稳定性的主要措施

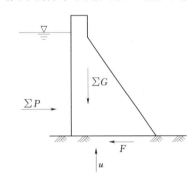

图 9 - 32　重力坝受力
$\sum P$—水平推力；$\sum G$—自重；
F—抗滑力；u—扬压力

重力坝承受强大的上游水压力和泥沙压力等水平荷载，如果某一截面的抗剪能力不足以抵抗该截面以上坝体承受的水平荷载，便可能产生沿此截面的滑动。由于一般情况下坝体与地基接触面的结合较差，因此，滑动往往是沿坝体与地基的接触面发生的。所以，重力坝的抗滑稳定分析，主要是核算坝底面的抗滑稳定性。坝底面的抗滑稳定性与坝体的受力有关，重力坝所受的主要外力有垂直向下的坝体自重、垂直向上的坝基扬压力、水平推力和坝体沿地基接触面的摩擦力等，如图9-32所示。

摩擦力 F 的大小，决定于坝体重力与坝基扬压力之差和坝体与坝基之间的摩擦系数 f 的乘积。坝体的抗滑稳定性，可用式（9-1）表示：

$$k=\frac{F}{\sum P}=\frac{f(\sum G-u)}{\sum P} \tag{9-1}$$

式中　$\sum P$——水平推力，包括水压力、风浪压力、泥沙压力等；

　　　$\sum G$——垂直向下的坝体、水、泥沙的重力；

　　　u——垂直向上的坝基扬压力；

　　　f——抗剪摩擦系数；

　　　k——安全系数。

由式（9-1）可知，增加坝体的抗滑稳定，也就是增大安全系数，其途径有：减少扬压力，增加坝体重力，增加摩擦系数和减少水平推力等。

1. 减少扬压力

扬压力对坝体的抗滑稳定性有极大的影响，减少扬压力是增加坝体抗滑稳定性的主要方法之一。通常减少扬压力的方法有两种：一是加强防渗，二是加强排水。

（1）加强防渗。加强坝基防渗，可采用补强帷幕灌浆或补做帷幕措施，对减少扬压力的效果非常显著。

灌浆可在坝体灌浆廊道中进行，如图 9-33（a）所示。当没有灌浆廊道时，可从坝顶上游侧钻孔，穿过坝身，深入基岩进行灌浆，如图 9-33（b）所示。当既无灌浆廊道，从坝顶钻孔灌浆又困难，且不能放空水库时，也可以采用深水钻孔灌浆，如图 9-33（c）所示。

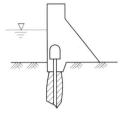
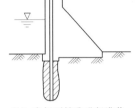
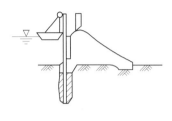

（a）在坝体廊道中进行灌浆　　（b）在坝顶钻孔进行灌浆　　　（c）深水钻孔灌浆

图 9-33　补强帷幕灌浆进行方式

（2）加强排水。为减少扬压力，除在坝基上游部分进行补强帷幕灌浆以外，还应在帷幕下游部分设置排水系统，增加排水能力。两者配合使用，更能保证坝体的抗滑稳定性。

排水系统的主要形式是排水孔，排水孔的排水效果与孔距、孔径和孔深有关，常用的孔距为 2～3m，孔径为 15～20cm，孔深为帷幕深度的 0.4～0.6 倍。原排水孔过浅或孔距过大的，应进行加深或加密补孔，以增加导渗能力。

当原有的排水孔受泥沙等物堵塞时，可采用高压气水冲孔或用钻机清扫以恢复其排水能力。

2. 增加坝体重力

重力坝的坝体稳定，主要靠坝体的重力平衡水压力，所以，增加坝体的重力是增加抗滑稳定的有效措施之一。增加坝体重量可采用加大坝体断面或预应力锚固等方法。

（1）加大坝体断面。加大坝体断面可从坝的上游面或坝的下游面进行。从上游面增加断面时，既可增加坝体重力，又可增加垂直水重，同时可以改善防渗条件。但需放空水库或降低库水位修筑围堰挡水才能施工，如图 9-34（a）所示。从坝的下游面增大断面，如图 9-34（b）所示，施工比较方便，但也应适当降低库水位进行施工，这样有利于减少上游坝面拉应力。坝体断面增加部分的尺寸，应通过稳定计算确定，施工时还应注意新旧坝体之间结合紧密。

（2）预应力锚固。预应力锚固是从坝顶钻孔到坝基，孔内放置钢索，锚索一端锚入基岩中，在坝顶另一端施加很大的拉力，使钢索受拉、坝体受压，从而增加坝体抗滑稳定，如图 9-35 所示。

用预应力锚固来提高坝体抗滑稳定性，效果良好，但具有施工工艺复杂等缺点，且预应力可能因锚索松弛而受到损失。对于空腹重力坝或大头坝等坝型，也可采用腹内填石加重，不必加大坝体断面。

3. 增加摩擦系数

摩擦系数大小与坝体和地基的连接形式及清基深度有关。对于原坝体与地基的结合，只能通过固结灌浆的措施加以改善，从而提高坝体的抗滑稳定性。除此之外，通过固结灌浆还能增强基岩的整体性和其弹性模数，增加地基的承载能力，减少不均匀沉陷。

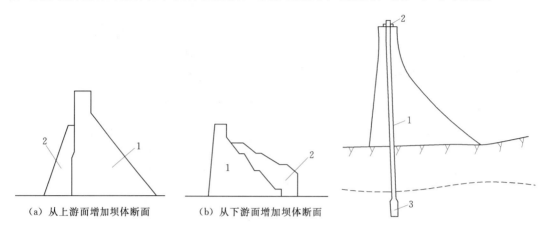

（a）从上游面增加坝体断面　　　（b）从下游面增加坝体断面

图9-34　增加坝体断面的方式
1—原坝体；2—加固坝体

图9-35　预应力锚固示意
1—锚索孔；2—锚头；3—扩孔段

固结灌浆孔的深度，在上游部分坝基中，由于坝基可能产生拉应力，要求基岩有较高的整体性，故对钻孔要求较深，为8～12m。在坝基的下游部分，应力较集中，也要求较深的固结灌浆孔，孔深也在8～12m。其余部分，可采用5～8m的浅孔。固结灌浆孔距一般为3～4m，呈梅花形或方格形布置。

4.减小水平推力

减小水平推力可采用控制水库运用和在坝体下游面加支撑等方法。

（1）控制水库运用。控制水库运用主要用于病险水库度汛或水库设计标准偏低等情况。对病险库来讲，通过降低汛前调洪起始水位，可减小库水对坝的水平推力。对设计标准偏低的水库，通过改建溢洪道，加大泄洪能力，控制水库水位，也可达到保持坝体稳定的作用。

（2）坝体下游面加支撑。坝体下游面加支撑，可使坝体上游的水平推力通过支撑传到地基上，从而减少坝体所受的水平推力，又可增加坝体重力。支撑的形式包括在溢流坝下游护坦钻孔设桩、非溢流坝的重力墙支撑、钢筋混凝土水平拱支撑，如图9-36所示，可根据建筑物的形式和地质地形条件加以选用。

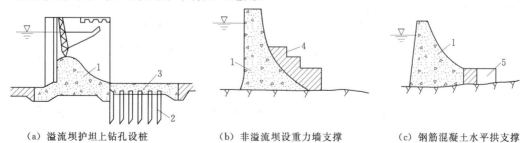

（a）溢流坝护坦上钻孔设桩　　　（b）非溢流坝设重力墙支撑　　　（c）钢筋混凝土水平拱支撑

图9-36　下游面加支撑的形式
1—坝体；2—支撑桩；3—护坦；4—重力墙；5—水平拱

采用何种抗滑稳定的措施要因地制宜，补强灌浆和加大坝体断面是经常采用的两种有效措施，有些情况下也可采用综合性措施。

第三节　溢洪道的养护修理

溢洪道汛期泄洪时在高速水流作用下，易在陡坡段和出口处产生冲刷，造成陡坡底板被掀起、下滑，边墙被冲毁，消能设施被冲刷等破坏。

一、溢洪道的日常养护

溢洪道的日常养护主要包括以下内容：

(1) 对溢洪道的进水渠及两岸岩石的各种损坏进行及时处理，加强维护加固。

(2) 对泄水后溢洪道各组成部分出现的问题进行及时处理和修复。

(3) 做好控制闸门的日常养护，确保汛期闸门正常工作（闸门养护在本章第六节叙述）。

(4) 严禁在溢洪道周围爆破、取土和修建其他无关建筑物。

(5) 注意清除溢洪道周围的漂浮物，禁止在溢洪道上堆放重物。

(6) 如果水库的规划基本资料有变化，要及时复核溢洪道的过水能力。

(7) 北方在冬季若水位较高，结冰对闸门产生影响，应有相应的破冰和保护措施。

二、溢洪道在高速水流作用下破坏的处理

（一）破坏原因

(1) 陡坡段内坡陡、流急，水流流速大，流态混乱，再加上底板施工质量差，表面不平整造成局部气蚀；或因接缝不符合要求，水流渗入底板下，产生很大的扬压力；或底板下部排水失效，使底板下的扬压力增大；有些工程因底部风化带未清理干净，泡水后使强度降低并产生不均匀沉陷等，从而导致泄水槽的边墙和底板破坏。

(2) 有些溢洪道由于地形限制，采用直线布置开挖量过大，坡度过陡及高边坡的稳定不易解决，故常随地形布置成弯道。高速水流进入弯道，因受惯性力和离心力作用，互相折冲撞击，形成冲击波，使弯道外侧水位明显高于内侧，形成横向高差，易发生弯道破坏事故。

(3) 消能设施尺寸过小或结构不合理，底部反滤层不合要求，或平面形状布置不合理产生折冲水流，下泄单宽流量分布不均匀，造成水流紊乱及流量过分集中，出现负压区产生气蚀等造成消能设施破坏。

（二）溢洪道冲刷破坏的处理

1. 溢洪道泄洪槽冲刷破坏的处理

(1) 弯道水流的影响及处理。有些溢洪道因地形条件的限制，泄槽段陡坡建在弯道上，高速水流进入弯道，水流因受到惯性力和离心力的作用，互相折冲撞击，形成冲击波，使弯道外侧水位明显高于内侧，形成横向高差，弯道半径 R 越小、流速越大，则横向水面坡降也越大。有的工程由此产生水流漫过外侧翼墙顶，使墙背填料冲刷、翼墙向外倾倒，甚至出现更为严重的事故。

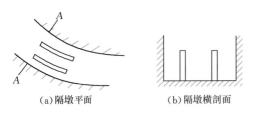

(a)隔墩平面　　　　(b)隔墩横剖面

图 9-37　弯道隔水墙布置示意

减小弯道水流影响的措施一般有两种：一是将弯道外侧的渠底抬高，造成一个横向坡度，使水体产生横向的重力分力，与弯道水流的离心力相平衡，从而减小边墙对水流的影响；另一种是在进弯道时设置分流隔墩，使集中的水面横比降由隔墩分散，如图 9-37 所示。

（2）动水压力引起的底板掀起及修理。溢洪道的泄槽段的高速水流，不仅冲击泄槽段的边墙，造成边墙冲毁，威胁溢洪道本身的安全，而且由于泄槽段内流速大，流态混乱，再加上底板表面不平整，有缝隙，缝中进入动水，使底板下浮托力过大而被掀起破坏。因此，溢洪道在平面布置上要合理，尽量采用直线、等宽、一坡到底的布置形式。若必须收缩，也应控制收缩角度不超过 18°；若必须变坡，最好先缓后陡，并尽可能改善边壁条件，变坡处均应用曲线连接，使水流贴槽而流，避免产生负压，减小冲击波的干扰和反射，改善进入消力池的水流条件。同时要求衬砌表面平整，局部凸出的部分不能超过 3～5mm；横向接缝不能有升坎；接缝型式应合理，能防止高速水流进入；并在接缝处设好止水，下部设有良好的反滤设施等。

（3）泄槽底板下滑的处理。泄槽底板可能因摩擦系数小、底板下扬压力大、底板自重轻等原因，在高速水流作用下向下滑动。为防止土基上的底板下滑、截断沿底板底面的渗水和被掀起，可在每块底板端部做一段横向齿墙，如图 9-38 所示，齿墙深度为 0.4～0.5m。

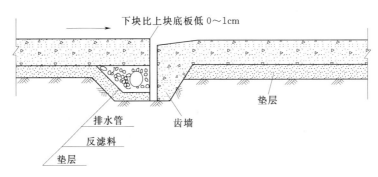

图 9-38　土基底板接缝布置

岩基上的薄底板，因自重较轻，有时需用锚筋加固以增加抗浮性。锚筋可用直径 20mm 以上的粗钢筋，埋入深度 1～2m，间距 1～3m，上端应很好地嵌固在底板内。土基上底板如自重不够，可采用锚拉桩的办法，桩头采用爆扩桩效果更好。

（4）排水系统失效的处理。泄槽段底板下设置排水系统是消除浮托力、渗透压力的有效措施。排水系统能否正常工作，在很大程度上决定底板是否安全可靠。排水系统失效一般需翻修重做。

（5）地基土掏空破坏及处理。当泄槽底板下为软基时，由于底板接缝处地基土被高速水流引起的负压吸空，或者板下排水管周围的反滤层失效，土壤颗粒随水流经排水管排出，均易造成地基被掏空、底板开裂等破坏。前者的处理方法是做好接缝处反滤，并增设止水；后者的处理方法是对排水管周围的反滤层重新翻修。

为适应伸缩变形需要设置伸缩缝，通常缝的间距为 10m 左右。土基上薄的钢筋混凝土底板对温度变形敏感，缝间距应略小些；岩基上的底板因受地基约束，不能自由变形，往往自发地产生发丝缝来调整内部的应力状态，所以只需预留施工缝即可。

缝内可不加任何填料，只要在相邻的先浇混凝土接触面上刷一层肥皂水或废机油即可。也有一些工程采用沥青油纸、沥青麻布作为填料。底板接缝间还需埋设橡胶、塑料止水或铝片止水。承受高速水流的底板，要注意表面平整度，切忌上块低于下块而产生极大的动水压力，使水流潜入底板下边，掀起底板。在底板与地基之间，除了直接做在基岩上的以外，一般需设置一层厚 10～20cm 的砂垫层，以减少地下水渗透压力，但要注意闸室底板下不可设置垫层，以免缩短对防渗有利的渗径长度。

2. 消能设施冲刷破坏的处理

（1）对底流消能，可改善消力池的结构形式和尺寸达到防止破坏的目的。如新疆福尔海水库二级水电站的泄水槽末端采用圆形断面 2m 深的消力池消能，运行多年情况良好。

（2）挑流消能应正确选择挑射角度及相应的设计流量等。

三、加大溢洪道泄流能力的措施

（一）复核溢洪道过水断面的泄流能力

溢洪道的泄洪能力主要取决于控制段。因溢洪道控制段的大多水流是堰流，因此可用堰流公式分析溢洪道的泄洪能力。公式如下：

$$Q = \varepsilon m B \sqrt{2g} H^{3/2} \tag{9-2}$$

式中　H——堰顶水头，m；

　　　B——堰顶宽度，m；

　　　m——流量系数；

　　　ε——侧收缩系数；

　　　g——重力加速度，$g = 9.8 \text{m/s}^2$；

　　　Q——泄洪流量，m^3/s。

由式（9-2）可知，溢洪道过水能力与堰上水深、堰型和过水净宽等有关，要经常检查控制段的断面、高程是否符合设计要求。

为了全面掌握准确的水库集水面积、库容、地形、地质条件和来水来沙量等基本资料，在复核泄流能力前必须复核以下资料：

（1）水库上下游情况。上游的淹没情况，下游河道的泄流能力，下游有无重要城镇、厂矿、铁路等，它们是否有防洪要求，万一发生超标准特大洪水时，可能造成的淹没损失等。

（2）集水面积。是指坝趾以上分水岭界限内所包括的面积。集水面积和降雨量是计算上游来水的主要依据。

（3）库容。一般说水库库容是指校核洪水位以下的库容，在水库管理过程中可从水位与库容、水位与水库面积的关系曲线中查得。故对水位-库容曲线也要经常进行复核。

（4）降雨量。降雨量是确定水库洪水的主要资料，是确定防洪标准的主要依据。确定本地区可能最大降水时，应根据我国长期积累的文献资料，做好历史暴雨和历史洪水的调查考证工作，配合一定的分析计算，使最大降水值合理可靠。

（5）地形地质。从降雨量推算洪峰流量时，还要考虑集水面积内的地形、地质、土壤和植被等因素，因它们直接影响产流条件和汇流时间，是决定洪峰、洪量和洪水过程线及其类型的重要因素。另外，要增建或扩建溢洪道时，也要考虑地形地质条件。

（二）增大溢洪道泄流能力的措施

1. 扩建、改建和增设溢洪道

溢洪道的泄流能力与堰顶水头、堰型和溢流宽度等有关。扩建、改建工作也主要从这几方面入手进行。

（1）加宽方法。若溢洪道岸坡不高，挖方量不大，则应首先考虑加宽溢洪道控制段断面的方法。若溢洪道是与土坝紧相连接，则加宽断面只能在靠岸坡的一侧进行。

（2）加深方法。若溢洪道岸坡较陡，挖方量大，则可考虑加深溢洪道过水断面的方法。加深过水断面即需降低堰顶高程，在这种情况下，需增加闸门的高度，在无闸门控制的溢洪道上，降低堰顶高程将使兴利水位降低，水库的兴利库容相应减小，降低水库效益。因此，有些水库就考虑在加深后的溢洪道上建闸，以抬高兴利水位，解决泄洪和增加水库效益之间的矛盾。在溢洪道上建闸，必须有专人管理，保证在汛期闸门能启闭灵活方便。

（3）改变堰型。不同堰型的流量系数不同，同种堰型的形状不同，流量系数也不一样。实用堰的流量系数一般为 0.42～0.44，宽顶堰的流量系数一般为 0.32～0.385。因此，当所需增加的泄流能力的幅度不大，扩宽或增建溢洪道有困难时，可将宽顶堰改为流量系数较大的曲线形实用堰。

（4）改善闸墩和边墩形状。通过改善闸墩和边墩的头部平面形状可提高侧收缩系数，从而提高泄洪能力。

（5）综合方法。在实际工程中，也可采用上述两种或几种方法相结合的方法，如采用加宽和加深相结合的方法扩大溢洪道的过水断面，增大泄流能力等。

在有条件的地方，也可增设新的溢洪道。

2. 加强溢洪道的日常管理

要经常检查控制段的断面、高程是否符合设计要求。对人为封堵缩小溢洪道宽度，在进口处随意堆放弃渣，甚至做成永久性挡水埝，应及时处理，防止汛期出现险情。此外，还应注意拦鱼栅和交通桥等建筑物对溢洪道过水能力的影响，减小闸前泥沙淤积等，增加溢洪道的泄洪能力。

3. 加大坝高

通过加大坝高，抬高上游库水位，增大堰顶水头。这种措施应以满足大坝本身安全和经济合理为前提。

第四节　输水隧（涵）洞的养护修理

水库大坝的输水设施有隧洞和涵洞（管）两种类型，其在长期运行过程中容易出现衬砌裂缝漏水、气蚀、冲磨、混凝土溶蚀等破坏形式。

一、输水隧（涵）洞的日常养护

输水隧（涵）洞的日常养护工作包括以下几点：

（1）为防止污物破坏洞口结构和堵塞取水设备，要经常清理隧（涵）洞进水口附近的漂浮物，在漂浮物较多的河流上，要在进口设置拦污栅。

（2）寒冷地区要采取有效措施，避免洞口结构冰冻破坏；隧洞放空后，冬季在出口处应做好保温措施。

（3）运用中尽量避免洞内出现不稳定流态，每次充、泄水过程要尽量缓慢，避免猛增突减，以免洞内出现超压、负压或水锤而引起破坏。

（4）发现局部的衬砌裂缝、漏水等，要及时进行封堵以免扩大。

（5）对放空有困难的隧（涵）洞，要加强平时的观测，判断其沿线的内水和外水压力是否正常，如发现有漏水和塌坑征兆，应研究是否放空进行检查和修理。

（6）对未衬砌的隧洞，要对因冲刷引起松动的岩块和阻水的岩石及时清除并进行修理。

（7）当发生异常水锤或6级以上地震后，要对隧（涵）洞进行全面检查和养护。

二、输水隧（涵）洞裂缝的处理

（一）输水隧（涵）洞裂缝破坏的主要原因

裂缝漏水是隧（涵）洞最常见的病害，它是在洞壁衬砌体中发生的各种表面的、深层的、贯通的裂缝。

1. 输水隧洞洞身衬砌裂缝破坏的常见原因

隧洞与坝下涵洞相比，工作安全可靠，其发生洞身衬砌裂缝破坏的常见原因有以下几个方面：

（1）围岩体变形作用。洞周岩石变形或不均匀沉陷，对于隧洞经过地区岩石质量较差、不利地质构造、过大的山岩压力、过高的水压力和地基不均匀沉陷均会引发围岩体变形，衬砌体将遭受过大的应力而断裂和漏水。

（2）衬砌施工质量差。建筑材料质量不佳；混凝土配料不当，振捣不实；衬砌后的加填灌浆或固结灌浆充填不密实；伸缩缝、施工缝和分缝处理不好，止水失效等，均会造成衬砌体断裂和漏水。

（3）水锤作用。即使在设有调压井的压力隧洞内，由于水锤作用产生高次谐振波也可以越过调压井而使隧洞内产生压力波，导致衬砌体断裂和漏水。

（4）温度变化作用。当隧洞停水后，冷风穿洞，温度降低太大时也会引发洞壁表面裂缝甚至断裂。

（5）运用管理不当。如用闸门控制进水的无压隧洞，由于操作疏忽，使工作闸门开度过大，造成洞门充满水流，形成有压，致使隧洞衬砌在内水压力作用下发生断裂。

（6）其他因素。混凝土溶蚀、钢筋锈蚀等。

2. 坝下涵洞（管）断裂破坏的常见原因

（1）地基处理不当。坝下输水涵洞修建在穿越岩石和风化岩、岩石和土基、土和砂卵石等交替地带，即使是比较均匀的软土地基，也往往由于洞上坝体填土高度不同而产生不均匀沉陷，若对不均质地基未采取有效处理措施，涵洞建成后会产生不均匀沉陷。

（2）结构处理有缺陷。在管身和竖井之间荷载突变处未设置沉降缝，引起管身断裂。

（3）结构强度不够。由于设计采用的结构尺寸偏小、钢筋配筋率不足、混凝土强度等级偏差或荷载超过原设计等原因，使涵洞本身结构强度不够，以致断裂。

（4）洞内流态异变。坝下无压输水涵洞在结构设计上不考虑承受内水压力，但由于操作不当，使洞内水流流态由无压变为明满流交替或有压流，以致在内水压力作用下，造成洞身破坏。

（5）洞身接头不牢。坝下埋管接头不牢固、分缝间距或位置不当，均会导致断裂漏水。

（6）施工质量较差。由于洞身施工质量差、管节止水处理不当等，形成洞壁漏水。

（二）输水隧（涵）洞裂缝漏水的处理方法

1. 用水泥砂浆或环氧砂浆封堵或抹面

对于隧洞衬砌和涵洞洞壁的一般裂缝漏水，可采用泥砂浆或环氧砂浆进行处理。通常是在裂缝部位凿深 2～3cm，并将周围混凝土面用钢钎凿毛，然后用钢丝刷和毛刷清除混凝土碎渣，用清水冲洗干净，最后用水泥砂浆或环氧砂浆封堵。

2. 灌浆处理

输水隧洞和涵洞洞身断裂可采用灌浆进行处理。对于因不均匀沉陷而产生的洞身断裂，一般要等沉陷趋于稳定或加固地基，断裂不再发展时进行处理。但为了保证工程安全，可以提前灌浆处理，灌浆以后如继续断裂，再次进行灌浆。灌浆处理通常可采用水泥浆，断裂部位可用环氧砂浆封堵。

3. 隧洞的喷锚支护

输水隧洞无衬砌段的加固或衬砌损坏的补强，可采用喷射混凝土和锚杆支护的方法，简称喷锚支护。喷锚支护与现场浇筑的混凝土衬砌相比，具有与洞室围岩黏结力高、能提高围岩整体稳定性和承载能力、节约投资、加快施工进度等优点。

喷锚支护可分为喷混凝土、喷混凝土＋锚杆联合支护、喷混凝土＋锚杆＋钢筋网联合支护等类型。

4. 涵洞内衬砌补强

对于范围较大的纵向裂缝、损坏严重的横向裂缝、影响结构强度的局部冲蚀破坏，均应采取加固补强措施。

（1）对于查明原因和位置，无法进人操作时，可挖开填土，在原洞外包一层混凝土；断裂严重的地带，应拆除重建，并设置沉降缝，洞外按一定距离设置黏土截水环，以免沿洞壁渗漏。

（2）对于采用条石或钢筋混凝土作盖板的涵洞，如果发生部分断裂，可在洞内用盖板和支撑加固。

（3）预制混凝土涵洞接头开裂时，若能进人操作，可用环氧树脂补贴，也可以将混凝土接头处的砂浆剔除并清洗干净，用沥青麻丝或石棉水泥塞入嵌紧，内壁用水泥砂浆抹平。

（4）对于涵洞整体强度不足且允许缩小过水断面时，可以采取以 PE 管或钢管为内膜、间隙灌浆的方法，但要注意新老管壁接合面密实可靠，新旧管接头不漏水。

5. 重建坝下涵洞

当涵洞断裂损坏严重，涵洞洞径较小，无法进入处理时，可封堵旧洞，重建新洞。重建新洞有开挖重建和顶管重建两种。开挖重建一般开挖填筑工程量较大，只适用于低坝；顶管重建不需要开挖坝体，开挖回填工程量小、工期短，但是一般只用于含砂量较少的坝体。

顶管施工目前有两种方法：

（1）导头前人工挖土法。即在预制管前端设一断面略大的钢质导头，用人工在导头前端先挖进一小段，然后在管的外端用油压千斤顶将预制管逐步顶进，每挖进一段顶进一次，直至顶到预定位置为止。每段挖进长度视坝体土质而定，紧密的黏性土可达 6m 以上，土质差的则在 0.5m 左右。

（2）挤压法。即在预制管端装设有刃口的钢导头，用油压千斤顶将预制管顶进，使钢导头切入坝体土壤，然后用割土绳或人工将挤入管内的土挖除运出，然后再次把管顶进，直至顶完为止。

三、输水隧（涵）气蚀破坏的防治

（一）气蚀的特征与成因

明流中平均流速达到 15m/s 左右，就可能产生气蚀现象。当高速水流通过洞体体形不佳或表面不平整的边界时，水流会把不平整处的空气带走，水流会与边壁分离，造成局部压强降低或负压。当流场中局部压强下降，低于水的气化压强值时，将会产生空化，形成空泡水流，空泡进入高压区会突然溃灭，对边壁产生巨大的冲击力。这种连续不断的冲击力和吸力造成边壁材料疲劳损伤，引起边壁材料的剥蚀破坏，称为气蚀。

气蚀现象一般发生在边界形状突变、水流流线与边界分离的部位。洞壁横断面进出口的变化、闸门槽处的凹陷、闸门的启闭、洞壁的不平整等，都会引起气蚀破坏。

对压力隧洞和涵洞，气蚀常发生在进口上唇处、门槽处、洞顶处、分岔处、出口挑流坎、反弧末端、消力墩周围，洞身施工不平整等部位。

（二）气蚀破坏的防止与修复

气蚀对输水洞的安全极其不利。防治气蚀的措施有改善边界条件、控制闸门开启度、改善掺气条件、改善过流条件、采用高强度的抗气蚀材料等。

1. 改善边界条件

当进口形状不恰当时，极易产生气蚀现象。应采用渐变的进口形状，最好做成椭圆曲线形。

2. 控制闸门开度

据观察分析发现：小开度时，闸门底部止水后易形成负压区，引起闸门沿竖直方向振动，闸门底部容易出现气蚀；大开度时，闸门后易产生明满流交替出现的现象，闸门后部形成负压区，引起闸门沿水流方向产生振动，造成闸门后部洞壁产生气蚀。所以要控制闸门开度在合适的范围内，避免不利开度和不利流态的出现。

3. 改善掺气条件

掺气能够降低或消除负压区，增加空泡中气体空泡所占的比例。含大量空气使得空泡在溃灭时可大大减少传到边壁上的冲击力，含气水流也成了弹性可压缩体，从而减少气蚀。因此，将空气直接输入可能产生气蚀的部位，可有效地防止建筑物气蚀破坏。当水中掺气的气水比达到 7%~8% 时，可以消除气蚀。1960 年美国大古力坝泄水孔应用通气减蚀取得成功后，世界上不少水利工程相继采用此法，取得良好效果。我国自 20 世纪 70 年代，先后在陕西冯家山水库溢洪隧洞、新安江水电站挑流鼻坎、石头河隧洞中使用，也取得较好的效果。

通气孔的大小关系到掺气质量，闸门开度不同，对通气量的要求也不同。通气量的计算（或验算）可采用康培尔公式：

$$Q_a = 0.04Q\left(\frac{v}{gh}-1\right)^{0.85} \tag{9-3}$$

式中 Q_a——通气量，m^3/s；

　　 Q——闸门开度为 80% 时的流量，m^3/s；

　　 v——收缩断面的平均流速，m/s；

　　 g——重力加速度，$g=9.8m/s^2$；

　　 h——收缩断面的水深，m。

通气孔或通气管的截面面积 A（m^2），可以采用公式（9-4）估算：

$$A = 0.001Q\left(\frac{v}{\sqrt{gh}}-1\right)^{0.85} \tag{9-4}$$

4. 改善过流条件

除进口顶部做成 1/4 的椭圆曲线外，中高压水头的矩形门槽可改为带错距和倒角的斜坡形门槽。出口断面可适当缩小，以提高洞内压力，避免气蚀。对于衬砌材料的质量要严格控制，使其达到设计要求。应保证衬砌表面的平整度，对凸起部分要凿除或研磨成设计要求的斜面。

5. 采用高强度的抗气蚀材料

采用高强度的抗气蚀材料，有助于消除或减缓气蚀破坏。提高洞壁材料抗水流冲击作用，在一定程度上可以消除水流冲蚀造成表面粗糙而引起的气蚀破坏。资料表明，高强度的不透水混凝土，可以承受 30m/s 的高速水流而不损坏。护面材料的抗磨能力增加，可以消除由泥沙磨损产生的粗糙表面而引起气蚀的可能性，环氧树脂砂浆的抗磨能力，比普通混凝土及岩石的抗磨能力高约 30 倍。采用高标号的混凝土可以缓冲气蚀破坏甚至消除气蚀。采用钢板或不锈钢作衬砌护面，也会产生很好的效果。

四、输水隧（涵）冲磨破坏的修复

（一）冲磨的特征与成因

含沙水流经过隧洞，对隧洞衬砌的混凝土会产生冲磨破坏，尤其是对隧洞的底部产生的冲磨比较严重。冲磨破坏的程度主要与洞内水流速度，泥沙含量、粒径大小及其组成，洞壁体形和平整程度等有关。

一般来说，洞内流速越高，泥沙含量越大，洞壁体形越差，洞壁表面越不平整，洞壁冲磨破坏就越严重。特别是在洪水季节，水流挟带泥沙及杂物多，当隧洞进出口连接建筑物处理不当时，冲磨会更为严重。水流中悬移质和推移质对隧洞均有磨损，悬移质泥沙摩擦边壁，产生边壁剥离，其磨损过程比较缓慢；推移质泥沙不仅有摩擦作用，还有冲击作用，粗颗粒的冲击、碰撞破坏作用对边壁破坏尤为显著。

（二）冲磨破坏的修复

冲磨破坏修复效果的好坏主要取决于修补材料的抗冲磨强度，抗冲磨材料的选择要根据挟沙水流的流速、含沙量、含沙类型确定。常用的抗冲磨材料有以下几种：

（1）高强度水泥砂浆。高强度的水泥砂浆是一种较好的抗冲磨材料，特别是用硬度较大的石英砂替代普通砂后，砂浆的抗冲磨强度有一定提高。水泥石英砂浆价格低廉、制作工艺简单、施工方便，是一种良好的抗悬移质冲磨的材料。

（2）铸石板。铸石板根据原材料和加工工艺的不同有辉绿岩、玄武岩、硅锰渣铸石和微晶铸石等。铸石板具有优异的抗磨、抗气蚀性能，比石英具有更高的抗磨强度和抗悬移质切削性能。铸石板的缺点是质脆，抗冲击强度低；施工工艺要求高；粘贴不牢时，容易被冲走。例如在刘家峡溢洪道的底板和侧墙、碧口泄洪闸的出口等处所做的抗冲磨试验，铸石板均被水流冲走。因此，目前很少采用铸石板，而是将铸石粉碎成粗细骨料，利用其高抗磨蚀的优点配制成高抗冲磨混凝土。

（3）耐磨骨料的高强度混凝土。除选用铸石外，选择耐冲磨性能好的岩石，如以石英石、铁矿石等耐磨骨料配制成高强度的混凝土或砂浆，具有很好的抗悬移质冲磨的性能。试验表明，当流速小于15m/s，平均含沙量小于$40kg/m^3$，用耐磨骨料配制成强度达C30以上的混凝土，磨损甚微。

（4）环氧砂浆。具有固化收缩小，与混凝土黏结力强，机械强度高，抗冲磨和抗气蚀性能好等优点。环氧砂浆抗冲磨强度约为养护28d抗压强度60MPa水泥石英砂浆的5倍，C30混凝土的20倍，合金钢和普通钢的20～25倍。固化的环氧树脂抗冲磨强度并不高，但由于其黏结力极强，含沙水流要剥离环氧砂浆中的耐磨砂砾相当困难，因此使用耐磨骨料配制成的环氧砂浆，其抗冲磨性能相当优越。

（5）聚合物水泥砂浆。聚合物水泥砂浆是通过向水泥砂浆中掺加聚合物乳液改性而制成的有机-无机复合材料。聚合物既提高了水泥砂浆的密实性、黏结性，又降低了水泥砂浆的脆性，是一种比较理想的薄层修补材料，其耐蚀性能也比掺加前有明显提高，可用于中等抗冲磨气蚀要求的混凝土的破坏修补。常用的聚合物砂浆有丙乳（PAE）砂浆和氯丁胶乳（CR）砂浆。

（6）钢板。具有很高的强度和抗冲击韧性，抗推移质冲磨性能好。在石棉冲砂闸、鱼子溪一级冲砂闸等工程中使用，抗冲效果良好。钢板厚度一般为12～20mm，与插入混凝土中的锚筋焊接。

第五节　渠道及渠系建筑物的养护修理

渠道及渠系建筑物主要包括隧（涵）洞、渡槽、倒虹吸管、渠道等，隧（涵）洞见第四节，本节主要介绍渡槽、倒虹吸管、渠道。

一、渡槽的养护与修理

渡槽常见病害有冻胀与冻融破坏、混凝土碳化、剥蚀、裂缝及钢筋锈蚀，支承结构发生不均匀沉陷和断裂，止水老化破坏，进口泥沙淤积和出口发生冲刷等。

（一）渡槽的日常养护

渡槽老化损坏，除了设计与施工方面的缺陷外，运行期间正常的维修养护难以得到保证也是造成渡槽严重损坏的主要原因。因此，加强对渡槽的日常检查和维护工作十分重要。

渡槽的日常检查与维护工作包括以下内容：

（1）经常清理渡槽的进出口及槽身内的淤积及漂浮物，以保证渡槽的正常输水能力。原设计未考虑交通的渡槽，应禁止人、畜通行，防止意外事故发生。

（2）经常检查支承结构是否产生过大的变形、裂缝，渡槽基础是否被水流冲刷淘空。对跨越多沙河流的渡槽，应防止河道淤积抬高洪水位而危及渡槽安全。

（3）北方寒冷地区的渡槽，在冬季应注意检查支承结构基础是否有冻害发生，保证地表排水和地下排水能正常工作。

（4）发现槽身因裂缝或止水破坏造成漏水应及时检修，防止冲刷基础和造成水量浪费。

（二）渡槽冻胀破坏的防治

为了防止渡槽基础的冻害，可采用消除、削减冻因的措施或结构措施，也可将以上两种措施结合起来，采用综合处理方法。

（1）消除、削减冻因。温度、土质和水分是产生冻胀的三个基本因素。如能消除或削弱其中某个因素，便可达到消除或削弱冻胀的目的。在实际工程中，常采用的措施有换填法、物理化学方法、隔水排水法和加热隔热法。其中换填法是指将渡槽基础周围强冻胀性土挖除，然后用弱冻胀的砂、砾石、矿渣、炉灰渣等材料换填。换填厚度一般采用30～80cm。在采用砂砾石换填时，应控制粉黏粒的含量，一般不宜超过14％。为使换填料不被水流冲刷，对换填料表面必须进行护砌。

（2）防治冻害的结构措施。结构措施可归纳为回避和锚固两种基本方法。

1）回避法是在渡槽基础与周围土之间采用隔离措施，使基础侧表面与土之间不产生冻结，进而消除切向冻胀力对基础的作用。工程中常用油包桩和柱外加套管两种方法。油包桩是在桩表面涂上黄油和废机油等，然后外包油毡纸，在油毡纸外再涂油类，做成二毡二油或三油。套管法是在冻土层范围内，在桩外加一套管，套管通常采用铁或钢筋混凝土制作。套管内壁与桩间留2～5cm间隙，并在其中填黄油、沥青、机油、工业凡士林等。

2）锚固法是采用深桩，利用桩周围摩擦力或在冻土以下将基础扩大，通过扩大部分的锚固作用防止冻害。

（三）渡槽冻融剥蚀的修补

（1）修补材料。按照《水工混凝土结构设计规范》（SL 191—2008）的要求，混凝土的抗冻等级在严寒地区不小于F300，寒冷地区不小于F200，温和地区不小于F100。通常用的修补材料有高抗冻性混凝土、聚合物水泥砂浆、预缩水泥砂浆等。

（2）修补方法。与混凝土表面处理方法类似。

1）当剥蚀深度大于 5cm 时，即可采用高抗冻性混凝土进行填塞修补，根据工程的具体情况，可采用常规浇筑和滑模浇筑、真空模板浇筑、泵送浇筑、预填骨料压浆浇筑、喷射浇筑等多种工艺。

2）当剥蚀厚度为 1～2cm 且面积比较大时，可选用聚合物水泥砂浆修补；当剥蚀厚度大于 3～4cm 时，则可考虑选用聚合物混凝土修补。由于聚合物乳液比较昂贵，因此从经济角度出发，当剥蚀深度完全能采用高抗冻性混凝土修补（大于 5cm）时，应优先选用高抗冻性混凝土修复。

3）小面积的薄层剥蚀可采用预缩水泥砂浆修补。为保证砂浆与基底黏结牢固，要求对混凝土表面进行人工凿毛处理，并用高压水冲洗干净，待表面呈潮湿状、无积水时，再涂刷一层净浆，并立即摊铺匀的砂浆。铺设砂浆分两层进行，第一层为整平层，第二层为面层。为增加整平层和基底的黏结强度，在抹平过程中将砂浆捣实，抹光操作 30min 后，砂浆表面成膜，立即用塑料布覆盖，24h 后洒水养护，7d 后自然干燥养护。施工水泥宜用 52.5 号早强普硅水泥及部分 42.5 号普硅水泥。水灰比为 0.25～0.32，乳液水泥用量比为 0.26～0.28。

（四）渡槽混凝土碳化及钢筋锈蚀处理

1. 混凝土碳化的处理

一般情况下，不主张对混凝土的碳化进行大面积处理，因为施工质量较好的水工建筑物，在其设计使用年限内，平均碳化层深度基本上不会超过平均保护层厚度。一旦建筑物的保护层厚度全部被碳化，说明该建筑物的剩余使用寿命已不长，对其进行全面防碳化处理，不仅投资大，而且没有多大实际意义。若建筑物的使用年限不长，绝大部分碳化不严重，只是少数构件或小部分碳化严重，对其进行防碳化处理十分必要。当混凝土内钢筋尚未锈蚀时，宜对其作封闭防护处理。处理过程如下：

（1）采用高压水清洗机（最大水压力可达 6MPa）清洗建筑物表面。

（2）用无气高压喷涂机喷涂，涂料内不夹空气，能有效保证涂层的密封性和防护效果；分两次喷涂，两层总厚度达 150μm 即可。一般喷涂材料用乙烯-醋酸乙烯共聚乳液（EVA）作为防碳化涂料，其表干时间为 10～30min，黏结强度大于 0.2MPa，抗－25～85℃冷热温度循环大于 20 次，气密性好，颜色为浅灰色。

2. 钢筋锈蚀的处理

钢筋锈蚀对建筑物的危害极大，其锈蚀发展到加速期和破坏期会明显降低结构的承载力，严重威胁结构的安全性，而且修复技术复杂，耗资大，修复效果不能得到完全保证。故一旦发现钢筋混凝土中有钢筋锈蚀迹象，就应立即采取合适的措施进行修复。常用的措施有三个方面：

（1）恢复钢筋周围的碱性环境，使锈蚀钢筋重新钝化。将锈蚀钢筋周围已碳化或遭氯盐污染的混凝土剥除，重新浇筑新的砂浆（混凝土）或聚合物水泥砂浆（混凝土）。

（2）限制混凝土中的水分含量，延缓或抑制混凝土中钢筋的锈蚀。采用涂刷防护涂层，限制或降低混凝土中氧和水分含量，提高混凝土的电阻，减小锈蚀电流，延缓和抑制锈蚀的发展。

（3）采取外加电流阴极保护技术。向被保护的锈蚀钢筋通入微小直流电，使锈蚀钢筋变成阴极，受到保护，免遭锈蚀破坏，另设耐腐材料作为阳极。

（五）渡槽接缝漏水的处理

渡槽接缝止水的方法很多，如橡皮压板式止水、套环填料式止水及粘贴式（粘贴橡皮或玻璃丝布）止水等。目前采用最多的是填料式和粘贴式止水。

1. 聚氯乙烯胶泥止水

（1）配料。胶泥配合比（重量比）：煤焦油 100，聚氯乙烯 12.5，邻苯二甲酸二丁酯 10，硬脂酸钙 0.5，滑石粉 25。按上述配方配制胶泥。

（2）试验。作黏结强度试验，黏结面先涂一层冷底子油（煤焦油：甲苯＝1：4），黏结强度可达 140kPa。不涂冷底子油可达 120kPa。将试件作弯曲 90° 和扭转 180° 试验未遭破坏，即能满足使用要求。

（3）做内外模。槽身接缝间隙在 3～8cm 的情况下，可先用水泥纸袋卷成圆柱状塞入缝内，在缝的外壁涂抹 2～3cm 厚的 M10 水泥砂浆，作为浇灌胶泥的外模。待 3～5d 后取出纸卷，将缝内清扫干净，并在缝的内壁嵌入 1cm 厚的木条，用胶泥抹好缝隙作为内模。

（4）灌缝。将配制好的胶泥慢慢加温（温度最高不得超过 140℃，最低不低于 110℃），待胶泥充分塑化后即可浇灌。对于 U 形槽身的接缝，可一次浇灌完成；对尺寸较大的矩形槽身，可采用两次浇灌完成。第二次浇灌的孔口稍大，要慢慢灌注才能排出缝槽内的空气，如图 9-39 所示。

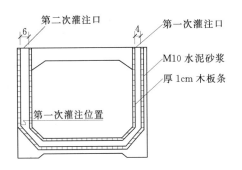

图 9-39　矩形槽身填料止水灌注
示意（单位：cm）

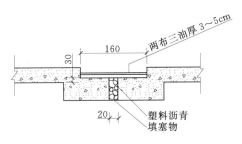

图 9-40　塑料油膏接缝止水
示意（单位：cm）

2. 塑料油膏止水

该方法费用少，效果好，如图 9-40 所示。其施工步骤如下：

（1）接缝处理。接缝必须干净、干燥。

（2）油膏预热熔化。最好是间接加温，温度保持在 120℃ 左右。

（3）灌注方法。先用水泥纸袋塞缝并预留灌注深度约 3cm，然后灌入预热熔化的油膏。边灌边用竹片将油膏同混凝土接触面反复揉擦，使其紧密粘贴。待油膏灌至缝口，再用皮刷刷齐。

（4）粘贴玻璃丝布。先在粘贴的混凝土表面刷一层热油膏，将预先剪好的玻璃丝布贴上，再刷一层油膏和粘贴一层玻璃丝布，然后再刷一层油膏，并粘贴牢固。

3. 环氧混合液粘贴玻璃丝布、橡皮止水

如图 9-41 所示，利用环氧及聚酸氨树脂混合液粘贴玻璃丝布、橡胶板止水，可以解决沥青麻丝止水的漏水问题。

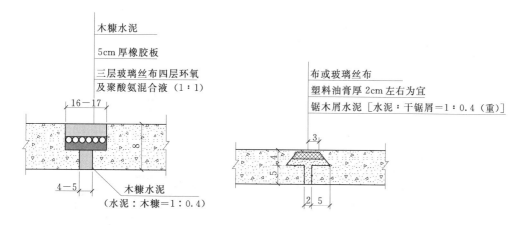

图 9-41 粘贴橡胶板止水示意　　　　　图 9-42 木屑水泥止水示意

4. 木屑水泥止水

该法施工简单，造价低廉，特别适用于小型工程，如图 9-42 所示。

（六）渡槽支墩的加固

1. 支墩基础的加固

（1）当运用过程中出现渡槽支墩基底承载能力不够时，可采用扩大基础的方法加固，以减少基底的单位承载力，如图 9-43（a）所示。

（2）渡槽支墩由于基础沉陷而需要恢复原位时，在不影响结构整体稳定的条件下，可采用扩大基础，顶回原位的方法处理，即将沉陷的基础加宽，加宽部分分为两部分，如图 9-43（b）所示。下部为混凝土底盘，它与原混凝土基础间留有空隙；上部为混凝土支持体，它与原混凝土基础连接成整体。

施工时先浇底盘及支持体，

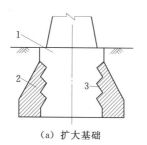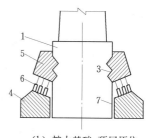

（a）扩大基础　　　　（b）扩大基础，顶回原位

图 9-43 渡槽支墩基础加固示意

1—原基础；2—基础加固部分；3—斜形凹槽；4—混凝土底盘；
5—上部土体支持体；6—油压千斤顶；7—空隙

待混凝土达到设计强度后，就在它们之间布置若干个油压千斤顶，将原渡槽支墩顶起，至恢复原位时，再用混凝土填实千斤顶两侧空间，待其达到设计强度后，取出千斤顶并用混凝土回填密实，最后回填灌浆填实基底空隙。

2. 渡槽支墩墩身加固

（1）对多跨拱形结构的渡槽，为预防因其中某一跨遭到破坏使整体失去平衡，而引起其他拱跨的连锁破坏，可根据具体情况，对每隔若干拱跨中的一个支墩采取加固措施。其方法是在支墩两侧加斜支撑或加大该墩断面，当某一跨受到破坏时，只能影响部分拱跨，而不致全部毁坏（图9-44）。

（2）多跨拱的个别拱跨有异常现象时，如拱圈发生断裂等，可在该跨内设置坞工顶或排架支顶，以增加拱跨的稳定（图9-45）。

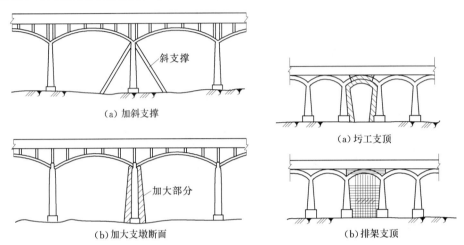

（a）加斜支撑

（b）加大支墩断面

图9-44　拱臂支墩预防破坏措施示意

（a）坞工支顶

（b）排架支顶

图9-45　拱跨支墩加固示意

（3）当渡槽支墩发生沉陷而使槽身曲折时，可先在支墩上放置油压千斤顶将渡槽槽身顶起，待其恢复原有的平整位置后，再用混凝土块填充空隙，支撑渡槽槽身（图9-46）。如原支墩顶面是齐平的，可先凿坑，再放置千斤顶支承渡槽槽身进行修理，但千斤顶支承点需进行压力核算。

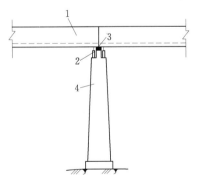

图9-46　渡槽支墩沉陷后的加固示意

1—槽身；2—千斤顶；3—新填筑
块土体；4—支墩

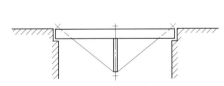

图9-47　梁件下加设拉筋示意

（七）钢筋混凝土梁式渡槽的加固

（1）当梁件产生裂缝负担不了实际荷载时，可加设支墩，在梁件下面加设拉筋（图9-47），或加设桁架处理（图9-48）。

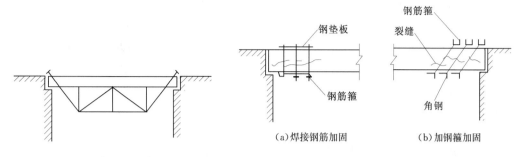

图 9-48　梁件下加设桁架示意

图 9-49　梁件钢筋加固示意

（2）当梁件由于拉力或剪力产生裂缝时，可用侧面帮宽、底面帮厚或同时加宽帮厚梁件的方法处理。加固时可适当凿开原结构以便焊接钢筋，并注意加固部分的主钢筋与原有梁上主钢筋的连接，如图 9-49（a）所示。

（3）当梁件产生主应力裂缝时，也可采取在裂缝处加钢箍的方法加固，如图 9-49（b）所示。

二、倒虹吸管的养护与修理

（一）倒虹吸管的日常养护

倒虹吸管的日常检查与维护工作主要包括以下内容：

（1）放水之前应做好防淤堵的检查和准备工作，清除管内泥沙等淤积物，以防阻水或堵塞；多沙渠道上的倒虹吸管，应检查进口处的防沙设施，确保其运用期发挥作用；注意检查进出口渠道边坡的稳定性，对不稳定的边坡及时处理，以防止在运用期塌方。

（2）在停水后的第一次放水时，应注意控制流量。防止开始时放水过急，管中挟气，水流回涌而冲坏进出口盖板等设施。

（3）在运行期间应注意经常清除拦污栅前的杂物，以防止压坏拦污栅和渠水壅高，造成漫堤决口。

（4）在过水运行期间，注意观察进出口水流是否平顺，管身是否有振动；注意检查管身段接头处有无裂缝、孔洞漏水，并做好记录，以便停水检修。

（5）注意维护裸露斜管处镇墩基础及地面排水系统，防止雨水淘刷管、墩基础而威胁管身安全。

（6）注意养护进口闸门、启闭设备、拦污栅、通气孔以及阀门等设施和设备，保证其灵活运行。

（二）倒虹吸管的裂缝处理措施

倒虹吸管的破坏形式很多，其中管身段裂缝，尤其是纵向裂缝，几乎是倒虹吸管的"通病"。

裂缝的直接危害是使倒虹吸管漏水和导致钢筋锈蚀，必须采取有效的修补措施，以维持倒虹吸管的正常运行和延长其使用寿命。对倒虹吸管裂缝处理的基本原则有：①要力求消除或减少引起裂缝的不利因素。纵向裂缝主要是由内外温差产生过大的温度应力造成的，应从减小内外温差入手；②对于有足够强度的倒虹吸管所产生的裂缝，对其修补的目的是堵缝止漏，以防止钢筋锈蚀；③对于强度不足、施工质量差的倒虹吸管所产生的裂缝，在修补裂缝的同时应考虑加固补强。

对于不同性质或特征的裂缝，其处理措施应有所不同，具体处理方案如下：

（1）缝宽在 0.05mm 以下的，可以不做任何处理而照常使用，缝处钢筋一般不会在使用期内发生严重的锈蚀。

（2）缝宽在 0.05～0.1mm 内的裂缝，仅作简单的防渗处理即可，一般只需在管内侧裂缝处喷涂一层涂料。涂料通常由数种原材料（黏结剂、稀释剂、溶剂、填料等）或其中几种混合而成，其中的黏结剂是活性成分，它把各种原材料结合在一起，形成黏聚性的防护薄膜。常用的黏结剂有双组分环氧树脂、双组分聚氨树脂、单组分聚氢酯、环氧聚氨乙烯酯等，其中聚氨酯类涂料对混凝土黏结力高（1.0MPa），延伸率大（45％），能适应混凝土微裂缝变形，高温（80℃）不流动，低温（20℃）不脆裂，且耐酸、碱侵蚀。

（3）缝宽在 0.1～0.2mm 内的裂缝，可以在内管壁裂缝处采用表面覆盖修补，覆盖材料宜采用弹性环氧砂浆。弹性环氧砂浆有两种：一种是采用柔性固化剂（室温下固化），既保持环氧树脂的优良黏结力，又表现出类似橡胶的弹性行为，在修补过程中释放热量低而平缓；固化物弹性模量小，伸长率大。另一种是以聚硫橡胶作为改性剂，使弹性环氧砂浆的延伸率达到 25％～40％，但抗压强度大幅降低，28d 抗压强度仅 17～19MPa。施工时，首先用钢丝刷子将混凝土表面打毛，清除表面附着物，用水冲洗干净并烘干，然后在基底涂抹一层环氧树脂，再抹配好的环氧砂浆。同时，在管外采取必要的隔温措施，比较经济实用的隔温措施是在露天倒虹吸管两侧砌砖墙，在管与砖墙之间填土，并保持管顶土厚 40cm 以上。

（4）缝宽在 0.2～0.5mm 的裂缝，较好的防渗修补方法是在内侧用弹性环氧砂浆或环氧砂浆贴橡皮，并同样做好隔温处理。

（5）裂缝在 0.5mm 以上的，说明倒虹吸管的强度严重不足。如果裂缝处的钢筋锈蚀严重，再进行修补处理，则效果不佳，应考虑换管。如果锈蚀不严重，在对此类裂缝进行处理时，应考虑全面加固补强措施。全面加固补强措施通常有内衬钢板及内衬钢丝网喷浆层两种。

三、渠道的维护与修理

灌区或小农水工程中，渠道占工程总投资的比例较大。渠道的病害形式多样，主要有冲刷、淤积、渗漏、洪毁、沉陷、滑坡、裂缝、蚁害及风沙埋没等，渗漏、沉陷、滑坡、裂缝、蚁害等病害处理均可参见相关内容。

（一）渠道的日常养护

渠道的日常检查与维护工作有以下内容：

（1）严禁在渠道上拦坝壅水、挖堤取水或在渠堤上进行铲草取土、种植庄稼和放牧等活动，以保证渠道正常运行。在渠道保护区，禁止取土、挖坑、打井、植树和开荒种地，以免渠堤滑坡和溃决。

（2）严禁超标准输水，以防漫溢。严禁在渠堤上堆放杂物和违章修建建筑物。严禁超载车辆在渠堤上行驶，以防压坏渠堤。

（3）为了防止渠道淤积，有坡水入渠要求的应在入口处修建防沙防护设施。及时清除渠道中的泥沙、杂草杂物，以免阻水。严禁向渠道内倾倒垃圾和排污。

（4）在灌溉供水期应沿渠堤认真仔细检查，发现漏水渗水以及渠道崩塌、裂缝等险情应及时采取处理措施，以防止险情进一步恶化。检查时发现隐患应做好记录，以便停水后彻底处理。

（5）做好渠道的其他辅助设施的维护与管理工作。

（二）渠道的修理

1. 高边坡渠段的修理

高边坡渠段易塌方崩岸。当塌方渠段为岩石边坡时，可以采用混凝土喷锚支护，并做好地表排水设施。当塌方渠段为土质边坡时，较为彻底的修理方法是在该渠段修建箱涵或管道，以达到彻底防止高坡崩塌造成的渠道淤堵，且能满足渠道防渗的要求。

2. 渠道转弯冲刷的修理

渠道转弯处易出现顶冲淘空渠堤现象，造成渠堤崩塌。合理的处理措施是采用混凝土衬砌，加大衬砌的断面尺寸，以起到挡土墙和防冲墙的作用。

3. 渠道的沉陷、裂缝、孔洞的修理

处理措施一般有翻修和灌浆两种，有时也可采用上部翻修、下部灌浆的综合措施。

（1）翻修。翻修是将病害处挖开，重新进行回填。这是处理病害比较彻底的方法，但对于埋藏较深的病害，由于开挖回填工作量大，且限于在停水季节进行，是否适宜采用应根据具体条件分析比较后确定。

（2）灌浆。对埋藏较深的病害处，翻修的工程量过大，可采用黏土浆或黏土水泥浆灌筑处理。处理方式有重力灌浆法和压力灌浆法。重力灌浆仅靠浆液自重灌入缝隙，不加压力。压力灌浆除浆液自重外，再加机械压力，使浆液在较大压力作用下，灌入缝隙，一般可结合钻探打孔进行灌浆，在预定压力下，至不吸浆为止。关于灌浆方法及其具体要求可参照有关规范执行。

（3）翻修与灌浆结合。对病害的上部采用翻修法，下部采用灌浆法处理。先沿裂缝开挖至一定深度，并进行回填，在回填时预埋灌浆管，然后采用重力或压力灌浆，对下部病害进行灌浆处理。这种方法适用于中等深度的病害，以及不易全部采用翻修法处理的部位或开挖有困难的部位。

渠基处理好以后，就可进行原防渗层的施工，并使新旧防渗层结合良好。

4. 防渗层破坏的修理

渠道的防渗技术方法和形式较多，且各有特点，对防渗层的修补处理，须根据防渗层的材料性能、工作特点和破坏形式选择相应的修补方法。

第六节　闸门及启闭设施的养护修理

一、闸门的日常养护

闸门养护就是采用一切措施将闸门的运行状态保持在标准状态。分为一般性养护与专门性养护。

1. 一般性养护

（1）检查清理。对闸门体上的油污、积水、附着水生物等污物和闸门槽、门库、门枢等部位的杂物，应及时清理；对浅水中的闸门，可经常用竹篙、木杆进行探摸，利用人工或借助水力进行清除；对深水中较大的建筑物，应定期进行潜水清理。

（2）观察调整。闸门发生倾斜、跑偏问题时，应配合启闭机予以调整。

（3）消淤。应定期对闸前进行输水排沙，或利用高压水枪在闸室范围内进行局部冲刷清淤，消除闸前泥沙淤积，避免闸门启闭困难。

2. 专门性养护

专门性养护是针对闸门自身各部分构件所进行的养护。

（1）门叶部分的养护。通过调节闸门开度避免闸门在泄水时发生脉冲振动，在闸门上游加设防浪栅或防浪排削弱波浪对闸门的冲击。

（2）闸门行走支承及导向装置的养护。应定时向轴门主轮、弧形闸门支铰、人字闸门门框及闸门吊耳轴销等部位注油，以防止润滑油流失、老化变质。注油时，应在不停转动下加注，尽量使旧油全部排出，新油完全注满。对无孔道的可定期拆下清洗，然后涂油组装。

（3）闸门止水装置的养护。要采取一切措施避免止水断裂和撕裂、止水与止水座板接合不紧密、止水座板变形、固定螺栓松动和锈蚀脱落等问题。对于止水座板表面粗糙的，可用平面砂轮打磨，然后涂刷一层环氧树脂使其平滑。止水橡皮磨损造成止水座间隙过大而漏水时，可采用加垫橡皮条进行调整，在橡皮摩擦面涂刷防老化涂料，防止橡皮老化，金属止水要防磨蚀、防气蚀。

（4）闸门预埋件的养护。闸门预埋件应注意防锈蚀和气蚀。各种金属预埋件除轨道部位摩擦面涂油保护外，其余部位凡有条件的均宜涂坚硬耐磨的防锈材料。锈蚀或磨损严重时，可采用环氧树脂或不锈钢材料进行修复。

（5）闸门吊耳与吊杆的养护。吊耳与吊杆应动作灵活、坚固可靠，转动销轴应经常注油保持润滑，其他部位金属表面应喷涂防锈材料；应经常用小锤敲击检查零件有无裂纹或焊缝开焊、螺栓松动等，并检查是否有正轴板丢失、销轴窜出现象。

二、闸门的修理

闸门的修理应针对存在缺陷的部位和形成缺陷的原因的不同，采用不同的处理方法。

（一）门体缺陷的处理

门体常出现的问题有门体变位、局部损坏和门叶变形等。

1. 门体变位的处理

变位原因及处理方法，因双吊点与单吊点门体而有所不同。

（1）双吊点闸门变位的主要原因是启闭机两个卷筒底径误差较大，处理方法可以采用环氧树脂与玻璃丝布混合粘贴的方法补救直径较小的卷筒，使其一致；或加大筒径较小一侧的钢丝绳直径等方法进行调整。当钢丝绳松紧不一时，可以重绕钢丝绳或在闸门吊耳上加设调节螺栓与钢丝绳连接。

（2）单吊点闸门发生倾斜的主要原因是吊点垂线与门体重心不重合。当吊耳中心垂线与门体重心偏差值超过 2mm 时，须拆下重新调整安装；当吊耳位置偏差小于 2mm，门叶及拉杆销孔基本同心，门体有轻微倾斜时，可在门体上配置重块，使门体端正；对螺杆启闭机操纵的轻型闸门，且启闭机平台又比较高时，可在门顶与螺杆之间装设带有调整螺栓的人字条进行调整，当因螺杆弯曲而引起门体倾斜时，应调直螺杆。

2. 门叶变形与局部损坏的处理

（1）门叶构件和面板锈蚀严重的应进行补强或更新，对面板锈蚀厚度减薄的，可补焊新钢板予以加强。新钢板焊缝应布置在梁格部位，焊接时应先将钢板四角点焊固定，然后再对称分段焊满。也可用环氧树脂黏合剂粘贴钢板补强。

（2）因强烈风浪的冲击，闸门在门槽中冻结或受到漂浮物卡阻等外力作用，造成门体局部变形或焊缝局部损坏与开裂时，可将原焊缝铲掉，再重新进行补焊或更新钢材，对变形部位应进行矫正。矫正方法为：常温情况下一般应用机械进行矫正，复杂的结构可先将组合的元件割开分别矫正后，再焊接成整体；对于变形不大的或不重要的构件，可用人工锤击矫正，锤击时应加垫板，且锤击凹坑深度不得超过 0.5mm；采用热矫正时，可以用乙炔焰将构件局部加热至 600～700℃，利用冷却收缩变形来矫正，矫正后应先做保温处理，然后放置于不低于 0℃ 的气温下冷却。

（3）气蚀引起局部剥蚀的应视剥蚀程度采取相应方法，气蚀较轻时可进行喷镀或堆焊补强，严重的应将局部损坏的钢材加以更换，无论补强或更换都应使用抗蚀能力较强的材料。

（4）由于剥蚀、振动、气蚀或其他原因造成螺栓松动、脱落或钉孔漏水等缺陷时，对松动或脱落螺栓应进行更换；螺孔锈蚀严重的可进行铰孔，选用直径大一级的螺栓代替；螺栓孔有漏水的，视其连接件的受力情况，可在钉孔处加橡皮垫，或涂环氧树脂涂料封闭。

（5）弧形闸门支臂或人字门转轴柱子刚度不足会引起弧形闸门支臂发生较大挠曲变形，或人字门门叶倾斜漏水，修理时应先矫正变形部位，然后对支臂或转轴柱进行加固，以增强其刚度。

（二）行走支承机构的修理

1. 滚轮锈蚀卡阻的处理

若出现滚轮锈蚀卡阻不能转动，当轴承还没有严重磨损和损伤时，可将轴与轴套清洗除垢，将油道内的污油清洗干净，涂上新的润滑油脂；当轴承间隙因磨损过大，超过设计最大间隙的 1 倍时，应更换轴套。轮轴磨损或锈蚀，应将轴磨光，采用硬镀铬工艺进行修复，当轮轴径损失 1% 以上时，可用同材质焊条进行补焊，然后按设计尺寸磨光电镀。

2. 弧形闸门支铰转动不良的处理

引起弧形闸门支铰转动不良的原因可能有：支铰座位置较低时，泥沙容易进入轴承间隙，日久结成硬块，增加摩阻力；支铰轴注油不便，润滑困难，尤其因支臂转角小，承力面难以保留油膜而日久锈蚀；两支铰轴线不在同一轴线上。支铰检修时一般是卸掉外部荷载，把门叶适当垫高，使支铰轴受力降至最低限度，然后进行支撑固定，拔取支铰轴可根据实际情况采用锤击或用千斤顶施加压力的方法进行，视支铰轴磨损和锈蚀情况进行磨削加工，并镀铬防锈。对于支铰轴不在同一轴线上的，应卸开支铰座，用钢垫片调整固定支座或移动支座位置，使其达到规范的精度要求，然后清洗注油，安装复位，油槽与轴隙应注满油脂，用油脂封闭油孔。

（三）止水装置的修理

1. 止水装置常出现的问题

（1）橡皮止水日久老化，失去弹性或严重磨损、变形而失去止水作用。

（2）止水橡皮局部撕裂。

（3）闸门顶、侧止水的止水橡皮与门槽止水座板接触不紧密而有缝隙。

2. 处理方法

（1）更换新件。更换安装新止水时，用原止水压板的孔位在新止水橡皮上画线冲孔，孔径比螺栓直径小 1mm，严禁烫孔。

（2）局部修理，可将止水橡皮损坏部分割除换上相同规格尺寸的新止水。新旧止水橡皮接头处的处理方法有：将接头切割成斜面，在其表面锉毛涂黏合剂黏合压紧；采用生胶垫压法胶合，胶合面应平整并锉毛，用胎膜压紧，借胶膜传热，加热温度为 200℃ 左右。

（四）预埋件的修理

预埋件常受高速水流冲刷及其他外力作用，很容易出现锈蚀变形、气蚀和磨损等缺陷。对这些缺陷一般应做补强处理。当损坏变形较大时，宜更换新的。金属与原埋件之间不规范的缝隙，可采用环氧树脂灌浆充填，工作面上的接口焊缝应用砂轮或油石磨光。

止水底板及底坎等，由于安装不牢受水流冲刷、泥沙磨损或锈蚀等原因发生松动、脱落时，应予整修并补焊牢固，胸墙檐板和侧止水座板发生锈蚀时，一般可采用刷油漆涂料或环氧树脂涂料护面。

三、钢闸门的防腐蚀

闸门钢结构在使用过程中会不断地发生腐蚀，在一般涂料的保护下，使用 10 年后，10mm 厚的闸门面板腐蚀深度可达 2～3mm，甚至穿孔。因此，闸门的防腐蚀工作尤为重要。

（一）钢结构闸门的腐蚀类型

钢闸门表面金属腐蚀一般分为化学腐蚀、电化学腐蚀两类。化学腐蚀是钢铁与外部介质直接进行化学反应；电化学腐蚀是钢铁与外部介质发生电化学反应，在腐蚀过程中，不仅有化学反应，而且伴随有电流产生。水工钢闸门的腐蚀多属电化学腐蚀。

（二）腐蚀处理的一般方法

防腐处理首先应将金属表面妥善清理干净，对结构表面的氧化皮、锈蚀物、毛刺、焊渣、油污、旧漆、水生物等污物和缺陷，采用人工敲铲、机械处理、火焰处理、化学处理、喷砂等方法进行处理，我国常用的处理方法为喷砂处理。然后采用合理的方法进行保护处理，一般防腐蚀方法有三种。

1. 涂料保护

使用油漆、高分子聚合物、润滑油脂等涂敷在钢件表面，形成涂料保护层，隔绝金属结构与腐蚀介质的接触，截断电化学反应的通道，从而达到防腐的目的。涂料保护的周期因涂料品种、组合和施工质量而异，一般为 3～8 年，有些可达 10 年以上。涂料总厚度一般为 0.1～0.15mm，特殊情况可适当加厚。涂料一般要求涂刷 4 层，其中底层涂料涂刷 2 层，面层涂料涂刷 2 层，有的还采用中间层以提高封闭效果。底、中、面层涂料之间要有良好的配套性能，涂料配套可根据结构状况和运用环境参照《水工金属结构防腐蚀规范》（SL 105—2007）选用。涂料除具有易燃性外，大都会有对人体有害的物质，注意安全和防护。涂料保护适应性强，可用于各种腐蚀介质中的钢结构，涂装工艺较易掌握，便于选择各种涂料保护膜的颜色。用于水工金属结构的防腐涂料应具有耐水、耐候、耐磨、抗老化等优良性能。

涂装施工有刷涂、滚涂、空气喷涂、高压无气喷涂等方法，涂装时应注意确定涂料最佳施工黏度、一次涂装厚度、成膜时间及涂装间隔时间，并应制定严格的返修工艺。

2. 喷涂金属保护（或称喷镀）

喷涂金属保护是采用热喷涂工艺将金属锌、铝或锌铝合金丝熔融后喷射至结构表面上，形成金属保护层，起到隔绝结构与介质和阴极保护的双重作用。为更充分地发挥其保护效果，延长保护层寿命，一般还要加涂封闭层。喷涂金属保护用于环境恶劣、维修困难的重要钢结构，防腐效果好，保护周期长，在淡水中喷涂锌的保护周期可达 20 年以上。在一般水质或大气中工作的钢结构，可采用喷涂锌保护，在水及污水中可采用喷涂锌、铝及其合金保护。

3. 外加电流阴极保护与涂料联合保护

在结构上或结构以外的适当位置合理地布置辅助阴极，使结构、阴极与腐蚀介质（电解质溶液）三者构成电解池，通过外加直流保护电源，使结构成为整体阴极而抑制结构上腐蚀微电池的发生，从而使结构得到有效的保护。为了进一步提高保护效果，减少电能和阴极材料的消耗，通常与涂料联合保护，既可发挥涂料的保护作用，又可发挥电化学的保护作用，是一种较好的防腐蚀措施。用于各种水质中保护面积大、数量多而集中、表面形状单一而又有规则的水下钢结构，保护周期长，一般可达 15 年以上。

阴极保护系统的电源，在有交流电源时，可使用自动恒电位装置进行自控；无交流电源时，可采用太阳能、风能及其他交流或直流电源。

辅助阳极可选用普通钢铁，也可设计成微溶性阳极，如石黑、高硅铸铁、镀铂钛和铝银合金等。阳极布置是外加电流阴极保护措施的关键，根据水质、结构型式、运行情况及其他结构的关系，常采用以下两种阳极布置方式：①布置于结构上的近阳极；②固定于其他结构上的远阳极。

四、启闭机的养护

为使启闭机处于良好的工作状态，需对启闭机的各个工作部分采取一定的作业方式进行经常性的养护，启闭机的养护作业可以归纳为清理、紧固、调整、润滑四项。

（1）清理。即针对启闭机的外表、内部和周围环境的脏、乱、差所采取的最简单、最基本却很重要的保养措施，保持启闭机周围整洁。

（2）紧固。即将连接松动的部件进行紧固。

（3）调整。即对各种部件间隙、行程、松紧及工作参数等进行的调整。

（4）润滑。即对具有相对运动的零部件进行的擦油、上油。

1．动力部分的养护

动力部分应具有供电质量优良、容量足够的正常电源和备用电源。电动机保持正常工作性能，电动机要防尘、防潮，外壳要保持清洁，当环境潮湿时要经常保持通风干燥。每年汛期测定一次电动机相闸及对铁芯的绝缘电阻，如小于 0.5Ω，应进行烘干处理；检查定子与转子之间的间隙是否均匀，磨损严重时应更换；接线盒螺栓如有松动或烧伤，应拧紧或更换。电动机的闸刀、电磁开关、限位开关及补偿器的主要操作设备应洁净，触点良好，电动机稳压保护、限位开关等的工作性能应可靠；操作设备上各种指示仪器应按规定检验，保证指示准确；电动机、操作设备、仪表的接线必须相应正确，接地应可靠。

2．传动部分的养护

对机械传动部件的变速箱、变速齿轮、蜗轮、蜗杆、联轴器、滚动轴承及轴瓦等，应按要求加注润滑油；对液压传动装置的油泵，应经常观测其运行情况是否正常，油液质量是否良好，油液是否充足，油箱、管道和阀组有无漏油或堵塞，出现问题及时处理。

3．制动器的养护

应保持制动轮表面光滑平整，制动瓦表面不含油污、油漆和水分，闸瓦间隙应合乎要求；主弹簧衔铁、各连接铰轴经常涂油，保证制动灵活，稳定可靠。电动液压制动器应不缺油、不锈蚀，定期过滤工作油，定期调整控制阀。

4．悬吊装置的养护

检查若发现钢丝绳两端固定点不牢固或有扭转、打结、锈蚀和断丝现象，松紧不适，有磨碰等不正常现象，应及时处理，钢丝绳经常涂油防锈，油压机活塞杆要经常润滑，漏油时要经常上紧密封环。

5．附属设备的养护

高度指示器要定期校验调整，保证指示位置正确；过负荷装置的主弹簧要定期校验；自动挂钩梁要定期润滑防锈；机房要清洁，寒冷地区冬季应保温。

五、启闭设备的修理

（一）螺杆式启闭机的修理

运行中由于无保护装置或保护装置失灵，操作不当，易引起螺杆压弯、承重螺母和推力轴承磨损等问题。螺杆轻微弯曲可用千斤顶、手动螺杆式矫正器或压力机在胎具上矫正，直径较大的螺杆可用热矫正；弯曲过大并产生塑性变形或矫正后发现裂纹时应更换新件；承重螺母和推力轴承磨损过大或有裂纹时应更换新件。

（二）卷扬式启闭机的修理

1．钢丝绳、卷筒、滑轮组的修理

（1）钢丝绳刷防护油应先刮除清洗绳上的污物，用钢丝刷子刷、用柴油清洗干净后涂抹合适的油脂（将油脂加热至80℃左右，涂抹要均匀，厚薄要适度），每年进行一次。

（2）卷筒、卷筒绳槽磨损深度超过 2mm 时，卷筒应重新车槽，所余壁厚不应小于原壁厚的 85%。卷筒发现有裂纹，横向一处长度不超过 10mm，纵向两处总长度不大于 10mm，且两处的距离必须在 5 个绳槽以上，可在裂纹两端钻小孔，用电焊修补，如果超过上述范围应报废。卷筒经磨损后，露出沙眼或气孔，视情况而定是否补焊。卷筒轴发现裂纹应及时报废，卷筒轴磨损超过规定极限值时应更新。

（3）滑轮组的轮槽或轴承等若检查有裂缝、径向变形或轮壁严重磨损时应更换。

2. 传动齿轮的修理

（1）齿轮的失效形式。齿轮失效形式有轮齿折断、齿面疲劳点蚀齿面磨损、齿面胶合和齿轮的塑性变形等。

（2）齿轮的检测。检查齿轮啮合是否良好，转动是否灵活，运行是否平稳，有无冲击和噪音；检查齿面有无磨损、剥蚀胶合等损伤，必要时可用放大镜或探伤仪进行检测，齿根部是否有裂缝裂纹。有条件的可检测齿侧间隙和啮合接触斑点。

（3）齿轮的安装调试。安装要保证两啮合齿轮正确的中心距和轴线平行度，并要保证合理的齿侧间隙、接触面积和正确的接触部位。

3. 联轴器的检修

对联轴器出现连接不牢固或同心度偏差过大等问题，应进行检修。联轴器安装时，必须测量并调整被连接两轴的偏心和倾斜，先进行粗调，调整使之平齐，而后将联轴器暂时穿上组合螺栓（不拧紧）精调。装调千分表架，测量联轴器的径向读数和轴读数。用移动轴承位置，增减轴承垫片的方法，调整轴的偏心及倾斜。

4. 制动器检修

（1）制动器检查及质量要求。制动带与制动轴的接触面积不应小于制动带面积的80%，制动的磨损不许超过厚度的1/2。制动轮表面应光洁，无凹陷、裂纹、擦伤及不均匀磨损。径向磨损超过 3mm 时，应重新车削加工并热处理，恢复其原来的粗糙度、硬度。制动轮壁厚磨损减小至原厚度的2/3时，必须更换。制动弹簧要完好，变形、断裂等失去弹性的须更换。制动架杠杆不得有裂纹和弯曲变形，销、轴连接必须牢固、可靠，转动灵活，不得过量磨损和卡阻。油压制动器的油液无变质和杂质。电磁铁不应有噪音，温升不得超过 105℃。衔铁和铁芯的接触面必须清洁，不得锈蚀和脏污，接触面积不小于 75%。

（2）制动器的调整。制动器分长行程电磁铁制动器、短行程电磁铁制动器和液压电磁铁制动器 3 种。制动器的调整主要是指制动轮与闸瓦的间隙或叫闸瓦退距调整、电磁铁行程调整、主弹簧工作长度和制动力矩的调整。一般制动距离应符合下列数值：行走机构约为运行速度的 1/15，启升机构约为启升速度的 1/100。

（三）门式启闭机的修理

门式启闭机的起升机构和运行机构的修理与固定式卷扬机相同。门架为金属结构，防腐处理和连接部的修理与前述闸门与固定卷扬机的修理方法相近。

所不同的是门式启闭机有车轮和轨道。车轮踏面和轮缘如有不均匀磨损或磨损过度，应调整门架水平度，使各车轮均匀接触或对车轮作补焊修理，损坏严重时，应更换新轮；轨道表面有啃轨及过度磨损时，应调整车轮侧向间隙并进行补焊。

（四）液压启闭机修理

液压启闭机分机械系统和油压系统。

1. 机械系统

如活塞环漏油量和磨损量均大于允许值，应调整压环拉紧程度，压环发生老化、变质和磨损撕裂时应予更换；金属活塞环如有断裂、失去弹性或磨损过大亦应予更换；油缸内壁有轻微锈斑、划痕时可用零号砂布或细油石蘸油打磨洁净；油缸内壁和活塞杆有单向磨耗痕迹，应调整油缸中心位置；上述机械系统检修后应按规定进行耐压试验。

2. 油压系统

对高压油泵、阀组应定期清洗，其标准零件损坏时应当用同型号零件修配；泵体加工件有磨损或其他缺陷应送回厂家检修；阀组壁有裂纹、砂眼或弹簧失去弹性，应更换新件；高压管路的油箱、管路焊缝有局部裂纹而漏油时应补焊；弯头、管壁和三通有裂纹而漏油时应予更换；油压系统修理后应进行打压试验。

附　小型水利工程项目综合管理案例

一、工程项目概况

（一）工程简介

中干渠配套支渠工程属于某新建大（2）型（灌区）引水项目其中的一个分部，该大型灌区位于××省××市西北部的 WR 县、LY 县境内，主要是在此两县峨嵋台地上新发展 51.05 万亩灌区，设计流量 15.06m³/s。其受益区涉及两县 11 个乡镇、122 个行政村，可解决当地 18.03 万人灌溉难、用水难的问题。

（二）立项、初设文件批复

（1）2007 年 7 月 17 日，××省发展和改革委员会以×发改农经发〔2007〕524 号文对《××市××××工程项目建议书》进行了批复，批复同意建设该引水工程。

（2）2008 年 2 月 20 日，××省发展和改革委员会以×发改农经发〔2008〕132 号文对《××市××××工程可行性研究报告》进行了批复，批准了《××市××××工程可行性研究报告》。

（3）2008 年 7 月 17 日，××省发展和改革委员会以×发改设计发〔2008〕602 号文对《××市××××工程初步设计》进行了批复，批准了《××市××××工程初步设计》。

（4）2012 年 6 月 30 日，××省发展和改革委员会以×发改农经发〔2012〕1222 号文对《××××工程方案变更报告》进行了批复，批准了水源工程等方案变更。

（5）2012 年 11 月 26 日，××省发展和改革委员会以×发改设计发〔2012〕2491 号文对《××市××××工程方案变更概算调整》进行了批复，批准了《××市××××工程方案变更概算调整》。

（三）工程等别及设计标准

按照水利水电工程分等指标并参照灌溉面积标准，该引水工程等别为 Ⅱ 等，工程规模为大（2）型，主要建筑物为 2 级，次要建筑物为 3 级；其中的干渠下属支渠工程等别为 Ⅴ 等，工程规模为小（2）型，配套建筑物级别为 5 级。

工程设防地震烈度Ⅶ度，主要建筑物防洪标准为 50 年一遇设计、200 年一遇校核，干、支渠输水建筑物防洪标准为 20 年一遇设计；初设批复的中干渠设计流量 4.71m³/s，中干一支渠、中干一支一分支渠、中干四支渠和中干六支渠的设计流量分别为 0.84m³/s、0.51m³/s、0.33m³/s 和 0.3m³/s。

（四）工程主要建设内容

灌区提水泵站 5 座，包括庙前一级站、谢村二级站、南干二级站、北干三级站和中干三级站；灌区布设总干渠、北干渠、中干渠、南干渠、南分干渠和支渠。

中干渠根据地形情况设两级泵站提水，分两段布置：①从谢村二级站低出水池起，修建渠道，向南行 1.4km 后拐东，经鱼村、大谢庄、巩村、思雅、北薛村、东王、马家村至西杜村村西；②通过中干三级站压力钢管输水在西杜村东南角布置出水池，从出水池起，修建渠道，东北方向经南吴村至胡村。中干支渠 6 条，包括一支渠、一支渠一分支渠、四支渠、六支渠、十支渠及中干十二支渠，主要建筑内容包括渠道土方开挖、渠基土方填筑、渠道砼衬砌及渠系建筑物等。

（五）工程投资

××省发展和改革委员会在 2008 年 7 月 17 日以×发改设计发〔2008〕602 号文对《××市××工程初步设计》予以批复，批复工程概算投资 5.6 亿元，资金来源为省级投资 80％，市县配套 20％。

××省发展和改革委员会在 2012 年 11 月 26 日以×发改农经发〔2012〕2491 号文对《××省××市×××工程方案变更概算调整》予以批复，批复概算调整为 7.6 亿元，较原批复投资增加约 2 亿元；概算调整批复投资增加的资金全部由省煤炭可持续发展基金、重大水利工程建设基金和省水资源费解决。

××省发展和改革委员会在 2013 年 7 月 24 日以×发改农经发〔2013〕1675 号文对《××××工程投资来源调整》予以批复，批复原概算投资 5.6 亿元中 20％的市县配套投资调整为省级投资，调整后投资来源全部为省级投资。

经上述文件批准，整个灌区引水工程概算总投资约 7.6 亿元，全部为省级投资。其中的中干渠所属支渠工程的施工被划为一个标段发包。以下仅以中干支渠工程为例简述小型水利工程项目的立项设计、建设管理及验收运行等过程。

二、工程建设简况

（一）工程施工招标情况及参建单位

1. 招标情况

该灌区引水工程主要分为泵站土建标、渠道土建标、泵站设备标、渠道设备标、设计、监理、电力设备及安装标等多个标段，经公开招标选择承建单位。建设单位（××市××××工程建设项目部）作为招标人，将监理标和设计标委托××咨询管理有限公司组织了工程建设招投标有关活动；将土建工程及设备供应标段，委托××省水利水电工程建设监理公司代理，分 5 批组织了工程建设招投标有关活动，其中的中干一支、一支一分支、四支、六支渠工程被列为第 14 标段（编号 BZYH-TJ-2009-14）于 2009 年 3 月、4 月完成施工招标，经评标由××市水利工程建设局作为中标承包人与招标人××市××××工程建设项目部于 2009 年 5 月 18 日签订中干一支、一支一分支、四支、六支渠工程施工承包合同，中标价 495.7461 万元。

招标工作按照《中华人民共和国招标投标法》《水利工程建设项目招标投标管理规定》等国家有关法律法规进行。

根据《××省水利工程招标投标管理办法》的要求，对拟招标项目标段划分、投标单位的资质要求、招标开标评标计划等编制详细的招标备案报告，并上报省水利厅备案。委托代理机构进行全过程招标，招标代理机构在"中国采购与招标网""××水利网"和"××招投标网"发布公告，并按法定的公告时间发售标书、查勘工地现场和公开开标、评标。

公开招标的项目在招标程序、招标范围、招标方式、招标组织形式、评标工作和招标投标活动的监管方面均符合《中华人民共和国招标投标法》《中华人民共和国招标投标法实施条例》、国家七部委《评标委员会和评标方法暂行规定》和《水利工程建设项目招标投标管理规定》(水利部令第14号)的相关规定,达到招标投标活动要求的公开、公平、公正,没有发现化整为零、规避招标、虚假招标、围标串标和低价中标问题。

2. 主要参建单位

中干一支、一支一分支、四支、六支渠工程主要参建单位如下:

项目法人/建设单位:××省××市××××工程建设项目部

设计单位:××省水利水电勘测设计研究院

监理单位:××省水利水电工程建设监理公司

施工单位:××市水利工程建设局

质量监督单位:××省水利工程质量与安全监督站

项目主管单位:××省水利厅

(二) 施工准备

(1) 施工交通。工程建设范围内交通便利,209国道从工程范围内穿过,附近县级公路构成本工程主要交通网。

工区场内交通道路均按水利工程场内交通线路标准规划,路面宽视交通量大小确定,除泵站、输水干渠等工程进场公路和永久道路结合外,管坡施工沿沟槽布置了临时施工便道,满足施工和供货的要求。

(2) 施工供水。五座泵站各打一眼水井,满足施工和生活用水。渠道施工用水及管理人员的生活用水取自附近村民的生活用水。

(3) 施工供电。施工用电采用电网和自备电源(柴油发电机)两种供电相结合的方式。泵站工程以电网供电为主,自备辅助电源。渠线工程采用自备电源为主,个别集中施工区域就近电网接线,满足施工用电需要。

(三) 工程开工报告及批复

2008年9月10日××××工程建设项目部以××建字〔2008〕24号文向省水利厅递交了关于××市××××工程申请开工的报告。

××省水利厅批复了××省××市××××工程开工报告,批复开工时间2008年9月20日。

各标段单位、分部工程的开工由各施工承建单位向现场监理机构申请批准,中干渠Ⅰ于2009年6月10日开工,中干一支、一支一分支、四支、六支渠工程于2009年7月1日开工。

(四) 支渠工程主要施工过程 (略)

(五) 主要设计变更

未有重大设计变更涉及支渠工程。

(六) 主要工程完成情况

该标段工程的主要建设内容包含中干一支、一支一分支、四支、六支渠道防渗及渠系建筑物,初设(批复)的主要工程为:中干一支渠4.7km、18座建筑物,中干一支一分支渠 5.23km、24 座建筑物，中干四支渠 5.2km、30 座建筑物，中干六支渠 4.25km、20 座建筑物；实际完成量为：中干一支渠 4.075km、30 座建筑物，中干一支一分支渠 5.071km、27 座建筑物，中干四支渠 5.095km、33 座建筑物，中干六支渠 4.449km、30 座建筑物；主要完成的工程量有：土方填筑 92111.96m³，土方开挖 19398.13m³，渠道防渗混凝土 3502.71m³，机耕桥 24 座，量水槽 3 座，节制斗口 19 座，公路桥 1 座，单斗口 9 座，双斗口 7 座，渡槽 2 座，节制闸 1 座，倒虹 4 座，跌水 11 座；支渠渠道及渠系建筑物工程已按初设批复内容基本完成。

三、专项工程和工作

（一）工程征地

1. 工程征地补偿有关批复情况

2007 年 10 月 9 日××省国土资源厅以×国土资函〔2007〕521 号文对《××××提水灌溉工程建设项目用地预审》予以批复，批复拟用地总面积 86.4394 公顷。

2011 年 6 月 1 日中华人民共和国国土资源部以国土资函〔2011〕307 号文对《××市××××工程建设用地》予以批复，批复建设用地 94.5519 公顷。

2. 工程征地补偿执行情况

（1）WR 县已缴纳工程建设占地及补偿款 3900.00 万元，开垦费 596.81 万元，社保费 549.50 万元，管理费 69.12 万元。

WR 县建设用地实际征地面积 81.3787hm²，征地手续已完成（W 政划土字〔2012〕11 号文件已批复）。

（2）LY 县已缴纳工程建设占地及补偿款 1104.41 万元，开垦费 135.17 万元，社保费 100.79 万元，管理费 10.32 万元。

LY 县建设用地实际征地面积农用地 13.1732hm²，征地手续已完成（L 政征土字〔2012〕21 号文件已批复）。

（二）水土保持

1. 水土保持相关批复情况

2007 年 9 月 21 日，××省水利厅以×水保〔2007〕623 号文对《关于申请批复××省××市××××工程水土保持方案报告书的请示》予以批复，批复水土流失防治责任范围 495.94hm²，总投资 984.83 万元。

2. 水土保持完成情况

2015 年 1 月 26 日，××省水利厅以×水保函〔2015〕80 号函通过了××省××市××工程水土保持设施验收，水土流失防治责任范围 460.94hm²，总投资 822.99 万元，达到了《开发建设项目水土流失防治标准》（GB 50434—2008）确定的水土保持防治目标。

四、项目管理机构设置及工作情况

（一）项目法人机构设置

机构名称：××省××市××××工程建设管理局（××省××市××××工程建设

项目部）

机构类型：事业法人

法定代表人：××

2007 年 5 月，××省水利厅、××市人民政府以×水基建函〔2007〕295 号文组建了××××工程项目部。2007 年 11 月，××市机构编制委员会办公室以×编办发〔2007〕202 号文下发成立了××市××××工程建设项目部，负责××××工程建设管理。2008年 12 月，××市机构编制委员会以×编办发〔2008〕273 号文成立了××市××工程建设管理局，职能为××工程建设、运行管理。2009 年 12 月 30 日，××市机构编制委员会办公室以×编办发〔2009〕233 号文将××市××××工程建设项目部隶属关系调整为××市人民政府，直属副处级事业单位。2010 年 12 月，××市机构编制委员会办公室以×编办发〔2010〕401 号文将××市××××工程建设管理局更名为××省××市××工程建设管理局。

××省××市××××工程建设管理局为副处级建制，编制局长 1 名，副局长 3 名，纪检组长 1 名，总工程师 1 名。编制结构为：行政管理人员 15 名，专业技术人员 53 名，工勤人员 7 名。设置 15 个内设科室，13 个下属科室。

（二）合同管理

1. 合同管理工作总体情况

对工程的一切管理都要具体落实到合同管理上，合同管理工作以批准的初设为基础，以双方签订的合同为依据。规范合同管理是保证投资、质量和工期目标实现的关键措施，始终坚持将合同管理作为项目建设管理的核心工作来抓，取得良好成效。

××××工程建设项目部成立了合同管理机构，制定了合同管理制度，明确了岗位职责。从合同签订、履行到合同期终止全过程进行跟踪监督检查和协调，基本上实现了合同管理"规范化、制度化、程序化"，通过合同管理的总控制和总支配作用，促使合同各方合作履约，保证工程顺利进行。

在合同管理工作中，主要遵循以下原则：坚持实事求是，讲依据的原则；遵守国家法律法规，以合同为依据，本着公平、公正的原则；有利于实现××省××市××××工程建设目标的原则；以质量、安全为核心的控制和保障原则。

截止工程建成投入运行为止，未出现仲裁、诉讼等现象。质量、工期、投资得到有效控制，达到了工程建设的预期目标。

2. 制定管理办法

（1）建章立制，制度化管理。××××工程建设项目部建立了与各参建单位密切配合的合同管理体系，制定了《××××市××××工程项目部合同管理办法》《××市××××工程项目部工程变更管理办法》等有关规章制度，合同的签订、合同的会签、变更处理、索赔事项、合同结算、合同验收等均依照××××工程建设项目部相关规定执行。

（2）加强前期管理。编制高标准招标文件，文件初稿编制完成后，××市××××工程建设项目部组织有关专业人员，结合本工程特点，认真审查专用条款和技术条款。注重合同谈判，结合评标委员会的评审意见，并根据项目和工程特性，充分商议，在合同签订时，尽可能避免争议条款。

（3）加强管理，保证建设质量。

1）随时跟踪，定期检查分析。在合同执行过程中，随时跟踪、定期检查合同执行情况，对合同执行过程中出现的问题，认真进行分析，督促各方及时解决，确保各合同的正常履行。同时督促承包商切实、全面地履行合同义务，自觉遵守各项规程规范，确保项目顺利实施，工程质量得到保证。

2）及时结算，确保工程施工。依据国家有关法律、法规以及国家的有关政策，严格遵照合同，公正、公平、合理地做好工程日常结算。在进行工程日常结算时，相关部门经常深入施工现场，了解施工情况，及时编制好工程结算报表，做好服务工作，保证工程建设资金及时到位，确保工程顺利施工。

3）严格把关，控制合同变更。依照已制定的管理办法，严格把关，控制施工合同变更，做到尽早发现，尽早处理。要求有关人员勤到施工现场巡查，及时督促设计、监理和施工单位严格依照程序对变更项目进行申报。对变更项目价格由监理进行初审，再由××××工程建设项目部合同部进行审核。有争议时，由发包人、监理、承包人召开专题会进行会审，力求做到公正、公平，切实维护国家利益。

（4）预防为主，控制工程索赔。索赔是合同管理的重要环节。我们在处理索赔事件时坚持预防为主的原则，从项目开工后，合同管理人员就定期将实施合同的情况与原合同进行对比分析，努力从预防索赔发生着手，平时积累一切可能涉及索赔论证的资料，洞察工程实施中可能导致索赔的起因，防止或减少索赔事件的出现。

对施工单位提出的索赔，坚持以合同为依据，严格依照建设工程处理程序，按照"先易后难、集中重点"的原则进行处理。一般由监理与承包人协商解决，必要时由××××工程建设项目部组织设代、监理、承包人以及有关单位和部门人员进行协商或谈判解决，及时、妥善地进行处理，以确保工程顺利进行，使建设项目按期完工。

3. 合同签订情况

项目法人与经招标选择的中标参建单位签订了相关的工程建设合同，支渠工程签订的合同有：技施阶段地质勘查合同（编号 BZYH - SJ - 2008 - 01），中标单位为×××集团××岩土工程有限公司，日期为 2008 年 04 月 30 日；技施阶段设计项目（合同编号 BZYH - SJ - 2008 - 02）中标单位为××省水利水电勘测设计研究院，日期为 2008 年 05 月 12 日；监理合同（编号 BZYH - JL - 2008 - 01），中标单位为××省水利水电工程建设监理公司，日期为 2008 年 08 月 10 日；土建施工合同（编号 BZYH - TJ - 2009 - 14），中标单位为××省××市水利工程建设局，签订日期为 2009 年 05 月 18 日。

（三）资金管理与合同价款结算

1. 资金管理

严格遵守国家有关法规、财经纪律以及内控制度的有关规定。降低项目建设中的财务风险，保证资产和资金安全，加强成本与费用的控制和核算，加强结算纪律，使工程价款结算工作程序化、制度化，提高资金的投资效益和使用效率，管理并使用好建设投资资金。

严格监督基建资金的使用情况，对资金来源、投资使用和资金完成的三个阶段，认真做好日常的会计核算、记账、报账工作，做到手续完备、内容真实、数字准确、账目清楚、按期报账。

严格执行签订的工程、设备采购等合同，建立了合同台账。并根据合同条款严格审核工程款、设备款结算资料，办理工程价款、设备款支付、预付款项抵扣、质量保证金扣留等手续。

建立健全财务内部控制制度，严格管理经费开支范围，对各项开支进行严格审核。

编报年度水利基本建设支出预算和年度水利基本建设财务决算。收集、分析、上报基本建设资金使用管理信息，做好投资控制。

2. 合同价款结算

为了加强工程结算管理，明确各参建单位和××市××××工程建设项目部各部门在工程价款结算中的责任，使工程价款结算工作程序化、规范化，××××工程建设项目部根据水利部印发的《水利建设单位财务管理与会计核算》及有关规定，制定了工程价款结算程序，并严格按此执行。

工程价款结算程序：施工单位申请→监理单位工程师审核签字并出具支付证书→××××工程建设项目部有关部门审核会签→分管领导签字→××××工程建设项目部总经理批准→办理工程价款支付手续。

3. 合同价款结算情况

截至支渠工程项目建成投入运行，相关的工程建设合同中地质勘查合同、设计项目、监理合同均按合同价款 100％结算完成；中干一支、一支一分支、四支、六支渠工程于 2009 年 7 月 1 日开工，2010 年 6 月 30 日完工，施工合同价款 4957461 元，按实际完成的工程量计价结算共计 5165251.35 元，约占合同价比例 104％。

五、工程质量

（一）工程质量管理体系和质量监督

根据有关法律法规及规范规程的要求，工程在建设中构建了"业主负责、监理控制、施工保证、设计支持、政府监督"的质量管理体系，各参建单位根据国家法律法规和合同规定均建立、完善了质量管理体系，设立了质量管理机构，配备了工作人员，建立健全了相应的质量管理规章制度，对工程建设质量进行了全方位控制，有效地保证了工程质量。

1. 建设单位质量管理

××市××××工程建设项目部成立了质量领导组，办公室设在项目部，具体负责工程实施过程中不同阶段的质量管理工作。依照水利部《水利工程质量管理规定》（水利部令第 7 号），制定了相关的质量管理制度，规范了参建各方的质量管理行为。在明确参建各方质量保证、控制、管理职责的基础上，实行了质量巡查员制度，抽调专业技术人员作为现场代表派驻到各施工标段，对施工过程中各工序，特别是重点工序、重点部位进行不间断地现场巡查，进一步强化对施工质量的控制与管理。

在工程建设过程中，定期召开质量安全工作会议，对质量工作进行阶段性总结，研究解决施工中出现的质量问题，消除质量隐患。对各施工工序质量管理，按照进度需求，增设了现场质量管理，加派了工作人员，与施工、监理人员同步工作，坚持昼夜跟班，强化了现场质量管理；建设项目部还委托××省水利建筑工程局，在现场设立了试验室，及时进行项目检测，有效地保证了施工过程质量控制工作的开展。建立了各施工阶段检查记录系统，发现问题及时处理，并全程记录，作为资料整理保存，努力通过严格的检查、有效的措施、科学的管理，提升工程质量管理水平，保证工程质量。

2. 设计单位质量管理

××省水利水电勘测设计研究院是工程的设计单位，实行了项目设计总负责制，并成立了××××工程设代组；设计单位遵循国家及行业有关规程、规范，严格执行本院发布的 ISO9000 质量管理体系文件，所有输出文件完成后，均实行校核-审查-核定的三级校审制度。各级校审人员认真填写"校审意见及流程记录卡"，并对设计产品的质量做出评价，经院技术质量处抽查登记后印制发送，保证了设计产品质量。

3. 监理单位质量管理

××省水利水电工程建设监理公司承担了工程土建标的施工监理任务，在现场设立了监理部，建立了以总监理工程师为质量第一责任人的质量责任制。按照合同文件，结合工程特点编制了《监理规划》和《监理实施细则》等现场监理工作程序文件，建立健全有效的质量控制制度，确定了质量目标和质量标准、质量控制程序和方法，明确了各专业监理工程师分工与职责，配备满足工程需要的各类专业工程师。

工程建设过程中，监理单位严格按照"事前控制、事中控制和事后控制"的方式进行质量控制：严格审查各承包商的质量保证体系和质量管理程序、措施；对各承包人的质量三检制度运行情况进行监督、检查；及时对主要原材料、中间产品、工程实体进行抽检；对关键部位的施工实行全过程旁站监理；严格实行质量检查验收签证和质量评定制度；定期召开监理例会，及时解决工程中存在的质量问题。确保了各标段工程质量处于受控状态。

4. 施工单位质量管理

××市水利工程建设局是中干一支、一支一分支、四支、六支渠工程的施工单位，对工程项目质量负有首要责任。施工单位积极推行全面质量管理，均设有质量专管机构质检部，建立了较完善的质量管理体系，并根据各自工程项目的特点制定了严格的质量保证技术措施和质量保证组织措施。

在施工过程中，严格按照已通过的 ISO 质量保证体系，按照单位的《质量手册》《程序文件》进行资源配置和实施操作；进行全员、全方位、全过程的质量管理；大力开展质量宣传活动，从思想意识上不断提升；严格执行"班组自检、施工队复检、项目部质检部终检"的"三检制"和"质量一票否决制"；坚持技术交底制度；执行质量奖罚制度，落实质量责任制，加强工序控制和试验检测。通过以上一系列的质量保证制度和措施，确保了施工质量。

5. 质量监督体系

××省水利工程质量与安全监督站根据《水利工程质量监督管理规定》（水建〔1997〕339 号）的规定，行使政府监督职能，督促参建各方完善质量管理体系，采取以抽查为主的监督方式，辅以必要的现场实测、实量检查，监督各方的质量行为，监督检查实体工程质量和质量责任制的落实情况，核定工程质量等级，对工程质量进行宏观控制。

（二）工程项目划分

经××省水利工程质量与安全监督站（×水质检〔2009〕22 号、×水质检〔2011〕19 号、×水质检〔2012〕11 号和×水质检〔2014〕50 号）确认，××省××市××××工程划分为 17 个单位工程、93 个分部工程。中干一支、一支一分支、四支、六支渠工程整体列为第 7 个单位工程（中干渠Ⅰ单位工程）的第 7 个分部工程进行质量评定和验收，该分部工程共划分为 274 个单元工程。

（三）质量检测和评定

1. 原材料及中间产品检测

原材料进场前必须有出厂合格证及产品质量证明，并要求施工单位按规定频率和数量取样送实验室检测，监理部按规范要求对原材料进行跟踪和平行检测；中间产品要求施工单位按规范取样检测，监理部按规范平行取样检测。

施工单位共检测原材料 7 组，合格 7 组，其中砂检测 2 组、水泥检测 2 组、土击检测 3 组；中间产品 43 组，试验结果均符合规范和设计要求。

监理单位抽检原材料：钢筋 2 组，合格 2 组（$\phi6$、$\phi18$ 各 1 组）。

抽检中间产品：C15 混凝土抗压 4 组，合格 4 组；M7.5 砂浆抗压 1 组，合格 1 组。试验结果均符合规范和设计要求。

2. 质量评定

工程建设项目部依照水利部《水利水电建设工程验收规程》（SL 223—2008）、《水利水电工程施工质量检验与评定规程》（SL 176—2007）、设计文件以及施工合同对已完成的分部工程和单位工程进行质量评定和验收，验收质量结论已经省质量监督站核备核定。

中干一支、一支一分支、四支、六支渠工程共划分为 1 个分部工程，274 个单元工程。单元工程经施工单位自评，监理单位复核，274 个单元工程全部合格，其中 217 个单元工程优良，优良率达 79％；经监理单位主持，参建单位参加，质量监督部门核备，该分部工程质量评定为合格。

六、工程验收

（一）分部工程验收

2011 年 10 月 30 日至 12 月 23 日，工程项目部委托××省水利水电工程建设监理公司主持，有关单位参加，通过了中干一支、一支一分支、四支、六支渠工程等已完的分部工程验收。

（二）单位工程验收

2014 年 1 月 10 日，由××市××××工程建设项目部主持，有关单位参加，通过了中干一支等已完工的单位工程验收。

（三）消防、供电线路、水保工程专项验收

（1）消防验收。2014 年 11 月 28 日，××县公安消防大队通过了××××工程新建项目工程消防验收。备案号：140000WSJ140000261。

（2）输电线路验收。2010 年 5 月 10 日，××电网工程质量监督分站对××××工程变电站及输电线路进行了专项验收，验收合格，同意启动投入运行。

（3）水保验收。2015年1月26日，××省水利厅通过了××市××××工程水土保持验收。

七、工程试运行管理情况

（一）管理机构、人员

2008年12月，××市机构编制委员会以×编办发〔2008〕273号文成立了××市××××工程建设管理局，职能为××××工程建设、运行管理。2010年12月，××市机构编制委员会办公室以×编办发〔2010〕401号文将××市××××工程建设管理局更名为××省××市××××工程建设管理局。

××省××市××××工程建设管理局为副处级建制，设置15个内设科室，下设13个自收自支单位。其中下属的中干渠管理站主要的职能是配水灌溉，管理中干渠沿线及6条支渠，控制面积15.98万亩，受益人员35712人。单位运转正常，编制人数5人；主要职责是：负责本灌区的配水、护渠、渠道的增值和保值，以及水利设施的安全，协调用水矛盾，保证定额回收等工作；负责中干渠沿线的灌溉配水工作，服务灌区农户；负责农民用水协会的管理；负责做好所管辖灌区各村用水费的回收管理工作；

（二）规章制度

管理局编制了运行管理制度，包括《工程建设管理制度》《管理局运行管理制度》《财务管理制度》《泵站安全运行操作规程》《生产管理制度》《灌溉管理制度》《灌区农民用水协会章程与制度》《信息化管理制度》《档案管理制度》《合同信息管理制度》和《人事管理制度》11项规章制度。

（三）人员培训

为满足工程试运行管理要求，提高工程试运行管理水平，确保工程安全运行，更好地为当地社会经济服务，结合工程供水能力、自动化程度及工程试运行管理需要，对人员进行了上岗培训，完全具备工程试运行管理的需求。

2010年5月，建设管理局组织42人到××县供电公司调度所进行调度员培训。

2010年7月，建设管理局组织16人到××市质量监督局进行特种设备——起重机械作业培训。

2011年5月，建设管理局组织93人到某大型灌区参观学习。

2012年5月7日—2012年5月17日，邀请泵站专家及水泵、电机、电器厂家技术人员向运行人员讲授水泵、电机、电器、水泵操作维护检修等相关知识。

八、工程试运行

中干渠2010年6月11日开始通水，截至2015年9月20日，累计通水量5203.84万m³，最长持续过水时间59天，最大过水流量4.3m³/s。

试运行过程中，由于支渠尚未配套，应当地政府请求，中干渠沿线村民从干渠直接抽水灌溉。受暴雨影响，村民停泵取水，致使中干渠末端水流外溢，导致中干渠8+582～8+635段高填方基础产生不均匀沉降破坏。经对填方渠道基础加宽、边坡培厚，衬砌采用钢筋混凝土等方法加固处理后运行正常。

九、工程评价

根据《水利水电建设工程验收规程》（SL 223—2008）及相关规范规程要求，结合本工程设计文件、合同文件及历次验收成果，××市××××工程渠道工程已按设计要求全部完成，并通过省水利厅质量与安全监督站核备（定）合格。2010 年 6 月至 2015 年 10 月，各支渠基本按照设计流量要求通过试运行，工程满足通水条件。

××市××××工程已按批复建设完工，工程质量合格，已通过单位工程验收，管理规章制度已建立；试通水期间运行基本正常，在初期运行期间，灌溉调度与泵站生产调度配合默契，工程运行平稳，工程使用效果满足设计要求；××市××××工程（中干渠Ⅰ一、四、六支渠）具备渠道通水验收条件。

附　　录

附录 A　小型水库管理单位岗位设置及人员配备参考标准

岗位名称	岗　位　要　求	人员数量/人	
		小（1）型	小（2）型
单位负责岗位	水利类、土木类中专或高中以上学历，初级以上专业技术职称或从事水利工作 3 年以上	1～2	2～4
工程管理岗位	水利类中专或高中以上学历，取得水利类初级以上专业技术职称或从事水利工作 2 年以上	1～3	
工程运行与维护岗位	初中以上学历，取得初级工及以上技术等级资格	1～4	
财务与资产管理岗位	根据实际需要设置，可兼职	1～2	
辅助类	根据需要确定		

注　1. 管理多个水库的管理单位，应根据水库数量、交通条件等增加技术管理、运行与维护等岗位的人员。

　　2. 物业化管理单位，按照以上标准酌情配备管理人员，但应配足工程管理、运行和维护岗位的工作人员。

附录 B 检 查 记 录 表 格

B-1 日 常 巡 查 记 录 表

巡查时间	月 日	水位/溢流水深	m/ m	天气	晴□阴□雨□

	巡查内容与情况				
坝体（坝顶防浪墙上、下游坝坡）	裂缝：无□ 有□	凹陷：无□有□	隆起：无□ 有□		塌坑：无□ 有□
	渗漏：无□ 有□		植物滋生：无□ 有□		
	白蚁迹象：无□ 有□		动物洞穴迹象：无□ 有□		
	其他（如漏水声等）：				
坝趾区	渗水积水：无□ 有□		植物滋生：无□ 有□		
	凹陷：无□ 有□		隆起：无□ 有□		塌坑：无□ 有□
	其他：				
溢洪道	进口障碍物：无□ 有□		杂物堆积：无□ 有□		
	岸坡危岩崩坍：无□ 有□		靠坝边墙稳定：否□ 是□		
	其他：				
输水涵（洞）	出口异常渗漏：无□ 有□		出口冲蚀现象：无□ 有□		
	涵（洞、管）身完好：否□ 是□		进口附近水面冒泡现象：无□ 有□		
	其他：				
金属结构及启闭设施	锈蚀现象：有□ 无□			启闭设施操作灵活：是□ 否□	
	电气设备及备用电源完好：是□ 否□				
	其他：				
近坝水面	冒泡、漩涡等：无□ 有□				
近坝岸坡	崩坍及滑坡等迹象：无□ 有□				
库区	侵占水域：无□ 有□		倾倒垃圾：无□ 有□		
监测设施	保护设施完好：是□ 否□		正常观测：能□ 不能□		
管理设施	管理房完好：是□ 否□		标识标牌清晰、完整：是□ 否□		
	隔离设施完好：是□ 否□		上坝道路通畅：是□ 否□		
信息化	运行正常：是□ 否□				
异常情况详细记录					
异常情况处置情况	处理措施： 报告对象： 报告时间： 报告方式：电话□ 书面□				
巡查人员	（签名）				

B-2　汛前检查记录表

B-2-1　汛前检查工程外观记录表

巡查时间	月　　日	水位/溢流水深		m/ m		天气	晴□阴□雨□
检查内容与情况							
防浪墙	开裂：无□ 有□		错断：无□ 有□		倾斜：无□ 有□		
坝顶	裂缝：无□ 有□		积水或植物滋生：无□ 有□				
上游坝坡	裂缝：无□ 有□		塌坑：无□ 有□	凹陷：无□ 有□		隆起：无□ 有□	
	护坡：完整□ 破坏□		植物滋生：无□ 有□		其他：		
下游坝坡	裂缝：无□ 有□		塌坑、凹陷：无□ 有□		隆起：无□ 有□		
	异常渗水：无□ 有□		植物滋生：无□ 有□		白蚁迹象：无□ 有□		
	动物洞穴：无□ 有□		排水棱体：完整□ 破损□		其他（如漏水声等）：		
坝趾区	阴湿、渗水：无□ 有□		冒水、渗水坑：无□ 有□		渗透水浑浊度：清□ 浊□		
	植物滋生：无□ 有□		其他：				
两坝端（坝体与岸坡连接处）	裂缝：无□ 有□		隆起：无□ 有□		错动：无□ 有□		
	渗水现象：无□ 有□		排水沟堵塞物：无□ 有□				
	岸坡滑动迹象：无□ 有□		白蚁迹象：无□ 有□		动物洞穴：无□ 有□		
	其他：						
溢洪道	障碍物（渔网等）：无□ 有□		杂物堆积：无□ 有□				
	边墙完整：是□ 否□		靠坝边墙稳定：无□ 有□				
	消能设施完整：是□ 否□		岸坡危岩崩坍：无□ 有□				
输水涵（洞）	出口渗漏：无□ 有□		涵（洞）身断裂、损坏：无□ 有□				
	进口水面冒泡：无□ 有□		其他：				
金属结构	闸门漏水：无□ 有□		止水完好：是□ 否□				
	锈蚀情况：无□ 一般□ 严重□		其他：				
电气设施	线路接通：是□ 否□		设施完好：是□ 否□				
	备用电源完好：是□ 否□						
近坝水面	冒泡、漩涡等：无□ 有□		其他：				
库区	侵占水域：无□ 有□		倾倒垃圾：无□ 有□				
安全监测	保护设施完好：是□ 否□		正常观测：能□ 不能□				
水文设施	水文测报设施完好：是□ 否□		电源充足：是□ 否□				
管理设施	管理房完好：是□ 否□		标识标牌清晰、完整：是□ 否□				
	隔离设施完好：是□ 否□		坝区通信状况良好：是□ 否□				
	上坝道路通畅：是□ 否□		坝区巡查道路通畅：是□ 否□				
信息化	系统维护：是□ 否□		运行正常：是□ 否□				
外观检查中存在的问题							
主管部门负责人	（签名）	管理单位主要负责人		（签名）		检查人员	（签名）

B-2-2 汛前检查表

检查时间	月　　日		水位/溢流水深		m/　　m	天气	晴□阴□雨□
检查内容与情况							
闸门试运行	闸门名称：			开启高度/cm：			
	启闭时间：			操作人员：			
	备用电源负荷运行情况：						
监测资料整编	保护设施完好：是□ 否□			正常观测：能□ 不能□			
	观测资料整编：是□ 否□			测值异常现象：无□ 有□			
水文设施	水文测报设施完好：是□ 否□			电源充足：是□ 否□			
管理责任人	主管部门负责人：			管理责任人：			
	日常巡查人员：			巡查员合同：无□ 有□			
	巡查员培训：是□ 否□			培训合格：是□ 否□			
控制运用	控运计划（特征水位）编制：是□ 否□			控运计划（特征水位）审批（明确）：是□ 否□			
应急措施	应急措施落实：是□ 否□			应急联系人（电话）：			
	病险水库度汛方案落实：是□ 否□						
维修养护项目完成情况							
年度检查问题处置情况							
是否可以正常度汛							
汛前检查存在问题							
存在问题的处理建议							
主管部门负责人	（签名）	管理单位主要负责人	（签名）		检查人员		（签名）

B‑3　年 度 检 查 记 录 表

B‑3‑1　年度检查工程外观记录表

检查时间	月　　日		水位/溢流水深		m/　m		天气	晴□阴□雨□	
检查内容与情况									
防浪墙	开裂：无□ 有□		错断：无□ 有□			倾斜：无□ 有□			
坝顶	裂缝：无□ 有□			积水或植物滋生：无□ 有□					
上游坝坡	裂缝：无□ 有□		塌坑：无□ 有□		凹陷：无□ 有□		隆起：无□ 有□		
	护坡：完整□ 破坏□		植物滋生：无□ 有□			其他：			
下游坝坡	裂缝：无□ 有□		塌坑、凹陷：无□ 有□			隆起：无□ 有□			
	异常渗水：无□ 有□		植物滋生：无□ 有□			白蚁迹象：无□ 有□			
	动物洞穴：无□ 有□		排水棱体：完整□ 破损□			其他（如漏水声等）：			
坝趾区	阴湿、渗水：无□ 有□		冒水、渗水坑：无□ 有□			渗透水浑浊度：清□ 浊□			
	植物滋生：无□ 有□		其他：						
两坝端（坝体与岸坡连接处）	裂缝：无□ 有□		隆起：无□ 有□			错动：无□ 有□			
	渗水现象：无□ 有□		排水沟堵塞物：无□ 有□						
	岸坡滑动迹象：无□ 有□		白蚁迹象：无□ 有□			动物洞穴：无□ 有□			
	其他：								
溢洪道	障碍物（渔网等）：无□ 有□			杂物堆积：无□ 有□					
	边墙完整：是□ 否□			靠坝边墙稳定：无□ 有□					
	消能设施完整：是□ 否□			岸坡危岩崩坍：无□ 有□					
输水涵（洞）	出口渗漏：无□ 有□			涵（洞）身断裂、损坏：无□ 有□					
	进口水面冒泡：无□ 有□			其他：					
金属结构	闸门漏水：无□ 有□			止水完好：是□ 否□					
	锈蚀情况：无□ 一般□ 严重□			其他：					
电气设施	线路接通：是□ 否□			设施完好：是□ 否□					
	备用电源完好：是□ 否□								
近坝水面	冒泡、漩涡等：无□ 有□			其他：					
库区	侵占水域：无□ 有□			倾倒垃圾：无□ 有□					
安全监测	保护设施完好：是□ 否□			正常观测：能□ 不能□					
水文设施	水文测报设施完好：是□ 否□			电源充足：是□ 否□					
管理设施	管理房完好：是□ 否□			标识标牌清晰、完整：是□ 否□					
	隔离设施完好：是□ 否□			坝区通信状况良好：是□ 否□					
	上坝道路通畅：是□ 否□			坝区巡查道路通畅：是□ 否□					
信息化	系统维护：是□ 否□			运行正常：是□ 否□					
外观检查中存在的问题									
主管部门负责人	（签名）		管理单位主要负责人		（签名）		检查人员	（签名）	

B-3-2 年度检查记录表

检查时间	月　日	水位/溢流水深	m/　m	天气	晴□阴□雨□
检查内容与情况					
日常巡查记录	日常巡查人员：		巡查频次符合要求：是□ 否□		
	签名遗漏：无□ 有□		内容真实：是□ 否□		
	记录完整：是□ 否□				
工程运行	年度泄洪次数： 次		年度最高水位： 时间：		
	最大泄洪水深： 时间：		输水设施有无放水记录：无□ 有□		
安全鉴定	鉴定实施（计划）时间：		鉴定结论：一类坝□ 二类坝□ 三类坝□		
档案管理	资料已存档内容：巡查记录□ 监测记录□ 维修养护记录□ 放水记录□				
检查中发现的问题					
需要维修养护项目					
下一步计划安排					
主管部门	（签名）	管理单位主要负责人	（签名）	检查人员	（签名）

附录C　安　全　监　测

C-1　土石坝安全监测项目及观测频次

观　测　项　目		建筑物级别		观　测　频　次		
		4级	5级	施工期	初蓄期	运行期
环境量监测	上游水位	★	★	2~1次/天	2~1次/天	3~1次/天
	溢流水深	★	★	逐日	逐日	逐日
	降雨	★	★	逐日	逐日	逐日
变形（应力）	表面变形	★	★	4~1次/月	10~1次/月	6~2次/年
	内部变形	☆	☆	10~4次/月	30~2次/月	12~4次/年
	裂缝及接缝	☆	☆	10~4次/月	30~2次/月	12~4次/年
	混凝土面板变形	★	☆	10~4次/月	30~2次/月	12~4次/年
	混凝土面板应力	☆	☆	6~3次/月	30~4次/月	6~3次/月
渗流	渗流量	★	★	6~3次/月	30~3次/月	4~2次/月
	渗水浊度	★	★	6~3次/月	30~3次/月	4~2次/月
	坝体渗流压力	☆	☆	6~3次/月	30~3次/月	4~2次/月
	绕坝渗流	☆	☆	4~1次/月	30~3次/月	2~1次/月

注　★为必设项目；☆为一般项目，可根据需要选设。

C-2 混凝土坝安全监测项目及观测频次

观 测 项 目		建筑物级别		观 测 频 次		
		4 级	5 级	施工期	初蓄期	运行期
环境量监测	上、下游水位	★	★	2~1次/天	4~2次/天	2~1次/天
	溢流水深	★	★	逐日	逐日	逐日
	降雨、气温	★	☆	逐日	逐日	逐日
变形（应力）	表面位移	★	★	4~1次/月	7~2次/周	4~1次/月
	内部位移	☆	☆	4~2次/月	7~2次/周	4~1次/月
	接缝变化	☆	☆	4~2次/月	7~2次/周	4~1次/月
	裂缝变化	☆	☆	4~2次/月	7~2次/周	4~1次/月
渗流	渗流量	★	★	7~2次/周	1次/天	4~2次/月
	扬压力	★	☆	7~2次/周	1次/天	4~2次/月
	绕坝渗流	☆	☆	7~2次/周	7~1次/周	4~2次/月
	分析	☆	☆	12~4次/年	2~1次/月	2~1次/年

注 ★为必设项目；☆为一般项目，可根据需要选设。

参 考 文 献

［1］ 中国法制出版社，编．招标投标（实用版法规专辑）［M］．4 版．北京：中国法制出版社，2016.

［2］ 赵勇，何红锋，乔文翠，等．招标采购专业知识与法律法规［M］．北京：中国计划出版社，2015.

［3］ 李小林，岳小川，张作智，等．招标采购专业实务［M］．北京：中国计划出版社，2015.

［4］ 李金升．招标投标重点法律实务（案例评析版）［M］．北京：中国法制出版社，2014.

［5］ 李金升．招标投标重点法律实务 2（案例评析版）［M］．北京：中国法制出版社，2016.

［6］ 中华人民共和国水利部．水利建筑工程概算定额、水利建筑工程预算定额、水利水电设备安装工程概算定额、水利水电设备安装工程预算定额、水利工程施工机械台时费定额［M］．郑州：黄河水利出版社，2002.

［7］ 尹红莲，高玉清，杨胜敏．水利水电工程造价与招投标［M］．郑州：黄河水利出版社，2011.

［8］ 尹红莲，高玉清，陈文江．水利水电工程造价与招投标［M］．2 版．郑州：黄河水利出版社，2015.

［9］ 中华人民共和国水利．水利工程设计概（估）算编制规定［M］．北京：中国水利水电出版社，2015.

［10］ 中华人民共和国水利部．水利工程营业税改征增值税计价依据调整办法（办水总〔2016〕132 号.

［11］ 毛建平，金文良．水利水电工程施工［M］．1 版．郑州：黄河水利出版社，2004.

［12］ 梅锦煜，党立本．水利水电工程施工手册（第二卷）［M］．北京：中国电力出版社，2004.

［13］ 水利水电工程施工手册编委会．水利水电工程施工手册（第三卷）混凝土工程［M］．北京：中国电力出版社，2002.

［14］ 杜守建，周长勇．水利工程技术管理技能训练［M］．郑州：黄河水利出版社，2014.